高等职业教育"十四五"规划教材

绿色果品生产实务

周兴本　刘　洋　主编

中国农业大学出版社
·北京·

内容简介

本书以绿色果品生产过程为导向，建立教材结构，以学生为主体、以教师为主导编排教学内容，突出教材的适用性、实用性，突出实践教学，力求阐明绿色果品生产中的基本理论和基本生产技术，紧密联系生产实际，体现高等职业教育的教学特点。根据学生循序渐进的认知规律，将全部内容按生产顺序设计为九个项目，依次为：项目一认识绿色果品；项目二绿色果品生产基础知识；项目三绿色果品育苗生产技术；项目四绿色果品生产建园技术；项目五至项目八为北方果树主要树种的绿色生产技术，包括主要种类和品种、生长结果习性和生产技术，重点突出特色生产技术和周年管理；项目九为绿色果品设施生产技术。

本书适合高等职业院校林业、食品类专业教学使用，也可作为果品生产相关从业人员的参考用书。

图书在版编目(CIP)数据

绿色果品生产实务/周兴本，刘洋主编．--北京：中国农业大学出版社，2024.12.

ISBN 978-7-5655-3311-2

Ⅰ.S66

中国国家版本馆 CIP 数据核字第 2024KJ3752 号

书　　名　绿色果品生产实务

作　　者　周兴本　刘　洋　主编

策划编辑　郭建鑫　张　玉　　　**责任编辑**　郭建鑫

封面设计　中通世奥图文设计中心

出版发行　中国农业大学出版社

社　　址　北京市海淀区圆明园西路 2 号　　　**邮政编码**　100193

电　　话　发行部 010-62733489，1190　　　读者服务部 010-62732336

编辑部 010-62732617，2618　　　出　版　部 010-62733440

网　　址　http：//www.caupress.cn　　　**E-mail** cbsszs@cau.edu.cn

经　　销　新华书店

印　　刷　北京溢漾印刷有限公司

版　　次　2025 年 1 月第 1 版　　2025 年 1 月第 1 次印刷

规　　格　185 mm×260 mm　　16 开本　　20.75 印张　　512 千字

定　　价　59.00 元

编审人员

主　编　周兴本（辽宁生态工程职业学院）
　　　　　刘　洋（辽宁生态工程职业学院）

副主编　张明娟（济南市历城区园林和林业绿化局）
　　　　　马思文（辽宁生态工程职业学院）
　　　　　张宜军（沈阳农业大学）

参　编　提伟钢（辽宁生态工程职业学院）
　　　　　邵士凤（辽宁生态工程职业学院）

主　审　高红治（沈阳市农业科学院）

前言

本教材根据党的二十大精神，将推进乡村振兴、推动绿色发展、树立大食物观、发展设施农业、构建多元化食物供给体系等内容有机融入，同时顺应当前高等职业教育教学发展新趋势，结合高等职业教育特点及农林、食品类专业人才培养目标，围绕培养技术技能型人才要求编写本教材。本教材密切结合当前国内外绿色果品生产领域发展的前沿动态，及我国绿色果品生产企业的实际情况，依据企业对人才的知识、能力、素质的要求，贯彻职业需求导向的原则，体现工学结合的特色；教材内容以真实的工作任务为驱动，按照工作任务引导学生完成任务实施。围绕绿色果品的实际生产流程设立实训任务，加入实际案例、技术路线、操作技能，融合职业培训、书证融通等相关内容。同时，本教材配有数字资源，方便学生学习相关知识，强化岗位实际操作，提高学生的职业基础知识及职业技能。

教材编写以绿色果品生产过程为导向，建立教材结构，以学生为主体、以教师为主导编排教学内容，突出教材的适用性、实用性，突出实践教学，力求阐明绿色果品生产中的基本理论和基本生产技术，紧密联系生产实际，从而体现高等职业教育的教学特点。根据学生循序渐进的认知规律，将全部内容按生产顺序设计包括：项目一认识绿色果品，项目二绿色果品生产基础知识，项目三绿色果品育苗生产技术，项目四绿色果品生产建园技术，项目五至项目八为北方果树主要树种的绿色生产技术，包括主要种类和品种、生长结果习性和生产技术，重点突出特色生产技术和周年管理，项目九绿色果品设施生产技术。项目内容主要对接绿色果品过程中的工作任务，最大限度满足工作岗位需求。

通过与职业院校、生产企业、科研院所开展校校合作、校企合作、校研合作，共同开发教材，吸收生产一线技术骨干、行业技术能手等参与教材编写，力求编写内容切合生产实际，生产技术体现前沿引领，突出实践教学环节，注重学生动手能力的培养。

本教材由周兴本、刘洋主编，张明娟、马思文、张宜军副主编，编写分工如下：项目五由辽宁生态工程职业学院周兴本编写；项目三由辽宁生态工程职业学院刘洋编写；项目六、项目七由济南市历城区园林和林业绿化局张明娟编写；项目二、项目四由辽宁生态工程职业学院马思文编写；项目一由沈阳农业大学张宜军编写；项目九由辽宁生态工程职业学院提伟钢编写；项目八由辽宁生态工程职业学院邵士凤编写。全书由周兴本总纂定稿，沈阳市农业科学院高红治研究员主审。

教材编写过程中参考了大量相关教材和文献，在企业工作岗位需求、工作任务设置、企业生产标准编写等方面得到了沈阳市农业科学院高红治研究员的大力支持，在此一并表示感谢。

由于作者水平有限，编写时间仓促，书中错误及不妥之处在所难免，敬请广大读者批评指正，以便修改完善。

编　者

2024 年 7 月

目 录

项目一 认识绿色果品

【学习目标】

- 掌握绿色果品的概念、生产特点和管理要求；
- 掌握绿色果品的特征和分级；
- 了解绿色果品标准体系构成内容；
- 熟悉绿色果品的认证程序及组织管理。

【思政目标】

- 发展绿色果品，首先要求产地环境必须符合标准要求，因此要创建和保护基地，就必须保护和改善农业环境；
- 绿色果品生产实践中，合理施用肥料，减少农药的使用，树立环境保护的观念，逐渐形成良好的农业生态体系。保护环境，就是保护我们自己。

【学习提示】

- 绿色果品生产技术规程，必须符合由国家有关部门颁布实施的绿色食品生产相关标准。

项目引入

绿色果品生产是一个标准化、规模化、产业化的过程，要完成工作任务，第一，应认识绿色果品，了解绿色果品概念、特征与分级和生产特点，分析绿色果品与无公害食品、有机食品的关系，能够正确识别绿色果品；第二，要了解绿色果品发展历史、生产存在的问题，以及发展思路；了解绿色果品面临的主要污染及其危害、绿色果品的组织管理要求，能够有效管理绿色果品，控制环境污染；第三，要掌握绿色果品发展应遵循的标准，了解绿色果品生产标准体系框架与主要生产环节标准内容，按照标准要求指导生产；第四，了解绿色果品认证机构、认证程序、认证文本编写要求及素材搜集办法，完成绿色果品认证。

必备知识一　认识绿色果品

一、绿色果品的概念

“绿色果品”是遵循可持续发展原则，按照特定生产方式生产，经专门机构认证（如中国绿色食品发展中心）许可使用绿色食品标志的无污染、安全、优质、营养的果品。从广义上讲，绿色果品应是优质、洁净、无安全隐患的果品，它具有高品质、高营养、卫生安全的特点。

目前，我国果品安全标准普遍认同的AA级绿色食品，在世界各国及有关国际组织称有机食品，在日本称自然食品，在瑞典、荷兰等北欧国家称生态食品，在中南美洲则称健康食品。尽管在世界各地名称不同，但其含义、要求基本一致。

绿色果品生产应具备以下条件：

①果品产地必须符合绿色食品生态环境质量标准；

②果树种植必须符合绿色食品生产操作规程；

③产品必须符合绿色食品质量和卫生标准；

④产品的包装、储运必须符合绿色食品包装储运标准。

绿色果品是绿色食品的一个分支，符合绿色食品生产的环境要求及生产投入品要求，由于与环境保护有关，通常形象地冠以“绿色”二字，说明这类食品出自良好的生态环境，具有营养、生态、安全特点，因此定名为绿色食品。它涵盖国家商标类别划分中的近千种食品、干鲜果品及加工制品。根据生产标准不同，目前我国的绿色食品具体可分为A级和AA级两大类。

绿色果品生产包括：苗木繁育、绿色果品基地的建立、土肥水管理、整形修剪、花果管理、病虫害综合防治、果品采收、贮藏保鲜及运输等全程标准化生产过程。

二、绿色果品生产的特点

绿色果品的生产除了具有果树产业本身的特点之外，还具有如下特点：

1. 绿色果品生产周期长、差异明显

果品生产受果树自身因素影响，大部分果树为多年生木本或草本，不仅有幼树期、初果期、盛果期、衰老期等生命发育周期的差别，还在一年内有萌芽、开花、结果、生长与休眠等年生长周期，生长期长，个体间差异大，果品生产受市场和自然因素双重影响，产业特点突出。

2. 绿色果品生产系统性强

果品生产是一个规模化、产业化的过程，它不仅关注最终产品，更强调生产环境、生产过程的管理。绿色果品开发是由政府或企业集团组织的规模化、产业化的生产行为。它涉及园艺学、生态学、环境学、营养学、卫生学等多个学科，横跨生产、加工、储运、销售、环保、科研、教育等部门、行业，注重多学科知识原理的综合运用，强调产、供、销一体化，生产标准化、规范化。要求生产基地、环境检测、产品检验、市场运行、科研、教育等各子系统之间、系统的各层次各因子之间相互协调、相互平衡，以获得最大的生态效益、社会效益和经济效益。绿色果品开发具有组织管理的严密性，它从选择良好的生态环境入手，要求在生产过程中将规范技术和管理措施落实到每个企业、每个农户、每个产品，贯穿于农业生产的产前、产中、产后各个环节，实行“从农田到餐桌”的全程质量控制，不允许任何环节出现污染问题，是一个系统化、标准化、产业化的生产过程。

3. 绿色果品开发依赖于高新技术

绿色果品有更高的质量要求，其发展需要高新技术支撑。特别是病虫害防治，土、肥、水应用技术等需要更新；新品种选育除需要满足常规要求外，更注重品种抗性（包括杀虫能力和抗污染能力）。绿色果品开发既要高产优质又不能有污染，在技术选用和掌握程度上难度大，保护好害虫天敌，维持生态平衡，严格施肥标准，科学使用化学防治，并注意保持生物多样性，保持生态平衡，才能有效实现绿色果品生产目标，离开高新技术，绿色果品生产将寸步难行。

4. 绿色果品开发以市场信誉为条件

绿色果品是一种商品，信誉是提高商品市场竞争力的前提，质量是保证商品市场信誉的基础。质量和信誉相辅相成，是提高商品市场占有率的有力保障。没有好的信誉，产品就不能在市场竞争中立足。因此，绿色果品开发，要建立在真正的质量基础上，要经得起消费者的检验，必须杜绝掺杂掺假行为。

5. 绿色果品生产以科学管理及法律监督为保证

绿色果品生产是一种标准化、规范化、产业化的生产，需要采取科学的手段规范环境监测、质量检测、生产操作环节检测及包装储运环节检测，对果品依法实行标志管理。绿色果品标志是一个质量证明商标，属知识产权范畴，受《中华人民共和国商标法》保护。加强绿色果品的申报与审批的法制管理，建立健全生产操作与流通销售、标志的使用等方面的法规制度，严格把好环境监测与质量检测关、标志使用关，严格质量检测和市场准入管理，依法监督商标的使用，保护绿色果品企业的合法地位及消费者权益。

6. 绿色果品生产效益显著

一般果品生产难以全面兼顾生态效益、经济效益与社会效益，往往以牺牲生态效益为代价来获取经济效益，要么注重生态效益而没有经济效益或经济效益极低。到目前为止，尚难以找到三种效益完全协调一致的产业，只有绿色果品生产才能最大限度地实现三方面效益的有机统一。

7. 绿色果品生产就业前景广阔

绿色果品生产是一种规模化劳动密集型产业，进行绿色果品生产需要使用大量传统的农业生产技术，这些技术需要大量人力来操作，这为广大农村开辟了一条广阔的就业渠道，是解决农村剩余劳动力的有效途径之一。

想一想

为什么要发展绿色果品？（扫描二维码可获取参考答案）

三、绿色果品的特征和分级

(一)绿色果品的特征

无污染、安全、优质、营养是绿色果品的特征。无污染是指在绿色果品生产过程中，通过严密监测、控制，防范残留农药、放射性物质、重金属、有害细菌等对果品生产各个环节的污染，以确保绿色果品产品的洁净。绿色果品的优质特性不仅包括产品的外观包装水平高，而且包括内在质量水平高。产品的内在质量又包括两方面：一是内在品质优良，二是营养价值和卫生安全性高。

(二)绿色果品的分级

绿色果品是绿色食品的一部分，可分为A级和AA级两个级别(表1-1)。

表1-1　AA级和A级绿色果品主要区别

项目	AA级绿色果品	A级绿色果品
环境评价	采用单项指数法，各项数据均不得超过有关标准	采用综合指数法，各项环境监测的综合污染指数不得超过1
生产过程	生产过程中禁止使用任何化学合成肥料、化学农药及化学合成食品添加剂	生产过程中允许限量，限时间限定方法使用限定品种的化学合成物质
产品	各种化学合成农药及合成食品添加剂均不得检出	允许限定使用的化学合成物质的残留量仅为国家或国际标准的1/2，其他禁止使用的化学物质残留不得检出
包装标识、标志、编号	标志和标准字体为绿色，底色为白色，防伪标签的底色为蓝色，标志编号以AA或2结尾	标志和标准字体为白色，底色为绿色，防伪标签底色为绿色，标志编号以A或1结尾

1. A级绿色果品

其特点是：①在生态环境质量符合规定标准的产地生产；②生产过程中允许限量使用限定的化学合成物质；③按特定的生产操作规程生产；④加工、产品质量及包装，经检测检查符合特定标准；⑤经专门机构认定，许可使用A级绿色食品标志的产品。

2. AA级绿色果品

其特点是：①在生态环境质量符合规定标准的产地生产；②生产过程中不使用任何有害的化学合成物质；③按特定要求的生产操作规程生产；④加工、产品质量及运输包装，经检测检查，符合特定标准要求；⑤经专门机构认证，许可使用AA级绿色食品标志的产品。

四、绿色果品与有机果品的关系

绿色果品与有机果品是两种不同但相互关联的果品类型，它们在定义、生产标准、认证要求以及市场定位等方面存在一定的差异和联系。两者均需有关机构认证，但其认证又各具特色。有机果品通常面向更高端的市场，价格更高；而绿色果品则相对更广泛一些，价格也较为亲民。

1. 绿色果品和有机果品的共同点

(1)绿色果品和有机果品都属于果品质量安全范畴，都是果品质量安全认证体系的组成部分。

(2)都是加快果业标准化生产的一种方式，只是标准层次不同。

(3)都旨在建立和完善国内果品市场准入机制，打破国际果品贸易绿色壁垒，扩大出口创汇、增加农民收入，为保障果品消费者安全创造条件。

(4)产品都有经国家主管部门确认的质量安全标志。标志只允许在批准的企业、批准的基地的果品上使用，标志使用法人不能随意扩大标志使用的果品种类及范围，也不能转让或变卖标志。获得标志使用权的企业法人变更时，应及时按有关规定向标志管理部门申请变更，变更手续结束后方可在新的果品上使用。

2. 绿色果品和有机果品的区别

(1)质量标准不同。绿色果品在生产过程中允许限量使用一些安全性的农药、化肥、生长调节剂(A 级)，但禁止使用硝态氮肥，AA 级绿色果品则不使用任何有害化学物质；有机果品在生产过程中绝对禁止使用农药、化肥、植物生长调节剂、转基因等人工合成物质，肥料来源于有机生产系统内的有机物质和有机肥料。

(2)推动方式不同。绿色果品生产以市场运作为主，政府推动为辅；有机果品认证完全是一种市场化的运作，与国际通行做法接轨。

(3)认证方式不同。绿色果品需要经过专门机构的认证，如中国绿色食品发展中心等，并许可使用绿色食品标志；有机果品则以检查认证为主，依靠检查员现场检查和辅导来进行认证。有机果品认证时，有 1～3 年的转换期，转换期结束后才能被认证有机果品。

(4)标志不同。通过认证的产品分别粘贴或印刷相应统一标志，但有机果品实行双标志制度。既有国家统一标志，又有认证机构的标志，而且各认证机构标志并不相同。

(5)收费标准不同。绿色果品认证，从环境测评和产品质检、标志使用、公告等都要按一定标准收费，费用较高；而有机果品，国外认证机构一般要求有三年的辅导期，费用更高。

综上所述，绿色果品和有机果品都是安全果品的不同类型，均要求产地环境洁净，生产方式有利于环境保护和生产可持续发展。两者在生产过程中都严格控制化学物质的使用，确保果品的安全性。绿色果品与有机果品在定义、生产标准、认证要求以及市场定位等方面存在一定的差异和联系。消费者在选择时可以根据自己的需求和预算进行权衡和选择。

必备知识二　绿色果品发展历程

一、绿色果品的发展历史

绿色果品是绿色食品的一部分，我国绿色食品发展始于1990年。经过30多年发展，已逐步建立和完善了绿色食品生产及管理体系。目前，全国已全面建立了省级绿色食品工作机构，在全国90%以上地市和近1/3县区设立了绿色食品专门工作机构。通过实施农产品标准化生产，加强生产过程及产品质量认证，全方位市场监管与检验检测，绿色食品产品质量抽检合格率一直稳定保持在98%以上。促使中国绿色食品出口额以年均50%以上的速度增长，出口规模从最初的每年2亿美元扩大到目前的每年40亿美元以上，已成为引领农产品出口创汇的领头产品之一。随着我国农产市场准入制度的实施，果品检测体系、标准体系、认证体系正在形成网络化、一体化格局。

我国果品栽培历史悠久，种质资源丰富，是世界上最大的果树原产中心。绿色果品以陕西、山东、北京、辽宁发展较快，其中陕西完成绿色苹果基地认证30多万 hm^2，发展前景广阔。

二、绿色果品生产中存在的问题及未来发展

1. 存在的问题

(1)绿色果品基地规模小，生产资料(农药、化肥)使用管理不严，缺乏有效监督机制。

(2)绿色果品的生产意识淡薄，仍处于重数量轻质量阶段。

(3)绿色果品标准体系不全，缺乏苗木、产品、生产技术等相关标准，标准体系建立滞后于果树生产。

(4)绿色果品缺乏与之相适应的绿色包装材料，设计规格很难满足冷链运输需要，鲜果损失较重。

(5)龙头企业较少，科技推广、果农培训、产品检测、市场营销体系发展缓慢。

(6)采后商品化处理水平低，包装、运输、加工条件落后，贮藏能力与生产能力不配套。

2. 发展思路及解决对策

(1)加快绿色果品基地开发步伐。扩大总量规模、提高市场供给能力是当前绿色果品开发面临的基本任务。各地要根据实际情况，重点抓好基地建设、企业培育、产品开发和市场开拓。积极开拓国际市场，扩大出口贸易。

(2)抓紧建立和完善保障体系。建立和完善技术标准、质量监测、质量认证和市场服务体系是加快绿色食品发展的基本保障。①完善技术标准体系；②加强质量监测体系建设；③健全质量认证体系；④建立市场服务体系。要重点抓好信息、生产资料供应、技术服务等网络建设，更多地依靠科研机构、农业技术推广部门和企业，搞好生产资料供应和新技术、新品种的推广服务。

(3)加强监督管理。各地农业行政主管部门和各级绿色果品管理机构要切实加强质量监管和规范市场。

①质量监管　要依据《中华人民共和国商标法》《中华人民共和国产品质量法》《绿色食品标志管理办法》等法律法规,加强对绿色果品和生产资料的质量监督。

②市场打假　依法打击各类假冒绿色果品行为,切实保护企业和消费者的合法权益。

(4)大力优化果品结构。以市场为导向,以效益为中心,优化果品结构,遵循"适地适栽"的原则,使果品生产向最适区集中,实现果品效益最大化。

(5)加强技术良种的引进与推广。我国果品产后处理落后,要大力引进国外的技术、设备及先进的管理经验,加大果品的分级、打蜡、包装、加工等产后处理工作,生产适销对路的商品,提高果品国际竞争力。

(6)制定落实支持果品业发展的优惠政策。各地应制定出适合国情的优惠政策来支持果品业的发展,优先扶持龙头企业、农村经济合作组织、行业协会等。提高农民的组织化程度,统一生产技术,统一营销,整合资源,共创世界名优果品。

3. 发展趋势

①果品生产标准化;②果树栽培区域化;③生产基地集约化;④苗木繁育专业化;⑤果树品种多样化、名优化;⑥果品供应周年化;⑦生产服务社会化、一体化;⑧果品消费安全化、高档化。

三、绿色果品生产面临的主要污染源及其危害

随着人口的增加和工业的发展,加之农业生产过程中农药、化肥等的不合理使用,致使农业产地环境污染严重,农产品质量安全受到威胁,严重影响了我国农产品的国际竞争力。据资料统计,我国已有 310 万 hm^2 农田受到严重污染,每年损失约 200 亿元,近 70%的淡水资源因污染而不能直接使用。

(一)果园环境污染及其危害性

果园环境污染主要来自工业排出的废水、废气、废渣造成的污染。工业生产排出的废气,如二氧化硫、氟化氢、氯气等可直接影响果树的生长发育,使叶片受到损伤。工业废水常含有多种有毒的物质和重金属元素,如混入灌溉水,不仅污染了水源,也污染了土壤,导致果品口味不正、产量不高、残毒量大。工业生产排出的废渣包括塑料薄膜、含有有毒物质和重金属元素污染的废料等,其混入土壤中,也会对果树生长发育造成直接或间接的危害,并对人体健康产生不良影响。

1. 有害气体的污染

大气污染物主要包括二氧化硫、氟化物、臭氧、氮氧化物、氯气、碳氢化合物以及粉尘、烟尘、烟雾、雾气等气体、固体和液体微粒。这些污染物影响植物体的光合作用,破坏叶绿素,致使花、叶片和果实褐变、脱落,同时会在植物体内外积累,食用后会引起急、慢性中毒。

2. 重金属的污染

土壤中重金属的残留严重影响果品的安全。重金属由于不能够被土壤微生物所分解,易

在土壤中积累,并通过食物链在动物、人体内蓄积,影响人体健康,造成生理障碍、胚胎发育异常,威胁人类身体健康。重金属污染在世界范围内广泛存在,日本、瑞士、澳大利亚都有过重金属残留危害食品安全的案例发生。我国目前受重金属残留污染的耕地面积近 2 000 万 hm^2。占总耕地面积的 1/5,主要是镉、汞和铅污染。

(二)农业生产环节中的污染

1.农用化学物质污染

化肥、农药和农膜是我国用量最大的农用化学物质,对提高作物产量起着重要的作用。农用化学物质用量逐年上升,其污染不断扩大,已直接影响农产品品质和人民生命安全,并威胁生态安全;同时以散养为主的畜禽养殖造成的污染,也对农业环境造成威胁。

2.农业废弃物的污染

(1)农膜残膜污染。据统计,我国农膜年残留量高达 35 万 t,残膜率达 42%,有近一半的农膜残留在土壤中。农膜碎片(残膜)进入土壤后,会严重改变土壤物理性质,影响土壤的透气性,阻碍农作物根系吸收水分及根系生长,导致农作物减产。农膜污染已成为当前农业生态环境污染的重要问题之一。

(2)畜禽粪便污染。我国畜禽养殖业在迅速发展的同时,畜禽养殖带来的污染问题日渐突出,成为我国农业产地环境的主要污染源。由于绝大多数养殖场没有污水处理设施,直接超标排入农业环境,畜禽污染造成了水体富营养化、水质恶化,致使土壤板结和盐渍化。

(三)在加工、贮藏、运输和销售中的污染

果品贮藏保鲜采用的防腐剂、杀菌剂等常会引起果品污染,运输和销售的各环节也会造成果品污染,为此需要建立安全可靠的采后处理系统,按市场要求进行严格分级、清洗、消毒、打蜡、包装、储运,防止采后污染。

四、绿色果品的组织管理要求

绿色果品组织管理遵循绿色食品管理体系要求,绿色食品生产是一个严密的系统工程,其生产管理需要四大体系作支撑:

(一)严密的质量标准体系

绿色食品产地环境质量标准、生产技术标准、产品标准、产品包装标准和贮藏、运输标准构成了绿色食品一个完整的质量标准体系。

(二)全程质量控制措施

绿色食品生产实施“从土地到餐桌”全程质量控制,以保证产品质量。

(三)科学、规范的管理手段

我国绿色食品实行统一、规范的标志管理,绿色食品标志是在国家市场监督管理总局注册

的商标,受《中华人民共和国商标法》严格保护,在具体运作上完全按商标性质处理。因此,绿色食品在认定的过程中是质量认证行为,在认定后就成了商标管理行为,即绿色食品标志管理将质量认证和商标管理相结合。实现这个结合使绿色食品的认定既具备产品质量认证的严格性和权威性,又具备商标使用的法律地位。

(四)高效的组织网络系统

中国绿色食品发展中心构建了三个组织管理系统,并形成了高效的网络:一是在全国各地委托了分支管理机构,协助和配合中国绿色食品发展中心开展区域性工作;二是委托全国各地有省级计量认证资格的环境监测机构负责绿色食品产地环境监测与评价;三是委托区域性的食品质量监测机构负责绿色食品产品质量监测。绿色食品组织网络建设采取委托授权的方式,并使管理系统与监测系统分离,保证了绿色食品监督工作的公正性及绿色食品开发管理的科学性。

工作任务一　绿色果品生产技术规程拟定

一、任务目标

(1)掌握绿色果品生产技术规程拟定内容及程序。
(2)能够模拟完成常见果树绿色果品生产技术规程。

二、任务内容

(1)绿色果品环境要求与园地选择。
(2)绿色果品苗木选择与栽植计划。
(3)绿色果品整形修剪、花果管理、病虫害防治、果实采收管理技术要点。
(4)绿色果品农药、化肥使用标准。
(5)绿色果品生产技术规程编写说明。

三、任务考核

态度:不迟到早退,态度端正,认真、仔细,遵守纪律。

知识:掌握绿色果品生产过程管理知识,熟悉绿色果品生产资料使用标准,环境要求标准,生产技术标准。

技能:能够正确陈述绿色果品生产技术规程主要内容,并能够根据实际完成绿色果品生产技术规程编写。

结果:按时完成绿色果品生产技术规程,内容完整,操作过程规范正确。

必备知识三　了解绿色果品标准体系

绿色果品标准体系是以国家标准为基础，参照国际标准和国外先进标准制定的，既符合我国国情，又具有国际先进水平，从发展经济和保护生态环境相结合的角度规范绿色果品生产者的经济行为。目前国际市场对绿色果品的需求远远大于生产，这就为符合绿色果品标准的产品提供了广阔的市场。

我国绿色果品标准体系主要参照了以下技术标准：

①欧盟关于有机农业及其有关农产品和食品条例(第 2092/91)；

②国际有机运动联盟(IFOAM)有机农业和食品加工基本标准；

③国际食品法典委员会(CAC)标准；

④我国国家环境标准；

⑤我国果品质量标准；

⑥我国绿色果品生产技术研究成果。

绿色果品标准体系从属于绿色食品标准体系，属同一体系结构。我国目前制定的绿色食品标准体系包括：产地环境要求、生产操作、生产资料使用、绿色食品产品与包装、绿色食品贮藏运输、绿色食品标签及其他相关标准(图 1-1)。我国绿色食品标准是国家行业标准，绿色食品生产企业必须严格执行。绿色食品标准体系，是借鉴国内外相关标准、结合绿色食品工程所必须依据的技术性文件而建立起来的，是绿色食品生产者的生产技术规范，也是绿色食品质量认证的基础与准则。

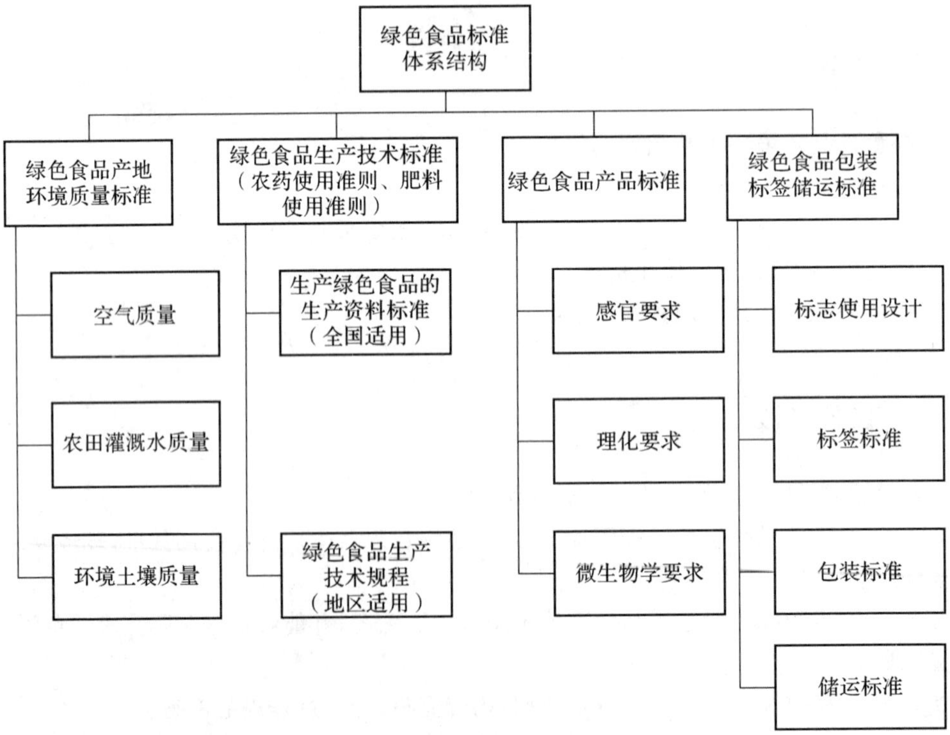

图 1-1　绿色食品标准体系

一、绿色果品产地的环境标准

绿色果品产地环境标准遵循《绿色食品　产地环境质量标准》(NY/T 391—2021)。该标准强调绿色食品(果品)产地的环境包括水、土壤、大气必须良好,目的是确保最终产品不受污染。该标准要求,农业初级产品或食品的主要原料,其生长区域内没有工业企业的直接污染。水域上游、上风口没有污染源对该区域构成污染威胁,使该区域内的大气、土壤、灌溉用水质量均符合绿色果品的环境质量标准,并有一套保证措施,确保该区域在今后的生产过程中环境质量不下降。

二、绿色果品生产技术标准

绿色果品生产过程控制是绿色果品质量控制的关键环节,绿色果品生产过程标准是绿色果品标准体系的核心。绿色果品生产过程标准包括两部分:生产资料使用准则和生产操作规程。生产资料使用准则是对生产绿色果品过程中物质投入的原则性的规定,它包括农药、肥料的使用准则。

1. 绿色果品生产的农药使用准则

绿色果品生产的农药使用准则遵循《绿色食品　农药使用准则》(NY/T 393—2020),应从作物—病虫草等整个生态系统出发,综合运用各种防治措施,创造不利于病虫草害滋生和有利于各类天敌繁衍的环境条件,保持农业生态系统的平衡和生物多样化,减少各类病虫草害所造成的损失。

按照绿色果品使用农药准则合理选用农药。生产绿色果品病虫害防治应严格执行农药品种使用准则。

(1)提倡使用农药品种。

①微生物源农药:农抗 120、多氧霉素(宝丽安)、Bt(苏云金杆菌)、杀螟杆菌、白僵菌等。

②植物源农药:烟碱、绿保威(疏果净)、辣椒水、菌迪、除虫菊酯等。

③矿物源农药:石硫合剂、波尔多液、柴油乳剂、索利巴尔。

④性引诱剂品种:桃小食心虫性引诱剂及枣黏虫性引诱剂等。

⑤农用抗生素类品种(A 级允许):阿维菌素、浏阳霉素、华光霉素、土霉素、四环素、农用链霉素等。

⑥昆虫生长调节剂品种:灭幼脲 3 号、定虫隆、氟铃脲、卡死克等。

(2)禁止使用高毒高残留农药品种。

①有机磷高毒品种:对硫磷、甲基对硫磷、久效磷、甲胺磷、氧化乐果、甲拌磷、乙拌磷及致突变作用较弱的杀螟硫磷。

②氨基甲酸类高毒品种:灭多威、呋喃丹等。

③有机氯类高毒高残留品种:六六六、滴滴涕、三氯杀螨醇。

④有机砷类高毒高残留品种:福美胂及无机砷制剂等。

⑤二甲基脒类中毒致癌品种:杀虫脒等。

⑥氟制剂慢性中毒品种：氟乙酰胺、氟化铵等。

(3)限制使用的中等毒性农药品种。生产 A 级绿色果品可以限量使用。

①拟除虫菊酯类农药：三氟氯氰菊酯、甲氰菊酯、联苯菊酯、顺式氰戊菊酯等。

②有机磷类品种：乐斯本、哒螨灵、二溴灵、扑海因等低毒、低残毒农药等。

这类农药在果树生长期内一般只允许喷 1 次，施药期与采收期间隔 30 d 以上。而 AA 级绿色果品则只能使用生物源农药(包括微生物源农药、动物源农药、植物源农药)和矿物源农药(表 1-2)。

表 1-2 A 级与 AA 级绿色食品用药比较

农药品种		A 级绿色食品	AA 级绿色食品
植物源农药		√	√
动物源农药		√	√
微生物源农药	农用抗生素	限制	限制
	活体微生物	限制	限制
矿物油制剂		√	√
植物油制剂		√	√
矿物源农药	硫制剂	√	√
	铜制剂	√	√
有机合成	低毒低残留	限制	×
化学农药	高毒高残留	×	×
除草剂和植物生长调节剂		限制	×

注：√表示允许使用；×表示禁用；限制表示限量使用。

2. 绿色果品生产的肥料使用准则

绿色果品生产肥料使用准则遵循《绿色食品　肥料施用准则》(NY/T 394—2023)。必须满足以下条件：①保护和促进使用对象的生长及其品质的提高；②不造成使用对象产生和积累有害物质，不影响人体健康；③对生态环境无不良影响。规定农家肥是绿色食品的主要养分来源。准则中规定生产绿色食品允许使用的肥料有七大类 26 种。

在 AA 级绿色食品生产中除可使用铜、铁、锰、锌、硼、钼等微量元素及硫酸钾、煅烧磷酸盐外，允许使用农家肥料和腐殖酸肥、微生物肥、有机复合肥、叶面肥等。不准使用其他任何化学合成肥料，需和国际有机食品规定接轨。A 级绿色食品生产中则允许限量使用部分化学合成肥料(但仍禁止使用硝态氮肥)，以对环境和作物(品质和植物抗性)不产生不良后果的方法进行使用。坚决禁止使用城市垃圾和污泥肥料，同时有机肥必须经过无害化处理才能使用。

3. 绿色果品生产技术规程制定

绿色果品生产操作规程是绿色食品生产资料使用准则在一个树种上的细化和落实。应根据申报产品的特点，因地制宜编制具备科学性、可操作性的种植规程。绿色果品生产操作规程主要包括品种选择、育苗、建园、土肥水管理、花果管理、整形修剪、病虫防治、采收等 8 个环节中必须遵守的规定。其主要内容如下：

(1)植保方面。农药的使用在种类、剂量、时间和残留量方面都必须符合生产绿色食品的农药使用准则。

(2)果树栽培方面。肥料的使用必须符合生产绿色食品的肥料使用准则,有机肥的施用量必须达到保持或增加土壤有机质含量的程度。

(3)品种选育方面。尽可能选育适应当地土壤和气候条件,并对病虫草害有较强的抵抗力的高品质优良品种。

(4)在耕作制度方面。尽可能采用生态学原理,保持生物的多样性,减少化学物质的投入。

三、绿色果品的产品标准

绿色果品的产品标准是参照国际、国家、部门、行业标准制定的,通常高于或等同于现行标准,一般还增加了检测项目。绿色果品产品标准包括“质量标准”和“卫生标准”两部分,其中卫生标准包括农药残留、有害重金属污染、有害微生物污染。卫生标准要求一般严于国家现行标准。

AA 级绿色果品的产品标准,要求在产品中不得检出化学合成农药,其他指标应达到农业部 A 级绿色食品产品行业标准。

绿色果品产品标准是衡量最终产品质量的尺度,是树立绿色果品形象的主要标志,也反映了绿色果品生产、管理及质量控制的水平。

绿色果品产品标准制定的依据是在国家标准的基础上,参照国外先进标准或国际标准。在检测项目和指标上,严于国家标准;对严于国家执行标准的项目及其指标都有文献性的科学依据或理论指导,有些还进行了科学试验。

1. 感官要求

包括外形、色泽、气味、口感、质地等,是绿色果品优质性的最直观体现。绿色果品产品标准有定性、半定量、定量标准,其要求严于非绿色果品,以苹果为例,分为以下 3 个等级:

(1)优等品。该级的苹果必须品质极优,且在形状、大小和颜色方面,具有该品种的特性,果柄必须完整。苹果的果肉必须十分完整,无损伤。苹果必须没有缺陷。但在不影响果实总体外观、品质、耐贮性和包装外观的情况下,可以允许有非常轻微的表面缺陷。

(2)一等品。该级苹果品质优良,且在形状、大小和颜色方面,具有该品种的特性。苹果的果肉必须十分完整,无损伤。在不影响果实总体外观、品质、耐贮性和包装外观的情况下,可以允许有下列缺陷:形状有轻微缺陷;发育有轻微缺陷,颜色有轻微缺陷,果皮有轻微缺陷。但是不能超过如下规定:长圆形果皮缺陷不超过 2 cm;有缺陷的表皮面积不超过 1 cm^2,但黑心病除外(其累计面积不得超过 0.25 cm^2),轻微擦伤不得超过 1 cm^2,且没有褪色的果实;可以没有果柄,但是果柄口必须清洁,果柄周围的果皮没有损伤。

(3)二等品。该级苹果达不到以上两个等级的要求,但是符合上述规定的最低要求。苹果的果肉不能有严重的缺陷。在不影响果实品质、耐贮性和外观等品种基本特性的情况下,允许有以下缺陷:形状方面的缺陷;发育方面的缺陷;颜色方面的缺陷;果皮缺陷,但是不超过以下指标:长圆形缺陷不超过 4 cm;苹果的其他缺陷总面积不超过 2 cm^2,包括轻微变色的擦伤,但黑心病除外(其累计面积不得超过 1 cm^2);轻微的变色痕迹不超过 1.5 cm^2。

根据苹果横断面积的最大直径或重量来确定苹果的大小，按照以下最小直径需要对苹果的所有等级进行分级(表 1-3、表 1-4)。

表 1-3 绿色食品苹果果实大小等级标准 mm

果型	优等品	一等品	二等品
大型果	≥75	≥70	≥65
中型果	≥70	≥65	≥60

表 1-4 绿色食品苹果果实表面颜色指标 %

品种	优等品	一等品	二等品
元帅系	浓红≥75	浓红≥66	浓红≥50
富士系	红或条红≥75	红或条红≥66	红或条红≥50
津轻	红或条红≥75	红或条红≥66	红或条红≥50
乔纳金	鲜红或浓红≥75	鲜红或浓红≥66	鲜红或浓红≥50
秦冠	红≥75	红≥66	红≥50
国光	红或条红≥75	红或条红≥66	红或条红≥50

2. 理化要求

包括应有成分指标，如蛋白质、脂肪、糖类、维生素等，这些指标不能低于国际标准；同时包括不应有的成分指标，如汞、铬、砷、铅、镉等重金属和六六六、DDT 等国家禁用的农药残留，要求与国外先进标准或国际标准接轨(表 1-5、表 1-6)。

3. 微生物学要求

微生物污染指标必须相当或严于国家标准的限定，例如菌落总数、大肠菌群、致病菌(金黄色葡萄球菌、溶血性链球菌、志贺菌及沙门菌)、粪大肠杆菌、霉菌等。

表 1-5 绿色果品主要理化指标要求

果品	品种	硬度/(kg/cm²)	可溶性固形物含量/%	总酸量/%	固酸比
苹果	元帅系	>16.5	≥11.0	≤0.3	
	富士系	≥7.0	≥14.0	≤0.4	
	津轻	≥5.5	≥13.0	≤0.4	
	乔纳金	≥5.5	≥14.0	≤0.4	
	秦冠	≥6.0	≥13.0	≤0.4	
	国光	≥8.0	≥13.0	≤0.6	
	金冠	≥7.0	≥13.0	≤0.4	
	印度青	≥8.0	≥14.0	≤0.3	
	王林	≥7.0	≥14.0	≤0.3	

续表 1-5

果品	品种	硬度/(kg/cm²)	可溶性固形物含量/%	总酸量/%	固酸比
梨	鸭梨	4.0～5.5	≥10.0	≤0.16	≥62.5∶1
	酥梨	4.0～5.0	≥11.0	≤0.10	≥110∶1
	莱阳梨	6.5～9.0	≥11.0	≤0.10	≥110∶1
	雪花梨	7.0～9.0	≥11.0	≤0.12	≥92∶1
	香水梨	6.0～7.5	≥12.0	≤0.25	>48∶1
	长把梨	7.0～9.0	≥10.5	≤0.35	≥30∶1
	秋白梨	11.0～12.0	≥11.2	≤0.20	≥56∶1
	早酥梨	7.1～7.8	≥11.0	≤0.24	≥46∶1
	新世纪梨	5.5～7.0	≥11.5	≤0.16	≥72∶1
	库尔勒香梨	5.5～7.5	≥11.5	≤0.10	≥115∶1
桃	极早熟品种	4.0～5.5	≥8.5	≤2.0	≥10∶1
	早熟品种	4.0～5.5	≥9.0	≤2.0	≥10∶1
	中熟品种	6.5～9.0	≥10.0	≤2.0	≥10∶1
	晚熟品种	7.0～9.0	≥10.0	≤2.0	≥10∶1
	极晚熟品种	6.0～7.5	≥10.0	≤2.0	≥10∶1
	生理成熟果	7.0～9.0	≥6.0	≤1.5	>6∶1.5

表 1-6 主要绿色果品果实卫生质量指标要求 mg/kg

项目		苹果	梨	桃	葡萄
敌敌畏	≤	0.02	0.02	0.1	0.05
乐果	≤	0.02	0.02	0.5	0.05
杀螟硫磷	≤	0.02	0.02	不得检出	0.02
倍硫磷	≤	0.02	0.02	不得检出	
溴氰菊酯	≤			0.05	
以 Cd 计	≤	0.03	0.03	0.03	0.01
以 Hg 计	≤	0.005	0.01	0.005	0.005
以 Pb 计	≤	0.05	0.1	0.05	0.2
以 As 计	≤	0.10	0.1	0.1	0.2

四、绿色果品的包装标准

绿色果品包装标准遵循绿色食品包装标准的原则，包括包装的要求、包装材料的选择、包装尺寸、包装检验、抽样、标志与标签、贮存与运输等内容。主要有以下三方面：

(1)根据不同的绿色果品选择适当的包装材料、容器、形式和方法，以满足果品包装的基本要求。

(2)包装的体积和质量应限制在最低水平，包装实行减量化、精品化、无害化。

(3)在技术条件许可与商品有关规定一致的情况下，应选择可重复使用的包装；若不能重复使用，包装材料应可回收利用；若不能回收利用，则包装废弃物应可降解。

绿色果品包装上的标志应符合《中国绿色食品商标标志设计使用规范手册》的要求，取得绿色食品标志资格的单位和个人应采用其标志于产品的内外包装。《中国绿色食品商标标志设计使用规范手册》对绿色果品标志的标准图形、标准字体、图形与字体的规范组合、标准色、广告用语均做了严格规定。

AA级绿色果品包装采用有关包装材料的国家标准《食品安全国家标准　预包装食品检签通则》(GB 7718—2001)及其他有关规定，AA级绿色果品标志与标准字体为绿色，底色为白色。A级绿色食品的包装标准同AA级，其差异是标志与标准字体为白色，底色为绿色。

五、绿色果品储藏、运输标准

绿色果品储藏、运输标准遵循《绿色食品　储藏运输准则》(NY/T 1056—2021)对储藏、运输的条件、方法、时间所做的具体规定，这利于保证绿色果品在储运过程免遭污染、保持品质，利于环保和节能。

1.绿色果品对储藏的要求

为确保绿色果品安全、营养、优质，在储藏运输过程必须做到：

(1)绿色果品不能与非绿色果品、A级绿色果品不能与AA级绿色果品混堆和混运，禁止与其他农药、化肥及其他化学制品一起储藏、混运。

(2)储藏绿色果品时，环境要洁净卫生，不能有污气、污水、污物的污染，储藏室要通风，温、湿度等要符合特定绿色果品的要求。

(3)尽可能采取低温储藏和气调储藏，严禁辐射储藏和有害的化学储藏。所用的化学保鲜剂应符合绿色果品添加剂使用准则。

(4)用盐或糖腌渍的储藏方法，其盐与糖的质量应符合国家相应质量一级以上，要有权威部门的检验合格报告。腌渍的环境应干净卫生，没有污染源。

(5)烟熏储藏时，所用的燃料和所产生的烟应不对绿色果品造成污染，禁止用熏硫保鲜食品。

2.绿色果品对运输的要求

绿色果品在运输中，所选用的运输设备应干净卫生、没有虫鼠害；要根据不同的食品、不同的季节、不同的包装、不同的储藏条件，采取确定符合需要的运输设备与环境条件；易碎、易破、易损伤、易变质的果品，都要有相应的包装与运输方法。

六、其他相关标准

绿色食品诞生以来，除了制定颁发了以上标准，还出台了《绿色食品　肥料使用准则》《绿色食品　农药使用准则》《绿色食品　食品添加剂使用准则》和《绿色食品　产地环境质量》等。这些标准不是绿色果品生产与质量控制所必需的，只是作为促进质量控制与管理工作的辅助性标准，生产实践中采用这些辅助性标准对改善生态环境和提高果品质量有积极的效果。

必备知识四　开展绿色果品申报与认证

一、绿色果品的管理体系及认证机构

绿色果品的管理体系及认证机构直属于中国绿色食品管理体系和认证机构，运作方式相似，中国绿色食品发展中心是我国唯一的从事绿色食品认证工作的机构，其于 2002 年通过了国家认证认可监督管理委员会批准登记。

中国绿色食品发展中心是负责全国绿色食品开发和管理工作的专门机构，该中心现已在全国 31 个省、自治区、直辖市委托分支管理机构、定点委托绿色果品产地环境监测机构和绿色果品产品质量检测机构，从而形成了一个覆盖全国的绿色食品认证管理、技术服务和质量监督网络。

二、绿色果品的申报与认证

(一)认证流程

绿色果品遵循绿色食品的申报与认证程序(图 1-2)。

(1)果品产地必须符合绿色果品生态环境质量标准。

(2)果品生产必须符合绿色果品生产操作规程。

(3)果品质量必须符合绿色果品质量标准。

(4)果品的包装、储运必须符合绿色果品包装储运标准。

(二)申请主体的基本要求

申请人必须是企业法人、社会团体、民间组织，政府和行政机构等不可作为绿色果品申请人。同时，还要求申请人具备以下条件：

(1)具备绿色果品生产的环境条件和技术。

(2)生产具备一定规模，具有较完善的质量管理体系和较强的抗风险能力。

(3)加工企业须生产经营一年以上方可申请。

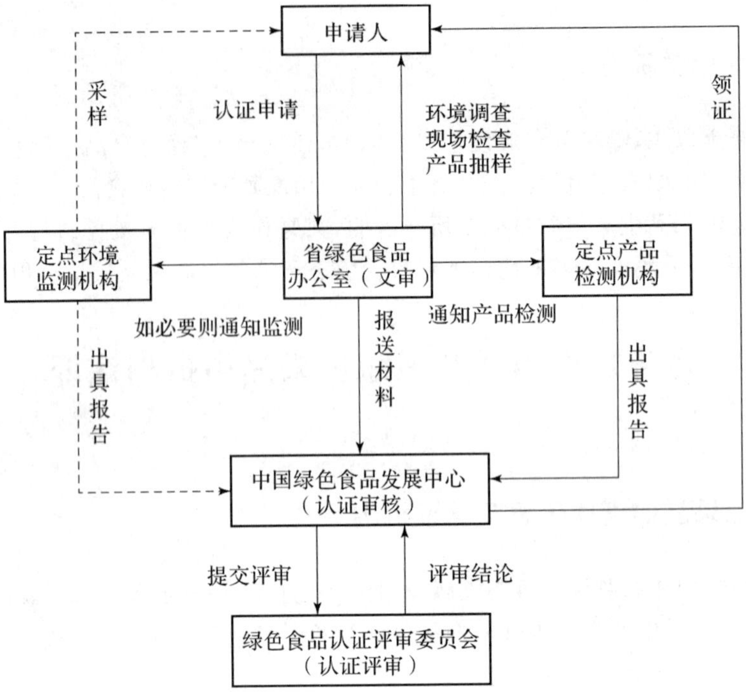

图 1-2 绿色果品认证流程

(4)有下列情况之一者,不能作为申请人:

①与中国绿色食品发展中心及各级绿色食品委托管理机构有经济和其他利益关系的;

②可能导致消费者对产品(原料)的来源产生误解或不信任的企业,如批发市场等;

③纯属商业经营的企业(如百货大楼、超市等)。

(三)绿色果品申请认证程序

为规范绿色果品认证工作,依据《绿色食品标志管理办法》,制定本程序。凡具有绿色果品生产条件的国内企业均可按本程序申请绿色果品认证。境外企业另行规定。

1. 认证申请

(1)申请人向中国绿色食品发展中心(以下简称中心)及其所在省(自治区、直辖市)绿色食品办公室、绿色食品发展中心(以下简称省绿办)领取"绿色食品标志使用申请书""企业及生产情况调查表"及有关资料,或从中心网站(网址:www.greenfood.agri.cn)下载。

(2)申请人填写并向所在地省绿办递交"绿色食品标志使用申请书""企业及生产情况调查表"及以下材料:

①保证执行绿色食品标准和规范的声明;

②生产操作规程(种植规程);

③公司对"基地+农户"的质量控制体系(包括合同、基地图、基地和农户清单、管理制度);

④产品执行标准;

⑤产品注册商标文本(复印件);

⑦企业营业执照(复印件);

⑧企业质量管理手册；

⑨要求提供的其他材料（通过体系认证的，附证书复印件）。

2. 受理及文审

（1）省绿办收到上述申请材料后，进行登记、编号，5个工作日内完成对申请认证材料的审查工作，并向申请人发出《文审意见通知单》，同时抄送中心认证处。

（2）申请认证材料不齐全的，要求申请人收到《文审意见通知单》后10个工作日提交补充材料。

（3）申请认证材料不合格的，通知申请人本生长周期不再受理其申请。

（4）申请认证材料合格的，执行第3条。

3. 现场检查、产品抽样

（1）省绿办应在《文审意见通知单》中明确现场检查计划，并在计划得到申请人确认后委派2名或2名以上检查员进行现场检查。

（2）检查员根据《绿色食品现场检查工作规范》和《绿色食品　产地环境调查、监测与评价规范》中规定的有关项目进行逐项检查。每位检查员单独填写现场检查表和检查意见。现场检查和环境质量现状调查工作在5个工作日内完成，完成后5个工作日内向省绿办递交现场检查评估报告和环境质量现状调查报告及有关调查资料。

（3）现场检查合格，可以安排产品抽样。凡申请人提供了近一年内绿色食品定点产品监测机构出具的产品质量检测报告，并经检查员确认，符合绿色食品产品检测项目和质量要求的，免产品抽样检测。

（4）现场检查合格，需要抽样检测的产品安排进行抽样：

①当时可以抽到适抽产品的，检查员依据《绿色食品　产品抽样准则》进行产品抽样，并填写"绿色食品产品抽样单"，同时将抽样单抄送中心认证处。特殊产品（如动物性产品等）另行规定。

②当时无适抽产品的，检查员与申请人当场确定抽样计划，同时将抽样计划抄送中心认证处。

③申请人将样品、产品执行标准、"绿色食品产品抽样单"和检测费寄送绿色食品定点产品监测机构。

（5）现场检查不合格，不安排产品抽样。

4. 环境监测

（1）绿色食品产地环境质量现状调查由检查员在现场检查时同步完成。

（2）经调查确认，产地环境质量符合《绿色食品　产地环境调查、监测与评价规范》规定的免测条件，免做环境监测。

（3）根据《绿色食品　产地环境调查、监测与评价规范》的有关规定，经调查确认，有必要进行环境监测的，省绿办自收到调查报告2个工作日内以书面形式通知绿色食品定点环境监测机构进行环境监测，同时将通知单抄送中心认证处。

（4）定点环境监测机构收到通知单后，40个工作日内出具环境监测报告，连同填写的"绿色食品环境监测情况表"，直接报送中心认证处，同时抄送省绿办。

5. 产品检测

绿色食品定点产品监测机构自收到样品、产品执行标准、“绿色食品产品抽样单”、检测费后，20 个工作日内完成检测工作，出具产品检测报告，连同填写的“绿色食品产品检测情况表”，报送中心认证处，同时抄送省绿办。

6. 认证审核

(1)省绿办收到检查员现场检查评估报告和环境质量现状调查报告后，3 个工作日内签署审查意见，并将认证申请材料、检查员现场检查评估报告、环境质量现状调查报告及“省绿办绿色食品认证情况表”等材料报送中心认证处。

(2) 中心认证处收到省绿办报送材料、环境监测报告、产品检测报告及申请人直接寄送的“申请绿色食品认证基本情况调查表”后，进行登记、编号，在确认收到最后一份材料后 2 个工作日内下发受理通知书，书面通知申请人，并抄送省绿办。

(3)中心认证处组织审查人员及有关专家对上述材料进行审核，20 个工作日内做出审核结论。

(4)审核结论为“有疑问，需现场检查”的，中心认证处在 2 个工作日内完成现场检查计划，书面通知申请人，并抄送省绿办。得到申请人确认后，5 个工作日内派检查员再次进行现场检查。

(5)审核结论为“材料不完整或需要补充说明”的，中心认证处向申请人发送“绿色食品认证审核通知单”，同时抄送省绿办。申请人需在 20 个工作日内将补充材料报送中心认证处，并抄送省绿办。

(6)审核结论为“合格”或“不合格”的，中心认证处将认证材料、认证审核意见报送绿色食品评审委员会。

7. 认证评审

(1)绿色食品评审委员会自收到认证材料、认证处审核意见后 10 个工作日内进行全面评审，并做出认证终审结论。

(2)认证终审结论分为两种情况：

①认证合格；

②认证不合格。

(3)结论为“认证合格”的，执行第 8 条。

(4)结论为“认证不合格”的，评审委员会秘书处在做出终审结论 2 个工作日内，将“认证结论通知单”发送申请人，并抄送省绿办。本生产周期内不再受理其申请。

8. 颁证

(1)中心在 5 个工作日内将办理证书的有关文件寄送“认证合格”申请人，并抄送省绿办。申请人在 60 个工作日内与中心签订“绿色食品标志商标使用许可合同”。

(2)中心主任签发证书。

(四)申请使用绿色食品标志所需材料

申请使用绿色食品标志应具备以下材料：

(1)企业的申请报告。

(2)“绿色食品标志使用申请书”(一式两份)。

(3)“企业生产情况调查表”。

(4)“农业环境质量监测报告”及“农业环境质量现状评价报告”。

(5)省委托管理机构考察报告及“企业情况调查表”。

(6)果品的执行标准。

(7)果品种植规程:

①规程的制定要因地制宜,具有科学性和可操作性。

②规程的制定要体现绿色食品生产特点,病虫草害防治应以生物、物理和机械方法为基础,施肥应以有机肥为基础。

③内容应详细,包括立地条件、品种和茬口(包括轮作方式)、育苗与移栽、种植密度、田间管理(肥、水)、病虫草鼠害的防治、收获及每亩产量等。

④农药使用应注明名称、剂型规格、标的、方法、使用次数及安全间隔期。

⑤需正式打印件,并加盖公章。

(8)企业营业执照复印件、商标注册证复印件。

(9)企业质量管理手册。

(10)购销合同(原件、附购销发票复印件)。

(11)其他。

以上材料均需按照要求规范填写。

(五)绿色食品标志申报材料编写要求

(1)要求申请人用钢笔或签字笔正楷如实填写“绿色食品标志使用申请书”“企业生产情况调查表”,或用A4纸打印,字迹整洁、术语规范、印章清晰;一份“绿色食品标志使用申请书”和“企业生产情况调查表”只能填报一个产品。

(2)所有表格栏目不得空缺,如不涉及本项目,应在表格栏目内注明“无”;如表格栏目不够,可附页,但附页必须加盖公章。

(3)申请认证材料应装订成册,编制页码,并附目录。

知识拓展

绿色食品申报表格如何填写

“绿色食品标志使用申请书”及“企业生产情况调查表”是绿色食品标志申报的两个核心文件,填写必须符合绿色食品农药、肥料及其他有关标准,具体要求如下:

(一)产品名称

“产品名称”栏应填写商品名(即产品包装上的名称),不可将一类产品(如蔬菜、水果、茶叶等)作为申请认证产品名称;对于原料配方基本一致,且加工工艺相同或相近的系列加工产品(如系列大米、系列冰激凌等)或同一产品申请在多个商标上使用的,可以以系列产品名称填写一份申请书,但在表一后要附报系列产品清单(包括产品名称、商标、申请认证产量和包装规格);一栏内不可多个产品混填。

(二)申请认证产量应以“kg”或“t”为单位

(三)表一“原料供应形式”栏

该栏主要填写申请认证企业与生产基地或原料供应单位间的关系，分3种形式：

(1)申请认证企业本身是原料生产单位，如农场、果园等，填写“自给”；

(2)申请认证企业有稳定基地，基地负责组织农户生产，填写“公司＋基地＋农户”“协议供应”“订单农业”等形式；

(3)从企业购买原料，填写“合同供应”。

对于畜禽、水产类申请认证企业，原料的供应包括两部分，即畜禽、水产品供应单位、饲料(饵类)供应单位。

(四)表二“农药与肥料使用情况”栏

(1)填写单位。该表由原料生产单位填写、加盖公章并负责。省、市、县级农技服务部门不可作为填写单位；

(2)“主要病虫害”一栏填写当年发生的病、虫、草害；

(3)“农药、肥料使用情况”栏填写当年使用情况；

(4)对于大田作物(包括蔬菜)，每667 m^2 施用农药“每次用量”单位应用g(mg)或L(mL)，不得用稀释倍数；对于果树、茶叶类，用稀释倍数；拌种用药单位以“g(mL)/kg种子”表示；

(5)每项必须填写，不得涂改(如属笔误，进行杠改)；

(6)该表不可多个产品混填。

(五)表三“畜(禽、水)产品饲养(养殖)情况表”栏

(1)填写单位。该表由饲养(养殖)单位填写、加盖公章并负责。省、市、县级畜牧、兽医(水产)服务部门不可作为填写单位；

(2)“饲料构成情况”栏应根据不同饲养阶段构成情况分别填写。“成分名称”栏应将全部饲料成分(包括预混料及具体配方)全部列出，不得用“其他”等含糊字样；比例填写用百分数(%)表示，依据用量大小，从大到小填写；“来源”详细填写，不可用“外购”“来自基地”等含糊术语。

(3)“药剂使用情况”栏应详细填写所用药剂(包括疫苗、消毒剂)的使用情况；“使用量”单位用“mg/kg或mg/L”；

(4)每项必须填写，不得涂改(如属笔误，进行杠改)；

(5)该表不可多个产品混填。

(六)表四“加工产品生产情况”栏

(1)填写单位。该表由负责产品生产加工的单位填写、盖章并负责；

(2)执行标准。有绿色食品产品标准的。须执行绿色食品产品标准；

(3)“原料基本情况”栏“名称”项应全部列出，按用量大小，由大到小填写；“比例”用百分数(%)表示；“来源”不可填写“外购”等含糊术语；

(4)“添加剂使用情况”栏“名称”不可缩写，不可填写“甜味剂”“色素”“香精”等集合名称，应填写通用名称；“用量”栏用千分数(‰)表示，不可用“kg”“g”等单位；“备注”栏内应注明添加利品牌及生产单位；

(5)每项必须填写，不得涂改(如属笔误，进行杠改)；

(6)该表不可多个产品混填。

三、绿色果品标志及管理

绿色果品使用绿色食品标志，服从绿色食品标志管理。

（一）绿色食品标志

绿色食品标志图形由三部分构成：上方的太阳、下方的叶片和蓓蕾，象征自然生态；标志图形为正圆形，意为保护、安全；颜色为绿色，象征着生命、农业、环保。AA 级绿色食品标志与字体为绿色，底色为白色。A 级绿色食品标志与字体为白色，底色为绿色。整个图形描绘了一幅阳光照耀下的生机勃勃的画图，告诉人们绿色食品是出自纯净、良好生态环境的安全、无污染食品，能给人们带来蓬勃的生命力。绿色食品标志还提醒人们要保护环境和防止污染，通过改善人与环境的关系，创造自然界新的和谐。

绿色食品标志是指“绿色食品”、“Greenfood”、绿色食品标志图形及这三者相互组合等四种形式，注册在以食品为主的共九大类产品上，并扩展到肥料等绿色食品相关产品上。绿色食品标志商标作为特定的产品质量证明商标，已由中国绿色食品发展中心在原国家工商行政管理总局注册，其商标专用权受法律保护。凡具有生产“绿色食品”条件的单位和个人自愿使用“绿色食品”标志者，须向中国绿色食品发展中心或省（自治区、直辖市）绿色食品办公室提出申请，经有关部门调查、检测、评价、审核、认证等一系列过程，合格者方可获得“绿色食品”标志使用权。标志使用期为 3 年，到期后必须重新检测认证。这样既有利于约束和规范企业的经济行为，又有利于保护广大消费者的利益。

绿色食品商标，已在原国家工商行政管理总局注册的有以下形式（图 1-3）。

A级绿色食品标志图　　AA级绿色食品标志图

图 1-3　A 级及 AA 级绿色食品标志图

（二）绿色食品的编号

绿色食品的编号有新旧两种形式。2004 年以后申请认证的产品一般使用新编号形式。

1. 旧编号的形式及代码

为 LB－××－××××××××××。其中每个符号、每一位或一组数字都代表一定的意义。

LB是标志代码。第二组数字是产品分类，如07是表示林果类产品。后十位数字的含义分别是：前两位是批准使用的年度；第三、四位表示该产品产地的国别；第五、六位表示企业所属地区，如01是北京、26是陕西；第七、八、九位表示当年产品的序号；第十位表示产品的分级，“1”表示A级，“2”表示AA级。旧的编号到期后更换为新的编号形式。

2.新编号的形式及代码

为LB－××－××××××××××A(AA)。新编号相对现行做了如下修订：

(1)产品类别代码仍为两位数，而产品分类由7大类55小类调整为5大类57小类，按小类编号；

(2)认证时间代码由两位数增加到四位数，使显示的时间由年份延伸到月份；

(3)将产品国别代码和绿办代码合并为省份(国别)代码，各省(区、市)按全国行政区划的序号编码；国外产品，从第51号开始，按各国第一个绿色食品产品认证的先后顺序编排该国家代码；中国不编代码；

(4)产品序号代码由三位数增加到四位数；

(5)将表示A级产品、AA级产品的1、2代码分别改为英文字母A、AA(表1-7)。

表1-7 绿色食品编号表达式及含义

编号的代码意义	LB	××	××	××	××	××××	A(AA)
	标志代码	产品类别	认证年份	认证月份	省份(国别)	产品序号	产品级别
举例	LB	18	15	11	06	0028	A
	绿标	鲜果类	2015	11	辽宁	第28个	A级

(6)绿色食品新编号制度的主要内容：

①继续实行“一品一号”原则。现行产品编号只在绿色食品标志商标许可使用证书上体现，不要求企业将产品编号印在该产品包装上。

②为每一获证企业建立一个可在续展后继续使用的企业信息码。要求将企业信息码印在产品包装上原产品编号的位置，并与绿色食品标志商标(组合图形)同时使用。没有按期续展的企业，在下一次申报时将不再沿用原企业信息码，而使用新的企业信息码。

③企业信息码的编码形式为GF××××××××××××。GF是绿色食品英文“green food”头一个字母的缩写组合，后面为12位阿拉伯数字，其中第1～6位为地区代码(按行政区划编制到县级)，第7～8位为企业获证年份，第9～12位为当年获证企业序号。

④完善绿色食品标志商标许可使用证书。一是在证书原有内容的基础上增加企业信息码；二是采用证书复印防伪技术，增加水印底纹，防止证书复印件涂改造假。

⑤建立监管信息查询系统。在中心建立企业查询数据库，向社会公开，可通过访问中心网站(www.greenfood.org.cn)获得企业认证产品信息。

⑥新旧编号制度的过渡：为便于企业消化库存包装，2009年8月1日前已获证的产品在有效期内可以继续使用印有原产品编号的包材，待再次印制包材或续展后启用新编号方式过渡期三年。

(7)为适应新时期绿色食品事业发展，自 2018 年 1 月 1 日起中心对绿色食品编号又做了调整，即将产品序号从 4 位调整为 5 位，最新的绿色食品编号 LB 后共 13 位数字。

绿色果品使用绿色食品标志，绿色食品标志是注册商标，用以标识、证明无污染的安全、优质、营养类食品及与此类食品相关的事物，必须依据《绿色食品标志管理办法》执行。

(三)绿色食品标志与一般商品标志的区别

绿色食品标志作为质量证明商标标志，有三条一般商品标志不具备的特定含义：

(1)有一套特定的标准——绿色食品标准；

(2)有专门的质量保证机构和标志管理机构；

(3)标志商标注册人在产品上只有该标志商标的转让权、授予权，无使用权。

(四)绿色食品标志使用规范

绿色食品的质量保证涉及国家利益，也涉及消费者的利益，全社会都应该从这个利益出发，加强对绿色食品的质量及标志正确使用的监督、管理。

根据《绿色食品标志管理办法》的规定，各企业取得绿色食品标志使用权的产品，在使用绿色食品标志时应注意以下几点：

(1)绿色食品标志在产品上使用时，须严格按照相关规范要求正确设计，并经中国绿色食品发展中心审定。

(2)使用绿色食品标志的单位和个人须严格履行“绿色食品标志使用协议”。

(3)作为绿色食品生产企业，改变其生产条件、工艺、产品标准及注册商标前，须报经中国绿色食品发展中心批准。

(4)由于不可抗拒的因素暂时丧失绿色食品生产条件，生产者应在一个月内报告省绿办、中国绿色食品发展中心两级绿色食品管理机构，暂时停止使用绿色食品标志，待条件恢复后，经中国绿色食品发展中心审核批准，方可恢复使用。

(5)绿色食品标志编号的使用权，以核准使用的产品为限。未经中国绿色食品发展中心批准，不得将绿色食品标志及其编号转让给其他单位或个人。

(6)绿色食品标志使用权自批准之日起三年有效。要求继续使用绿色食品标志的，须在有效期满前 90 天内重新申报，未重新申报的，视为自动放弃其使用权。

(7)使用绿色食品标志的单位和个人，在有效的使用期限内，应接受中国绿色食品发展中心指定的环保、食品监测部门对其使用标志的产品及生态环境进行抽检，抽检不合格的，撤销标志使用权，在本使用期限内，不再受理其申请。

(8)对侵犯标志、商标专用权的，被侵权人可以根据《中华人民共和国商标法》向侵权人所在地的县级以上工商行政管理部门要求处理，也可以直接向人民法院起诉。

(五)绿色食品标志的管理

绿色食品标志的管理分为法律管理、行政管理、消费者监督管理。

绿色食品标志是一种质量证明商标，使用时必须遵守《中华人民共和国商标法》的规定，一切假冒、伪造或使用与该标志近似的标志，均属违法行为，各级工商行政部门均有权依据有关法律和条例予以处罚。

中国绿色食品发展中心是代表国家管理绿色食品事业发展的唯一权力机构，并依照《绿色食品标志管理办法》对标志的申请、资格审查、标志颁发及使用等进行全面管理。各省(市)绿色食品办公室是受中国绿色食品发展中心委托的管理部门，履行由中国绿色食品发展中心划定的职责。

在各地政府的领导和支持下，直接为绿色食品企业服务。中国绿色食品发展中心在全国范围内设立的食品监测网，及各地绿办委托的环保机构形成的监测网，对绿色良品生态环境及产品质量进行技术性监督管理。

工作任务二　编写绿色果品认证文本

一、任务目标

(1)掌握绿色果品认证文本的编写过程及要求。

(2)能够完成绿色果品认证文本编写，完成绿色果品认证。

二、任务内容

通过课前预习，利用网络收集“绿色食品标志使用申请书”、“企业生产情况调查表”、“企业情况调查表”、产品执行标准及产品种植规程。并按要求准备以下材料，打印装订成册，熟练掌握绿色食品文本编写材料准备及编写要求。

(1)企业的申请报告；

(2)“绿色食品标志使用申请书”；

(3)“企业生产情况调查表”；

(4)“农业环境质量监测报告”及“农业环境质量现状评价报告”；

(5)省委托管理机构考察报告及“企业情况调查表”；

(6)产品的执行标准；

(7)产品及产品种植规程；

(8)企业营业执照复印件、商标注册证复印件；

(9)企业质量管理手册；

(10)生产资料购销合同(原件、附购销发票复印件)。

三、任务考核

态度：不迟到早退，态度端正，认真、仔细，遵守纪律。

知识：掌握绿色果品认证流程及文本要求，熟悉绿色果品认证材料编写规范。

技能：能够完成绿色果品认证文本编写，并能够根据实际模拟完成绿色苹果认证文本编写。

结果：按时完成所有申报文本模拟制作，内容完整，文本规范，符合认证要求。

知识拓展

我国果树栽培历史和绿色果品生产关键技术

一、悠久的栽培历史

1.早期驯化

先秦时期，人类开始逐步驯化栽培野生果树。公元前13世纪商代已能利用较多的果树，并使部分驯化进入半栽培状态。

2.汉代引种

汉代国力兴盛，对外交往增加，使者从大宛(今中亚)带回葡萄种子，在肥地种植，这是我国远距离引种的最早记载。

3.技术确立与发展

魏晋至隋唐、五代时期，传统果树栽培技术确立，并形成了一些新的果树生产基地，果品商品性生产有所发展。唐代时期，果树栽培技术又有了新的进展，如"接树"和"树砧"概念的提出，以及葡萄繁殖方式的转变(从种子繁殖到扦插繁殖)。

二、丰富多样的种质资源

1.种质资源种类

我国的果树种质资源十分丰富，包括多种具有利用价值的果树遗传物质。这些种质资源涵盖了各种种、变种、品种、品系和杂种，具有特定用途的野生种和栽培种，以及能直接用于生产的品种和品系。

2.原产果树种类

许多原产中国的果树种类，如白梨、花红、海棠、桃、李、杏、梅、中国樱桃、山楂、枣、板栗、柿、银杏、香榧、猕猴桃、荔枝、龙眼、枇杷、杨梅等，在世界果树栽培中占据重要地位。

3.引入果树种类

中国从世界各地引种果树的工作也早已开始，如葡萄和石榴的栽培种引入中国已有2 000年以上历史。这些引入的果树种类通过长期的栽培选择，形成了许多适应中国自然条件的生态类型和地方品种。

4.种质资源贡献

中国的果树种质资源也为世界果树品种改良做出了重要贡献，如桃和甜橙在世界各地普遍栽培，板栗、沙梨等分别为美国和欧洲的栗、梨等抗性育种提供了有价值的种质。

我国果树栽培具有悠久的历史和丰富多样的种质资源，这些资源为我国乃至世界的果树栽培和品种改良提供了重要的基础。

三、绿色果品生产关键技术

绿色果品生产区别于常规果品生产，必须遵循以下要求：

1. 园地选择

要求果园环境必须符合《绿色食品　产地环境质量》的要求。园地空气清新，应用水为深井水或水库水等清洁水源，土壤未受任何污染，有机质含量在1%以上，土层深厚，地下水位在1.5 m以下，土壤基本综合性状适宜果树生长，排灌设施齐全。

2. 选用抗逆性强的优良品种

绿色果品生产对品种的要求比较严格，因绿色果品生产过程中限制农药与化肥的使用，强调天然耕作管理，在这样的栽培条件下要确保高产优质，必须选用优质、抗病虫，耐病虫为害的品种。不仅可减少农药使用，避免再度发生污染，因此，在绿色果树生产中，要重视因地制宜选择好品种。同时要不断充实、改良、繁育、引进新的优良品种，也要注意保存发扬原有地方良种，保持遗传的多样性，禁用转基因品种，为绿色果品生产提供良种保障。

3. 推行生草覆盖土壤管理耕作制

绿色果园土壤管理的核心是为根系创造一个适宜、稳定的生长环境，土壤管理的最终目的是增加果园有机质含量，现行最有效的方法是推行生草覆盖土壤管理新机制，通过生草覆盖，增加有机质，改善果园生态环境，创造有利于天敌、昆虫、微生物生长的环境，维持生物的多样性，将土壤管理纳入果园生态系统管理当中去。通过生物间的相克相生，生产绿色果品。

4. 建立以有机肥为主的施肥制度

绿色果品生产中的施肥管理应认真执行《绿色食品　肥料使用准则》的有关规定，其过程应做到以下几点：

(1)有机肥施用种类。有机肥包括：堆肥、沤肥、厩肥、沼肥、绿肥、泥肥、饼肥等。这是一些含有大量生物物质、动植物残体、排泄物、生物废物等物质的肥料，特点是营养全面，肥效长，可改良土壤，促进微生物繁殖，是生产绿色果品的主要肥料来源。

(2)化肥使用。

AA级绿色食品：允许使用农家肥料，可就地取材，使用堆肥、饼肥、沼肥等有机全量肥，禁止使用城市垃圾和污泥；施叶面肥应按国家技术标准使用，在收获前20 d停施，以减少肥料污染；可扩大使用微生物肥。除了微量元素(Cu、Fe、Mn、Zn、B、Mo等)、硫酸钾、煅烧磷酸盐外，不允许使用其他化学合成肥料。

A级绿色食品：允许生产基地有限度使用部分化学合成肥料，但禁止使用硝态氮肥。化肥必须与有机肥配合使用，有机氮与无机氮之比为1∶1，大约厩肥1 000 kg加尿素20 kg，最后一次施用这些混合肥应在收获前30 d进行。城市的生活垃圾要经过无害化处理，质量达国家标准后才能使用，且每年每667 m^2农田限制用量，黏性土壤不超过3 000 kg，沙性土壤不超过2 000 kg，其他同AA级。

所有的农家肥制堆肥都要高温发酵，以杀灭菌类、虫卵及杂草种子，并除去有机酸和有害气体；商品肥及新型肥料必须通过有关部门的登记认证及生产许可。

5. 灌溉管理

绿色果品的灌溉水必须符合(农田灌溉水质标准)的有关要求。在重视灌溉用水质量要求的同时，要做好排水防涝防洪，要保护好水源，加强灌溉水的监测，防止因水质量原因影响绿色果品的生产。

6. 推行高光效修剪

绿色果品修剪与常规果树基本相似，选用便于机械操作的高光效树形(以苹果为例)，进行四季修剪，使果园覆盖率达到75%左右，每667 m^2 枝量达到10万～20万条，冬剪后7万～9万条，花芽：叶芽达到1：(3～4)为宜。每667 m^2 花芽量达到1.2万～1.5万个较好。

7. 病虫害综合防治

绿色食品生产病虫害防治贯彻"预防为主，综合防治"的方针，以农业防治和物理防治为基础，以生物防治为核心，维持果园生态平衡，结合适当的化学防治措施将病虫害的危害降低到最低限度。

(1)农业防治措施。实行作物的换茬轮作制度、间作套种制度等，控制和减少病虫害的发生。调整作物的播种期，避开病虫为害的高峰期；适度放宽病虫害防治指标，切忌见虫就治、除虫务净，要防止打保险药。适当保留少数害虫，可以为有益天敌提供一定数量的食料，有利于天敌的繁衍，且对作物整体也不造成危害。其实，害虫少量地吃掉一部分花、幼果、枝条，如同疏花、疏果、剪枝一样，不仅无害，而且有益。

(2)物理防治措施。①可利用害虫的趋光性进行灯光诱杀。如黑光灯可诱杀300多种害虫，而且被诱杀的多为成虫，有利于压低虫口密度。②诱集捕杀。有些害虫有选择特定潜伏条件的习性，可以有针对性地引诱捕杀。例如用杨树枝把诱集害虫进行捕杀是一项成功有效的办法。③食饵诱杀。利用害虫特别喜食的食物做诱饵，引其集中采食而消灭。如糖醋液诱蛾，马粪、麦麸诱集蝼蛄等。④黄板诱杀。即用30 cm×40 cm的纸板上涂橙黄广告色，或贴橙黄纸、外包塑料薄膜，在薄膜外涂上废机油诱杀成虫。⑤高温灭菌。霜霉病病原菌分生孢子在30 ℃以上时活动缓慢，42 ℃以上时停止活动而渐渐死亡。如日光温室、塑料大棚，通常是在晴天密闭条件下通过高温环境来灭菌的。

(3)生物防治措施。主要指利用有益生物或其代谢产物防治病虫害的一种方法。一般采取保护和利用害虫天敌，如利用青蛙、草蛉、蜘蛛、瓢虫、寄生蜂等或采取果园养鸡等措施防治果树害虫。其次是应用生物农药防治病虫害，如用苏云金杆菌、颗粒体病毒、多角体病毒、杀螟杆菌、青虫菌、白僵菌等微生物农药防治农作物的害虫；用井冈霉素、农抗120等农用抗生素防治农作物的病害，也可用迷乱搅向剂(性诱剂)干扰雌雄交配，达到防虫效果。

(4)有限度地使用化学农药。在生物防治、农业防治和物理防治措施使用后，仍然不能控制病虫害的情况下，绿色食品生产可以有限度地使用高效、低毒、低残留的农药。但要限定农药品种和用药量。每种农药每年使用不超过一次，而且要严格执行农药安全间隔期。严禁使用国家已公布禁用的农药品种，确保果品达到绿色食品的质量标准。

想一想

A级绿色食品和AA级绿色食品的施肥管理有什么区别？

项目小结

本项目介绍了绿色果品的概念、分级及发展历程，详细介绍了绿色果品从生产到认证的过程。绿色果品已成为世界消费的潮流，安全、无污染、富有营养的果品在市场独具魅力。欧盟消费者优先选择“绿色食品”，美国、日本有机食品销售额逐年提高，世界有机食品市场急剧扩大。随着人民生活水平提高，人们对生活质量更加重视，食品安全已成为全社会关注的热点，绿色食品在大中城市需求量增大，越来越多的人愿意花钱吃健康、吃安全。因此，我国大力发展绿色果品产业形势一片大好。

复习思考

1. 什么是绿色果品？
2. 为什么要发展绿色果品？
3. 绿色果品生产的特点及要求是什么？
4. 绿色果品生产如何组织管理？
5. 我国绿色果品产业还存在哪些问题？
6. A 级和 AA 级绿色果品有何区别？
7. 说明果品的主要污染途径及其危害。
8. 简述绿色果品标准体系的构成。
9. 怎样制定果品生产技术规程？

项目二 绿色果品生产基础知识

【学习目标】

- 掌握果树的类型结构、果树的生长发育规律；
- 理解调控果树生长发育的途径。

【思政目标】

- 引导学生思考如何丰富人生，实现自己的理想，树立正确的人生观、价值观；为社会发展贡献自己的力量，不负昭华，热爱生活。

【学习提示】

- 基础理论的学习要紧密联系果树生产实际，将室内讲授与现场教学相结合，使学生具备理论联系生产实际的能力；开展以果树生长发育为主要内容的观察与试验；加强与其他园艺作物相应内容的横向联系比较。

项目引入

绿色果品生产是一项收入较高但风险较大的产业，其经济效益在不同地区和不同经营者之间常形成巨大反差。例如，在陕西、山西部分苹果产区因卖果难而大批毁园种粮的同时，辽宁、山东等地的保护地樱桃每667 m^2 收入在数万元以上，同一品种由于产地、质量、品牌、包装等因素的不同，价格相差极为悬殊，甚至仅仅调节上市期就可获得可观的经济效益。凡此种种，说明果品生产蕴藏着巨大商机。请分析其中的原因，说说果品生产的商机在哪里？

必备知识一　果树的类型与基本结构

一、果树的类型

全世界果树有134科、659属、2972种，另有变种110个。其中较重要的果树约300种，主要栽培的果树约70种。我国有果树59科、158属、670余种。为了研究和生产利用方便，园艺学上常依据果树的生物学特性、生态适应性等进行分类。如根据生物学特性，按照冬季叶幕特性，分为落叶果树和常绿果树。落叶果树秋季集中落叶，常绿果树不集中落叶；按照植株形态特性，分为乔木果树、灌木果树、蔓性果树（藤本果树）和草本果树；按照果实构造特点，分为仁果类、核果类、浆果类、坚果类、聚复果类、柑果类、荚果类和荔果类；按照果实含水量及其利用特点分为水果和干果。

果树生产上按照生物学特性相似、栽培管理措施相近的原则进行综合分类。首先分为木本果树和草本果树，再按树性、果实特点进行归类。主要类别及包含果树种类如下。

（一）木本落叶果树

1. 仁果类

属蔷薇科，包括苹果、梨、山楂、木瓜等。果实由子房和花托共同发育而成，为假果。果实的外层是肉质化的花托，占果实的绝大部分，内果皮革质或骨质化，内有多个种仁，花托和内果皮之间为肉质化的外、中果皮。食用部分主要是花托，其次为外、中果皮。果实大多耐储运，鲜果供应期长。

2. 核果类

属蔷薇科，包括桃、李、杏、梅、樱桃等。果实由子房发育而成，为真果。外果皮很薄，中果皮肉质化，内果皮木质化成坚硬的核，核内有种子。食用部分为中果皮。果实不耐储运。

枣的果实性状与桃、杏、李等果树类似，且主要食用部分为中果皮，故也可列入核果类。

3. 浆果类

包括葡萄、柿、君迁子、猕猴桃、石榴、无花果、树莓、醋栗、穗醋栗等。果实富含汁液，大部分不耐储运。果实构造种间差异大。以葡萄为例，果实由子房发育而成，外果皮膜质，中果皮柔软多汁，内果皮变为分离的浆状细胞，围绕在种子附近。食用部分为中、内果皮。

4. 坚果类

包括板栗、核桃、榛、银杏等。果实外面多具有坚硬的外壳，壳内有种子，种子富含脂肪、淀粉、蛋白质。食用部分多为种子。水分少，极耐储运。

（二）木本常绿果树

1. 柑果类

为芸香科柑橘属，包括柑、橘、橙、柚等。果实由子房发育而成，外果皮革质，具有油胞，中果皮为白色海绵状，内果皮发育为多汁的囊瓣。食用部分为内果皮囊瓣。果实大多耐储运，鲜果供应期长。

2. 其他

如龙眼、荔枝、枇杷、杨梅、橄榄、椰子、香榧、杧果、油梨等。

（三）草本果树

包括香蕉、菠萝、草莓等。

想一想

苹果树按照果树不同分类标准，分别属于什么类型的果树？

二、果树的基本结构

果树属于种子植物，由根、茎、叶、花、果实和种子组成。果树树体分为地上和地下两部分。地下部分为根系，地上部分包括主干和树冠，地上部分和地下部分的交界处称为根颈（图 2-1）。

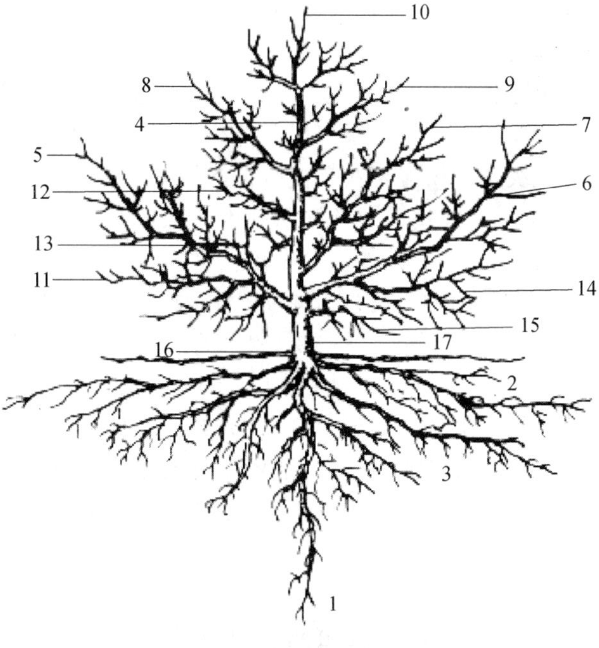

1. 主根 2. 侧根 3. 须根 4. 中心干 5～9. 第一、二、三、四、五主枝
10. 中心干延长枝 11. 侧枝 12. 辅养枝 13. 徒长枝
14. 枝组 15. 裙枝 16. 根颈 17. 主干

图 2-1 果树树体结构

(一)地上部分

1. 树干

树体地上部分的中轴称为树干,树干分为主干和中心干两部分。主干指根颈到第一主枝之间的部分;主干以上到树顶之间的部分称为中心干,也称中央领导干。有些树体虽有主干,但没有中心干。

知识拓展

主干的作用和特性

木本果树除少数呈丛状外,都有主干。主干对树冠起支撑作用,是根系与树冠之间输送水分和养分的通道,兼有贮藏养分的作用。主干是果树地上部最早形成的部分,经过一个生长季后即停止加长生长,以后每年只进行加粗生长。主干的加粗量与树冠和根系的生长量呈正相关,而与结果量呈负相关。所以,主干是反映树体营养状况的一个重要标志。主干粗度可用周长、直径或横断面积表示。测量主干粗度一般在距地面20～30 cm处,或主干中点。

2. 树冠

树体主干以上部分总称为树冠,由骨干枝、结果枝组和叶幕构成。也可以说,茎反复分枝组成树冠。树冠的形状称为树形。树冠上、下缘之间的距离称为冠高。树冠东西和南北的距离叫冠径,用东西的距离(m)乘以南北的距离(m)表示。从根颈或地面到树冠顶端的距离为树高。衡量树冠,一般以树高、冠径以及骨干枝的数量、结构和分布作为指标。树冠中各类枝条具有成层分布的特点,称之为层性。层性有利于果树充分利用光照。

(1)骨干枝。指构成树冠骨架的永久性枝。骨干枝一般分为三级,包括中心干、主枝和侧枝。骨干枝的数量、大小、着生状态、分布排列状况等决定树体形状、大小和结构,并最终影响果树受光量和光合效率,是决定果树能否获得优质丰产的关键因素。

中心干起维持树形和树势的作用。通常把中心干的强弱及其维持时间的长短称为干性。着生在中心干上的骨干枝称为主枝。蔓性果树的主枝称为主蔓。着生在主枝上的骨干枝称为侧枝。第一侧枝距离中心干很近的称为把门侧(枝)。骨干枝先端的一年生枝称为延长枝。着生在延长枝附近,长势与延长枝相当,可能与延长枝产生竞争生长的枝称为竞争枝。果树骨干枝的数量和级次由树形决定,随着果树生产上矮化密植栽培制度的推广,骨干枝的级次已明显减少。

(2)枝组。指着生在各级骨干枝上、有两个以上分枝的小枝群。枝组也称结果枝组,是果树构成树冠和叶幕以及生长结果的基本单位。结果枝组因体积、结构、形态、姿势及着生部位等不同可分为多种类型,按适当比例合理配置各类枝组是果树优质丰产的重要技术措施。

知识拓展

枝组的类型

在果树生产实际中,结果枝组有许多不同的名称。结果枝组以其体积大小分为大型、中型和小型枝组;以所含枝条多少和疏密程度分为紧密型和松散型枝组;以分枝情况不同分为多轴式和单轴式枝组;以着生部位不同分为背上枝组、背下(后)枝组、侧生枝组;以着生方向分为直立枝组、水平枝组、下垂枝组、斜生枝组等。在整形修剪上必须熟悉其名称和特性。

(3)辅养枝。着生在树冠中的非永久性大枝称为辅养枝，又称临时枝。第一主枝以下的辅养枝称为裙枝。果树整形期间，保留一定的辅养枝，可以增加果树早期枝叶量，充分利用空间，辅养树体。同时利用辅养枝提早成花结果，实现早期丰产。初果期有40%～60%的产量来自辅养枝。树形完成前后对辅养枝逐步进行调整处理。

(4)叶幕。叶幕是指树冠所着生叶片的总体，即全部叶片构成叶幕。正常情况下，叶幕是一个与树形相一致的叶片群体。不同的树种、品种、栽植密度、树形和树龄，叶幕的形状和体积不同。在果树生产中，常采用整形修剪等措施来调整叶幕，从而实现优质、高产和稳产。

3. 枝

枝由芽发展而成，是果树的支撑器官、运输器官、贮藏器官和繁殖器官。枝的类型及名称因分类方法不同而繁多，并且随树种而变化。生产上应用较多的是按枝条的性质和功能进行分类。

(1)按枝条的生长过程分类。枝条在生长过程中有两个方向，一是不断沿枝条轴向延伸并且具有明显的阶段，从而形成新梢、一年生枝和多年生枝。芽萌发后长出的新枝在当年落叶之前称为新梢。新梢在一年中不同季节抽生的枝段分别称为春梢、夏梢和秋梢。生产上常将未木质化的新梢称为嫩梢。新梢落叶后到翌年萌发以前称为一年生枝。一年生枝在春季萌芽后就称为二年生枝，依此类推。二年生以上的枝统称为多年生枝。芽萌发后因芽鳞脱落而留下的芽鳞痕是区分枝条年龄的依据。二是部分果树的新枝在向前延伸的同时由叶腋间产生分枝从而形成各级次副梢。新梢叶腋间抽生的分枝称为副梢或二次枝，副梢再抽生的分枝叫二次副梢或三次枝，依此类推。果树上把树冠中最末级新枝的总个数称为枝量。

(2)按枝条的性质和功能分类。按照枝条的性质和功能分为营养枝、结果枝和结果母枝。果树生产中由于长期习惯的沿用，同一类型或同一性质的枝条在不同树种上的名称差别很大，应注意其区别。

营养枝有两种情况：一是指只有叶芽的一年生枝，如苹果、梨、桃等；二是指没有花序或果实的新梢，如葡萄。营养枝按照其形态特征和作用可分为发育枝、徒长枝、纤细枝和叶丛枝。发育枝也称普通营养枝，其特点是生长健壮，组织充实，芽饱满，叶片肥大。发育枝是扩大树冠、营养树体和产生结果枝的主要枝类。徒长枝多数由潜伏芽受刺激萌发而成，特点是直立且节间长，叶片大而薄，芽不饱满，停止生长晚。纤细枝比发育枝纤细而短，芽发育不良，多发生在光照和营养条件均差的树冠内部或下部。叶丛枝极短，小于0.5 cm，一般由发育枝中下部的芽萌发而成，部分叶丛枝在光照充足、营养良好的条件下可转化为结果枝。叶丛枝在仁果类、核果类果树上较多。

结果枝也有两种情况：一种是指着生花芽的一年生枝，如苹果、梨、桃、杏、李、樱桃等，其中桃、杏、李、樱桃等是着生纯花芽的一年生枝，而苹果、梨等果树是着生混合花芽的一年生枝。结果枝按长度分为徒长性果枝、长果枝、中果枝、短果枝、花束状果枝。一个母枝上有多个短果枝组成的群体称为短果枝群。另一种是指带有果实的新梢，如葡萄、柿、板栗、核桃等。

结果母枝通常是指具有混合花芽的一年生枝。如葡萄、山楂、柿、核桃、板栗等果树，结果母枝上的混合花芽萌发后抽生比较长的结果枝开花结果。由于苹果、梨等果树的混合花芽萌发后抽生的结果新梢很短，故习惯上称作果台，而将结果母枝称为结果枝。结果母枝抽生的结果枝在当年结果的同时又形成混合花芽，成为下年的结果母枝，这种现象称为连续结果。树种和品种间连续结果能力差别较大。

4. 芽

芽是枝、叶、花或花序的雏体，是果树度过不良环境和形成枝、花过程中的临时性器官。芽与种子相似，在繁殖条件下可以形成新植株。果树芽的种类很多。由于采用不同的分类方法，同一个芽可以有多个名称。生产上应用较多的有以下几种。

(1)按照芽的性质分为叶芽和花芽。只具有雏梢和叶原始体，萌发后形成新梢的芽叫叶芽；包含有花器官，萌发后开花的芽叫花芽。花芽又分为纯花芽和混合花芽，纯花芽内只有花的原始体，萌发后只开花结果而不长枝叶，如桃、李、杏、樱桃等核果类果树的花芽；混合花芽内既有枝、叶原始体，又有花的原始体，萌发后先长一段新梢，再在新梢上开花结果，如苹果、梨、山楂、柿、枣、板栗、核桃、葡萄等。顶芽是花芽的叫顶花芽，侧(腋)芽是花芽的叫侧(腋)花芽。

(2)按照芽在枝条上的着生位置分为顶芽和侧芽。位于枝条顶端的芽称为顶芽；侧面叶腋间的芽称为侧芽，也称为腋芽。杏、柿、山楂、栗等果树的枝条，在生长过程中顶端自行枯萎脱落，称为自枯现象，位于枝条顶端的芽实际上是侧芽，故称为假顶芽。顶芽、侧芽在枝条上按一定位置发生，称为定芽；无一定位置发生的芽，以及根上发生的芽，称为不定芽。

果树上侧芽的数量和类型较多。按照芽在叶腋间的位置和形态分为主芽和副芽。着生在叶腋中央，较大且充实的芽叫主芽，主芽一般当年不萌发；着生在主芽两侧或上、下方的芽叫副芽，副芽一般比主芽小。仁果类的主芽明显，副芽则隐藏在主芽基部的芽鳞内，呈休眠状态。核果类桃、杏、李、樱桃等的副芽在主芽两侧，核桃的副芽在主芽的下方，枣的副芽在主芽侧上方。葡萄侧芽为复合型结构，由称作冬芽的芽眼和位于其侧下方的夏芽组成。冬芽又由主芽和主芽周围的若干个预备芽组成，而将夏芽看作副芽；按照芽在同一节上的数量可将侧芽分为单芽和复芽。在一个节位上有一个明显的芽，称为单芽，如仁果类；在同一个节位上有两个或两个以上明显的芽，称复芽，如核果类的桃、杏、李、樱桃等。

(3)按照芽的萌发特点分为早熟芽、晚熟芽和潜伏芽。当年形成当年萌发的芽称为早熟芽；果树的大多数芽为当年形成、第二年萌发，称为晚熟芽；形成后在第二年不萌发的芽称为潜伏芽。芽的萌发特点决定果树的成形时间、结果早晚、更新能力和寿命长短。

(二)地下部分——根系

根是植物的一种营养器官，其整体或体系称为根系。根的主要功能是吸收水分、养分和固定植株，还具有输导、合成和贮藏功能。

1. 根系类型

根据发生来源，果树的根系分为实生根系、茎源根系和根蘖根系三种类型(图 2-2)。

(1)实生根系是由种子的胚根发育而形成的根系。特点是主根发达，分布较深，生活力和适应性强；但生理年龄较小，变异性大。

(2)茎源根系是由母体茎上的不定根形成的根系。用扦插、压条繁殖的果树，如葡萄、石榴、无花果、草莓等都是茎源根系。其特点是能保持母体性状，个体间比较一致，但主根不明显，分布较浅，生活力相对较弱。

(3)根蘖根系是果树根上发生不定芽所形成的根蘖苗，经与母体分离后成为独立个体所形成的根系，如用分株繁殖的山楂、枣、石榴等的根系。其特点与茎源根系相似。

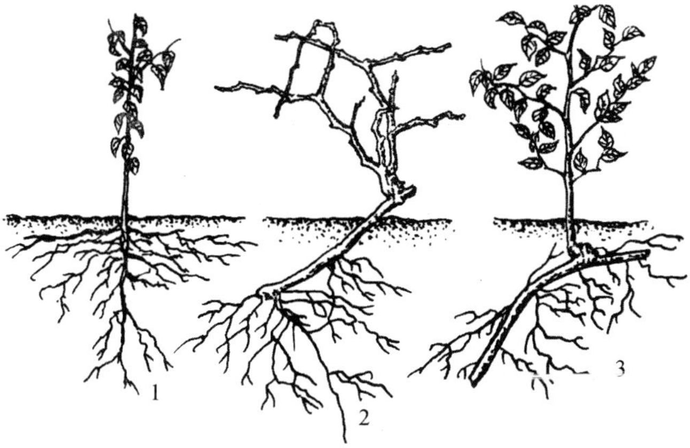

1. 实生根系 2. 茎源根系 3. 根蘖根系

图 2-2 果树根系的类型

2. 根系结构

多数果树的根系为实生根系。实生根系由主根、侧根和须根组成。

种子的胚根垂直向下生长形成的初生根为主根。主根上产生的各级较粗的分枝为侧根。主根和各级侧根构成根系的骨架，称为骨干根。骨干根粗而长，色泽深，寿命长，主要起固定、输导和贮藏作用。

主根和各级侧根上着生的细小根统称为须根。须根细而短，大多数在营养期末死亡，而未死亡的可以发育成骨干根。它起吸收、合成与输导作用。须根根据功能和构造又可分为四类，即生长根、吸收根、过渡根和输导根。其中吸收根有大量根毛能从土壤中吸收水分和营养物质，寿命一般为 7～25 d，在根系生长旺季，可达总根量的 90%以上。

工作任务一 主要果树类型识别

一、任务目标

(1)掌握树种识别技能，能够在主要物候期从地上部主要形态上识别不同类型的果树，使学生具备识别果树树种的能力。

(2)能够识别当地主要果树树种 10 个以上。

想一想

落叶果树都有哪些物候期？

二、任务内容

观察、比较、记录各种果树主要器官的形态特征。

1. 植株

树性：乔木、灌木、藤本、草本。

树形：圆头形、自然半圆形、扁圆形、阔圆锥形、圆锥形、倒圆锥形、乱头形、开心形、丛状形、攀缘或匍匐。

树干：主干高度，树皮色泽，裂纹形态，中心干有无。

枝条：颜色，茸毛有无、多少，刺有无、多少、长短。

叶型：单叶、单身复叶、三出复叶、奇数或偶数羽状复叶。

叶片质地：肉质、革质、纸质。

叶片形状：披针形、卵形、倒卵形、圆形、阔椭圆形、长椭圆形、菱形、剑形等。

叶缘：全缘，刺芒有无，圆钝锯齿、锐锯齿、复锯齿、掌状裂等。

叶脉：羽状脉、掌状脉、平行脉；叶脉凸出、平、凹陷。

叶面和叶背：色泽，茸毛有无。

2. 花

花或花序：花单生；总状花序、穗状花序、复穗状花序、柔荑花序、圆锥花序、复伞形花序、头状花序、聚伞花序、伞房花序等。

花或花序着生位置：顶生、腋生、顶腋生。

花的形态：完全花、不完全花；花苞、花萼、花瓣、雄蕊、子房、花柱等的颜色和特征；子房上位、半下位、下位；心室数目。

3. 果实

类型：单果、聚花果、聚合果。

形状：圆形、扁圆形、长圆形、圆筒形、卵形、倒卵形、瓢形、心形、方形等。

果皮：色泽、厚薄、光滑或粗糙及其他特征。

果肉：色泽、质地及其他特征。

4. 种子

数目和大小：种子有无、多少、大小。

形状：圆形、卵圆形、椭圆形、半圆形、三角形、肾形、梭形、扁椭圆形、扁卵圆形等。

种皮：色泽、厚薄及其他特征。

三、任务提示

(1)确定重点识别项目，制作树种调查记载表。

(2)配合多媒体、网络教学，扩大树种识别范围。

四、任务考核

果树树种识别。可选择果树树体或器官，在规定时间识别一定数量，按正确率记分。

五、任务作业

(1)按观察项目列表比较不同树种的主要形态特征。

(2)在休眠期、生长期分别区别以下树种：苹果和梨，桃、杏、李和樱桃，核桃、柿和板栗。

工作任务二　果树树体结构与生长结果习性观察

一、任务目标

(1)掌握乔木果树地上部树体组成和各部分名称，能够现场准确分析指认树体各部分。

(2)熟悉果树枝芽的类型和特点，能在果树生长期与休眠期现场识别当地主要树种的枝芽类型。

(3)了解当地主要果树生长结果习性，掌握观察方法。

想一想

常见的乔木果树有哪些？

二、任务内容

(1)观察果树地上部的基本结构，明确主干、树干、中心干、主枝、侧枝、骨干枝、延长枝、枝组、辅养枝、叶幕。

(2)观察枝和芽的类型，明确一年生枝、二年生枝和多年生枝，新梢、副梢、春梢和秋梢营养枝、结果枝和结果母枝，果台和果台副梢，长、中、短枝，徒长枝、叶丛枝，直立枝、斜生枝、水平枝和下垂枝，叶芽和花芽，纯花芽和混合芽，顶芽和侧芽，单芽和复芽，潜伏芽和早熟芽。

(3)观察枝芽的特性，明确顶端优势、干性、层性、分枝角度、枝条硬度和尖削度，芽的异质性、萌芽力、成枝力、早熟性和潜伏力。

(4)观察生长结果习性，包括枝芽生长特点，花芽及花的类型、着生部位、结果能力。

三、任务提示

(1)应安排在果树休眠期，以便于观察。生长期的观察项目可单独安排，或结合其他实训进行。

(2)根据各地实际情况选择主要树种进行观察,其他树种可以结合修剪等实训,并通过与主要树种比较的方法进行。

(3)生长结果习性的观察应在掌握基本方法的基础上,结合每一树种的课堂教学和物候期进行。

四、任务作业

(1)绘制果树地上部树体结构图,并注明各部分名称。

(2)比较苹果(或梨)、桃(或杏、李、樱桃)的花芽和叶芽的形态特征及着生部位。

必备知识二　果树的生长发育

一、果树的一生

果树是多年生植物,一生经过生长、结果、衰老、更新和死亡的过程,这个过程称为生命周期。生命周期中的各个阶段称为年龄时期。

果树因繁殖方法不同可分为实生树和营养繁殖树。实生树是由种子繁殖长成的树,具有完整的发育史,但生产上应用较少。营养繁殖树是采用扦插、压条、嫁接、分株和组织培养等方法培育的果树。

为栽培管理方便,按生产实际中生长和结果的明显转化,一般把营养繁殖的乔木果树的一生划分为幼树期、初果期、盛果期和衰老期四个年龄时期。

1. 幼树期

也称营养生长期,即从果树定植至第一次开花结果。此期生长特点是:树体生长旺盛,年生长期长,进入休眠迟;枝条多趋向于直立生长,生长量大,往往有多次生长,节间较长,组织不充实,越冬性差,长枝比例高。主要栽培任务是:促进生长,尽快扩大营养面积;选择培养好各级骨干枝,建立良好的树体结构;促控结合,促花早结果;加强树体保护。此期苹果、梨一般为3～4年,杏、李、樱桃等2～3年,葡萄、桃1～2年。

2. 初果期

也称生长结果期,即从第一次结果到大量结果前。此期的特点是:前期营养生长仍占主导地位,树冠、根系继续扩大,但随结果量的迅速增加,离心生长趋缓,侧向生长加强,达到或接近最大营养面积;长枝比例下降,中、短枝比例增加;产量逐渐上升,品质逐年提高。主要栽培任务是:继续完成整形任务,逐步清理改造辅养枝,维持树体结构;缓和树势,增加花芽比例,促进及早转入盛果期。此期苹果、梨为3～5年,葡萄、核果类很短,一经开花结果,很快进入盛果期。

3. 盛果期

从大量结果到产量明显下降为盛果期。其特点是:离心生长基本停止,树冠、产量和果实品质均达到生命周期中的最高峰；新梢生长趋于缓和，花芽大量形成，中、短果枝比例加大；生长结果的平衡关系极易破坏，管理不当则出现大小年现象。栽培管理任务是：处理好生长与结果的关系，既保证树体健壮生长，又满足优质、高产、稳产的需要，尽量延长盛果期的时间。盛果期持续时间因树种和栽培管理水平而异。

4. 衰老期

从产量、品质明显下降到树体死亡为衰老期。此期特点是：骨干枝先端逐渐枯死，向心生长逐步加强，结果量和果实品质明显下降。栽培上应适时更新复壮。经济效益降到一定程度后则需砍伐，重新建园。

知识拓展

实生树的年龄时期

实生树有完整的发育史，其年龄时期可分为幼年期（童期）和成年期两个阶段。幼年期从种子萌芽开始，到具有开花的能力为止。幼年期为性不成熟阶段，任何人为措施均不能使其开花，只有达到一定生理状态之后，才获得形成花芽的能力而达到性成熟，此发育过程也称为性成熟过程。成年期从具备开花能力开始，直至衰老死亡为止。成年期树具备开花结果的能力，在适宜的条件下，可以连年开花结果。经过多年开花结果以后，生长逐渐衰弱，产量不断下降，出现衰老以至死亡的现象，这个过程称为老化过程或衰老过程。

二、果树年生长发育规律

果树一年中随外界环境条件的变化出现一系列的生理与形态的变化并呈现一定的生长发育规律性，果树这种随气候而变化的生命活动过程称为年生长周期。在年周期中果树器官随季节性气候变化而发生的外部形态规规律性变化的时期称为生物气候学时期，简称物候期。落叶果树在一年中的生命活动，表现为明显的两个阶段，即生长期和休眠期。从春季萌芽到秋季落叶为生长期；落叶后到第二年春季萌芽为休眠期。在生长期中，可明显看出形态的变化，如萌芽、开花、枝叶生长、芽的形成与分化、果实发育和成熟、落叶等。而常绿果树则无集中的落叶期，大多数也无明显的休眠期。

果树的物候期一般选择在形态上有明显标志的阶段，如萌芽期、新梢生长期、开花期、果实成熟期、花芽分化期、落叶休眠期等。果树物候期标志着果树与外界环境条件的统一，果树物候期的变化既反映果树在年生长周期中的进程，又在树体上体现一年中气候的变化。

想一想

是不是所有果树都有生长期和休眠期？

知识拓展

果树物候期的特点

果树的物候期具有顺序性、重叠性和重演性。顺序性是指同一种果树的各个物候期呈现一定的顺序。如开花是在萌芽的基础上进行的，又为果实发育做准备。重叠性指同一树上同时出现多个物候期的现象。如落叶果树的新梢生长、果实发育、花芽分化、根系活动等物候期均交错进行，而重叠性会导致营养上的竞争。重演性指同一物候期在一年中多次重复出现的现象。如新梢可多次生长，形成春梢、夏梢、秋梢，葡萄一年可多次开花结果等。

(一)根系的生长发育

1.分布特点

实生根系在土壤中呈倒圆锥形，可分为2～3层，与地上部相对应，上层根群角(侧根与主根所成的角)较大，分枝性强，土壤耕作及施肥对其影响较大。下层根系则特性相反。按照在土壤中分布的状况，根可分为水平根和垂直根。水平根指与地面近于平行生长的根。垂直根指与地面近于垂直生长的根。

根系在土壤中的分布深度和范围依树种、砧木、土壤、栽培管理技术等因素而异。桃、樱桃、梅等分布较浅，梨、柿、核桃等分布较深，苹果等介于其间。矮化砧的水平根发达，而乔化砧的垂直根发达。根系水平分布一般为树冠冠幅的1～3倍，而以树冠外缘附近较为集中，约有60%的根系分布在树冠正投影之内，粗根更是如此。成年果树根的分布深度一般小于树高，多分布在10～80 cm范围的土层，10～40 cm为根系集中分布层。在土层深厚肥沃或经常施肥的果园，水平根分布距离小，细根多；在干旱贫瘠的土壤条件下，根延伸远，而细根少。

2.年生长动态

根系没有自然休眠，只要条件适宜，可全年不断生长。受树种、品种、砧穗组合、树龄、产量、生长发育状况等内部因素，以及土壤和管理措施等外部条件的影响，一年中根系生长表现出周期性的变化。常见的有三种类型，即单峰曲线、双峰曲线和三峰曲线。例如，未修剪的李树根系生长只在5月初至7月底出现一次生长高峰；而梨和葡萄的根系一年中有两个生长高峰；多数落叶果树的幼树为三峰曲线，即一年中有三次生长高峰。例如，楸子砧的金冠苹果根系在河北、山东等地的具体生长表现如下：

第一次高峰出现在发芽前后，即3月中旬至4月中旬，以后随开花和新梢旺长转入低潮；第二次自新梢接近停长至花芽分化前，一般在6月下旬至7月初，这是全年发根最多的时期，随后由于果实迅速发育而转入低潮；第三次在9月上旬至11月中旬，此时叶片同化养分向根部回流积累，其后随着土温降低而进入低潮或停长(图2-3)。

果树根系的上述生长动态及图2-3揭示出：①根系生长与地上部生长有相互交替的现象。一般发根高峰多在新梢缓慢生长、叶片大量形成之后，这是树体内部营养物质分配调节的结果。②不同深度的土层中，根系有交替生长的现象。这与土壤的温度、湿度和通气性有关。春季土壤表层升温快，根系活动早；夏季表层土温过高时，根系生长缓慢或停止，而中、下层土温达到最适，进入旺盛生长；进入秋季，表层根系生长又加强。可见土壤表层根受季节影响变化大，而表层根系生理活性高，对促进花芽分化、早结果和提高果实品质具有重要作用，因此生产中应加强对表层根系的保护。此外，多数果树根系夜间的生长量及发根量都多于白天。

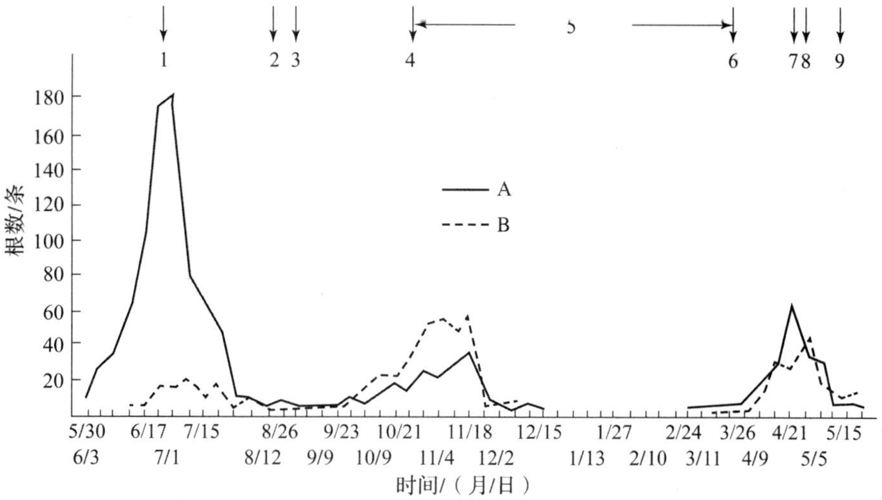

A. 0～50 cm 新根生长　B. 50～100 cm 新根生长

1. 秋梢生长，花芽分化　2. 长梢停长　3. 采收　4. 落叶

5. 休眠　6. 萌芽　7. 初花　8. 枝条开始生长　9. 果实发育

图 2-3　金冠苹果根系的生长动态

3. 影响因素

（1）内部因素。根系的生长与树体营养状况、内源激素的平衡等因素有密切关系。根系生长发育、水分和养分的吸收、有机物质的合成，都依赖于植株地上部碳水化合物的供应。其中，上年贮藏的养分主要影响根系前期的生长，而当年制造的碳水化合物则影响根系中后期的活动。研究表明，在田间条件下，超过 50％的光合产物用于果树根系的生长、发育和吸收。新梢产生的生长素对新根的发生有重要的刺激作用。在结果过多或枝叶受到损害的情况下，即使加强肥水管理，也难以改变全树的生长状况。砧穗组合可改变植株地上部与根系间营养与激素的平衡，从而影响根系的分布、形态及年生长周期。

（2）外部因素。

①土壤温度：果树根系生长要求的温度因树种不同而异。主要果树开始发根的温度，由低到高的顺序是：苹果、梨、桃、葡萄、枣、柿。一般北方果树在土温为 3～7 ℃时可发生新根，12～26 ℃时旺盛生长，＞30 ℃或＜0 ℃时停止生长。土壤温度过高或过低将影响根系吸收，引起组织伤害，致使根系死亡。

②土壤水分与通气状况：水分和空气在土壤中互为消长关系，土壤水分过多，则通气不良。土壤通气状况主要取决于土壤孔隙度大小，根系正常生长要求土壤孔隙度在 10％以上。最适土壤含水量为土壤最大田间持水量的 60％～80％。

③其他条件：土壤有机质可以改善土壤理化特性，协调水、气、热的关系和矿质营养的供应；土壤中的生物如蚯蚓、蚂蚁、昆虫幼虫、微生物影响土壤物质的转化、营养的供给和土壤肥力，从而影响根系的生长。其中，大多数果树都有菌根。菌根是根系与真菌的共生体。菌根可增强根系吸收养分和水分的能力，提高果树代谢水平和抗病能力。

总之，重视土壤改良，创造良好的土壤生态系统和根际环境条件，保证根系的正常生长发育，是获得果树优质、丰产和高效益的基础。

知识拓展

土壤与根系生态表现型

土壤是决定根系生长的关键因素。根系的分布常常因果园土壤的结构、质地、肥水状况及其他环境条件的多样性而表现出不同的生态表现型。黏土果园中根系呈“线性”分布，分根少，密度小，但在延伸过程中遇到透气性好的区域，会产生大量分根；果园肥水条件好时，根系呈“匀性”分布，即分布深远，分根级次多，细根量大；“疏远型”是根系在沙地果园的生态表现型，特点是根系分布广、密度小，吸收根细短、干枯、功能差；而山地果园和冲积平原土果园中，由于砾石层、黏板层限制根系向下扩展，使根系集中分布于表层土壤，称为“层性”分布。

（二）芽、枝、叶的生长发育

1. 芽的发育

芽是枝、叶或花的雏体，是枝、花形成过程中的临时器官。芽由枝、叶、花的原始体以及生长点、过渡叶、苞片、鳞片构成。落叶果树芽的形成过程，一般要经过芽原基出现期、鳞片分化期和雏梢分化期3个阶段（图2-4）。

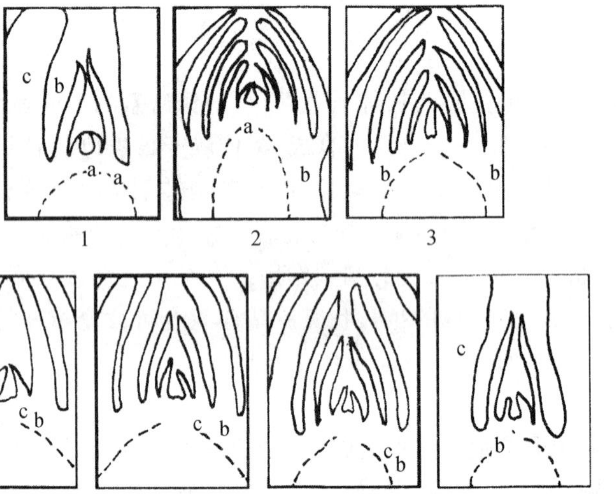

1. 芽原基出现期，新梢顶端生长点向顶芽转化　2. 鳞片分化期　3. 质变期　4. 冬季休眠前雏梢分化期　5. 冬季休眠期　6. 冬季休眠后雏梢分化期　7. 同1，新梢顶端生长点向顶芽转化

a. 生长点或芽原点　b. 鳞片　c. 叶

图2-4　梨叶芽形成过程

（1）芽原基出现期。芽原基是果树萌芽前后在芽内雏梢或新梢叶腋间产生的由细胞团组成的生长点，是芽的雏形。芽原基出现期的早晚因树种及枝芽的类型而不同。大多数树种的芽原基出现期与萌芽期同步，即随着芽的萌发，自下而上发生新的腋芽生长点，如苹果、梨、桃、杏等蔷薇科果树。有些树种芽原基出现期发生在芽萌发前，如栗、柿、核桃、山楂和葡萄在越冬前就已在芽内雏梢的叶腋间形成芽原基。而旺盛生长的新梢前部的芽原基则出现在萌芽后新梢继续延伸的过程中。顶芽无明显的芽原基出现期，由雏梢顶端的生长点分化鳞片而形成顶芽。

(2)鳞片分化期。芽原基出现后,生长点由外向内分化鳞片原基,并逐渐发育为固定的鳞片。苹果、梨鳞片分化从母芽萌动一直延续至该芽所在节位的叶片停止增大时,所以叶片增大期也就是该节位腋芽的鳞片分化期。栗、柿、葡萄等鳞片较少的芽,在芽从叶腋间显露时,鳞片数已分化完成。鳞片分化期完成后,是决定芽分化方向的关键时期。综合条件适宜的芽通过质变期后转入花芽分化,否则进入雏梢分化期最终发育成叶芽。

(3)雏梢分化期。生长点进一步分化即出现叶原基,为雏梢分化期。大致分为冬前雏梢分化和冬后雏梢分化两个阶段。芽鳞片分化之后,随即进行雏梢分化,即为冬前雏梢分化阶段,然后进入冬季休眠。冬季休眠后,有的芽继续进行雏梢分化,增加节数;有的芽不再增加雏梢节数或顶端转为顶芽。这样,萌发后形成不同长度的新梢。芽萌发后,有些新梢的先端生长点仍能继续分化新的叶原基,增加节数,直到新梢停止生长以后,才开始顶芽的分化,这一分化称为芽外分化。

在芽的发育过程中,由于树体营养状况和外界环境条件的不同,同一枝条上不同部位的芽在形态和质量上存在差异的现象,称为芽的异质性。以苹果中枝为例,新梢基部的瘪芽在春季萌芽后形成,由于新梢利用贮藏营养且处于早春低温干旱的环境,故发育较差;以后随气温升高,叶面积增大,在新梢中、上部的叶腋间形成饱满芽和半饱满芽;新梢缓慢生长后,由于光合面积最大,夏季高温高湿,故形成饱满充实的顶芽。在果树修剪中,常利用芽的异质性,选用不同质量和状态的芽作剪口芽,以调节枝势。

2. 芽的萌发

萌芽物候期从芽膨大至花蕾伸出或幼叶分离为止。不同树种萌芽物候期的标准也有区别。以叶芽为例,仁果类果树萌芽分为两个时期,芽开始膨大,鳞片松动,颜色变浅,为芽膨大期;鳞片松开,芽先端幼叶露出为芽开绽期。核果类果树以延长枝上部的叶芽鳞片开裂,叶苞出现为萌芽期。

萌芽标志着果树由休眠或相对休眠期转入生长期,在萌芽期内随着气温的升高,呼吸作用和酶的活性加强,促长激素和水解的营养物质大量输送到生长点,以满足雏梢分化和花器发育的需要。因此,果树萌芽期主要利用贮藏养分,萌芽后抗寒力显著降低。北方春季的倒春寒经常给果树生产造成较大损失。

萌芽是果树遗传特性和综合条件共同作用的结果。果树萌芽的早晚首先取决于芽的特性,具有早熟芽的果树一年可多次萌发,落叶果树晚熟芽主要集中在春季一次萌发,而潜伏芽则只在受到刺激时才萌发。温度是决定果树春季萌芽早晚的关键环境因素。这也是果树在系统发育中形成的遗传特性。落叶果树需要一定的低温量才能通过休眠进入生长期,而进入生长状态的芽又需要一定的积温才能萌芽。多数北方落叶果树要求日平均温度达 5 ℃以上,土温达 7～8 ℃时,经过 10～15 d 后才能萌芽。但枣和柿则要求平均气温在 10 ℃以上。此外,树体贮藏营养充足、土壤通气良好、空气湿度适当偏小都有利于萌芽。

果树上通常用萌芽力和成枝力来衡量枝条萌芽状况。一年生枝条上的芽能够萌发的能力,称为萌芽力。萌芽力用萌芽率表示。萌芽率是枝条萌芽数占该枝条总芽数的百分率,萌芽率＝萌芽数/总芽数×100％。成枝力指枝条上的芽萌发后能抽生长枝的能力。成枝力用抽生长枝的数量多少表示,一般抽生长枝数在 2 个以下者为弱,4 个以上者为强。

3. 枝的生长

果树叶芽萌发后进入新梢生长期,新梢生长使树冠扩大,叶幕形成,并与根的活动相配合,从而成为果树生长结果的一个最基本的环节。枝的生长包括加长生长和加粗生长。加长生长和加粗生长一年内达到的长度和粗度称为生长量；在一定时间内加长生长和加粗生长的快慢称为生长势。

(1)加长生长。新梢加长生长是从叶芽萌发后露出芽外的幼叶彼此分离后开始，至新梢顶芽形成或停止生长为止。加长生长是枝条顶端分生组织的细胞分裂伸长的结果。细胞分裂发生在新梢顶端，伸长则延续到顶端以下几节。随着枝条的伸长，进一步分化出侧生叶和芽，枝条形成表皮、皮层、木质部、韧皮部、形成层、髓和中柱鞘等各种组织。

加长生长经过 3 个时期：①开始生长期：从展叶开始到迅速生长前为开始生长期。此期内第一批簇生叶片增大，而新梢无明显的伸长。生长主要依赖上年的贮藏营养。此期长短主要取决于气温高低。晴朗高温，持续时间短；阴雨低温，持续时间长。苹果、梨持续 9～14 d。②旺盛生长期：从开始加快生长到生长缓慢下来为止为旺盛生长期。此期节间加长，新梢明显伸长，幼叶迅速分离，叶片数量和面积快速增加。③缓慢生长期：从生长变缓直至停止生长为缓慢生长期。此时形成的节间较短，进而形成顶芽，停止生长，持续一段时间后枝条转入成熟阶段。

新梢加长生长动态受多种因素影响。首先是不同树种间差异较大。葡萄、桃、杏、猕猴桃等果树一年多次抽生新梢。苹果、梨等果树的新梢只沿枝轴方向延伸 1～2 次，很少发生分枝，梨的二次枝又比苹果少。核桃、栗、柿等果树的新梢加长生长期短，一般无二次生长，常在 6 月停止生长，整个生长过程明显地集中于前期。其次是同一树种也会因品种、树龄、树形、负载量、环境等因素影响而有所变化。如苹果幼树或负载量较小的树或夏秋季节高温多雨时易发生秋梢，而成年果树负载量大时不易发生秋梢，甚至不发生二次生长。最后是不同类型枝条的生长动态也存在差异。短枝没有旺盛生长期，旺盛营养枝可持续生长到秋季。苹果生长中庸的营养枝，中间有一个缓慢或停止生长的阶段，形成瘪芽或盲节，7～8 月又旺盛生长，形成秋梢。

知识拓展

重视新梢旺长期

新梢旺盛生长期简称新梢旺长期，是果树年周期中最重要的物候期之一，也是果树生产上十分关键的管理时期。

新梢旺长期是果树叶幕形成期，其生长强度及持续时间对树体全年营养状况有较大影响。新梢旺长期也是树体营养转换期，即树体由利用贮藏营养逐步过渡到利用当年制造的营养。新梢旺长期还是果树全年需肥水临界期，因为枝叶生长量大，而北方正处于春季干旱时期，且气温偏低，肥水供应不足的果园往往出现新梢生长量不足、春梢较短的现象。因此生产上必须采取综合措施满足新梢旺长期的需要。如充分供应肥水、夏季修剪及定果等技术措施多在新梢旺长期进行。

(2)加粗生长。加粗生长晚于加长生长，是形成层细胞分裂、分化和增大的结果，而形成层细胞的活动依赖新梢生长点产生的生长素在向下运输过程中的刺激，也需要新梢叶片制造的营养物质。因此，加粗生长的开始时间和生长强度决定于加粗部位距离生长点的远近，也决定于加粗部位以上生长点和枝叶的数量。具体表现为两点：一是果树加粗生长的起止顺序是自上而下，即春季新梢最先开始，依次是一年生枝、多年生枝、侧枝、主枝、主干、根颈，秋季则按此顺序依次停止。二是多数果树每年有两次加粗生长高峰，且出现在新梢生长高峰之后，一年中最明显的生长期在 8～9 月。如多年生枝干的加粗开始生长期比新梢加长生长晚 1 个月左右，其停止期比新梢加长生长停止期晚 2～3 个月。当叶面积达到最大面积的 70%时，叶片制造的养分即可外运供加粗生长。枝干加粗的年际差异表现为木质部的年轮。枝在加粗生长时，使树皮不断木栓化并出现裂痕，多年生枝只有加粗生长，而无加长生长。

4. 叶的生长发育

(1)单叶的发育。从叶原基出现，经过叶片、叶柄和托叶的分化、叶片展开，至叶片停止增大为止。叶的发育决定果树单叶面积和叶片功能。果树单叶面积的大小取决于叶片生长期及迅速生长期。而其长短因树种、枝梢类型以及叶在枝梢上的部位不同而异。梨的叶片生长期需要 16～28 d，苹果 20～30 d，猕猴桃 20～35 d，葡萄 15～30 d。长梢中、下部叶片生长期较长，而上部叶片生长期较短；短梢除基部小叶生长期较短外，其他叶片基本相近。苹果、梨生长期最长、叶面积最大的是新梢中部的叶片，生长时间达 40～50 d，但以开始时的 15～20 d 内长势最旺盛。叶片的功能取决于叶面积和叶龄。幼叶因叶肉组织少，叶绿素浓度低，因而光合能力差，净光合为负值。当叶面积达到成叶的 1/2 时，养分收支达到平衡；叶面积达到最大时，叶片的光合能力最强，净光合最大，并持续一段时间。以后随着叶片的衰老和温度的降低，光合能力下降，净光合下降，直至落叶休眠。苹果、梨枝梢中部的叶片功能最强。葡萄叶片光合能力在展叶后 30～40 d 达到高峰，持续 10～40 d，以后随叶片衰老而下降，直至落叶。

(2)叶幕的形成。枝芽生长的直接结果是在树冠中形成叶幕，而树体的有机营养来源于叶片光合作用产生的碳水化合物。因此，叶幕的结构及其在年周期内的动态是衡量果树丰产的重要指标。落叶果树的叶幕，在春季萌芽后，随着新梢生长，叶片的不断增加而形成。叶幕在年周期中随枝叶的生长而变化。为了保持叶幕较长时间的生产状态，在年周期中要求叶幕前期增长快，中期相对稳定，后期保持时间长。叶幕的形成速度因树种、品种、树龄、树体营养、环境条件和栽培技术而不同，其根本原因是这些因素能决定树体的枝条类型及其比例，而有些因素则会影响枝叶的生长。如苹果成年树以短枝为主，树冠叶面积在短枝停长时增长最快，到 5 月下旬中、长枝停长时，已形成全树最大总叶面积的 80%以上。桃树以长枝为主，叶面积形成较慢，增长最快的时间是在长枝旺盛生长之后，约在 5 月下旬。叶幕中后期的稳定可通过栽培技术实现，如夏季修剪、病虫害防治、肥水管理等。叶面积是衡量叶幕结构及其动态的主要指标。果树叶面积的大小用叶面积指数表示。叶面积指数也称叶面积系数，是指单位面积上所有果树叶面积总和与土地面积的比值(叶面积指数＝叶面积/土地面积)。叶面积指数高则表明叶片多，光合面积大，光合产物多。但随着叶面积指数的增大，叶片之间的遮阴加重，获得直射光叶片的比率降低。多数落叶果树当叶片获得光照强度减弱至 30%以下时，叶片的消耗大于合成，变成寄生叶。生产上一般采用调整树冠形状、适当分层以及错落配置各类结果枝组等措施来解决上述矛盾，提高叶面积系数。一般认为，多数果树叶面积指数以 4～5 较为合适。综上所述，落叶果树的理想叶幕是在较短时间内迅速形成最大叶面积，结构合理而相互遮阴少，并保持较长时间的稳定。

5. 落叶与休眠

(1)落叶。落叶是果树进入休眠的标志。落叶前，叶细胞的营养物质逐渐分解，由韧皮部运向枝干内贮藏；叶绿素分解，叶黄素显现而使叶片发黄，有的产生花青素，使叶片转为红色。

与此同时，在叶柄基部形成离层，叶片在外力作用下脱落。温带果树在日平均气温降到 15 ℃以下，日照 12 h 以下开始落叶。落叶的具体时间依温度、树体及其各部位发育状况、其他外界条件等因素而变化。温度是果树落叶的主要决定因素，桃树在 15 ℃以下落叶，梨在 13 ℃以下落叶，苹果最晚，在 9 ℃以下开始落叶；树体及其各部位的发育状况也影响落叶的时间，幼树较成年树落叶迟，壮树较弱树落叶迟；在同一株树上，短枝较长枝落叶早，树冠外部和上部较内膛和下部落叶迟；外界条件的作用是果树非正常落叶的主要原因，干旱、水涝和病虫害都能引起果树落叶；生长后期温度高和潮湿又会延迟落叶。过早落叶和延迟落叶对果树越冬和来年的生长结果都不利。

(2)休眠。果树的芽或其他器官暂时停止生长而只维持微弱生命活动的现象为休眠。休眠期从秋季落叶到翌年春季萌芽为止。果树的休眠是在系统发育中形成的，是对低温、高温、干旱等逆境适应的结果。

落叶果树的休眠有自然休眠和被迫休眠两种。自然休眠是由果树本身的遗传特性和生理活动决定的休眠，果树在自然休眠期内即使给予适宜生长的环境条件，也不能发芽生长。通过自然休眠需要的一定时间和一定程度的低温条件，称为需冷量。自然休眠要求的需冷量，一般以芽需要的低温量表示，即在 7.2 ℃以下需要的时间(h)。也可用 0～7.2 ℃模型、0～9.8 ℃模型、犹他模型表示。

果树自然休眠与树种、树体发育状况及器官组织类型有关。不同树种因原产地系统发育而形成不同的休眠特性。如扁桃在 0～7 ℃低温下 200～500 h 可完成自然休眠，桃为 500～1 200 h，苹果、梨为 900～1 000 h。自然条件下，多数果树在 12 月下旬至翌年 2 月下旬结束自然休眠。同一树种，幼树进入休眠期晚于成年树，在同一株树上进入休眠的顺序是从小枝到大枝，由木质部到韧皮部，最后为形成层。如果冬季低温不足，未能解除自然休眠，果树将表现不萌芽、不开花或萌芽不整齐、叶片小、生长结果差等现象。被迫休眠是指由于不利的外界环境条件(低温、干旱等)限制而暂时停止生长的现象。如落叶果树冬季通过自然休眠后，往往由于周围温度过低而进入被迫休眠。根系休眠也属被迫休眠。

6.影响枝芽发育的因素

(1)树种、品种和砧木。不同树种、品种的枝芽特性存在较大差异，从而有不同的生长表现。如不同树种新梢的长势不同，桃、葡萄等较强，柿等较弱，苹果居中；苹果的短枝型品种萌芽率高，成枝力低，表现为节间短、短枝比例大、树体高度及枝梢长势均弱于普通型品种；砧木对地上部生长有明显的影响，有的砧木能使接穗长成高大的树体，这种影响称为乔化。对接穗有乔化作用的砧木，称为乔化砧。如山荆子、海棠果是苹果的乔化砧。有的砧木能使树体变小，这种影响称为矮化。具有矮化作用的砧木称为矮化砧。如 M 系营养砧多数为苹果的矮化砧或半矮化砧。

(2)枝芽区位优势。主要有顶端优势和垂直优势。顶端优势是指在趋于直立生长的同一植株或枝条上，枝芽的生长势和生长量自下而上依次增强的现象(图 2-5)。垂直优势现象是指树冠内枝条的生长势，直立枝最旺，斜生枝次之，水平枝再次之，下垂枝最弱。激素是形成枝芽区位优势的主要原因。在直立性强的枝条和处于顶端的枝芽中，含有较多的生长素和赤霉素等物质，能提高枝条调运养分和水分的能力，促进细胞分裂和枝芽生长。修剪中通过改变枝芽生长方向可以调整枝条的生长势。

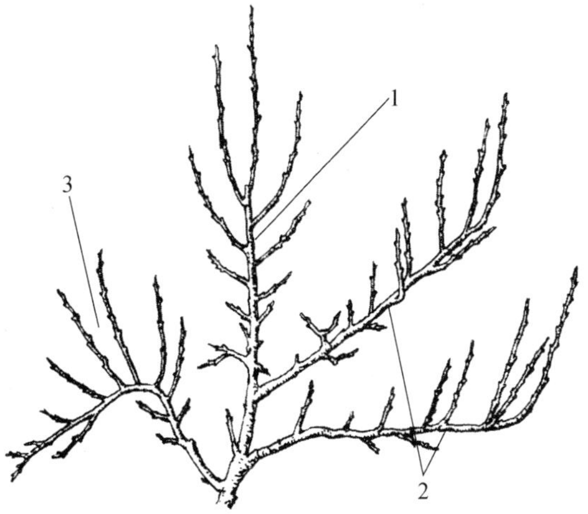

1. 直立枝，顶端易萌发旺枝　2. 水平、斜生枝，多萌发中、短枝
3. 向下弯曲枝，弯弓顶端易萌发旺枝

图 2-5　果树顶端优势

(3)树体营养状况。枝梢生长的物质基础是树体营养，它既取决于树体当年的营养水平，更取决于树体上年贮藏营养的丰缺。二者互为基础，相互影响。新梢开始生长时只能利用贮藏营养，苹果萌芽后 6 周新梢才不再依靠贮藏营养，所以叶丛枝、短枝、中长枝的春梢部分主要依靠贮藏营养生长。贮藏营养不足时，新梢短而纤弱，光合能力差，直接影响树体营养水平。当树体结果过多时，大部分光合产物用于果实发育，新梢生长受到抑制，并且因当年贮藏营养不足而影响翌年枝梢生长；此外，病虫为害枝叶及不良环境因素均可影响树体营养状况，最终影响枝芽当年生长发育。

(4)内源激素。新梢的正常生长是各种内源激素相互作用的结果。如茎尖中的生长素和幼叶产生的赤霉素可促进新梢生长，而老叶中产生的脱落酸则抑制新梢生长。

(5)环境条件。光照通过光合作用和光周期两方面影响枝梢生长，长日照有利于生长素的形成，从而促进枝梢生长，而强光照则抑制新梢生长；春旱秋涝是影响果树枝梢生长的主要水分因素，春旱限制新梢前期生长，而秋涝又造成枝梢秋季徒长，组织不充实；氮素对枝梢生长有特别显著的作用，而钾肥使用过多对新梢生长有抑制作用。

(三)花果发育

1. 花芽分化

果树芽经过生理和组织状态的变化，最终形成各种花器官原基的过程叫花芽分化。其中，芽生长点内进行的由营养生长状态向生殖生长状态转化的一系列的生理、生化过程称为生理分化。从花原基最初形成至各器官形成完成叫形态分化。

(1)花芽分化过程。芽经过初期的发育后，进入质变期，开始生理分化，继而进行形态分化，在雄蕊、雌蕊的发育过程中，形成性细胞。

①生理分化：具有纯花芽的果树，芽在鳞片分化之后即进入生理分化期；而具有混合芽的果树，则在雏梢分化达到一定节数之后开始这一过程。这一时期芽处于发育方向可变的状态，对内外条件具有高度的敏感性。如果具备花芽形成的条件，则改变代谢方向，完成生理分化后

开始形态分化，最终形成花芽；否则即成为叶芽。生理分化期是花芽与叶芽发育方向分界的时期，由称花芽分化临界期。花芽分化临界期是控制花芽分化的关键时期。生理分化期的长短因树种而异，苹果为花芽形态分化前1～7周，板栗为3～7周。生理分化期的早晚，因树种和枝条类型而异，以顶芽形成花芽的树种，短枝比长枝生长停止早，生理分化期开始也早。以侧芽形成花芽的树种，生理分化期主要决定于芽发育程度的早晚。同一株果树，由于枝条的生长期长短和芽形成的早晚不同，生理分化期可以持续较长的时间。

②形态分化：花芽形态分化是按一定的顺序依次进行的。凡具有花序的果树，先分化花序轴，再分化花蕾。就一朵花蕾而言，是先分化下部和外部的器官，后分化上部和内部的器官。形态分化的顺序和分期是：分化始期（初期）、花萼分化期、花瓣分化期、雄蕊分化期、雌蕊分化期。有的果树花萼外有苞片（山楂）或总苞（核桃雌花），则在萼片分化前增加苞片或总苞的分化。不同果树之间花芽形态分化始期有较大差异，主要体现在分化过程和形态变化两个方面。桃、杏等芽内含单花的纯花芽，分化始期的形态变化是从芽生长点变大、突起、转化为花原基止。李、樱桃芽内含2～3朵花的纯花芽，分化始期从芽生长点变大、突起开始，到分化出2～3个花原基止。具有花序的果树，花芽分化始期是从芽的分化部位变宽、突起开始，经过花序轴的分化到单花原基出理为止，分化过程形态变化较大。如仁果类果树花芽形态分化过程和形态变化共分为7个时期（图2-6）。

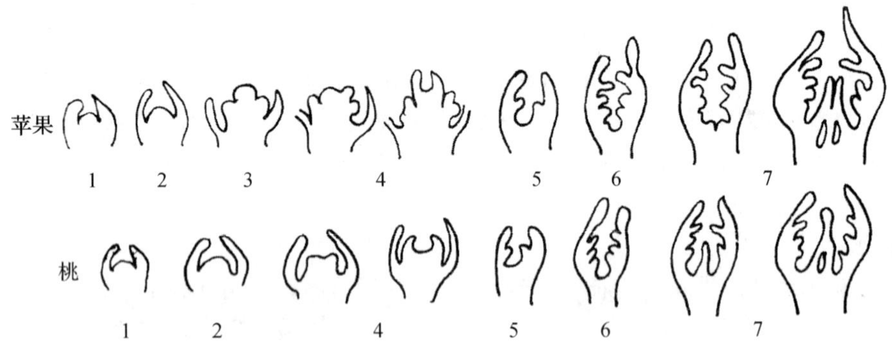

1.叶芽期　2.分化初期　3.花蕾形成　4.萼片形成　5.花瓣形成　6.雄蕊形成　7.雌蕊形成

图2-6　果树花芽形态分化过程模式图

叶芽期：生长点狭小、光滑。生长点内均为体积小、等径、列整齐的原分生组织细胞。

分化始（初）期（花序分化期）：分化开始，生长点变宽，突起，呈半圆形，然后生长点两侧出现尖细的突起，此突起为叶或苞片原基。

花原基分化期（花蕾形成期）：生长点变为不圆滑，并出现突起的形状，在苞叶腋间出现突起，为侧花原基；原中心的生长点成为中心花的原基。苹果中心突起较早，也较大，处于正顶部的突起是中心花蕾原基；梨的周边突起较早，体积稍大，为侧芽原基。

萼片分化期：花原基经过伸长、增大，顶部先变平坦，然后中心部分相对凹入而周围产生突起，即萼片原始体。

花瓣分化期：萼片内侧基部发生突起，即为花瓣原始体。

雄蕊分化期：在萼片内侧，花瓣原始体之下出现突起（多排列为上下两层），即为雄蕊原基。

雌蕊分化期：在花原始体中心底部发生突起（通常为5枚），即为雌蕊心皮原基。此后，心皮经过伸长、合拢，形成心室、胚珠而完成雌蕊的发育。与此同时雄蕊完成花药、花粉的发育；

花的其他器官如花萼、花瓣也同时发育。

尽管花芽分化都要经过上述的形态变化过程，事实上花芽开始分化的时间及经历的时期在树种、品种间有较大变化。其中从花芽形态分化到雌蕊分化期，苹果为 40～70 d，枣只有 10 d 左右。从花芽形态分化到开花的时间，最长的如核桃的雄花芽为 380～395 d，枣只有 20～30 d。同一品种则因发育状况而异，一般成年树比幼年树分化早，中等健壮树比结果树分化早，结果少的树比结果多的树分化早；即使同一植株也因枝条类型的不同而有明显差异，因为花芽分化需要新梢必要的生长和及时停止生长，不同类型的新梢在一年中分期分批停止生长，同期停长的新梢又处于不同的营养状况和环境条件，因此，果树花芽分化周年进行，且分期分批完成。如苹果的短枝顶芽在 5 月下旬分化花芽，而长枝的腋花芽要延迟到 9 月才开始分化花芽。枣、葡萄等一年多次发枝，可以多次分化花芽。然而，由于果树大部分枝梢在叶幕形成期停止生长，因此，各种果树的花芽分化又表现为相对集中和稳定，在一年中，苹果、梨一般集中在 5～9 月，桃为 6～9 月，葡萄为 5～8 月，枣则在 4 月。

知识拓展

花芽分化的进程

以冬季休眠时花芽分化达到的程度为标准，不同树种花芽分化从快到慢的顺序是：核果类＞苹果、梨＞柿＞山楂、核桃＞葡萄＞枣、中华猕猴桃。如苹果、梨、核果类等果树到冬季休眠时一般能达到雌蕊分化期，其中桃、杏的雌蕊可出现花粉母细胞，雌蕊有的可能出现胚珠原基；柿分化到花萼或花瓣分化期；山楂分化到花萼分化期；核桃雌花分化到萼片形成期；葡萄分化到花序分枝或形成花原基；枣、中华猕猴桃在第二年春季萌芽过程中进行形态分化。此外，异常环境条件常常导致果树加快花芽分化进程，出现二次开花现象。

(2)花芽分化条件。

①枝芽状态：花芽分化时芽内生长点必须处于生理活跃状态，并且细胞仍处在缓慢分裂状态。因此，多数果树是在新梢处于缓慢或停止生长时进行花芽分化，特征是新梢缓慢生长不进行伸长或停止生长但未进入休眠。但只有发育到花孕育程度的芽才能最终形成花芽，如葡萄是在新梢生长的同时进行花芽分化。

②营养物质：花芽分化依赖碳水化合物、蛋白质、核酸、矿质元素等营养物质。营养物质的种类、含量、相互比例以及物质的代谢方向都影响花芽分化。在足够的碳水化合物基础上，保证相当量的氮素营养，C/N 比适宜，才有利于花芽分化。生产中对枝叶生长良好的果树采用抑制营养生长的措施如喷施生长抑制剂、环剥、开张角度等，能促进花芽形成。

③调节物质：花芽分化是在多种激素、酶的相互作用下发生的，分化要求激素启动和促进。来自叶和根的促花激素和来自种子、茎尖、幼叶的抑花激素的平衡才能促进花芽分化。促花激素主要指成年叶中产生的脱落酸和根尖产生的细胞分裂素；抑花激素主要指产生于种子、幼叶的赤霉素和产生于茎尖的生长素。所以结果过多，种子产生的赤霉素多，抑制花芽分化，摘心可以减少生长素而促进花芽分化。

④环境条件：光照是花芽形成的必要条件。强光抑制生长素的合成，特别是在紫外光下，生长素和赤霉素被分解或活化受抑制，从而抑制新梢生长，诱导产生乙烯，有利于花芽形成。大多数北方果树的花芽分化适宜长日照的环境条件；温度影响果树一系列的生理活动和激素的形成，间接影响花芽分化的时期、质量和数量。落叶果树一般在相对高的温度下分化花芽，

但长期高温或低温不利于花芽分化。适度的干旱可使营养生长受抑制，碳水化合物积累，脱落酸相对增多，有利于花芽分化。所以，落叶果树分化始期与分化盛期大致与一年中长日照、高温和水分大量蒸发的条件相吻合。此外，土壤养分的多少和各种矿质元素的比例也影响花芽分化。

2. 开花

开花是从花蕾的花瓣松裂到花瓣脱落为止。需 3～5 d。果树生产上常以单株为单位将开花期分为初花期、盛花期、终花期和谢花期 4 个时期。全树有 5％的花开放为初花期；25％～75％的花开放为盛花期；全树的全部花已开放，并有部分花瓣开始脱落为终花期；全树 50％～95％及以上花的花瓣正常脱落为谢花期。花期长短因树种、树体营养状况及环境条件而异。树体营养水平高，开花整齐，单花开花期长，有利于授粉受精，结果率高；晴朗和高温时开花早，开放整齐，花期也短。果树开花的早晚主要取决于温度。因为各种果树开花需要一定的起始温度及积温。落叶果树一般为 10～20 ℃，最适为 12～14 ℃。除平均温度外，苹果从花芽萌发到开花需要≥5 ℃的积温为(185±10) ℃。温度对开花的影响具体体现在以下几个方面：①不同树种和品种的差异。一般樱桃、杏、梨、桃较早，苹果、山楂次之，葡萄、柿、枣、栗较晚。如桃在 10 ℃以上，鸭梨 14～15 ℃，苹果 17～18 ℃，枣 18～20 ℃。②地理位置的区别。如在山地，海拔每升高 100 m，开花期延迟 3～4 d。在平原，纬度向北推进 1°(110 km)，果树开花期平均延迟 4～6 d。北坡比南坡开花期延迟 3～5 d。③在一天中，花的开放时间多在上午 10 时至下午 2 时。果树开花的早晚也取决于花芽的着生位置和开花习性。同一树上短果枝开花早于长果枝，顶花芽早于腋花芽。苹果为伞形花序，中心花先开，梨为伞房花序，边花先开。葡萄花序由上而下单花帽状脱落。多数果树一年开花 1 次。如遇夏季久旱而秋季温暖多雨的气候或遭病虫害等刺激，易发生二次开花，对来年产量不利。但具有早熟芽的葡萄、早实新疆核桃可开花 1 次以上。石榴一年能多次开花。生产上可利用这一特性实现一年多次结果。

3. 授粉受精

果树花粉粒传送到雌蕊柱头上的过程叫授粉，也称传粉；花粉落到柱头后萌发，花粉管穿过花柱进入胚囊，释放精核并与胚囊中卵细胞融合的过程叫受精。大多数果树需要授粉受精才能结实。

(1)授粉受精时间。苹果适宜授粉期为 3～4 d。在花刚开放、柱头新鲜且有晶莹的黏液分泌时最适宜授粉，大多数果树在晴朗无风或微风的上午适于授粉。果树的受精有效期一般为 6～7 d。多数被子植物授粉后 24～48 h 可以完成受精。柱头对花粉具有选择性，当多种花粉传送到同一柱头上时，生物学特性相近的花粉生活力强，容易萌发而完成受精。

(2)传粉媒介。传送花粉到柱头上的媒介因树种而异，但主要是风和昆虫。依靠风力传送的叫风媒花，靠昆虫传送的叫虫媒花。仁果类、核果类以及猕猴桃、枣等果树为虫媒花。它主要依靠蜜蜂传粉，也可利用其他蜂类、蝇类，如筒壁蜂属的角额壁蜂、筒壁蜂等作为传粉媒介。坚果类果树为风媒花，其中栗的花粉常以数十粒到数百粒成团随风传播，单粒花粉可飞行 150 m，但大多数不超过 20 m。

(3)授粉结实方式。在果树生产上，结实是指果树能形成一定商品果实产量的过程。按果实形成的机理分为受精结实和单性结实。结实的过程包括授粉受精、坐果、果实与种子发育以及成熟等阶段。

①自花授粉结实：同一品种内授粉称为自花授粉。最典型的自花授粉是在花开放前花粉粒已经成熟，在同一朵花内完成授粉过程，称为闭花授粉。如葡萄的部分品种。自花授粉后能够得到满足生产要求的产量的，称为自花结实。不能形成满足生产要求的产量的称为自花不结实。自花结实并产生有生活力的种子的现象叫自花能孕。自花结实但不能产生有生活力的种子的现象叫自花不孕，如无核白葡萄自花授粉结实，但种子中途败育。苹果、梨、樱桃的大部分品种和桃、李的部分品种，自花结实率很低，生产上需要异花授粉。即使自花结实的品种，如葡萄、桃、杏的多数品种及部分樱桃、李品种，采用异花授粉产量更高。

②异花授粉结实：异花授粉指果树品种间的授粉，也是植物界较普遍的授粉方式。这些果树有的是雌雄异株，如银杏、山葡萄、猕猴桃等；有的是雌雄异花，如板栗、核桃、榛等；也有的是两性花，但雌雄异熟，或雌雄蕊不等长，或自交不亲和等，都不具备自花授粉的性状。不同品种间授粉结果的现象称为异花结实。提供异花授粉花粉的品种称为授粉品种，这些品种的植株称为授粉树。异花授粉因品种间不亲和而存在异花不结实现象，或异花不孕现象，建园时必须注意授粉组合的搭配。

③单性结实：子房未经受精而形成果实的现象叫单性结实。单性结实的果实因未受精而没有种子。单性结实可分为两类：一类是自发性单性结实，即子房未经授粉或其他任何刺激能自然发育成果实，如无花果、山楂、柿等；另一类是刺激性单性结实，即雌蕊必须经过授粉或其他刺激后才能结实，如洋梨中的 Seckel 品种用黄魁苹果花粉授粉，可产生无籽果实。利用生长调节物质和其他化学物质刺激雌蕊，也可以人工诱导单性结实。在杏、樱桃、李、苹果、洋梨、葡萄等果树上用赤霉素诱导单性结实，都有一定效果。

4. 果实发育

果实发育包括受精、果实膨大到果实成熟的整个过程。

(1)坐果。经过授粉受精后，子房或子房连同其他部分生长发育形成果实的现象称为坐果。坐果是由于授粉受精刺激子房产生生长素和赤霉素等物质，提高了其调运水分和养分的能力，保证了蛋白质的合成和细胞迅速分裂，最终发育成果实。果树生产中往往在生理落果后统计坐果率，花朵坐果率＝坐果数/开花数×100％，花序坐果率＝坐果花序数/开花花序数×100％。坐果是形成产量的前提，提高坐果率是果树生产的一项重要任务。

(2)果实发育过程。从开花至果实成熟，不同树种历时不等。草莓只有 20 余天，树莓、樱桃、醋栗、穗醋栗需要 30～60 d。杏、无花果、梅、枣、石榴等需 50～100 d。山楂、猕猴桃、银杏、核桃、山核桃、榛、柿等需 100～200 d。不同品种的差异也很大，如苹果、梨、桃等树种的早、中、晚熟品种变动范围为 60～200 d，李、扁桃、葡萄等在 50～140 d。同一品种也因栽培地点、生态和栽培条件的不同而存在差异。果实自受精到成熟的发育过程中，按体积、直径或鲜重在各个时期的积累值画成的增长曲线，叫果实生长图形。果实生长曲线有“S”形和双“S”形(图 2-7)。苹果、梨、板栗、核桃、草莓为“S”形；大部分的核果类以及葡萄、山楂、柿、枣、无花果为双“S”形。果实发育

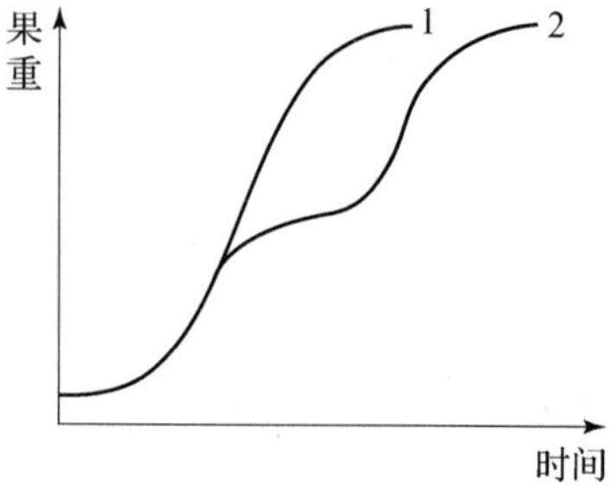

1. 苹果　2. 樱桃

图 2-7　果实生长曲线

过程可以分成4个阶段。

①细胞分裂期:从受精到胚乳停止增殖。由于细胞分裂使胚乳与果肉增长。苹果受精后细胞分裂一般延续3～4周。双"S"形的果实同时出现细胞增大。

②组织分化期:从胚乳停止增殖到种子硬化。苹果细胞停止分裂后主要进行细胞分化和膨大,胚迅速发育并吸收胚乳。核果类称为硬核期,内果皮硬化,胚迅速增长,子房壁增长缓慢。早、中、晚熟品种由此期长短决定。

③细胞膨大期:从果实体积明显增大到基本达到本品种大小。由于细胞体积、细胞间隙增大,致使果实食用部分迅速增长,最后达到最大体积。

④果实成熟期:从达到品种应有的大小开始进入果实成熟期,直到采收。果实的发育达到该品种固有的大小、形状、色泽、质地、风味和营养物质的可食用阶段,即为成熟。随着果实的成熟,呼吸强度开始骤然升高,含糖量增加,有机酸分解,果肉变得松脆或柔软,产生芳香味,有的果皮产生蜡质的果粉,果皮变色。最后达到最佳食用期。成熟过程可以在树上完成,也可以在采后完成。充分成熟的果实,呼吸下降,酶系统发生变化,随即进入衰老期。

(3)落花落果。从花蕾出现到果实成熟出现的花、果脱落的现象称为落花落果。包括花蕾、花朵和果实脱落。花、果脱落的直接原因是花梗、果柄基部由于激素的变化而产生离层。其具体原因包括内在因素和外界条件。由于树体内部原因造成的落花落果统称为生理落果。生理落果有规律性,苹果、梨等的生理落果集中时期一般有4次。第一次是落花,在盛花后期部分花开始脱落,直至谢花。导致落花的主要原因是花器发育不完全,如雌蕊、胚珠退化,或虽然花器发育完全但未能授粉受精,缺乏激素调动营养。第二次是落果,也称早期生理落果,出现在谢花后2周左右,多数是受精不完全的幼果,其原因主要是授粉受精不充分和树体贮藏营养不足。第三次生理落果出现在谢花后4～6周,仁果类果树约在6月上中旬,又称"六月落果"。"六月落果"对树体的营养损失最大,其原因主要是新梢生长与果实的营养竞争。部分品种在果实成熟期发生第四次生理落果,也称为采前落果。其原因主要是生长后期胚产生生长素的能力下降,致使形成离层而脱落。如元帅系苹果从成熟前30～40 d起开始少量脱落,15～20 d大量脱落,成熟前最严重。

枣的落蕾量为20%～60%,葡萄、杏则落花量很高。雌雄异花果树的雄花,一般在开放、散粉后脱落。葡萄落花落果比较集中,常于盛花后2周内一次脱落。单性结实的树种或品种,其落果次数不明显。外部因素也可以造成落花落果,如干旱、低温、大风、冰雹、药害、污染及其他人为因素等,生产上应分析落花落果的主导因子,采取相应的技术措施。

知识拓展

果树产量和果实品质

果树单位土地上干物质的总重量为生物学产量。单位土地上人类栽培目的物的重量为经济产量,即通常所说的果树产量。果树产量由果园果树株数、单株果实数和平均单果重等因素构成,它实质上取决于果树光合性能和树体自身消耗。因此,提高光合性能,加速营养物质的积累、运转和有效转换,并尽可能降低消耗,调节营养生长与生殖生长的关系,是提高果树产量的途径。果实的品质由外观品质和内在品质构成,外观品质包括果实形状、大小、整齐度和色泽等,内在品质包括风味、质地、香气和营养。市场经济的发展,要求果实具有性状、性能和嗜好三方面品质。性状指果实的外观,如果形、大小、整齐度、光洁度、色泽、硬度、汁液等。性能指与食用目的有关的特性，如风味、糖酸比、香气、营养和食疗作用等。喜好因国家、地区、民族，乃至个人习惯而有所差异，如我国人民多喜欢个大、红色的果实，日本消费者喜欢甜味较浓的水果，塞尔维亚人则喜欢酸味较浓的水果。发展果树生产或营销果品应注意果实的综合品质。

三、果树生长发育的协调

果树生长发育是多种因素协调平衡的结果，包括果树与环境的协调，果树各器官间的协调和内部营养物质的协调。果树生产技术就是人为采取措施，使果树与环境协调平衡，树体各类器官结构优化、比例协调，营养物质合理分配、平衡利用，最终达到生长发育的协调，实现高产、优质、高效益的生产目标。

（一）果树与环境的协调

果树与生态环境是一个互为因果、协调发展的统一体。首先，环境决定果树生长发育，影响果树产量和品质，果树生产需要为果树生长发育创造最理想的环境条件。其次，果树本身是构成环境、改善环境的重要因素，它能有效保持水土，调节微域气候，改善生态环境及人居环境。因此，环境协调是在了解果树生长发育规律的基础上，为各类果树选择最佳环境，通过生产技术使其适应环境，并最大限度地改善环境。

果树的生态环境条件是指果树生存地点周围空间一切因素的总和。它包括气候条件、土壤条件、地形条件、生物条件等。其中，温度、光照、水分、土壤、空气等是直接生态因子；风、坡度、坡向、海拔高度等则是间接生态因子。

1. 温度

温度决定果树的分布，影响果树生长发育，是果树生命活动的必要因素之一。对果树分布、生长和结果起决定性作用的主要是年平均温度、生长期积温和冬季最低温度等。

落叶果树适宜的年平均温度为7～14 ℃。在综合外界条件下，能够使果树萌芽的日平均温度叫生物学零度，即生物学有效温度的起点。落叶果树生物学零度为6～10 ℃。果树生长季或某个发育期有效温度的累积值，称为生物学有效积温。有效积温不足，往往抑制或延迟枝条生长，影响果实成熟，从而造成生长量不足，品质变差，产量降低。冬季最低温度及其持续时间是决定果树生育和栽培成功的关键因素。大多数北方果树在冬季最低温度达－30～－20 ℃时受冻，具体因树种品种而有差异。果树生产上采用的许多技术均以协调温度条件为目的，以满足果树生产需要。如设施栽培技术的核心是在不适宜果树生长的时期和地区，为果树创造适宜的温度条件，完成生产过程。抗寒栽培则通过选择小气候、提高嫁接部位、冬季埋土等技术改善果树温度环境。

2. 水分

水分是果树生存的重要生态因素。果树树体的50%～97%由水组成。水是果树生命活动的原料和重要介质，参与果树的各种生理活动。水可以调节树体温度，避免或减轻灾害。水对土壤中矿物质的溶解和促进根系吸收利用起着极为重要的作用。

果树对水分的需求具有一定规律。一是不同树种的生理代谢特点不同，其需水量存在差异。一般果树每生产1 kg光合产物需消耗水分300～800 kg。在北方果树中，桃、扁桃、杏、石榴、枣、无花果、核桃等果树抗旱力强；苹果、梨、柿、葡萄、樱桃、李、梅等抗旱力中等；猕猴桃抗旱力较弱。耐涝性较强的有枣、葡萄、梨(杜梨砧)、柿等；耐涝性较差的有桃、无花果等。二是果树在年周期的不同阶段对水分的需求不同。特点是：生长期大量需水，休眠期需水少；在生长期中，前期需水多，后期较少。具体要求是：萌芽期要求水分充足；花期要求空气及土壤水分适宜；新梢旺长期为需水临界期；花芽分化期需水相对较少；果实成熟期至落叶前水分不宜过多；冬季需水少，但缺水造成冻害和抽条。

生产上可通过多种途径协调果树与水分之间的关系，抗旱栽培是北方果区最有效的协调手段，其主要技术措施包括节水灌溉、蓄水保墒、适地适树、覆盖制度、合理修剪等。

3. 光照

光照通过影响光合作用及营养生长和生殖生长而成为果树的主要生存因素。光照强度、光谱成分、日照长度是衡量光照状况的重要指标。光照强度是单位面积内的光通量，随纬度、海拔、季节、天气及树冠中的位置而变化。在一定范围内光照强度与光合作用呈正相关。通常光照强度在5 000～50 000 lx，能满足大多数果树的要求。一般以自然光强的30%为有效光合作用的下限。

光谱成分对果树光合作用有较大的影响。从来源上分，作用于果树的光有两种，即直射光和散射光。直射光的强度大，而散射光含有50%～60%植物所需要的红、黄色光，几乎全部可被利用。从投射光的方向来分，果园受光的类型分为上光、下光、前光和后光。上光和前光是太阳从空中直接照射到树冠上方和侧方的直射光和散射光，是果树接受的主要光源。下光和后光是地面及树后物体反射到树冠下部和后部的反射光。光谱成分对果树的均衡发育和协调结果有重要意义。日照长度取决于地理纬度、海拔、天气及果树树形与栽植密度。

果树与光照的协调可从两方面进行，一是根据环境条件选择果树。因为不同果树对光照的适应性不同。在北方落叶果树中，以桃、扁桃、杏、枣、阿月浑子等最为喜光；苹果、梨、沙果、李、樱桃、葡萄、柿、板栗、石榴等次之；核桃、山核桃、山楂、猕猴桃等相对较耐阴。二是创造适宜的光照条件满足果树生长发育。生产上主要采取合理密植、发展短枝型品种、选用适当树形、提高叶片光合效能等措施。

4. 土壤

土壤是果树生产的基础，良好的土壤能满足果树对水、肥、气、热的要求。土壤厚度、质地、酸碱度、含盐量等都对果树生长与结果有重要作用。适宜果树生长的土壤条件是，土层厚度60～100 cm及以上，且无不良层次结构；土壤质地以壤质土较为理想，特点是通透性、保水保肥性强，养分含量高，有机质分解快。土壤含水量以田间持水量的60%～80%适合果树生长，同时要有良好的通气性。大多数果树喜中性及微酸性土壤，但不同砧木对土壤的适应范围很广。另外，土壤的含盐量对果树生长也有较大影响(表2-1)。

生产上协调果树与土壤的关系主要通过砧木选择、改良土壤、增施有机肥、果园管理制度等完成。

表 2-1 主要果树的耐盐情况

树种	土壤中总盐量/%		树种	土壤中总盐量/%	
	正常生长	受害极限		正常生长	受害极限
苹果	0.13～0.16	0.28 以上	葡萄	0.14～0.29	0.32～0.4
梨	0.14～0.2	0.3 以上	枣	0.14～0.23	0.35 以上
桃	0.08～0.1	0.14	栗	0.12～0.14	0.2
杏	0.10～0.2	0.24			

二、果树各器官间的协调

各器官间的协调是果树健壮生长的基础。因为在生物学产量一定的前提下，果树的产量和品质实质上取决于果树器官的类型、比例及质量。而器官间协调的基本作用就是通过处理局部器官，改变养分、激素和微域环境状况，调节树体营养器官和生殖器官的数量、质量和比例。例如，对生长过旺的果树喷施生长抑制剂，可抑制新梢营养生长，增加营养器官中中短枝的比例，并使部分中短枝形成花芽转化为生殖器官，同时，由于营养器官的减少也改善了树体内部的光照及通风条件，进一步协调了全树的生长状况。

器官协调依靠各类生产技术措施实现，如整形修剪、花果管理、化学调控及土肥水管理等。

1. 营养器官与生殖器官的协调

减少营养器官或增加生殖器官一般采用开张角度、轻剪缓放、控制氮肥、使用生长抑制剂等。反之，对树势较弱的大树及大年树采用疏除花果、回缩短截、前期充分供应肥水的方法，减少生殖器官数量，提高质量并增加营养器官的数量。

2. 根系与地上部器官的协调

根系与地上部诸器官之间相关性最为密切。主要表现为形态上相互对应，功能上相互补充(能形成不定根和不定芽)，营养上相互供应又相互竞争。因此，枝叶和根系在生长量上常保持一定的比例，称为冠根比(T/R)；根系与地上部常表现交替生长；过量结果常使根系大量死亡而影响翌年全树生长，甚至造成整株树死亡。

果树生产上常采用不同砧木控制树体大小、生长势及抗逆性；通过疏果、轻剪多留枝以促进根系生长，最终通过根系与地上部的协调与平衡，实现生产目标。

3. 顶生器官与侧生器官的协调

根据顶生器官对侧生器官的抑制作用，生产上采用短截或拉枝促进分枝，通过切断主根促发侧根。

总之，果树各类器官之间存在着多种关系，有的甚至是多重和多向关系。果树生产就是利用这种关系，通过一定技术措施，调节其平衡，实现器官之间的协调发育。

三、内部营养物质的协调

营养物质协调是果树生长发育的核心，果园经济效益主要取决于果树经济产量和果实品质，并最终取决于果树全年制造的营养物质的数量及其分配状况。合理的生产技术能使树体营养水平和分配状况达到最佳。

1. 果树营养的动态平衡

果树营养在年生长周期中处于动态平衡状态，即一方面枝叶光合作用不断制造营养物质；另一方面树体生长发育又不断消耗营养物质，并将剩余部分以贮藏营养的形式保留下来。其中制造营养依赖健壮、足量的枝叶，并与一年中营养代谢的特点密切相关。即生长前期利用树体贮藏营养并吸收氮素形成大量枝叶，属于扩大型代谢；生长中后期以大量枝叶为基础，制造碳水化合物贮存于果实、枝干、根系及其他器官中，属于贮藏型代谢。果树生产上协调养分动态平衡的手段是通过春季综合管理，特别是保证肥水供应以加快扩大型代谢，形成大量高质量枝叶；采用夏季修剪、化控技术抑制过量生长，减少消耗，提高全树营养制造能力；通过合理留果、防治病虫害及控制后期徒长，保持贮藏型代谢的强度和持续时间，提高营养积累水平。

2. 营养分配的协调

在营养物质总量一定的条件下，果树生长结果状况在很大程度上取决于营养物质的分配和运转。而营养物质的分配具有就近供应、集中使用的特点。就近供应是指枝叶同化产物首先供给附近的器官使用。如苹果短枝上的叶片供本枝上花芽形成和果实生长，腋芽发育的营养主要来自本节叶片。集中分配是指在年周期的某一物候期内，全树营养往往集中分配给生长发育强度最大的器官和组织，使其成为营养中心。例如，果树在一年中先后出现开花、新梢生长和果实发育、花芽分化、果实成熟与营养储备等营养分配中心。果树生产的许多技术措施，包括器官间的协调，实质上是营养分配的协调。例如，环剥可提高剥口以上营养供应水平，达到成花、保果的目的。夏季抑制新梢旺长有利于同化产物更多地流向果实，使果实发育成为主要营养中心。

工作任务三　果树花芽分化观察

一、任务目标

(1)了解果树花芽形态/分化各期的特征，能够辨认各个时期。

(2)初步掌握观察花芽分化的方法。

二、材料与用具

1. 材料

苹果、桃花芽分化各个时期的结果枝。苹果、桃花芽分化各个时期的固定切片。刚果红或番红染料。

2. 用具

显微镜或解剖镜、刀片、镊子、解剖针、烧杯(500 mL)、培养皿、蒸馏水、载玻片、盖玻片、绘图用具。

三、任务内容

1. 制作切片

徒手切片,先将苹果花芽从基部自枝条上切下,用镊子由外及内剥去花芽的鳞片,露出花序原始体。一手用拇指和食指捏住芽的侧面,芽尖朝向身体,另一手捏住刀片,刀刃朝向身体,从芽的一侧开始,由芽的基部向芽的尖端一刀一刀地切片,切到芽近中心部分时要特别细心。刀要向一个方向用力,不要来回拉动。注意切面与芽的中轴线保持平行。切片越薄越好,一个花序原始体可连续切割数片。将切下的薄片放入盛有水的培养皿中。桃为侧花芽,可在芽的下部紧靠芽将枝条切断,再在芽的上部 2～3 cm 处将枝条切断,用手指拿住这段枝条对花芽进行切片。

2. 镜检观察

一个花序原始体切割完毕后,将培养皿中的切片依次排列于载玻片上,加上盖玻片,即可在显微镜下观察。也可用 1%刚果红染色,经 1～3 min,用清水洗净,加上盖玻片后,在显微镜下观察。如果切片较厚,要观察的组织看不清时,还可以把盖玻片换成载玻片,把两片载玻片一起翻过来从另一面观察。通过观察,确定花芽处在哪一个形态分化期。

四、任务提示

(1)指导教师应先做好切片示范,将切好的各个时期的切片固定在显微镜上,按次序排列,并分别将显微镜视野内呈现的图像绘成草图,注明各器官的名称,放在显微镜旁,供学生对照观察用。

(2)为节省时间和材料,可分组分工进行。

五、任务作业

将观察的切片绘图,注明分化时期和花器各部分名称。

想一想

影响花芽分化的环境因素有哪些?

工作任务四　主要果树物候期观察

一、任务目标

熟悉果树物候期观察的项目和方法，能够判断果树所处的物候期。

二、任务内容

1. 苹果、梨物候期的观察项目和标准

花芽膨大期：花芽开始膨大，鳞片松动错开，颜色开始变淡，以全树有25％花芽膨大为准。

花芽开绽期：芽顶端鳞片松开，由芽顶端露出叶尖或苞片尖等。

露蕾期：花芽裂开，露出花蕾。

花芽鳞片脱落期：(梨)花芽鳞片脱落。

展叶期：花序下叶片开始展开，全树25％的芽第一片叶展开。

花蕾分离期：花柄完全露出，花蕾彼此分离。

初花期：全树5％的花开放。

盛花期：全树25％的花开放为盛花始期，50％的花开放为盛花期，75％的花开放为盛花末期。

谢花期：全树有5％的花的花瓣正常脱落为谢花始期，95％以上的花的花瓣脱落为谢花终期。

落花期：指未授粉受精的花枯萎脱落的开始至终止时期。

生理落果期：落花后，已经开始发育的幼果中途萎蔫变黄脱落的时期。此期可分别记载落果开始和终止时期。

果实着色期：出现该品种固有的色泽。苹果红色品种的果实开始着色。

果实成熟期：全树有75％的果实已具有该品种成熟的特征。

叶芽展叶期：叶芽新梢基部第一叶片展开，以中、短枝顶芽萌发的新梢为准。

新梢生长期：观察树冠外围延长新梢。自新梢第一个长节出现为春梢生长始期，至新梢生长转慢，节间变短或停止生长，为春梢生长终期。自新梢再加速生长，至最后停止生长，对苹果为秋梢生长期，对梨为夏梢生长期。

叶片变色期：秋末正常生长的植株，叶片变黄或变红。

落叶期：秋末全树有5％的叶片正常脱落为落叶始期，95％以上的叶片脱落为落叶终期。

2. 桃(杏、李、梅)物候期的观察项目和标准

花芽膨大期：春季花芽开始膨大，鳞片开始松包。

露萼期：花萼由鳞片顶端露出。

露瓣期：花瓣由花萼中露出。

初花期、盛花期：标准同苹果。

谢花期：标准同苹果。

落果期：记载落果开始到基本落尽的时期。

硬核期：通过对果实的解剖，记载从果核开始硬化（内果皮由白色开始变黄、变硬，口嚼有木渣）到完全硬化的时期。

果实成熟期：全树大部分果实成熟。

新梢生长始期：新梢叶片分离，出现第一个长节。

副梢生长期：一次梢上副梢叶片分离，节间开始伸长。

新梢生长终期：新梢停止生长，最后一片叶展开。

落叶期：标准同苹果。

3. 葡萄物候期的观察项目和标准

伤流期：春季萌芽前树液开始流动，以枝条新剪口流出液体呈水滴状为准。

萌芽期：芽外鳞片开始分开，鳞片下茸毛层破裂，露出带红色或绿色的嫩叶。

花序出现期：随结果新梢生长，露出花序时。

开花期：花冠呈灯罩状脱落。当全树有1～2个花序内有数朵花花冠脱落为初花期，全树有50%的花花冠脱落为盛花期，有95%以上的花花冠脱落为终花期。

新梢开始成熟期：新梢（一次梢）基部4节以下的表皮变为黄褐色。

果实成熟期：全树有少数果粒开始呈现出品种成熟固有的特征时为开始成熟期，每穗有90%的果粒呈现品种固有特征时为完全成熟期。

落叶期：秋末全树有5%的叶片正常脱落为落叶始期，95%以上的叶片脱落为落叶终期。

三、任务提示

(1)根据当地条件确定观察树种及观察项目。要选择地点、树种和品种、树龄、生长状况有代表性的植株，植株在果园中的位置要代表全园状况。观察对象应选择典型部位，挂牌标记。

(2)春季萌芽前安排。具体观察利用课余时间进行。观察结束后完成作业。如观察的树种、品种较多，可分组分人进行，保证每人能观察2～3个树种，10个左右品种。

(3)列表记录各物候期开始的时间。要定期、定时观察。萌芽至开花期2～3 d观察1次，以后每周或更长时间观察1次。开花进程快的地区，开花期每天进行观察。

(4)学生不易掌握的物候期，如花芽膨大期、开绽期、花蕾分离期等，指导教师要选物候期早的植株，到现场辅导。

(5)物候期因树种、品种、树龄、树势、地点、树体部位等不同有所不同，有条件可将整个工作任务设计为一个实验，为当地教学积累资料。

四、任务作业

全部观察项目完成后，根据记载结果，写出分析报告。

项目小结

本项目着重介绍了果树的分类及生长发育规律，以及如何正确认知果树的生命周期及物候期。果树生命周期包含许多个年生长周期，这是多年生果树不同于一、二年生农作物的一个显著特征。有性繁殖果树和无性繁殖果树的生命周期有本质差异。如果能及时了解果树生命周期的规律，可以有效实现果树早果、丰产、稳产、优质和长寿。同时，通过本项目的学习，要掌握果树物候期的相关内容，不同品种、树种的物候期都不同，了解、掌握果树的各个物候期，及其正常进行所需的内外条件是进行果树区域化规划和制定果树科学管理措施的重要依据。

复习思考

1. 调查当地果树产业基本情况，在综合分析的基础上，提出发展果树生产的资源优势及基本方向。

2. 调查当地栽培及野生的果树和市场上新增果实的种类，并给它们分类。

3. 探讨果树地上部与地下部结构、营养代谢方面的相应关系，以及生产上调节利用的途径。

4. 总结果树枝芽的重要特性，探讨它们在果树生产上的利用。

5. 果树层性形成的原因是什么？果树生产上如何合理利用层性？

6. 根据果实品质的构成，分析提高果实品质的途径。

7. 总结影响果树生长发育的环境因素，制定调节利用的措施。

项目三

绿色果品育苗生产技术

【学习目标】

- 了解果树苗木的类型与培育方式;
- 掌握嫁接苗和扦插苗的生产技术及其原理,熟练掌握嫁接技术;
- 熟悉其他类型果苗的生产过程。

【思政目标】

- 不断提高果苗培育的科学性和实用性,更好地发挥其在社会经济发展中的作用,实现农业的可持续发展;
- 培养大局意识,增强社会责任感。

【学习提示】

- 果树育苗技术涉及面广、技术性强,尤其是果树嫁接、扦插等关键技能,应充分利用课内外时间强化训练,掌握要领,并通过苗圃现场分析,改进操作方法,提高成活率与操作速度。

项目引入

成活率和操作速度是衡量嫁接技术的主要指标,初学者常为难以兼顾而苦恼。一个熟练的技术工人每天可芽接800～1 000株,成活率在99%以上,这恐怕不仅仅是熟练程度的问题。在生产实际中,如果能优化某一嫁接动作,或改进某一操作程序,嫁接效率将成倍提高。

必备知识一　果树育苗概述

一、育苗的意义与方式

(一)培育优质壮苗的意义

苗木是发展果业生产的物质基础。苗木质量的优劣，不仅影响建园时栽植的成活率、植株生长量、幼树抗逆性、果园整齐度，而且对果树的结果早晚、产量高低、品质优劣和寿命长短等都有一定影响。育苗工作既关系生产者的当前利益，也关系果树生产将来的经济效益。因此，世界各主要果树生产国都非常重视苗木质量，并制定了果树苗木质量标准，要求育苗者培育符合标准的优质壮苗用于生产。

(二)育苗方式

1. 露地育苗

果苗培育的全过程或大部分过程在露地条件下完成的育苗方式，称为露地育苗。通常在苗圃修筑苗床，将繁殖材料置于苗床中培育成苗。小批量和短期性自用苗木的生产，可在拟建园地的附近选择合适地块，建立小面积临时性苗圃培育苗木。大批量和长期性商品苗木生产，应建立专业化的大型苗圃。露地育苗是应用较广的常规育苗方式。

2. 保护地育苗

利用保护设施对环境条件(温度、湿度、光照等)进行有效控制，促进苗木生长发育，提早或延长生长期，培育优质壮苗。保护地设施类型很多，果树育苗常用的有以下几种。

(1)温床。在苗床表土下 15～25 cm 处设置热源提升地温。如利用电热线、酿热物(骡、马、羊、牛粪或麦糠)、火炕等，建立温床，提高基质温度，对扦插苗的促根培养极为有利。

(2)温室。通常采用普通日光温室，室内的温度、湿度、光照、通气等环境条件与露地大不相同，而且能够根据苗木的需要进行人为控制。可以促进种子提早萌发，出苗整齐，生长迅速，发育健壮，延长生长期，有利于快速繁殖。

(3)拱棚。用细竹竿或薄竹片等在床面插设小拱架，覆盖塑料薄膜，建成塑料小拱棚。能有效地提高地温和棚内气温，增加湿度，促进幼苗发育。由于小拱棚搭设简单，投资少，效果好，所以应用较为广泛。

(4)覆盖。用塑料薄膜覆盖苗床，可以提高地温，减少土壤水分蒸发，改善土壤物理性质，控制杂草。也可促进插穗生根，提高扦插成活率。

(5)荫棚。苗床上设置棚架，架顶覆盖遮阳网或苇箔、竹箔、席片等遮阴材料。荫棚用于生长季节遮阴，能避免强光照射，防止幼苗失水或灼伤。

(6)弥雾。利用弥雾装置，在喷雾条件下培育苗木。常用的有电子叶全光自动间歇喷雾(通过特制的感湿软件——电子叶、微信息电路及执行部件，控制间歇喷雾)与悬臂式全光喷雾(主要组成部分包括喷水动力、自控仪、支架、悬臂和喷头)两种类型。弥雾育苗是近年来推广应用的快速育苗新技术，主要用于嫩枝扦插育苗；可使插条叶片上经常保持一层水膜，大大减少蒸腾耗水，使叶片细胞处于吸胀状态。喷雾还有利于降低气温，积累养分，加快伤口愈合，可促进生根，提高繁殖率。

3. 容器育苗

在各种容器中装入配置好的基质进行育苗的方法，叫容器育苗。与普通露地育苗相比，容器育苗有许多优点：育苗过程能实现人为控制，满足苗木生长需求，培育优质壮苗；育苗速度快，繁殖周期短；苗木根系发达，全根带土定植，缓苗期短，成活率高，建园不受季节限制；便于集约化繁殖和工厂化生产，可节约用地，节省劳力，减少繁殖材料，降低生产成本，提高经济效益。

容器类型包括纸袋、蜂窝式纸杯、塑料薄膜袋、塑料钵、育苗专用盘、瓦盆、泥炭盆等。容器育苗的基质材料可以单一使用，也可混合使用。播种宜用园土、粪肥、河沙等混合材料；扦插繁殖和组培苗的过渡培养，多单独采用蛭石、脲醛塑料、保水剂、珍珠岩、炭化砻糠、河沙、煤渣等通透性能好、保水保肥性强、自身含肥少、干净无病原菌、不含杂质的材料。

4. 组织培养育苗

在人工配置的无菌培养基中，使植物离体组织细胞培养成为完整植株的繁殖方法，称为植物组织培养育苗。因最初应用的培养容器多为试管，又称试管育苗。组织培养在果树生产上主要用于快速繁殖自根苗，脱除病毒，培养无病毒苗木，繁殖和保存无籽果实的珍贵果树良种，多胚性品种未成熟胚的早期离体培养，胚乳多倍体和单倍体育种等。应用植物组织培养方法育苗，具有繁殖速度快，经济效益高，占地空间小，不受季节限制，便于工厂化生产的特点。

苗木生产过程中，常将各种方式组合，形成最优化生产。如保护地育苗中，同时采用日光温室、温床、遮阳网及容器育苗等多种方式。

二、苗木的类型与利用

（一）根据繁殖材料与方法分类

1. 实生苗

利用种子繁殖的苗木称实生苗。实生苗繁殖方法简便，繁殖系数高，便于大量生产，其根系发达，适应性强，生长旺盛。但实生苗变异性大，生长不一致，进入结果期也晚。为了保持品种优良性状，一般实生苗不能直接当果苗栽植。其用途是作砧木，只有杂交育种和少数树种用实生繁殖的方法直接育苗。

想一想

果树栽培为什么通常不直接用实生苗？

2. 嫁接苗

采用嫁接方法繁殖的苗木称嫁接苗。嫁接苗在生产上应用广泛，它可利用砧木的某些特性，如矮化、抗寒、抗旱、耐涝、耐盐碱、抗病虫等，增强品种的抗逆性和适应性，扩大栽培范围，改进栽培方式，提高产量与质量。嫁接苗接穗取自成熟阶段、性状稳定的优良植株，能保持母株的优良性状，结果较早。用扦插和分株不易繁殖的树种、品种，通过嫁接可扩大和加快良种繁殖。

3. 自根苗

凡根系由自身体细胞产生的苗木称自根苗。这类苗木是用果树的营养器官繁殖而成的，也称无性系苗或营养系苗。自根苗可用扦插、压条、分株和组织培养等方法繁殖。自根苗能够保持母本的优良性状，苗木生长整齐一致，很少变异，进入结果期较早。自根繁殖方法简单，应用广泛。但其无主根，根系较浅，苗木生活力较差，寿命较短，抗性、适应性也低于实生苗。除组织培养外，无性繁殖育苗需要大量繁殖材料，繁殖系数较低。营养器官难以生根的树种无法利用自根繁殖的方法培育苗木。自根苗可以直接作为果苗栽培，如葡萄、石榴、无花果和枣等。自根苗也可作为嫁接用的砧木，如苹果、梨、山楂等，根蘖可作砧木。

知识拓展

植物的再生能力

植物个体大都是由胚细胞经重复分裂繁殖，并在形态和生理上进一步分化、发育形成的。一般细胞分裂繁殖所形成的新细胞，大部分已不再具有分生能力，成为永久组织的细胞，而只在少数部位保持分生能力，如茎、根的生长点和形成层。但是当植物体的某一部分受伤或脱离母体，其整体协调性受到破坏时，却能表现出极强的再生机能。例如失去根的茎，能在一定条件下产生新的根系，同样，失去茎的根，能在一定条件下产生新的茎。这种再生机能是植物进行营养繁殖的生理学基础。大量研究证明，植物细胞具有高度独立的生理作用，每个细胞含有该种植物的全部遗传信息，能发育形成整体植株，体现“植物细胞全能性”。扦插、压条、分株等营养繁殖就是利用植物的再生能力进行苗木培育。

(二)根据砧木特性分类

1. 乔化苗

采用乔化砧培育而成的苗木，称乔化苗。栽植后生长旺盛，树体高大，根系深广，抗逆性较强，寿命长久，结果稍迟。

2. 矮化苗

采用矮化砧培育的苗木，称矮化苗。栽植后长势缓和，树体矮小，根系分布范围小，对环境条件要求较严，结果早，果个大，品质优，易丰产，适合密植栽培。根据对矮化砧的使用方式不同可分为矮化自根砧苗与矮化中间砧苗。

(1)矮化自根砧苗。直接在矮化砧上嫁接栽培品种培育而成的苗木，称矮化自根砧苗。矮化砧用种子繁殖会改变其固有性状，生产上常用压条、扦插或组织培养等无性繁殖方法繁殖砧木，然后嫁接品种。矮化自根砧果苗矮化性状好，但其适应性较差，对肥水反应敏感，栽植局限性强，且砧木繁育较慢。

(2)矮化中间砧苗。由根砧、中间砧(矮化砧)、品种三段组成的苗木，称矮化中间砧苗。一般先播种普通砧木种子，达到嫁接粗度后在苗木基部嫁接矮化砧，矮化砧发芽长高之后在15～30 cm 处嫁接栽培品种即可培育而成。矮化中间砧苗一般多用适应当地环境条件的乔化砧作根砧，它的适应性和抗逆能力比矮化自根苗有所增强。由于采用矮化砧作中间砧，生长势和树冠体积也得到了有效控制，可表现出矮化优良性状。矮化中间砧苗繁殖方法简便，节省繁殖材料，便于大量繁殖，是目前生产上应用广泛的矮化苗木类型。

三、苗圃的选择与规划

果树育苗是高度集约化经营的生产过程，苗圃地的好坏直接影响苗木的产量和质量，关系投资成本和经济效益。适宜的环境条件与良好的经营条件是苗木生产的前提，育苗前应对苗圃地点、地势、土壤、气候、交通等情况认真分析，因地制宜地安排生产。具有一定规模，长期性经营的苗圃应进行合理规划。

(一)苗圃地的选择

1. 地点

苗圃应设立在果树发展中心地区，交通比较便利的地方。有利于苗木销售和生产物资调运，降低运输费用，减少运苗途中损失。育成的苗木对当地自然条件适应性强，栽植成活率高，生长发育好。工厂及交通主干道附近不宜选作苗圃地。

2. 地势

苗圃地宜选择背风向阳、排水良好、地势较高、地形平坦开阔的地方。坡地育苗应选坡面在30°以下的地块。坡度过大的必须修筑梯田，以防水土流失，有利于苗圃作业。地下水位过高(1.5 m 以上)的低洼地、光照不足的山谷地等均不宜作苗圃地。

3. 土壤

苗圃地的土壤以土层深厚(1 m 以上)而疏松肥沃，中性或微酸性的沙质壤土、壤土为宜。这类土壤透气性良好，对种子萌发、出土、插条生根及幼苗的生长发育均有利，而且掘苗容易，根系损伤较轻。过于黏重的土壤通透性差，有碍种子的萌发出土，幼苗易感病。过于沙化的土壤保水保肥力差，苗木生长不良，夏季易遭受高温灼伤。黏重土、沙土或盐碱化较重的地块，必须进行土壤改良才能用作育苗地。

淘汰的老果园不宜作育苗地，因为残根和落叶分解后产生的有机毒素、土壤中某些营养元素的偏缺、病虫严重等因素，对树苗生长发育有严重影响。同样，前茬育过苗的地，由于上述原因也不宜连作，特别是繁殖同一种苗木，至少需要间隔2～3年。

4. 水源

果树种子的萌发和插条生根发芽均要求较湿润的土壤，幼苗期根系浅，耐旱力弱，如果不能保持水分供应，会造成停止生长或死亡。因此，苗圃应具备良好的水源，随时保证水分充足供应，并且水质要符合要求。

5. 气候

包括温度、雨量、光照、霜期及自然灾害等。应考虑其对苗木生长有无较大影响,以便合理安排苗木种类,制定相应的管理措施,如冬季是否采取防寒措施或建立保护地设施等。

(二)苗圃规划

具有一定规模(面积在 2 hm^2 以上)的较大型苗圃,应搞好规划设计工作。苗圃地的规划要根据育苗的性质、任务、苗木种类,结合当地的气候条件、地形、土壤等资料分析论证,周密考虑。本着经济利用土地、便于生产和管理的原则,合理配置生产用地和非生产用地,划分必要的功能园区。

1. 繁殖区

也称育苗圃,是苗圃规划的主要内容,应选用最好的地段。根据所培育苗木的种类可将繁殖区分为实生苗培育区、自根苗培育区和嫁接苗培育区。也可按树种分区,如苹果育苗区、梨育苗区、桃育苗区和葡萄扦插区等。为了耕作方便,各育苗区最好结合地形采用长方形划分,一般长度不短于 100 m,宽度为长度的 1/3～1/2。如受立地条件限制,形状可以改变,面积可以缩小。同树种、同龄期的苗木应相对集中安排,以便于病虫害防治和统一管理。

2. 母本园

生产繁殖材料的圃地。包括品种母本园、无病毒采穗圃和砧木母本园等。

品种母本园的主要任务是提供繁殖苗木所需要的接穗和插条。品种母本园有两种类型:一种是在科研单位建立的原种母本园和一、二级品种母本园。其中母本繁殖材料可向生产单位提供,建立低一级的品种母本园。另一种是生产单位在品种纯度高、环境条件好、无检疫对象的果园去杂去劣,高接换种,进一步提高品种纯度,改造建成母本园。建立无病毒采穗圃,应从国家或省级无病毒园引进苗木,并进行隔离栽植,即采穗圃应距现有果园 3 000 m 以上。砧木母本园是生产砧木种子或营养系繁殖材料的园区。

3. 配套设施

为了便于苗圃管理,应设立必要的道路,路的宽窄以苗圃面积和使用交通工具的种类而定。在规划道路的同时,应统一安排灌溉和排水系统、房屋及其他建筑物。这些应本着便于管理、节省开支、少占耕地的原则安排。

必备知识二　嫁接苗的生产过程与技术原理

一、嫁接育苗概述

将一植株上的枝或芽移接到另一植株的枝、干或根上,接口愈合形成一个新植株的技术称为嫁接。用作嫁接的枝与芽称为接穗与接芽,承受接穗或接芽的部分称为砧木。

嫁接是果树育苗的主要途径,并可用于果园更新品种、保存繁殖材料和挽救伤残果树等方面,是果树生产者必须掌握的一项基本技术。

(一)嫁接繁殖的基本原理

1. 嫁接成活的过程

嫁接后,砧木和接穗的削面首先形成隔离层,它是由受损伤细胞死亡之后,细胞的内容物和细胞壁的残余褐变而产生的,具有封闭和保护伤口的作用。之后,由受伤细胞产生的创伤激素刺激隔离层以内细胞与伤口平行进行多次分裂,形成新的组织——愈伤组织。愈伤组织将隔离层包被其中,并充填满砧木和接穗间的空隙。然后,愈伤组织分化出新的形成层,与砧、穗原来的形成层相连接,并产生新的维管束组织,沟通砧、穗双方木质部的导管和韧皮部的筛管,水分和养分得以相互交流,两者愈合成为新植株。

2. 影响嫁接成活的因素

(1)嫁接亲和力。砧木与接穗的亲和力是决定嫁接成活的主要因素。亲和力指砧木与接穗结合之后能否成活和正常生长发育的能力。亲和力是由砧木和接穗在组织结构、生理及遗传特性等方面差异程度的大小造成的。差异越大,亲和力越弱,成活越难。所以,亲和力与植物亲缘关系远近有关。一般亲缘关系越近,亲和力越强,越易成活。

(2)生理与生化特性。根压大的果树,如葡萄、核桃、猕猴桃等,春季根系开始活动后,地上部有伤口的地方会出现伤流,即伤口处流出胶质。这类果树春季嫁接常因伤流而影响成活,宜在夏秋季芽接或绿枝接;桃、杏等果树,嫁接时因接口流胶,妨碍愈伤组织形成而降低成活率。一般 8 月下旬以后嫁接容易引起流胶,应适当提早进行嫁接;柿子、核桃、板栗等含单宁较多,伤口易形成单宁氧化膜,阻碍细胞分裂,是嫁接成活率低的主要原因。因此,应选择适宜的嫁接时期、相应的嫁接方法以及提高嫁接速度,可促进成活。

(3)营养条件。砧木与接穗的营养状况对嫁接成活率有较大影响。砧木生长健壮、发育充实、粗度适宜、无病虫害的苗,嫁接成活率高,接穗(芽)萌发早生长快;而生长不良的细弱砧木苗,嫁接操作困难,成活率低。接穗应选用生长良好、营养充足、木质化程度高、芽体饱满、保持新鲜的枝条。在同一枝条上,应利用中间充实部位的芽或枝段进行嫁接。质量较差的梢部芽嫁接成活率低,不宜使用。枝条基部的瘪芽接后萌发困难,抽出的多为短枝,也不宜采用。

(4)极性。嫁接时,必须保持砧木与接穗极性顺序的一致性,也就是接穗的基端(下端)与砧木的顶端(上端)对接,芽接也要顺应极性方向,这样才能愈合良好,正常生长。否则将因违反植物生长的极性规律而无法成活,或成活而不能正常生长。

(5)环境条件。嫁接成活与温度、湿度、光照。空气等环境条件有关。一般温度在 20～25 ℃范围内,相对湿度在 95%以上时,有利于嫁接伤口愈合。因此,嫁接伤口要注意保温、保湿,通常以采用塑料薄膜包扎较好。强光直射会抑制愈伤组织的产生,黑暗能促进愈合,嫁接后套塑料袋不但能防止强光直射,也有利增温保湿。

(6)嫁接技术。嫁接技术水平的高低不仅影响工作效率,更决定嫁接成败。

因此,嫁接过程严格按照技术要求进行操作,有利于成活。关键是砧木、接穗削面要平整光滑,形成层要对齐密接,绑扎严紧,操作过程要迅速准确,否则侧面易风干,特别是含单宁较多的树种,伤面在空气中暴露稍久便会失水或氧化变色形成隔离层,难以愈合。

3. 砧木与接穗的相互影响

嫁接苗是由两个基因型不同的树木组合在一起形成的新植株,在成活后的生长发育过程中，地上部所需要的水分、养分及合成物质依靠砧木发育的根系供给；而根系所需要的碳水化合物等有机营养依靠接穗发育的树冠提供。代谢过程中物质与能量的交换，必然使砧木与接穗之间产生相互作用，造成一定的影响。

(1)砧木对接穗的影响。主要表现在5个方面：①影响嫁接树冠的大小：如苹果嫁接到海棠、新疆野苹果等乔化砧上，树体高大；而将其接到M系矮化砧上，则表现树体矮小。②影响嫁接树的长势、枝形及树形：与乔化砧相比，接在矮化砧上的苹果树长势缓和，枝条加粗、缩短，长枝减少，短枝增加，树冠开张，干性削弱。③影响嫁接树的结果习性：同一品种嫁接到不同的砧木上，始果年限可以提早或推迟1～3年，果个、色泽及可溶性固形物含量等均有所差异。④影响嫁接村的抗逆性：如用山荆子为砧木嫁接苹果树，其抗寒能力大大增强，但耐盐碱能力减弱，在稍偏碱的地方易发黄叶病。又如葡萄树，在绝大部分地区栽培自根苗即可，但在东北地区应采用抗寒砧木的嫁接苗，可有效提高其耐寒性。⑤影响嫁接树的寿命：嫁接树的接穗大都来自发育成熟的大树，没有实生树的"童期"阶段，所以比实生树寿命短。同一品种嫁接在不同砧木上，寿命长短也有差异。

(2)接穗对砧木的影响。接穗影响砧木根系分布的深度、根系的生长高峰及根系的抗逆性。还可影响根系中营养物质的含量及酶的活性。如花红嫁接祝光苹果，其根系分布多，须根密度大，而嫁接国光则较差。

(3)中间砧对接穗与砧木的影响。中间砧是嵌入接穗和砧木之间的一段茎干，它对上部(树冠)及下部(基砧)都有一定影响。①中间砧对接穗的影响垂常明显。例如苹果矮化中间砧能使树体矮化(矮化程度与中间砧长度成正比，一般15～20 cm及以上才有明显的矮化作用，中间砧越长，矮化性越强)，成枝率增加，提早结果，提高品质。②中间砧对基砧的影响也很大。苹果矮化中间砧对基砧根系的生长控制力极强，如果中间砧深栽，大量生根之后逐步可以替代基砧，使其慢慢萎缩。

砧木和接穗的相互影响是生理性的，不能遗传，当二者分离之后，影响就会消失。了解砧木、接穗之间的相互影响，对于选配优良的嫁接组合，更好地利用嫁接技术，培育优质苗木具有重要意义。

(二)砧木的选择

砧木伴随果树终生，它对果树生长发育、结果习性及对环境的适应性等都有很大影响。因此，对砧木的正确选择是培育优良苗木的一个重要环节。选择砧木应考虑下列条件：

(1)与栽培品种具有较强的嫁接亲和力。

(2)对嫁接品种的生长、结果有良好的影响。

(3)能适应栽培地区的气候、土壤及其他环境条件。

(4)具有某些特殊性能。如矮化、抗病虫、耐寒冷、耐盐碱或耐干旱等。

(5)种源丰富，容易繁殖。

果树砧木种类很多，各地都有适宜的树种。砧木区域化的原则是适地适树适砧。砧木的选用上，应就地取材，适当引种。引种砧木应对其特性有充分了解或先行试验，观察其各方面性能，表现良好的再大量引进推广。北方落叶果树常用砧木见表3-1。

表 3-1 北方落叶果树常用砧木

树种	砧木名称		砧木特点
苹果	楸子		抗旱，抗寒，抗涝，耐盐碱，对苹果绵蚜和根头癌肿病有抵抗能力。适于河北、山东、山西、河南、陕西、甘肃等地
	西府海棠		类型较多，比较干旱，耐涝，耐寒，抗盐碱，幼苗生长迅速，嫁接亲和力强。适于河北、山东、山西、河南、陕西、甘肃、宁夏等地
	山荆子		抗寒性较强，耐瘠薄，抗旱，不耐盐碱。适于黑龙江、吉林、辽宁、山西、陕西和山东(北部)
	新疆野苹果		抗寒，抗旱，较耐盐碱，生长迅速，树体高大，结果稍迟。适于新疆、青海、甘肃、宁夏、陕西、河南、山东、山西等地
	常用矮化砧木	M_9	矮化砧。根系发达，分布较浅、固地性差，适应性较差，嫁接苹果结果早，适合作中间砧，适于在肥水条件好的地区栽植
		M_{26}	矮化砧。根系发达，抗寒，抗白粉病，但抗旱性较差。嫁接苹果结果早，产量高，果个大，品质优，适合在肥水条件好的地区发展
		M_7	半矮化砧。根系发达，适应较强，抗旱，抗寒，耐瘠薄，用作中间砧在旱地表现良好
		MM_{106}	半矮化砧。根系发达，较耐瘠薄，抗寒，抗棉蚜及病毒。嫁接树结果早，产量高，适宜作中间砧，在旱源地区表现良好
		MM_{111}	半矮化砧。根系发达，根蘖少，抗旱，较耐寒，适应性较强，嫁接树结果早，产量高，适宜作中间砧，在旱源地区表现良好
梨	杜梨		根系发达，抗旱，抗寒，耐碱性，嫁接亲和力强，结果早，丰产，寿命长，适于辽宁、内蒙古、河北、河南、山东、山西、陕西等地
	麻梨		抗寒、抗旱、抗盐碱、树势强壮、嫁接亲和力强，为西北地区常用砧木
	秋子梨		抗寒性较强，能耐－52 ℃的低温。抗腐烂病，不抗盐碱。丰产，寿命长，嫁接亲和力强，但与西洋梨品种亲和力弱，是东北、华北北部及西部地区的主要砧木
	褐梨		抗旱、耐涝、适应性强，与栽培品种嫁接亲和力强，生长旺盛，丰产，但结果稍晚。适于山东、山西、河北、陕西等地
	矮化砧	PDR_{54}	极矮化砧，生长势弱，抗寒，抗腐烂病和轮纹病。与酥梨、雪花梨、早酥梨、锦丰等品种亲和良好，用作中间砧矮化效果极好
		S_5	矮化砧。紧凑矮壮型，抗寒能力中等，抗腐烂病和枝干轮纹病。与砀山酥梨、早酥梨等品种亲和性好，作梨矮化中间砧效果好
		S_2	半矮化砧。抗寒能力中等，抗腐烂病和枝干轮纹病。与砀山酥梨、早酥梨、雪花梨等亲和性良好，作矮化中间砧效果好

续表 3-1

树种	砧木名称	砧木特点
葡萄	山葡萄	极抗寒，扦插难发根，嫁接亲和力良好
	贝达	抗寒，结果早，扦插易发根，嫁接亲和力良好
桃	山桃	抗寒，抗旱，抗盐碱，较耐瘠薄，嫁接亲和力强。为华北、东北、西北等地桃嫁接的主要砧木
	毛桃	根系发达，生长旺盛，抗旱耐寒，嫁接亲和力强，生长快，结果早，但树体寿命较短。在华北、西北、东北各地使用较广泛
	毛樱桃	抗寒力强，抗旱，适应性较强，生长缓慢，可作桃的矮化砧木，嫁接亲和力强，适于华北、东北、西北等地
杏	山杏	抗寒，抗旱，耐瘠薄，适于华北、东北、西北等地
	山桃	与杏嫁接易成活，结果早，为华北、东北、西北等地杏的主要砧木
李	山桃	与中国李嫁接易成活
	山杏	与中国李及欧洲李嫁接易成活
	毛樱桃	与李嫁接亲和力强，有明显的矮化作用，结果早，丰产
樱桃	山樱桃	较抗寒，生长旺盛，嫁接亲和力强。但有些种类易出现“小脚”现象，易患根癌病
	青肤樱	较耐旱，生长旺盛，易繁殖，嫁接亲和力强。不抗寒，根系浅，易倒伏，不抗根癌病
	莱阳矮樱桃	树体矮小，枝条节间短，生长健壮，根系发达，固地性强，嫁接亲和力强，结果早
	马哈利樱桃	适应性强，耐旱，抗寒，固地性强，嫁接亲和力强，结果早，易丰产
柿	君迁子	抗寒，抗旱，耐盐碱，耐贫瘠，结果早，亲和力强。适宜北方地区
枣	酸枣	抗寒，抗旱，耐盐碱，耐贫瘠，亲和力强。适宜北方地区
核桃	核桃	抗寒，抗旱，适应力强
	核桃楸	抗寒，抗旱，耐贫瘠，嫁接成活率不如共砧，有“小脚”现象，适于北方各省
板栗	普通板栗	共砧
	茅栗	抗湿，耐贫瘠，适应性强，结果早

二、种子的采集与贮藏

种子是培育壮苗的基础。种子质量的好坏，直接关系出苗率高低、幼苗的整齐度和生长势。因此，无论是采种或购买种子，都必须重视质量，选用优质种子，才能保证苗全苗壮。

(一)种子的采集

1. 选择母树

采种母树的选择最好在采种母本园内进行。没有母本园的，在野生母树林或散生母树中选择。通常要选类型纯正，生长健壮，结果良好，无病虫害的壮年母树。

2. 适时采收

采种时，必须掌握好种子的成熟度，充分成熟的种子才能使用。未成熟的种子，种胚发育不全，内部营养不足，生活力弱，发芽率低，不能采用。种子是否成熟，应根据果实和种子的外部形态来确定。若果实达到应有的成熟色泽，种仁充实饱满，种皮颜色深而富有光泽，说明种子已经成熟。主要果树砧木种子采收期见表 3-2。

表 3-2 主要果树砧木种子采收期、层积天数和播种量

名称	采收时期/月	层积天数/d	1 kg 种子粒数/粒	播种量/(kg/hm^2)
山荆子	9～10	30～90	150 000～220 000	15～22.5
楸子	9～10	40～50	40 000～60 000	15～22.5
西府海棠	9 月下旬	40～60	约 60 000	25～30
花红	7～8	60～80	44 800 左右	15～34.5
新疆野苹果	9～10	40～60	35 000～45 000	35～45
杜梨	9～10	60～80	28 000～70 000	15～37.5
豆梨	9～10	10～30	80 000～90 000	7.5～22.5
山桃	7～8	80～100	400～600	450～750
毛桃	7～8	80～100	200～400	450～750
杏	6～7	80～100	300～400	400～600
山杏	6～7	80～100	800～1 400	225～450
李	6～8	60～100	—	200～400
毛樱桃	6	—	8 000～14 000	112.5～150
甜樱桃	6～7	150～180	10 000～16 000	112.5～150
中国樱桃	4～5	90～150	—	100～130
山楂	8～11	200～300	13 000～18 000	112.5～225
枣	9	60～90	2 000～26 000	112.5～150
酸枣	9	60～90	4 000～5 600	60～300
君迁子	11	30 左右	3 400～8 000	75～150
野生板栗	9～10	100～150	120～300	1 500～2 250
核桃	9	60～80	70～100	1 500～2 250
核桃楸	9	—	100～160	2 250～2 625
山葡萄	8	90～120	26 000～3 000	22.5～37.5
猕猴桃	9	60～90	100 万～160 万	—
草莓	4～5	—	200 万	—

(二)采后处理

种实采收后应立即进行处理,否则会因发热、发霉等原因,降低种子质量,甚至完全丧失生命力而无法使用。

取种处理应根据果实的利用特点而定。果实无利用价值的,如山荆子、杜梨、山桃、山杏和君迁子等,多用堆沤方式取种。将果实放入容器内或堆积于背阴处,使果肉变软腐烂,堆放厚度以 25～35 cm 为宜,保持堆温 25～30 ℃。堆温超过 30 ℃易使种子失去生活力。因此,堆放期间要经常翻动或洒水降温。果肉软化腐烂后,揉碎并用清水淘洗干净,取出种子。果肉有利用价值的,如山楂、野苹果、山葡萄等,可结合加工过程取种。但要防止高温(45 ℃以上)、强碱、强酸和机械损伤,以免影响种子的发芽率。

(三)干燥与贮藏

1. 种子干燥

大多数果树种子取出后,需要适当干燥,方可贮藏。通常将种子薄摊于阴凉通风处晾干,不宜暴晒。场地限制或阴雨天气时,也可人工干燥。

2. 净种分级

净种主要是清除混在种子中的杂物,如果皮、果柄、枝叶碎片、沙土、秕粒、病虫粒、畸形粒和破烂粒等。使种子纯净度达 95%以上。净种方法可根据不同种子而定。大粒种子(核桃、板栗等)用人工挑选;小粒种子利用风选、筛选、水选等方法。分级是将同一批种子按其大小、饱满程度或重量进行分类。用分级后的种子分别播种,其发芽率、出苗期、幼苗的生长势有很大差异,所以种子分级是十分必要的。分级方法因种子而异,大粒种子人工选择分级;中、小粒种子可用不同的筛孔进行筛选分级。

3. 种子贮藏

种子阴干后离播种或沙藏还有一段时间,需要妥善贮藏。在贮藏期间应控制好温度、湿度、通气状况等环境条件,以减缓衰老,延长贮藏寿命。一般果树砧木种子贮藏过程中,空气相对湿度 50%～70%为宜,最适温度 0～8 ℃。贮藏方法因种子不同而异,苹果、梨、桃、柿、枣、山楂、杏、李、猕猴桃等砧木种子,用麻袋、布袋、筐或箱等装好存放在通风、干燥、阴冷的室内、库内、囤内等,也可将清洁种子装入有孔塑料袋内存放。板栗、银杏、甜樱桃和大多数常绿果树的种子,必须湿藏或立即播种。湿藏时,种子与含水量为 50%的洁净河沙混合后,堆放室内或装入箱、罐内;贮藏期间要经常检查温度、湿度和通气状况,尤其温度高、湿度大时,种子易发热出汗,筐、袋上层种子易结露,应及时晾晒散热降温,并通风换气。此外,还要注意防虫、防鼠、防霉烂。

三、种子的质量检验、层积与播前处理

(一)种子质量检验

种子层积处理前、播种前或购种时,均需对种子质量进行检验,以确定该种子的使用价值,掌握适宜的播种量。种子质量检验常用以下方法。

1.种子纯度的检验

多点提取部分样品，混合后准确称其重量，放在光滑的纸上，将完好的种子放在一边，将破粒、秕粒、虫蛀粒及杂物放在一边，分别称其重量，计算纯度。

2.种子生活力鉴定

(1)目测法。观察种子的外表和内部，一般生活力强的种子，种皮不皱缩，有光泽，种粒饱满。剥去内种皮后，胚和子叶呈乳白色，不透明，有弹性，用手指按压不破碎，无霉烂味；而种粒瘪小，种皮发白且发暗、无光泽。弹性小或无弹性，胚及子叶变黄或污白，都是生活力减退或失去生活力的种子。目测后，计算正常种子与劣质种子的百分数，判断种子生活力情况。

(2)染色法。使用不同的染色剂，对种子进行染色观察，根据染色情况，判断有无生活力。

①用靛蓝、曙红等试剂进行染色：其溶液能透过死细胞组织，但不能透过活细胞。操作方法是：取种子 100 粒(大粒种子 50 个)，用水浸泡 1～2 d，待种皮柔软后剥去外种皮与内种皮，浸入 0.1%～0.2%靛蓝胭脂红溶液 2～4 h，或浸入 0.1%～0.2%曙红溶液 5 h，或浸入 5%～10%红墨水溶液 6～8 h。溶液随配随用，不宜久置。染色时温度 20～30 ℃为宜，温度低时，染色时间适当加长，低于 10 ℃时染色困难。完成染色时间之后，用清水漂洗种子，检查染色情况，计算各类种子的百分数。凡胚和子叶没有染色或稍有浅斑的为有生活力的种子，胚和子叶部分染色的为生活力较差的种子，胚和子叶完全染色的为无生活力的种子。

②用氯化三苯四氮唑(TTC)染色：当 TTC 溶液渗入种胚的活细胞内，并作为氢受体被脱氢辅酶上的氢还原时，便由无色的 TTC 变为红色的 TTF(三苯基甲臜)，而无生活力的种子则无此反应。染色方法大致与靛蓝胭脂红相同。氯化三苯四氮唑溶液的配制浓度为 0.5%(小粒种子)至 1.0%(大粒种子)，在黑暗条件下，保持 20～30 ℃，染色 3 h。生活力强的种子全部均匀明显着色；中等生活力的种子，染色较浅；无生活力的种子，子叶及胚附近大面积不着色。

(3)X 射线照相法。X 射线照相法是一种无伤检验方法，操作快捷、简便、准确，能探及种子的饱满度、空壳率、虫害、胚成熟度和生活力等，且不受种子休眠期的影响。其原理是，基于老化劣变种子的细胞失去半透性，用重金属盐类(如 $BaCl_2$、$BaSO_4$ 等)作为照相衬比剂处理后，受损伤的细胞能吸收衬比剂，在软 X 射线下照相可显示出不同程度深浅的阴影，以便鉴别出种子劣变或损伤的程度。

(4)发芽试验法。在适宜条件下使种子发芽，直接测定种子的发芽能力。但供测种子必须是无须休眠或已解除休眠的。取种子 50～100 粒，在培养皿或瓦盆中，衬垫滤纸、脱脂棉或清洁河沙，加清水，以手压衬垫物不出水为度，将种子均匀摆于其上，保持 20～25 ℃较恒定的温度，缺水时可用滴管滴水。凡长出正常的幼根、幼芽的均为好种子；无发芽能力或虽萌发，但幼根、幼芽畸形、残缺、根尖发褐停止生长的，均应计入不发芽的种子。根据发芽种子数量，计算发芽率。

(二)种子的层积处理

将种子和湿润基质混合或分层相间放置，在适宜的条件下，使种子完成后熟，解除休眠的措施，称为层积处理。所用基质多为河沙，因而也称沙藏。基质也可采用蛭石、珍珠岩、泥炭等材料。开始层积时间可根据果树种子完成后熟所需天数和当地春季播种时间决定。

种子的层积处理一般多用露地坑藏。方法是：选地形较高、排水良好的背阴处，挖一东西向的层积坑,坑的深度为60～120 cm(东北地区深度100～120 cm,华北、中原地区60～100 cm),坑的宽度为80～120 cm,长度随种子的数量而定。层积前先将种子用清水浸泡1～3 d,每日换水并搅拌1～2次,使种子充分吸水。河沙要洁净,小粒种子河沙用量为种子体积的3～5倍,大粒种子为5～10倍,沙的含水量50%左右,以手握成团但不滴水为度。层积时,先在坑底铺一层5～10 cm厚的湿沙,坑中央相隔一定距离插一小草把,以便通气。然后一层种子一层湿沙相间堆放,也可将种子与湿沙混合堆放。种子与沙一直堆放至离地面10～30 cm(视当地冻土层厚度而异。冻土深则厚,反之则薄),上覆湿沙与地面持平,盖上一层草后,再用土堆盖成屋脊形,坑四周挖好排水沟,以防坑内积水。

少量种子不便坑藏时,可用塑料编织袋,装入与湿沙混合后的种子,扎封袋口,埋入土堆或沙堆之中。也可用木箱或瓦盆等容器沙藏处理。将装有沙藏种子的容器埋在室外土内,或在室内、窖内存放。对层积种子名称、数量和日期要做好记录。

层积过程中的适宜温度为2～7 ℃。层积期间应检查2～3次,并上下翻动,以便通气散热;如沙子变干,应适当洒水;发现霉烂种子及时挑出;春季气温上升,应注意种子萌动情况,如果距离播种期较远而种子已萌动,应立即将其转移到冷凉处,延缓萌发。若已接近播种期,种子尚未萌动,白天揭开坑上的覆土,盖上塑料薄膜增温,夜间加盖草帘保温,促进种子萌动,以便适时播种。

知识拓展

种子的休眠

种子的休眠是指有生命力的种子,由于内在因素或外界环境条件的影响而不能发芽的现象。不同果树砧木的种子其休眠程度不同,一般分为被迫休眠和自然休眠两种情况。被迫休眠是由于种子成熟后得不到发芽所需要的基本条件(如水分、氧气、温度及光照等),种子不能发芽而被迫处于休眠状态。一旦具备发芽条件,种子便能萌发。常绿果树多数属于此类;自然休眠又称生理休眠。这类种子成熟之后,如不加特殊处理,即使提供其萌发的适宜条件,仍然不能萌发。北方落叶果树多数属于此类。

造成种子自然休眠的原因是多方面的。一是生理原因引起的休眠。苹果、梨、桃、杏、李等砧木种子,在形态上已经发育完全,但生理上的许多变化过程尚未完成(如酶活性的增加、呼吸作用的加强、有机质的转化及促进生长物质的形成等)。影响种子的萌发,形成休眠状态。这些生理变化过程,需要一定的低温、湿度和通气条件,经过一定的时间才能完成。二是种皮的特殊结构引起的休眠。如山楂、桃、樱桃等种子,由于种皮坚硬、致密,不易吸水膨胀开裂,同时影响气体交换,或产生机械约束作用,阻碍种子内部生理、生化过程的顺利进行,致使种子处于长期休眠状态。这类种子生产上常用机械损伤种皮、干湿交替、冻融交替和药剂处理等方法,使其通气、透水,缩短休眠时期,提早萌发。三是种胚发育未成熟引起的休眠。如银杏种子,其外部形态虽表现出成熟的特征,但种胚发育不完全(长度只有成熟胚的1/3),采收后还需经过4～5个月,从胚乳吸收营养继续发育,才能完全成熟,具备萌发能力。

种子休眠是由上述的某种原因,或多种原因综合作用的结果。例如,山楂种子休眠主要是生理原因引起的,但其种皮硬厚、致密,延长了后熟过程。因此,不同种类的种子,完成后熟需要的时间不同,少则30～50 d,多则200～300 d。秋播种子是在田间自然条件下完成后熟的,春播种子必须提前进行处理,完成后熟才能正常发芽生长。

(三)播种前的处理

沙藏未萌动或未经沙藏处理的种子,播种前可进行浸种催芽处理。使其在短期内吸收大量水分,提升温度,加速种子内部的生理变化,解除休眠,提早萌发。苹果、梨等砧木种子常用温水浸种。方法是:将种子放入 40 ℃左右的温水中,不断搅拌,直到冷凉为止,然后放入清水中浸泡 2～3 d(每天换水 1～2 次),捞出种子,混以湿沙,平摊在塑料拱棚、温室大棚中,或用地热装置,温度控制在 20～25 ℃,加盖草帘,保湿保温,每天用 30～40 ℃的温水冲洒 1～2 次。当有 20%～30%的种子露出白尖时,即可播种。

四、土壤管理

播种前的土壤管理对出苗率及幼苗的生长状况影响很大。土壤准备主要包括防治病虫的土壤消毒处理、施入基肥、整地作畦等。

1. 土壤消毒

苗圃地下病虫对幼苗危害性较大,如果大量发生,防治比较困难。在整地时,对土壤进行处理,可起到事半功倍的效果。病害中,烂芽、立枯、猝倒、根腐等病害,危害较大。一般用 50%多菌灵或 50%福美双可湿性粉剂,每 667 m^2 地表喷布 5～6 kg,翻入土壤,可防治病害。缺铁土壤,每 667 m^2 施入硫酸亚铁 10～15 kg,以防苗木黄化病的发生。

2. 施入基肥

基肥应在整地前施入,也可做畦后施入畦内,翻入土壤。每 667 m^2 施 2 500～4 000 kg 腐熟有机肥,同时混入过磷酸钙 25 kg、草木灰 25 kg,或复合肥、果树专用肥。

3. 整地做畦

苗圃地喷药、施肥之后,深耕细耙土壤,耕翻深度 25～30 cm 为宜,并清除影响种子发芽的杂草、残根、石块等障碍物。

土壤经过耕翻平整即可做畦,一般畦宽 1 m、长 10 m 左右,畦埂 30 cm,畦面应耕平整细。低洼地宜采用高畦苗床,畦面应高出地面 15～20 cm。畦的四周开 25 cm 深的沟,以便灌溉和排水防涝。

五、播种与播后管理

(一)播种

1. 播种时期

播种分秋播与春播两个时期。秋播在秋末冬初土壤结冻之前进行,一般为 10 月中旬至 11 月中旬。秋播种子能在田间完成后熟,翌春发芽早、出苗齐、扎根深、幼苗健壮、抗病性强。在无灌溉条件的干旱地区,采用秋播比较保险,因为秋播可以利用秋季降水和冬季雨雪,采用覆盖保墒、防寒,来年春种子发芽出土比较容易。如果旱地春播,完全依靠春雨,在雨水较少的情况下育苗容易失败。秋播还可省去沙藏、催芽等工序，播期较长，便于劳力安排。怕冻的种子(如板栗等)不宜秋播。

春播在土壤解冻后进行，一般为3月中旬至4月中旬。塑料拱棚、日光温室育苗播种时间比露地依次提前。冬季干旱、风大、严寒、鸟兽危害较重的地区宜采用春播。为了增加苗木前期生长量，使其出苗早，生长快，当年能够达到嫁接标准，春播宜早不宜迟，要抢墒播种，尽量缩短播种时间。

2. 播种量

单位土地面积的用种量称为播种量。通常以每667 m^2 播种量(kg)或每公顷播种量(kg)表示。播种量可根据树种、当地条件、播种方法、株行距等，由计划育苗数量、每千克种子的粒数及种子质量计算出，其公式如下：

$$每\ 667\ m^2\ 播种量(kg)=\frac{每\ 667\ m^2\ 计划出苗数(成苗出圃数)}{每千克种子粒数\times 种子发芽率\times 种子纯度}$$

影响砧木种子发芽和出苗的因素是多方面的，为了留有一定的保险系数，防止缺苗断垄现象，生产中实际播种量要比理论计算值略高。

3. 播种方式、方法

播种方式有大田直播和苗床密播两种。大田直播是将种子直接插种在嫁接圃内，这种方式可用机械操作，简便省工，出苗整齐，生长迅速。苗床密播是将种子稠密地播种在苗床内，出苗后移栽到大田进行培养，这种方式播种密度大，便于集中管理，可以创造幼苗生长的良好条件，经移栽后苗木侧根发达，须根量大，苗木质量高，且节省种子，但移栽比较费工。

播种方法主要有撒播、点播和条播三种。

(1)撒播。用于苗床密播，适于小粒种子。有省工、出苗率高、经济利用土地等优点，但需移栽。方法是：育苗前先做好苗床，床宽1～1.2 m、长5～10 m、深20 cm，东西向设置。床底铲平、压实，撒一层草木灰，铺10 cm厚的培养土，用木板刮平，并轻微镇压。播种之前，将层积的种子筛去沙子，浸种催芽，有50%以上露白时即可播种。先用水灌足苗床，待水下渗后，将种子均匀地撒播在床面。苗床密播种子用量大，如海棠200～250 g/m^2、新疆野苹果300 g/m^2、杜梨120～150 g/m^2。种子撒播之后，覆盖1 cm厚的培养土或湿沙。然后在苗床上搭塑料小拱棚，保湿增温，促进出苗。

(2)条播。大田直播中应用较多，是按一定距离开沟，将种子均匀地撒在沟内的播种方法，应用广泛。其优点是，苗木有一定的行间距离，便于土壤管理、施肥，嫁接等工作，通风透光良好，苗木生长健壮，起苗方便，节省用工。条播通常采用宽窄行播种，一般仁果类宽行50 cm，窄行25 cm，1 m宽的畦播4行为宜；核果类宽行60 cm，窄行30 cm，畦宽1.2 m为宜。播时先按行距开沟，沟的深度依种子大小和土壤性质而定。大粒种子宜深，小粒种子宜浅；土壤疏松的应深，土壤黏重的要浅。沟开好后将种子撒在沟中，然后覆土。

(3)点播。按一定的株、行距挖小穴将种子播于育苗地的方法。点播主要用于核桃、板栗、桃、杏等大粒种子。容器育苗时，小粒种子也多采用点播。优点是苗木分布均匀、生长快、质量好，但单位面积产苗少。

大粒种子点播育苗，一般畦宽1 m，每畦播2～3行，株距15 cm。种子直接播下即可，但核桃种子要将种尖侧放，缝合线与地面保持垂直；板栗种子要平放，利于种胚萌发出土，而且幼苗生长健旺。

4. 播种深度

播种覆土厚度一般为种子直径的 1～3 倍。大粒种子，气候干燥，沙质土壤可适当深播；小粒种子，气候湿润，黏质土应浅播。秋播比春播略深。生产上对不同果树种子播种深度大致为：草莓、猕猴桃、无花果等，播后不覆土，只需稍加镇压或筛以微薄细沙土，不见种子即可；山荆子覆土 1 cm 以内；楸子、沙果、杜梨、葡萄、君迁子等覆土 1.5～2.5 cm；樱桃、枣、山楂、银杏覆土 3～4 cm；桃、山桃、杏等覆土 4～5 cm；核桃、板栗覆土 5～6 cm。

(二)播后管理

1. 覆盖

播种之后，床面用作物秸秆、草类、树叶、芦苇等材料覆盖，以保护地表，避免风吹、日晒、雨淋，减少土壤水分蒸发，提高含水量，防止板结，保持疏松，稳定地温，预防冻害和鸟害。因此，覆盖有助于种子安全后熟、萌发和幼苗出土。覆盖的厚度取决于播种时期和当地气候条件，秋播宜厚(5～10 cm)，春播宜薄(2～3 cm)，干旱、风多、寒冷地区适当盖厚。在覆盖的草被上，撒少量细土，以防火灾和被大风吹走。

当 20%～30% 幼苗出土时，应逐渐撤除覆盖物，以免引起苗木黄化或弯曲，形成“高脚苗”。为了防止环境突变对幼苗出土带来的不良影响，撤除覆盖物最好在阴天或傍晚进行，且应分 2～3 次揭除。

2. 浇水

种子萌发出土和幼苗期需要足够的水分供应，播种地必须保持湿润。种子萌发出土前后，忌大水漫灌，尤其中小粒种子，以免冲刷，造成播行混乱，覆土厚度不匀，地表板结，出苗困难。如果需要灌水，以渗灌、滴灌和喷灌方式为好。无条件者可用喷雾器喷水增墒。苗高 10 cm 以上时，不同灌溉方式均可采用，但幼苗期漫灌时水流量不宜过大。生长期应注意观察土壤墒情、苗木生长状况和天气情况，适时适量灌水，以促进苗木迅速生长。秋季控制肥水，防止徒长，促进新梢木质化，增强越冬能力。越冬前灌足封冻水。

3. 间苗与移栽

间苗是把多余的苗拔掉，确定留苗量，使幼苗分布均匀、整齐、松散，以利通风透光，健壮生长。间苗、定苗在幼苗长到 2～3 片真叶时进行。做到早间苗，分期间苗，适时合理定苗，保证苗全苗壮。定苗距离，小粒种子 10 cm，大粒种子 15～20 cm。间去小、弱、密、病、虫苗。间去的幼苗，除病弱苗和损伤苗不能利用外，其他幼苗可以移栽。移栽前 2～3 d 灌水一次，以利于挖苗。移栽最好在阴天或傍晚进行，栽后要立即灌水。首先补齐缺苗断垄的地方，然后将多余的苗栽入空地。

4. 防治病虫害

幼苗期应注意立枯病、白粉病与地老虎、蛴螬、蝼蛄、金针虫、蚜虫等主要病虫害的防治。

5. 追肥

砧木苗在生长期结合灌水进行土壤追肥 1～2 次。第一次追肥在 5～6 月，每 667 m^2 施用尿素 8～10 kg；第二次追肥在 7 月上中旬，每 667 m^2 施复合肥 10～15 kg。

除土壤追肥外，结合防治病虫喷药进行叶面喷肥，生长前期喷 0.3%～0.5%的尿素；8 月中旬以后喷 0.5%的磷酸二氢钾。或交替使用有机腐殖酸液肥、氨基酸复合肥等。

6. 中耕除草

苗木出土以后及整个生长期间，经常中耕锄草，疏松土壤，破除板结，增强透气性，清除杂草，减少水分和养分消耗，为苗木生长创造良好的环境条件。

六、嫁接准备

1. 计划制订

为了确保嫁接工作顺利实施，保质保量按时完成任务，达到预期目标。嫁接工作开展之前，必须制订切实可行的实施计划。嫁接工作计划主要包括以下内容：

(1)基本情况。拟嫁接的砧木苗在苗圃内分布区位、范围、种类、苗龄和生长状况等。

(2)嫁接任务。拟嫁接的各类砧木苗实际面积、数量、达嫁接标准的百分率等。

(3)树种与品种选择。培养当地使用的苗木，应从良种区域化，符合本地区规划要求出发，适地适栽，良种良砧相配套，确定品种。培育商品苗木，在信息可靠、预测准确的前提下，选择适销对路的优良品种。

(4)接穗采集。各种接穗的用量、采集地点、质量要求、储运方式等。

(5)嫁接人员。根据嫁接任务，计划嫁接用工量(每个熟练工人每天嫁接普通苗木 800～1 000 株)，嫁接人员技术要求，嫁接队伍组成(外聘、培训等)。

(6)嫁接用具及材料准备。

(7)保障服务工作。

(8)时间安排。各项工作开展的时间、顺序、完成任务的时限。

(9)技术要求。嫁接方式、关键技术、具体要求等。

(10)资金预算。各项经费开支预算。

(11)存在的问题。

(12)完成计划的措施。

应本着保证质量、利于工作、节约经费的原则，对于嫁接品种选择、接穗来源、嫁接技术工人、各项经费开支等主要问题及苗圃情况进行实际考察，广泛调查了解，查阅信息资料，认真分析研究，注重吸收高新技术、生产经验和宝贵意见，制订切实可行的计划。

2. 技术工人聘用、分工

嫁接前，首先要组织安排好嫁接人员，外聘技术工人，应对其嫁接技术进行考察了解，选择技术过硬的专业团队，签嫁接合同，约定成活率和完成工期，明确双方职责及处罚条款。嫁接技术较差及初学者，应进行培训，熟练掌握操作技术之后方可投入生产。

嫁接工作中的各个关键环节(如接穗采集、储运、保管与发放，嫁接安排，质量检查，数字统计等)都应安排专人，分工负责，明确要求，保障嫁接工作顺利实施。

3. 嫁接用具及材料

(1)芽接用具与材料。①修枝剪，用来剪截接穗和砧木。②芽接刀，用来削接芽和砧木开口。也可用其他锋利小刀代替。③磨刀石，用来磨嫁接刀。④小水桶，用来临时存放接穗。一般塑料桶、铁桶、木桶或盆均可，放入少量水，插装接穗。⑤包扎材料，用来包扎接口。目前生产上多采用塑料薄膜条(宽 1～1.5 cm、长 12～15 cm)。

(2)枝接用具与材料。①修枝剪，用来剪截接穗和较细的砧木。②枝接刀，用来削接穗和切砧木。③手锯，用来锯断较粗大的砧木。④劈刀，用来劈较粗大的砧木切口。⑤镰刀，用来削平锯口，也可削接穗和砧木斜面。⑥螺丝刀，用来撬较粗砧木的劈口。⑦磨刀石。⑧小水桶。⑨小铁锤，用来敲击刀背，辅助劈开较粗大的砧木。⑩包扎材料。采用塑料薄膜条(随砧木粗度调整，比芽接用的更宽、更长)，或特制的嫁接专用胶带，其封闭性好、保湿、紧固、使用方便。

4. 保障及服务工作

嫁接前应考虑安排运送接穗的交通工具，外聘人员的食宿问题，接穗存放的场所，以及必要的服务人员等。

七、芽接操作规程

(一)芽接时间

嫁接没有严格的时期界限，条件适宜随时可以进行。在保护地内，温湿度可人为调节，苗木可终年生长，嫁接自然也能常年进行。在露地条件下芽接的时间，一般在接芽充分成熟，砧木达到一定粗度(苗干基部直径达 0.6 cm 以上)时进行，具体时期随嫁接方法不同而异。芽接(“T”形、“工”字形芽接)在砧木及接穗易离皮时进行；带木质芽接在春季萌芽前和生长季节内均可进行。但春季嫁接不能过早，秋季不能过晚，夏季温度过高时也不宜嫁接，以免影响成活。

(二)接穗采集

为了保证接穗的质量，应从良种母本园或采穗圃采集接穗，也可从生产园品种纯正、品质优良、生长健壮、无病虫害、已大量结果、丰产稳产的壮年母树上采取。严禁从疫区采集或调运接穗。

1. 选枝条

生长季节芽接用的穗条，采集时应选择树冠外围中上部生长健壮的当年生枝，对短枝型品种，应选短枝性状变异稳定的植株采条。

2. 采集时间

芽接用的穗条最好在清晨或上午采取，穗条新鲜，水分充足，随采随用，有利于成活。

3. 去叶片

采下的接穗，应立即将叶片剪掉，减少水分蒸发，叶柄保留 0.5～1 cm 长，以便取芽和检查成活率。

(三)接穗的运输与贮藏

1. 运前包装

接穗如需远距离调运，应挂好品种标签，50～100 根为 1 捆，用保湿材料(浸透水的锯末、报纸、布或麻袋等)填充包装,以保持水分,降低温度。

2. 运途措施

接穗应快速运转,尽量缩短运输时间。运输途中避免高温,防止失水,采取冷藏运输更为妥当。运达目的地后,要立即除去包装物,将接穗置于阴凉处保存。

3. 接前贮藏

接穗暂时无法使用时,要妥善贮藏,生长季采集的接穗短期贮藏常用以下几种方法。

(1)水藏。将接穗基部码齐,每 50~100 根捆成 1 捆,将其竖立在盛有清水(水深 5 cm 左右)的盆或桶中,放置于阴凉处,避免阳光照射。每天换水一次,并向接穗上喷水 1~2 次。接穗可保存 7 d 左右。

(2)沙藏。在阴凉的室内地面上铺一层 25 cm 厚的湿沙,将接穗基部埋在沙中 10~15 cm 深,上面盖湿草帘或湿麻袋,并常喷水保持湿润,防止接穗干枯失水。

(3)窖藏。将接穗用湿沙埋在凉爽潮湿的窖里。可存放 15 d 左右。

(4)井藏。将接穗装袋,用绳倒吊在深井的水面以上,但不要入水,可存放 20 d 左右。

(5)冷藏。将接穗捆成小捆,竖立在盛有清水的盆或桶中,或基部插于湿沙中,置于冷库中存放,可贮存 30 d 左右。

生长期芽接用的接穗,无论采用哪种贮藏方法,都会随保存天数的延长而相应降低嫁接成活率。因此,应尽量缩短贮藏时间,提早使用。

(四)嫁接操作程序

1. "T"形芽接

又称"盾状"芽接,是芽接中应用最广的一种方法。多用于一年生小砧木苗上,在砧木及接穗离皮时进行。其操作程序如下:

(1)削芽片。一手握接穗(接穗倒拿、顺拿均可),另一只手持芽接刀,先在被取芽上方 0.5~1 cm 处横切一刀,深达木质部,宽度为接穗粗度的 1/3~1/2,再在芽的下方 1~1.5 cm 处斜削入木质部,由浅入深向上推刀,纵刀口与横刀口相遇为止。用拿刀的手捏住接芽两侧,轻轻一掰,取下一个盾状芽片(图 3-1)。

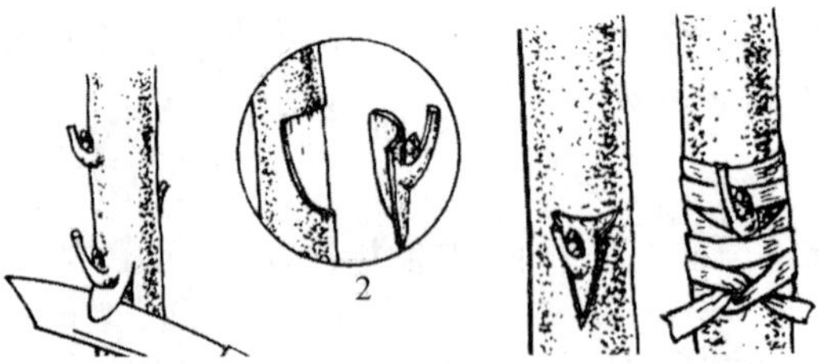

1. 削接穗芽片　2. 取下的芽片　3. 在切好的砧木上插入芽片　4. 捆绑

图 3-1 "T"形芽接

(2)切砧木。在砧木苗基部离地面 5 cm 左右处,选择光滑无疤部位,用芽接刀切一个"T"形切口,方法是先横切一刀,宽 1 cm 左右,再从横切口中央往下竖切一刀,长 1.5 cm 左右,深度以切断皮层而不伤木质部为宜。

(3)插芽片。用刀尖或嫁接刀的骨柄将砧木切口皮层向左右一拨,微微撬开皮层,用左手捏住削好的芽片左右两侧，芽片尖端紧随撬砧木皮层的刀尖，迅速插入砧木皮层，紧贴木质部向下推进，直至芽片上方与“T”形横切口对齐。

(4)捆绑。用塑料条压茬缠绑，芽和叶柄外露(要求当年萌发)或不外露(来年萌发)均可，但伤口一定要包扎严密、捆绑紧固。

2.其他芽接方法

其他常用芽接方法见表3-3。其中嵌芽接可不受砧穗离皮的限制，在生产上应用较为广泛(图3-2)。“工”字形芽接适于柿、核桃等芽接较难成活的树种。套芽接主要用于核桃。

表3-3 常用芽接方法简介

嫁接方法	消芽片	切砧木	贴芽片与包扎
嵌芽接 (带木质芽接)	在接穗上选饱满芽，从芽上方1～1.2 cm处向下斜削入质部(略带木质不宜过厚)，长约2 cm，然后在芽下方1 cm处斜切(呈30°角)到第一刀口底部，取下带木质盾状芽片	在砧木离地面5 cm处，选光滑部位，先倾斜一刀，再在其上方2 cm处由上向下斜削入木质部，至下切口处相遇。砧木削面可比接芽稍长，但宽度应保持一致	取掉砧木盾片，将接芽嵌入，如果砧木粗，削面宽时，可将一边形成层对齐，然后用塑料薄膜条由下往上压茬缠绑到接口上方，绑紧包严
“工”字形芽接	先将芽上与芽下各横切一刀，间隔距离1.5～2 cm，然后在芽的左右两侧各竖切一刀，取下方块形芽片	按取下芽片的等长距离，在砧木光滑部位上、下各横切一刀，然后在两横切道口之间竖切一刀	将砧木切口皮层向左右挑开(称双开门)，迅速将方块芽片装入，紧贴木质部，包严绑紧
套芽接	先在被取芽上方1 cm处将接穗剪短，然后在芽下方1 cm处环切一圈，深达木质部。轻轻扭转，使韧皮部与木质部分离，从上端抽出，呈一管状芽套筒	选择与芽套筒粗度接近的砧木，在光滑顺直部位上、下各横切一刀，然后从剪口处向下竖切3刀，深达木质部，并将皮层剥开	砧木皮层剥开后，随即将芽套筒套上，慢慢向下推至与上口平齐，再将砧木皮层向上拢和包裹芽套筒，包严绑紧

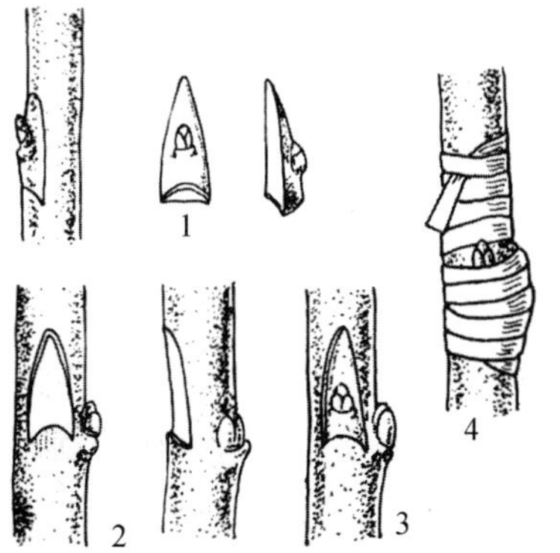

1.削接芽 2.切砧木 3.嵌入接芽 4.捆绑

图3-2 嵌芽接

八、枝接操作规程

(一)接穗的采集

枝接使用的穗条,多采用一年生枝,个别树种也用多年生枝(如枣可用一至四年生枝)。接穗采集应在秋季落叶后至春季萌芽前的休眠期内进行,最好结合冬季修剪采集,选择树冠外围发育健壮、木质化程度高、芽体饱满的一年生营养枝。剪去穗条两端芽体不饱满的枝段,每50～100 根 1 捆,标明品种、数量,贮藏备用。

(二)接穗的储运

1. 接穗的运输

接穗远距离运输时,应附上品种标签,剪口涂蜡,用有孔的箱、筐或塑料薄膜及通气良好的保湿材料包装。运输途中要避免风吹日晒和低温冻害,快速运转,达目的地后妥善贮藏。

2. 接穗贮藏

休眠期采集的接穗,如需较长时间的贮藏,为防止霉烂和失水,应在 0～5 ℃的低温、80%～90%的相对湿度及适当透气条件下存放。我国中部地区,冬季常用露地挖坑埋藏接穗;北方寒冷地区多用窖藏,或室内堆沙、堆土埋藏。所用湿沙含水量与种子层积相似,应将穗捆松绑或打开,以利于沙子透入,与湿沙分层堆藏。春分前后注意检查接穗上芽的萌发情况,如刚萌动但暂不使用,应立即转移到冷凉处,以延长可供嫁接时间。

3. 接穗蜡封处理

蜡封接穗就是用石蜡将接穗封起来,使接穗的表面均匀地黏附一层薄薄的蜡膜。蜡封处理后,接穗水分蒸发量可减少 90%以上,能明显提高成活率。蜡封接穗的方法是:将工业用石蜡切成碎块,放入铁桶、盆或锅内,加热熔化,当石蜡加热到 75～80 ℃时,手持数根接穗的一端,将另一端浸入蜡液并立即抽出,然后手拿已封蜡的一端,将另一端浸蘸,使整条接穗黏附一层薄蜡。操作中保持适宜的蜡液温度,浸蘸速度要快。如果温度过高或枝条在蜡液中停留时间过长,会烫伤接穗皮层,影响成活。蜡液温度过低时,接穗封蜡层加厚,容易产生裂纹,稍一挪动即成块脱落,封蜡效果不良,且增加石蜡用量。蜡封接穗最好随封随用,不宜长期存放,以免蜡层出现裂缝,造成接穗失水。

(三)枝接时间

硬枝嫁接在春季树液开始流动的 3～4 月进行。只要接穗保存良好,处于尚未萌发状态,嫁接时间可以延续到砧木展叶以后,一般在砧木大量萌芽前结束为宜。葡萄、猕猴桃等伤流严重的树种,适当推迟嫁接时间,等发芽后伤流期结束时进行,可相对提高成活率。嫩枝嫁接在生长期进行。

（四）枝接操作程序

1. 劈接

应用广泛的一种枝接方法，在砧木不离皮的情况下也可进行（图 3-3）。

（1）削接穗。剪截一段带有 2～4 个饱满芽的接穗，在接穗的下端削一个 3 cm 左右的斜面，再在这个削面背后削一个相等的斜面，使接穗下端呈长楔形，插入砧木的内侧稍薄，外侧稍厚些，削面光滑、平整。

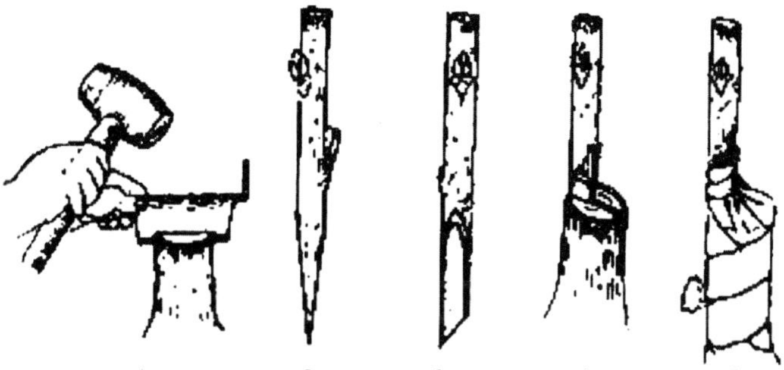

1. 劈砧木　2. 接穗侧面　3. 接穗正面　4. 插入接穗　5. 捆绑

图 3-3　劈接

（2）劈砧木。先将砧木从嫁接处剪（锯）断，修平茬口。然后在砧木断面中央劈一垂直切口，长约 3 cm 以上。砧木如果较粗，劈口可偏向一侧（位于断面 1/3 处）。劈砧时，不要用力过猛，以免劈口过长失去夹力。

（3）插接穗。将接穗厚的一面朝外，薄的一面朝内插入砧木垂直切口，务必对准砧木与接穗的形成层，不要把接穗削面全部插入砧木切口内，削面上端露出切面 0.3～0.5 cm（俗称露白），使砧、穗紧密接触，有利于伤口愈合。较粗砧木可插入两个接穗（劈口两端各 1 个）。

（4）捆绑。将砧木断面和接口用塑料薄膜条缠绑严密。较粗砧木要用薄膜方块覆盖伤口，或罩套塑料袋，以免漏气失水，影响成活。

2. 其他枝接方法

其他常用枝接方法操作程序见表 3-4。

表 3-4　常用枝接方法简介

嫁接方法	削接穗	劈砧木	插接穗与包扎
皮下接（图 3-4）	剪一段带有 2～4 个芽的接穗，在接穗下端斜削 1 个长约 3 cm 的长削面，再在这个长削面背后尖端削 1 个长 0.3～0.5 cm 的短削面，并将长削面背后两侧皮层削去少量，但不伤木质部	先在砧木近地面处选光滑无疤部位剪断，削平剪口，然后在砧木皮层光滑的一侧纵切 1 刀，长度约 2 cm，不伤木质部	用刀尖将砧木切口皮层向两边拨开。将接穗长削面向内，紧贴木质部插入，长削面上端应在砧木平断面之上外露 0.3～0.5 cm，使接穗保持垂直，接触紧密。然后用塑料条包严绑紧

续表 3-4

嫁接方法	削接穗	劈砧木	插接穗与包扎
切接	在接穗下端先削 1 个 3 cm 左右的长削面(削掉 1/3 的木质部),再在长削面背后削 1 个 1 cm 左右的短削面	在砧木从距离地面 5 cm 处剪断,选平整光滑处切口	将接穗的长削面向里,短削面向外,插入砧木切口,使两者形成层对准、靠紧,如果接穗较细,要保证一边的形成层对准。然后用塑料条包严绑紧
腹接	在接穗下端先削 1 个长 3～4 cm 的斜面,再在其背后削 1 个 2 cm 左右的短斜面,呈斜楔形	在砧木离地面 5 cm 左右处,呈 30°角斜切 1 刀	轻轻掰开砧木斜切口,将接穗长面向里,短面向外斜插入砧木切口,对准形成层,用塑料条绑紧
舌接	先在接穗下端削 1 个 3 cm 左右的斜面,然后在削面前端 1/3 处顺着枝条往上纵切 1 刀,长约 1 cm,呈舌状	将砧木在嫁接部位剪断,先削 1 个 3 cm 长的斜面,从削面上端 1/3 处顺砧干往下垂直切 1 cm 长的切口	接穗与砧木斜面相对,把接穗切口插入砧木切口中,使接穗和砧木的舌状部位交叉嵌合,并对准形成层。用塑料条包严绑紧
根接	剪一段带有 3～4 个饱满芽的接穗,在其中、下部用刀向上切入皮层,长 0.6～1 cm,深达木质部,随即将皮层向上揭,不带木质部。也可在接穗下端向上纵切皮层,不伤木质部,轻轻拨开皮层	将根砧剪成 10 cm 长的根段,在根砧上端削 1 个 3 cm 左右的斜面,再在其后被削 1 个 1 cm 长的短斜面,短斜面呈倒楔形	将根砧长斜面向里,短斜面向外插入接穗切口,用麻皮或蒲草包扎即可

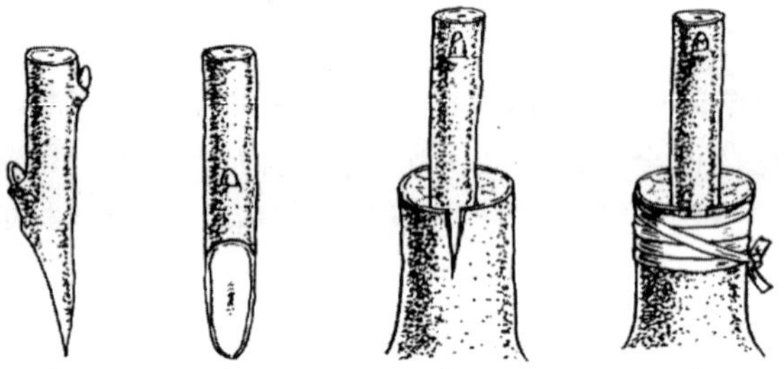

1. 接穗削面侧视　2. 接穗削面正视　3. 插入接穗　4. 绑扎

图 3-4　皮下接

九、嫁接后的管理

1. 检查成活

(1)芽接成活检查。芽接后 10 d 左右检查成活。凡接芽新鲜,叶柄一触即落,表明已成活。如果芽片萎缩,颜色发黑,叶柄干枯不易脱落,则未成活。

(2)枝接成活检查。枝接一般需 1 个月左右才能判断是否成活。如果接穗新鲜,伤口愈合良好,芽已萌动,表明已成活。

2. 补接

对未接活的苗,应及时进行补接。

（1）芽接苗一般在检查成活时做出标记，然后立即安排进行，以免错过嫁接的适宜时期。秋季芽接苗，在剪砧时还应细致检查，发现漏补苗木，暂不剪砧，以便萌芽前采用带木质芽接或枝接补齐。

（2）枝接后的补接，要提前贮存好接穗，使其处于休眠状态。补接时应将原接口重新落茬。

3. 解绑

不论是芽接或枝接，都应适时解绑。解除过早接芽（接穗）愈合部容易松裂，造成死亡或接合不牢随后劈裂；解除过晚茎于加粗生长后会勒成“细脖子”，影响生长发育，也容易折断。

（1）芽接通常在嫁接 20 d 后解除捆绑，秋季芽接稍晚的可推迟到来年春季发芽前解绑。解绑的方法是在接芽相反部位用刀划断绑缚物，随手揭除。

（2）枝接要在接穗发枝并进入旺盛生长后解绑，或先松绑后解绑，效果更佳。

4. 剪砧

芽接成活之后，剪除接芽以上的砧木部分叫剪砧。剪砧可集中营养，促进接芽萌发。剪砧过早会使剪口风干或受冻，过迟则造成养分浪费，接芽萌发迟缓而发育不良。秋季芽接苗在第二年春季萌芽前剪砧为宜。7 月以前嫁接，需要接芽及时萌发的，在接后 3 d 剪砧，要求接芽下必须保持 10 个左右的营养叶片。也可在接后折砧，15～20 d 剪砧，促使接芽萌发当年成苗。剪砧时，剪刀刀刃应迎向接芽一面，在芽片以上 0.3～0.5 cm 处下剪，剪口向接芽背面稍微下斜，伤口涂抹封剪油以利于保湿和加速愈合。

5. 抹芽除萌

（1）芽接苗剪砧后，砧木上长出的萌蘖，应及时抹除，并且要多次进行，以集中养分，促进接芽萌发生长。

（2）枝接苗会从砧木上长出许多萌蘖，应及时抹除，以免与接穗争夺养分。接穗如果同时萌发出几个嫩梢，仅留 1 个生长健壮的新梢培养，其余萌芽和嫩梢全部除去。

6. 土肥水管理

为促进接芽早发快长，春季剪砧后及时追肥、灌水。一般每 667 m^2 追施尿素 10 kg 左右。结合施肥进行春灌，并锄地松土提高地温，促进根系发育。5 月中、下旬苗木旺长期，再追 1 次速效性肥料，每 667 m^2 追施尿素 10 kg 或复合肥 10～15 kg。施肥后灌水，以利肥效发挥。结合喷药每次加 0.3%的尿素，进行根外追肥，促其旺盛生长。7 月以后应控制肥、水供应，防止贪青徒长，降低苗木质量。可在叶面喷施 0.5%的磷酸二氢钾 3～4 次，以促进苗木充实健壮。

7. 病虫害防治

苗木主要病虫害的防治，见表 3-5。

表 3-5　苗木主要病虫害防治历

时间	苗木类型	防治对象	防治措施
2～4 月播种前至幼苗期	苹果、梨	幼苗病害（烂芽、立枯、猝倒、根腐）	①栽培管理措施：不用种植双子叶蔬菜的田块，轮作倒茬，多施有机肥；②拌种：用 5%福尔马林溶液喷洒种子，拌匀后用塑料纸覆盖2 h，摊开散去气体后播种；③土壤处理：每 667 m^2 用 50%克菌丹 0.5 kg 加细土 15 kg 撒于地表，耙匀；或用 50%多菌灵，每 667 m^2 喷洒 5～6 kg，翻入土壤
			幼苗出土后：①拔除病苗；②喷 70%甲基硫菌灵可湿性粉剂 8 00～1 000 倍液，或 75%百菌清可湿性粉剂 500 倍液

续表 3-5

时间	苗木类型	防治对象	防治措施
2～4月播种前至幼苗期	苹果、梨、桃、杏	缺素症(叶片黄化)	①多施有机肥;②每667 m^2 施入硫酸亚铁10～15 kg,翻入土壤
		地下害虫(蛴螬、地老虎、蝼蛄、金针虫)	播种前:①拌种:用50%辛硫磷拌种,用种子量的0.1%;②土壤处理:每667 m^2 用50%辛硫磷乳油300 mL,拌土25～30 kg,撒于地表,然后耕翻入土
			幼苗出土后:①灌根:每667 m^2 用50%辛硫磷乳油250 mL加水500～700 kg灌根;②地面诱杀:用90%晶体敌百虫1 kg,麦麸或油渣30 kg,加水适量拌成豆渣状毒饵,撒于土壤表面毒杀;③设置黑光灯或荧光灯诱杀成虫
	苹果、梨	天幕毛虫	用25%灭幼脲悬浮剂2 000倍液,或50%辛硫磷乳油1 000倍液防治
		白粉病	①发芽前喷5波美度石硫合剂;②发病初期用25%三唑酮可湿性粉剂5 000倍液,或12.5%戊唑醇可湿性粉剂3 000～5 000倍液喷雾防治
5～6月	苹果、梨	蚜虫类	用50%抗蚜威可湿性粉剂3 000～4 000倍液,10%吡虫啉可湿性粉剂3 000～5 000倍液
		潜叶蛾	用25%灭幼脲悬浮剂2000倍液,30%灭幼·哒螨(蛾螨灵)可湿性粉剂1 500～2 000倍液等喷雾防治
		卷叶虫	用25%灭幼脲悬浮剂1 000～1 500倍液等喷雾
		斑点落叶病	用10%多抗霉素可湿性粉剂1 000～1 500倍液,80%代森锰锌可湿性粉剂600～800倍液,或50%异菌脲可湿性粉剂2 000倍液等喷雾防治
		梨星黑病	用1∶2∶240波尔多液,40%氟硅唑乳油800～1 000倍液,或50%异菌脲可湿性粉剂1 000倍液等喷雾防治
	桃	穿孔病	用15%农用链霉素可湿性粉剂3 000倍液,80%代森锰锌可湿性粉剂600～800倍液,或70%甲基硫菌灵可湿性粉剂1 000倍液等喷雾防治
	葡萄	白粉病、霜霉病、黑痘病、褐斑病	用1∶0.5∶160波尔多液,70%甲基硫菌灵可湿性粉剂800～1 000倍液等喷雾防治
		螨类、二星叶蝉等	20%氰戊菊酯乳油2 000倍液,2.5%氯氟氰菊酯乳油4 000倍液喷雾防治

续表 3-5

时间	苗木类型	防治对象	防治措施
7～8 月	苹果、梨	红蜘蛛	用 5%噻螨酮乳油 200 倍液，20%速螨酮可湿性粉剂 3 000 倍液和 5%唑螨酯悬浮剂 1 000～1 500 倍液等喷雾防治
		其他病害虫	如潜叶蛾、蚜虫类、斑点落叶病、梨黑星病的防治方法可参考以上内容
	桃	穿孔病	防治方法同前
		食叶性害虫	用 50%杀螟松乳油 1 000 倍液等喷雾防治
	葡萄	霜霉病、白粉病、黑痘病	用 72%霜脲・锰锌可湿性粉剂 700 倍液，15%三唑酮可湿性粉剂 1 500 倍液，64%噁霜・锰锌可湿性粉剂 400 倍液等喷雾防治
9～10 月	苹果、梨	白粉病、潜叶蛾、卷叶虫、食叶类害虫等病	根据苗圃病虫发生情况喷药防治
	葡萄	霜霉病、褐斑病	根据发病情况喷药防治
11～12 月	所有苗木	各种越冬病虫害	苗木检疫，消毒(参照书树木圃部分)。苗圃翻耕、冬灌、清除落叶，消灭病虫

技术拓展

矮化中间砧果苗二年出圃技术

矮化中间砧果苗是经过两次嫁接而成的，采用常规技术育苗需要三年才能出圃，即第一年春季播种培育乔砧实生苗；夏季芽接矮化砧；第二年春季萌芽前剪砧；秋季在矮砧接口以上 30 cm 左右处芽接栽培品种；第三年春在品种接芽上 0.5 cm 处剪砧，秋后成苗出圃。

生产上为了降低成本、加快进度，可采用二年出圃技术，即第一年春播培育乔化砧实生苗；7～9 月芽接矮化砧；第二年春季萌芽前剪砧，6 月中下旬芽接栽培品种；接后 3～10 d 剪砧；秋后育成出圃。二年出圃的关键技术措施是：

(1)培育壮砧。选平整、肥沃、疏松的地块育苗，施足基肥，细致整地。秋播或早春播种，加强管理，促进砧苗迅速生长，应在 7～8 月达嫁接标准。第二年春季萌芽前剪砧，精细管理猛促矮化砧苗，力争 6 月中旬高度达到 50 cm 以上，苗干高 30 cm 处直径达 0.5 cm 以上。

(2)提早嫁接。第一年实生砧苗上嫁接矮化砧没有严格的时间界限，但必须在 9 月上旬以前将未接活的补齐。第二年在矮化砧苗上芽接栽培品种应提早到 6 月中旬，最迟 6 月底以前接完。嫁接时，采用带木质露芽接，以利于接芽萌发。操作中要尽量保护好接口以下矮化砧苗上的叶片，维持足够的营养面积，提高成活率，促进品种接芽早发快长。

(3)及时剪砧。栽培品种芽接之后 3 d 即可剪砧，或接后立即折砧，15～20 d 剪砧，以促芽萌发。剪口涂封剪油，25 d 后解绑。

(4)加强肥、水管理。以每 667 m^2 面积的苗圃计算，播种前施优质农家肥 5 000 kg；砧苗高 10 cm 左右，开沟追施尿素 5 kg；6 月上旬结合灌水追复合肥 10～15 kg。第二年春季剪砧后，结合灌催芽水。施尿素 10～15 kg；栽培品种嫁接前后施复合肥 10～15 kg。同时应加强根外追肥。品种接芽初萌发时，易感黄化病，生长缓慢。可在嫁接前 10 d 左右开始喷 0.3%～0.5%的硫酸亚铁溶液，每隔 10 d 喷 1 次，连喷 3～4 次，可控制黄化，使叶色正常，生长加快。

(5)覆盖地膜。培育二年出圃的矮化中间砧苗，应覆盖地膜以增温保墒，促进矮化砧苗生长，以便及时嫁接。覆盖地膜在第二年春季剪砧、追肥、灌水和松土后进行，将接芽露出，地膜拉展覆盖地表，周围用土压实。

工作任务一　果树砧木种子质量检验

一、任务目标

使学生掌握种子生活力鉴定的方法。

二、任务内容

1. 目测法

称取砧木种子 50～100 g，或数 100 粒，进行鉴定。凡砧木种子大小均匀，种皮有光泽，种仁饱满、压之有弹性，种胚呈乳白色、不透明、无霉味，无病虫害者均为有生活力的种子。根据鉴定结果，统计有生活力的种子所占百分率。

2. 染色法

取砧木种子 50～100 粒(大粒种子 50 粒)，用水浸泡 12～24 h，使种皮软化。用镊子或解剖针将种皮剥去，放入配制好的染色剂溶液中进行染色。浸泡 2～4 h 后，用清水冲洗，观察染色结果。

三、材料与用具

1. 材料

果树常用砧木种子、染色剂(0.1%～0.2%靛蓝胭脂红溶液、0.5%三苯四氮唑溶液、5%红墨水溶液)。

2. 用具

天平、镊子、刀片、解剖针、烧杯、量筒、培养皿等。

四、工作任务作业

(1)总结目测法和染色法鉴定结果。

(2)完成种子生活力测定记录(表 3-6)。

表 3-6 果树砧木种子生活力测定记录表

树种	测定种子粒数	测定结果									
		空粒	腐烂粒	病虫害粒	其他	染色结果				种子生活力/%	备注
						无生活力		有生活力			
						粒数	%	粒数	%		

工作任务二 种子层积处理

一、任务目标

使学生了解果树砧木种子层积处理要求，掌握层积处理方法。

二、任务内容

1. 挖掘层积坑

选地形稍高、排水良好的背阴处，挖深 60～100 cm、宽 100 cm 左右，长随种子数量而定的层积坑。

2. 拌沙

用水将沙拌湿（含水量约 50%），以手握成团但不滴水为度。

3. 层积

先在坑底铺一层湿沙，坑中央插一小草把，然后将种子与湿沙分层相间堆积，堆至离地面 10～30 cm 处，其上覆湿沙至与地面持平。再用土堆成屋脊形。坑四周挖排水浅沟。

三、材料与用具

1. 材料

砧木种子、干净河沙。

2. 用具

水桶、挖土工具。

四、任务提示

本次任务最好结合生产实训进行，以便学生在实际操作中掌握技术。如条件不具备时，可准备少量种子，用木箱或花盆等容器进行层积处理。或在室外进行模拟演练。

想一想

种子为什么要进行层积处理？

五、任务作业

进行种子层积处理应掌握哪些关键技术？

工作任务三　嫁接技术训练

一、任务目标

使学生了解果树嫁接的基本知识，熟悉常用的枝接与芽接方法，掌握嫁接操作要领，熟练嫁接技能，提高嫁接成活率。

二、任务内容

1. 芽接练习

进行"T"形芽接、嵌芽接的训练，练习削芽片、切砧木、插接芽等关键技术。

2. 枝接练习

进行劈接、皮下接和切接的训练，练习削接穗、劈砧木、插接穗和绑缚等关键技术。

三、任务材料用具

1. 材料

供嫁接实训用的接穗、砧木、枝条，包扎材料（塑料薄膜条）。

2. 用具

修枝剪、芽接刀、枝接刀、磨刀石、水桶等。

四、任务提示

（1）选择当地最适用的几种嫁接方法进行室内练习。

（2）实训前预先准备好各种嫁接方法的实物标本，每小组1套，便于学生学习。

(3)嫁接前,先由指导教师或熟练技工逐项示范操作,学生领会后独立操作,反复练习,教师和技工巡回检查指导,纠正错误,直到学生熟练掌握嫁接技术。

(4)嫁接后,利用业余时间适时检查成活情况,统计成活率。

五、任务作业

(1)每个学生交嫁接实物1份。

(2)检查成活情况后分析原因。

想一想

果树芽接过程中的注意事项有哪些?

必备知识三　扦插苗的生产过程与技术原理

一、扦插育苗概述

(一)扦插苗及其类型

将果树部分营养器官插入土壤(基质)中,使其生根、萌芽、抽枝,成为新的植株的方法称为扦插。扦插可在露地进行,也可在保护地内进行,也可二者结合。果树育苗常用的扦插繁殖方法主要有硬枝扦插、绿枝扦插和根插三种。

1. 硬枝扦插

利用已完全木质化的枝条进行扦插。此法简单易行,繁殖材料丰富,育苗周期短,应用最广,凡容易萌发不定根的树种均可以采用。如葡萄、石榴、无花果等。

2. 绿枝扦插

又称嫩枝扦插,是利用当年生半木质化带叶绿枝在生长期进行扦插。半木质化的绿枝薄壁细胞多,含水量足,可溶性糖和氨基酸含量多,酶活性高,再生能力强,容易生根。因而,对生根较难的树种(如山楂、猕猴桃等)或硬枝扦插材料不足时,可采用绿枝扦插,效果较好。

3. 根插

用根段进行扦插繁殖称根插。凡根上能形成不定芽的树种都可采用根插育苗。如山楂、苹果、梨、枣、柿、李等。根插繁殖主要用于培养砧木。繁殖材料可结合秋季掘苗和移栽时收集,或者搜集野生和深翻果园挖断的根系。选直径0.3～1.5 cm的根,剪成长10 cm左右的根段,并带有须根。根插的时间、方法和插后管理等与硬枝扦插基本相同。

(二)扦插育苗的技术原理

插条剪截后,首先由伤口表面的受损伤细胞形成隔离保护层,然后由于受伤细胞产生的愈伤激素的刺激,保护层下的细胞分裂形成半透明而不规则的瘤状突起——愈伤组织。与此同时,在茎内次生木质部或形成层与髓射线交界处的细胞恢复分裂能力,形成根原体。根原体向外分裂形成初生分生组织,并继续分化形成根冠生长点。根冠生长点依靠根囊酶溶解茎的厚壁组织和厚角组织,伸出体外形成幼根。

在扦插过程中,不定根的发生和愈伤组织的形成是同时发生而又各自独立进行的。愈伤组织的形成有利于插条生根,但与发根不存在直接关系。

(三)影响扦插成活的因素

1. 内在因素

(1)树种与品种。果树的种类与品种不同,其再生能力强弱不同。例如,葡萄、石榴、无花果的再生能力强,而苹果、桃等果树再生能力弱。同一树种,枝和根的再生能力也不相同。如葡萄枝条容易发生不定根,而根系不易萌生不定芽,因此常用枝插而不用根插;枣、柿、苹果等则相反,根插容易生枝,而枝插不易生根。同一树种不同品种的再生能力也表现不同。

(2)树龄与枝龄。植物的新陈代谢作用和生活力随着年龄的增加而减弱,通常树龄越大,生根越难。幼龄树新陈代谢旺盛,生活力强,枝条再生能力强。所以采集幼树或壮年母树的枝条,扦插成活率高,生长良好。一般枝龄越小,再生能力越强。大多数树种一年生枝的再生能力强,二年生枝次之,二年生以上的枝条再生能力明显减弱。

(3)插条营养状况。插条发育充实,木质化程度高则再生能力强。通常枝条中部发育充实,芽体饱满,生活力强,生根发芽都比较容易,扦插成活率高;枝条基部粗壮充实,营养丰富,但芽体瘦小且发育不良,扦插成活率次之;枝条梢部发育时间短,生长细弱,木质化程度差,扦插不易成活。

2. 外界条件

(1)土壤。土壤质地的好坏直接影响扦插成活率,扦插地应选择结构疏松,通气良好,保水性强的沙质壤土。一般生产上常采用珍珠岩、泥炭、蛭石等作扦插基质,就是为了达到疏松、透气和保湿的效果。

(2)温度。适宜的温度是插条维持正常呼吸作用,形成愈伤组织和根系发育的先决条件。一般扦插、压条生根所需温度为 15～25 ℃,而大多数果树在 10 ℃以上即可萌芽,北方春季气温的回升快于地温,从而使插条首先萌芽消耗营养而不能生根。设法提高地温,使枝条首先生根,是扦插育苗的关键。

(3)湿度。土壤湿度和空气湿度均影响扦插成活。土壤湿度在田间持水量的 60%～80%为宜,空气湿度越大越好,所以对扦插繁殖的苗木,采用洒水或喷灌的方式灌水,有条件的地方进行喷雾,可有效地提高空气湿度,减少蒸发,防止嫩芽枯萎,促进成活。但土壤水分不宜过多,以免降低地温,造成缺氧而影响生根。

(4)光照。光照对于扦插繁殖有多种影响。一方面,它能促进植物生长素形成,加强碳素同化作用,提高地温,从而促进生根。另一方面,光照能促使生根抑制物形成,强光还会加剧插条及土壤水分蒸发，使插条干枯。在绿枝扦插时，采用全光照喷雾育苗则可较好地解决光和水的矛盾。

二、插条的采集与贮藏

落叶果树硬枝扦插使用的插条在休眠期采集，一般结合冬季修剪进行。在生长健壮、结果良好的幼年母树上，采发育充实、芽体饱满、无病虫害的一年生营养枝。采集到的枝条应分品种、粗度，按 50～100 cm 长度剪截，每 50～100 根捆成 1 捆，拴挂标签，注明品种、数量和采集日期。

插条一般采用沟藏或窖藏的方法保存。贮藏前先用 5% 的 $FeSO_4$ 溶液或 5 波美度石硫合剂浸泡 3～5 min。贮藏沟深 80～100 cm，宽约 100 cm，长度依插条数量而定。插条在贮藏沟内要横向与湿沙分层相间摆放。沟底部平铺 1 层湿沙，最上面盖 20～40 cm（寒冷地区适当盖厚）的土防寒。贮藏期间注意检查沙的温度与湿度。在室内或窖内贮藏，通常将插条半截插埋于湿沙、湿锯末或泥炭中，贮藏期温度保持在 1～5 ℃为宜。

三、插前准备

（一）土壤及材料准备

扦插前应做好整地、施肥及土壤消毒工作。其具体操作技术可参照嫁接育苗中土壤管理的相应内容。然后根据地势做成高畦或平畦，畦宽 1 m，长 10 m。

土壤黏重、湿度大可以起垄扦插，垄距 60 cm 左右。材料主要准备整地工具、覆盖床面用的薄膜、剪截插条用的修枝剪、小刀及处理插条的药剂等。

（二）扦插时间

硬枝扦插时间应在春季发芽前进行，以 15～20 cm 土层温度达 10 ℃以上为宜。

（三）插条处理

扦插前将冬藏后的插条先用清水浸泡 1 d，使其充分吸水后剪成长约 20 cm、带有 1～4 个饱满芽的枝段。节间长的树种如葡萄，留单芽或双芽即可。然后在插条上端芽上 1 cm 处剪成平面，下端剪成马耳形斜面。剪口要平整光滑，以利于愈合。

对生根较难的树种和品种，在扦插前 20～25 d 进行催根处理。常用催根方法有以下几种：

1. 机械损伤

对插条进行刻伤、剥皮等处理，人为造成伤痕，可促进枝条内部养分和生长素向伤口处移动，增强呼吸作用，提高过氧化氢酶的活性，从而促进细胞分裂和根原体的形成，提高扦插成活率。方法是：加大插条下端斜面伤口，并在伤口背面和上部纵刻 3～5 条 5～6 cm 长的伤口，深达形成层，以见到绿皮为度。也可在枝条脱离母体前，在剪截处进行环剥、刻伤或绞缢等处理，使营养物质和生长素在伤口部位积累，有利于扦插发根。

2. 加温处理

春季扦插，常因土温不够而影响生根，可用增温催根的方法解决生根难的问题。生产上常用的增温催根方式有温床、电热加温或火坑等。在热源上铺一层湿沙或锯末，厚度 3～5 cm，将插条下端弄整齐，捆成小捆，直立埋入铺垫基质之中，捆间用湿沙或锯末填充，顶芽外露。插条基部温度保持在 20～28 ℃，气温控制在 8～10 ℃及以下。为保持湿度要经常喷水。这样可使根原体迅速分生，而芽则受气温的限制延缓萌发。经 3～4 周，生根后，在萌芽前定植于苗圃。

3. 激素处理

植物生长激素可以加强枝条的呼吸作用，提高各种酶的活性，促进细胞分裂，对不易生根的树种、品种，采用人工合成的生长激素处理插条，有利于生根。常用的植物生长激素有 β-吲哚丁酸(IBA)、β-吲哚乙酸(IAA)、ABT 生根粉等。处理方法有液剂浸渍和粉剂蘸沾。液剂浸渍所用浓度一般为 5～100 mg/kg，将插条基部浸泡 12～24 h；粉剂蘸沾用滑石粉作稀释填充剂，稀释浓度为 500～2 000 mg/kg，混合 2～3 h 后即可使用，先将插条基部用清水冲洗浸湿，然后蘸粉即可扦插。

四、扦插方法

1. 扦插方式

硬枝扦插可采用垄作或床作，而以低垄或高垄覆膜扦插较为普遍。露地扦插时，按行距开沟，沟的方向东西设置为宜。覆膜扦插，先按行距起垄，然后覆盖地膜，打孔破膜后扦插。

2. 扦插密度

扦插密度因树种、育苗方式和苗木用途合理确定。培养砧木苗后还需要嫁接的应采取宽窄行扦插，宽行距 50 cm，窄行距 25～30 cm，株距 15 cm 左右；直接扦插成苗，不需嫁接的可采用等行距扦插，一般行距 30～40 cm；葡萄扦插培育大苗，同时生产插条的应采用较宽的行、株距(行距 60～70 cm，株距 20 cm 左右)。

3. 扦插方法

扦插角度有直插和斜插两种。一般生根容易、插穗较短、土壤疏松、通气保水性好的应直插；而生根困难、插穗较长、土壤黏重通气不良、土温较低的宜斜插(图 3-5)。

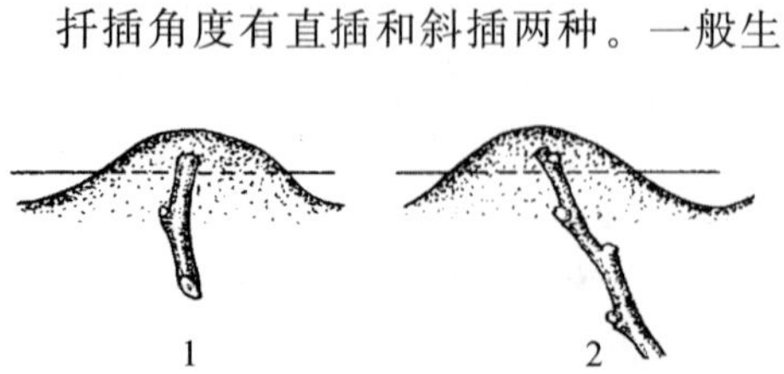

1　　2

1. 短枝条直插　2. 长枝条斜插

图 3-5　硬枝扦插

4. 扦插深度

扦插深度因环境而异，在干旱、风多、寒冷地区插条全部插入土中，上端与地面持平，插后培土 2 cm 左右，覆盖顶芽，芽萌发时扒开覆土；气候温和湿润地区，插穗上端可露出 1～2 个芽。

五、插后管理

1. 灌水抹芽

发芽前要保持一定的温度和湿度。土壤缺墒时应适当灌水。但不宜频繁灌溉，以免降低地温，通气不良，影响生根。灌溉或下雨后，应及时松土除草，防止土壤板结，减少养分和水分消耗。成活后一般只保留 1 个新梢，其余及时抹去。

2. 追肥

生长期追肥 1～2 次。第一次在 5 月下旬至 6 月上旬，每 667 m^2 施入尿素 10～15 kg。第二次在 7 月下旬，每 667 m^2 施入复合肥 15 kg。并加强叶面喷肥，促进生长。

3. 绑梢摘心

葡萄扦插育苗时，为了培育壮苗和繁殖接穗，每株应插立 1 根 2～3 m 长的细竹竿，或设立支柱，横拉铁丝，适时绑梢，牵引苗木直立生长。如果不生产接穗，新梢长到 80～100 cm 时进行摘心，使其充实，提高苗木质量。

4. 病虫害防治

注意防治病虫害，促进幼苗旺盛生长。

知识拓展

绿 枝 扦 插

绿枝扦插在生长季进行，扦插过早枝条幼嫩，不易成活；扦插过迟生根不好，遇高温季节成活率低，且新梢生长期短，成熟度差。为提高成活率，保障当年形成一段发育充实的苗干，扦插时间尽量要早，一般在 6 月底以前进行。

选生长健壮的幼年母树，于早晨或阴天采集当年生尚未木质化或半木质化的粗壮枝条。随采随用，不宜久置。

将采下的嫩枝剪成长 5～20 cm 的枝段。上剪口于芽上 1 cm 左右处剪截，剪口平滑；下剪口稍斜或剪平。为减少蒸腾耗水，应除去插条的部分叶片，仅留上端 1～2 片叶（大叶型可将叶片剪去 1/2），以便光合作用的进行，制造养分和生长素，保证生根、发芽和生长使用。插条下端可用 β-吲哚丁酸（IBA）、β-吲哚乙酸（IAA）、ABT 生根粉等激素处理，使用浓度一般为 5～25 mg/kg，浸 12～24 h，以利成活。

绿枝扦插宜用河沙、蛭石等通透性能好的材料作基质。一般先在温室或塑料大棚等处集中培养生根，然后移至大田继续培育。将插条按一定的株、行距插入整好的苗床内，应适当密插，有利于保持苗床的小气候。采用直插，宜浅不宜深（插入部分约为穗长的 1/3）。插后要灌足水，使插条和基质充分接触。

绿枝扦插必须搭建遮阴设施，避免强光直射。扦插后注意光照和湿度的控制，勤喷水或浇水，保持空气湿度达到饱和，勿使叶片萎蔫。生根后逐渐增加光照，温度过高时喷水降温，及时排出多余水分。有条件者利用全光照自动间歇喷雾设备，效果更佳。

工作任务四 扦插育苗技术训练

一、任务目标

使学生熟悉扦插育苗的关键技术环节，掌握整地、覆膜、插条处理及扦插方法。

二、任务内容

1. 整地

按照技术要求整地做畦或起垄，并覆盖地膜。

2. 剪截插条

将插条截成长约 20 cm，带有 1～4 个饱满芽的枝段，上口剪平，下口剪成斜面，并用刀在下剪口背面和上部纵刻 3～5 条 5～6 cm 长的伤口。

3. 激素处理

选地面平整的地方，用砖块围成长方形浅池(深度 10～12 cm，即两平砖)，再用宽幅双层薄膜将浅池铺垫(薄膜应超出池外)。将 IBA 或 IAA 用少量乙醇溶解，按 5～100 mg/kg 浓度配兑，将制备好的溶液倒入浅池内，池内溶液深度保持 3 cm 左右，然后将插条基部弄整齐，捆成小捆，整齐地竖放在浅池内，浸泡 12～24 h。

4. 扦插

按设计行、株距，破膜扦插，插后培土 2 cm 左右，覆盖顶芽。

三、材料与用具

1. 材料

硬枝扦插繁殖用的插条(葡萄、石榴等果树一年生枝)、植物生长素(IBA、IAA 或 ABT 生根粉等)、地膜和薄膜等。

2. 用具

修枝剪、嫁接刀、水桶和整地工具等。

四、任务作业

(1)记录技术操作步骤，统计扦插成活率。

(2)分析扦插成活率高或低的原因。

想一想

果树扦插过程中有哪些注意事项？

必备知识四 其他类型果树苗木的培育要点

一、压条育苗

在枝条与母株不分离的状态下，将其压入土中或包埋于生根介质中，使其生根后，与母株剪断脱离，成为独立植株，称压条繁殖。压条繁殖多用于扦插生根困难的树种。压条繁殖有地面压条和空中压条之分，地面压条又分直立压条、水平压条和曲枝压条等。

1. 直立压条

主要用于发枝力强、枝条硬度较大的树种，如苹果和梨的矮化砧、石榴、樱桃、李和无花果等果树。方法是：冬季或早春将母株枝条距地面 15 cm 左右（二次枝仅留基部 2 cm）剪断，施肥灌水，促其萌发新梢。待新梢长到 20 cm 以上时，在其基部纵伤或环割，深达木质部。然后进行第一次培土，促进生根。培土高度 8～10 cm，宽约 25 cm。新梢长至 40 cm 左右时，进行第二次培土，两次培土总高约 30 cm，宽 40 cm，注意踏实。每次培土前先灌水，保持土壤湿润，以利生根。一般 20 d 后开始生根。冬前或翌春扒开土堆，把新生植株从基部剪下，即成为压条苗（图 3-6）。剪完后对母株立即覆土，以防受冻或风干。翌年萌芽前扒开土，按上述方法再行压条繁殖。

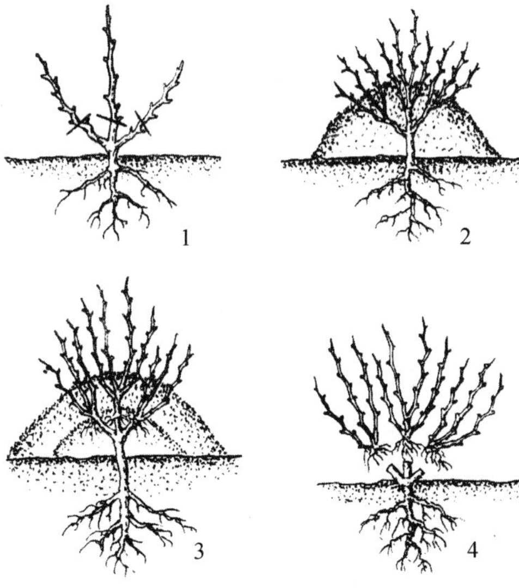

1. 短截促萌　2. 第一次培土　3. 第二次培土　4. 扒垄分株

图 3-6　直立压条

2. 水平压条

用于枝条柔软、扦插生根较难的树种。如苹果矮化砧、葡萄等。方法是：在早春发芽前，选择母株上离地面较近的枝条，剪去梢部不充实部分，然后开 5～10 cm 深的沟，将枝条水平压入沟中，用枝杈固定。待各节上的芽萌发，新梢长至 20～25 cm 且基部半木质化时，在节上刻伤。随新梢增高分次培土，使每一节位发生新根，秋季落叶后挖起，分节剪断移栽（图 3-7）。

图 3-7 水平压条

3. 曲枝压条

春季萌芽前或生长季新梢半木质化时进行。在压条植株上，选择靠近地面一、二年生枝条，在其附近挖深、宽各为 15～20 cm 的沟穴，穴与母株的距离以枝条的中下部能弯曲压入穴内为宜。然后将枝条弯曲向下，靠在穴底，用钩状物固定，并在弯曲处环剥。枝条顶部露出穴外。在枝条弯曲部分压土填平，使枝条入土部分生根，露在地面部分萌发新梢。秋末冬初将生根枝条与母株剪截分离（图 3-8）。

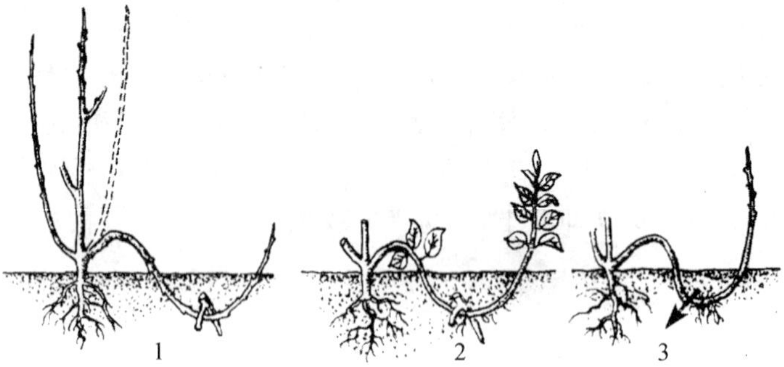

1. 萌芽前刻伤曲枝　2. 压入部位生根　3. 分株

图 3-8 曲枝压条

4. 空中压条

适用于木质较硬而不易弯曲、部位较高而不易埋土的枝条，以及扦插生根较难的珍贵树种的繁殖。空中压条在整个生长季都可进行，而以春季 4～5 月为宜。选择健壮直立的一至三年生枝，在其基部 5～6 cm 处纵刻或环剥，在伤口处涂抹生长素或生根粉，再用塑料布或其他防水材料，卷成筒套在刻伤部位。先将套筒下端绑紧，筒内装入松软的保湿生根材料（如苔藓、锯末、沙质壤土等），适量灌水，然后将套筒上端绑紧，注意经常检查，补充水分保持湿润。一般压后 2～3 个月即可长出大量新根。生根后连同基质切离母体，假植于荫棚等设施内，待根系长大后定植。空中压条具有成活率高、方法简单、容易掌握等优点。但存在繁殖系数低、对母体损伤大的缺点，用这种方法大量繁殖苗木具有一定困难，但可作为快速培育盆栽果树的好途径。在苹果、梨、葡萄等果树上，选易形成花芽的枝条，环剥或刻伤处理，促其生根，并形成花芽，脱离母体第二年便可开花结果。

二、分株育苗

利用母株的根蘖、匍匐茎、新茎、根状茎等营养器官在自然状况下生根后切离母体，培育成新植株的无性繁殖方法，称分株繁殖。分株繁殖方法因树种不同而异。

1. 根蘖繁殖法

适于根部易发生根蘖的果树，如山楂、枣、樱桃、李、石榴、树莓、杜梨和海棠等。一般利用自然根蘖在休眠期分离栽植。为促使多发根蘖，可进行人工处理，即在休眠期或萌芽前将母株树冠外围部分骨干根切断或刻伤，生长期加强肥水管理，促使根蘖苗多发旺长，到秋季或翌春分离归圃培养。按行距 70～80 cm、株距 7～8 cm 栽植，栽后苗干截留 20 cm，进行精细管理。新栽幼苗将继续发生萌蘖，其中一些可进行嫁接但不够嫁接标准的，次春再度分株移栽，继续繁殖。

2. 匍匐茎繁殖法

草莓的匍匐茎在偶数节上发生叶簇和芽，下部生根接地扎入土中，长成幼苗，夏末秋初将幼苗与母株切断挖出即可栽植。

3. 新茎、根状茎分株法

草莓浆果采收后，当地上部有新叶抽出，地下部有新根生长时，整株挖出，将一、二年生的根状茎、新茎、新茎分枝逐个分离成为单株即可定植。

分株繁殖时，应选择优质、丰产、生长健壮的植株作为母株，雌雄异株的树种应选用雌株。分株时尽量少伤母株根系，合理疏留根蘖幼苗，同时要加强肥水管理，以促进母株健旺生长，保证分株苗的质量。

三、无病毒苗木的培育

(一)培育无病毒苗木的意义

由病毒、类病毒、类菌质体和类立克次氏体引起的病害，统称为病毒病害。果树上发现的病毒种类很多，如苹果锈果病、花叶病、绿皱果病、褪绿叶斑病、茎痘病、茎沟病、梨环纹花叶病、梨脉黄化病、葡萄扇叶病、葡萄卷叶病等。据研究报道，苹果有致病病毒 40 种，梨 15 种，桃 40 种，李 30 种，杏 20 种，葡萄 20 种，巴旦杏 10 种，草莓 24 种。由这些病毒引起的病害种类就更多。按照不同病毒的症状表现，分为潜隐病毒和非潜隐病毒两大类，非潜隐病毒表现明显症状，病树容易识别；潜隐病毒侵染树体后，外观无明显症状，一般不容易被人们发现，但危害性极大。

果树病毒病的危害性有其独特之处：一是被病毒侵染的植株终生带毒，危害持久。二是病毒主要经人为嫁接途径传染，通过接穗、插条、苗木等传播扩散。因此，无性繁殖系数越大，病毒的传播也越快。三是病毒侵染后，破坏树体的生理机能，导致生长衰弱，甚至全株衰退枯死。四是果树染病之后，尚无有效的治愈办法，只能采取预防措施，控制病害蔓延。

栽培无病毒苗木，是防治果树病毒病的主要途径。无病毒果树比感染病毒果树生长健壮，优质高产，需肥量少而耐贮性好，经济效益显著。因此培育无病毒苗木是当前果树生产上的一项重要任务。

(二)无病毒母树的培育

培育无病毒苗木，首先要有无病毒母树。培育无病毒母树主要有以下脱毒途径：

1. 茎尖培养脱毒

病毒在植物体内的分布并不均匀，在芽的顶端分生组织中不含病毒或病毒的含量较低。如果取 0.1～0.2 mm 的茎尖进行离体培养，可能获得无病毒的苗木。茎尖外植体的大小与脱毒效果呈负相关。过大的茎尖材料脱毒效果差，但过小的材料很难存活。

2. 热处理脱毒

热处理脱毒也叫温热疗法。热处理减低病毒危害的依据是：病毒和植物细胞对高温忍耐性不同，利用这个差异，选择适当高于正常条件的温度处理染病植株，就能使植株体内的病毒部分或全部失活，而植株本身仍然存活。再将不含病毒的组织取下，培育成无病毒个体。以苹果为例，脱毒步骤是：先把带毒的芽片嫁接在未经嫁接过的实生砧木上，成活后促进萌发，然后把萌发的植株放入(38±1)℃的恒温器内处理 3～5 周。从经过热处理的植株上剪下正在生长的新梢顶端，长 1.0～1.5 cm，嫁接在未嫁接过的砧木上，嫁接成活并生长到一定高度时，取一部分芽片接种在指示植物上进行病毒试验，确认无病毒后，作为无病毒母树繁殖无病毒苗木。

3. 热处理结合茎尖培养脱毒

热处理结合茎尖培养法可在单独使用热处理或单独使用茎尖培养都不奏效时使用。热处理可以在茎尖离体之前的母株上进行，也可以在茎尖培养期间进行。前一种方法可以使母枝快速生长，茎尖生长速度远远高于病毒复制和传播的速度，离体茎尖外植体可以比不经热处理的大一点，这样既可以保证较高的脱毒率，又可以提高离体茎尖的存活率和再生植株百分率。

4. 离体微尖嫁接法脱毒

离体微尖嫁接法脱毒是茎尖培养与嫁接方法相结合，用以获得无病毒苗木的一种技术。它是将 0.1～0.2 mm 的接穗茎尖嫁接到试管中的无菌实生砧苗上，继续进行试管培养，愈合成完整植株。

(三)果树病毒的检测方法

从茎尖组织分化产生的植株并不都是无病毒的，必须进行鉴定。而且，再培养的植株许多病毒具有逐级恢复的特点，所以在茎尖植株和再生植株生长的最初 10 个月中，每隔一定时间仍必须重复进行脱毒苗的鉴定，只有那些持续呈阴性反应的才是真正的无病毒植株，可作为种源进行快速繁殖，提供无病毒的商品种苗。

1. 指示植物鉴定法

利用病毒在感病的指示植物上出现的枯斑和某些病理症状，作为鉴别病毒的依据。指示植物鉴定法对依靠汁液传播的病毒，可采用汁液涂抹鉴定法，对不能依靠汁液传播的病毒，则采用指示植物嫁接法。指示植物一般有两种类型：一种是接种后产生系统性症状，其出现的病症扩展到植物非接种部位，通常没有局部病斑明显；另一种是只产生局部病斑，常有坏死斑、脱绿斑或环斑。

2. 抗血清鉴定法

凡能刺激动物机体产生免疫反应的物质，称为抗原。

抗体则是由抗原刺激动物机体的免疫活性细胞而生成的一种具有免疫特性的球蛋白，能与该抗原发生专化性免疫反应，它存在于血清中，故称抗血清。植物病毒为一种核蛋白复合体，因此它也具有抗原的作用，能刺激动物机体的免疫活性细胞产生抗体。同时由于植物病毒抗血清具有高度的专化性，感病植株无论是显性还是隐性，都可以通过血清学的方法准确地判断植物病毒的存在与否、存在的部位和数量。由于其特异性高，测定速度快，抗血清法已成为植物病毒检测最常用的方法之一。

技术拓展

病毒检测新技术

1. 电子显微镜鉴定法

电子显微镜（电镜）可以直接观察、检查有无病毒微粒的存在以及微粒大小、形态和结构，借以鉴定病毒的种类，是病毒鉴定的重要方法。通常所用的技术是检测钝化的病毒悬浮液中的病毒颗粒，包括投影法、背景染色法、表面复形的制备与扫描电镜。超薄切片法可显示细胞与组织中病毒的精确定位与各种形态的改变。

20 世纪 70 年代把电镜检测与血清学方法结合建立了免疫吸附电镜检测法（ISEM）。ISEM 的优点是灵敏度高和能在植物粗提液中定量测定病毒。

2. 分子生物学检测技术

分子生物学检测法是通过检测病毒核酸来证实病毒的存在。此方法灵敏度高，特异性强，有着更快的检测速度，操作也比较简便，可用于大量样品的检测。

（1）核酸分子杂交技术。互补的核苷酸序列通过碱基配对形成稳定的杂合双链分子的过程称为杂交。根据碱基互补原理，人工合成与病毒碱基互补的 DNA（cDNA），即 cDNA 探针，用 cDNA 探针与从待测植物中提取的 RNA 进行 RNA-DNA 分子杂交，检测有无病毒 RNA 存在，从而确定植物体内有无病毒。

（2）双链 RNA（dsRNA）电泳技术。病毒粒子是由病毒核酸（DNA 或 RNA）和结构蛋白亚单位的整齐复合物所构成。绝大多数植物病毒和类病毒是核糖核酸（RNA）。病毒复制过程是以单链 RNA（ssRNA）为模板，合成双链 RNA（dsRNA）的。dsRNA 对 RNA 氧化酶具有抗性，抗性的大小是 ssRNA 的 2 倍。因此，只要植物感染了，RNA 病毒或类病毒，植株体内就会有 dsRNA 存在。

（四）繁殖无病毒苗木的要求

（1）获得无病毒原种材料后，要分级建立采穗用无病毒母本园。母本园应远离同一树种 2 km 以上，最好栽植在有防虫网设备的网室内，以防媒介昆虫带毒传染。母本树应建立档案，定期进行病毒检测，一旦发现病毒，立即取消其母本树资格。

（2）繁殖无病毒苗木的单位或个人，必须填写申报表，经省级主管部门核准认定，并颁发无病毒苗木生产许可证。

(3)繁殖无病毒苗木的苗圃地，要选择地势平坦、土壤疏松、有灌溉条件的地块，同时也应远离同一树种 2 km 以上，远离病毒寄主植物。

(4)繁殖无病毒苗木使用的种子、无性系砧木繁殖材料和接穗，必须采自无病毒母本园，附有无病毒母本园合格证。

(5)繁殖无病毒苗木的嫁接过程，必须在专业技术人员的监督指导下进行，嫁接工具要专管专用。

(6)繁殖的无病毒苗木，须经植物检疫机构检验，合格后签发无病毒苗木产地检疫合格证，并发给无病毒苗木标签，方可按无病毒苗木出售。

必备知识五　苗木出圃的程序

苗木出圃是果树育苗的最后一个环节，但又是建园工作的开始。苗木质量的好坏、栽植成活率的高低与出圃过程有很大关系，为了保证质量，必须严格按照有关技术规程要求，做好苗木出圃工作。

一、出圃准备

1. 苗木调查

对拟定出圃的苗木应进行抽样调查，掌握各类苗木的数量与质量，为苗木出圃和营销工作提供依据。苗木调查工作程序为：

(1)划分调查区。根据树种、苗龄、育苗方式、繁殖方法、苗木密度和生长状况等，划分出不同的调查区。

(2)测量面积。在同一调查区内，测量各苗床面积，并计算出各调查区及出圃苗的总面积。

(3)确定样地。样地的形状取决于育苗方式，一般样方适合于苗床和播种苗；样段适于垄作和扦插、移栽苗；苗木密度和生长差异较大时采用样群。样地的大小应根据苗木密度确定，一般每个样地保持 20～50 株苗木即可。样地数目应适当，样地过多则工作量大，过少则准确性差。样地应随机抽取，均匀分布。

(4)苗木调查。统计样地内苗木株数、测量每株苗木的各项指标。

(5)统计分析。将调查数据分类整理，计算统计，汇总分析，做出结论。

2. 制订计划与操作规程

为保证苗木出圃工作的顺利进行，应制订苗木出圃计划与掘苗操作规程。

苗木出圃计划内容主要包括：出圃苗木基本情况(树种、品种、数量和质量等)、劳力组织、工具准备、苗木检疫、消毒方式、消毒药品、场地安排、包装材料、掘苗时间、苗木贮藏、运输及经费预算等。

掘苗操作规程主要包括：挖苗的技术要求，分级标准，苗木打叶、修苗、扎捆、包装、假植的方法和质量要求。

3. 策划营销

通过现代信息网络、媒体及多种信息渠道，获得信息、传递信息。抽调专人做好营销，并与购苗单位密切联系，保证及时装运，缩短运输时间，使苗木安全运转，确保栽植成活率。

4. 圃地浇水

掘苗前，如果苗圃土壤干旱，应提前 10 d 左右对苗圃地进行灌水，以确保苗圃土壤含水量适宜、松软，便于掘苗，减少根系损伤，节省劳力。

二、苗木挖掘

1. 起苗时间

起苗在秋季落叶后至春季萌芽前的休眠期内均可进行，最好根据栽植时期而定。秋季栽植，从苗木停止生长后至土壤结冻前起苗。就近栽植的苗木，最好随起随栽。春栽苗木，在土壤解冻后至苗木发芽前起苗。

2. 起苗方法

起苗分带土和不带土两种方式。落叶果树露地育苗，休眠期起苗不带土对苗木成活影响不大，一般不用带土；生长季出圃的苗木，带叶栽植，需带土球。落叶前起苗，应先将叶片摘除，然后起苗，防止失水抽条。避免在大风、干燥、霜冻和雨天起苗。挖苗时，用镢(镐)将苗木周围土壤刨松，找出主要根系，按要求长度切断，起出苗木，抖落泥土。要注意保护好根系、苗干、芽和接口，尽量减少损伤，使苗木完好。小型苗圃多采用人工起苗，大、中型苗圃，有起苗设备的单位，应采用拖拉机牵引起苗犁掘苗。机械掘苗不但工作效率高，节省开支，而且苗木质量好。挖出的苗木应集中放在阴凉处，用浸水草帘或麻袋等覆盖，以免苗木失水。

三、分级与修苗

苗木起出后，应根据苗木质量进行分级。苗木种类繁多，育苗形式各异，不同类型的苗木都有相应的标准要求。由于各地的气候条件不同，对苗木的规格要求不完全一样，但对苗木的质量要求总体原则是一致的，即品种纯正、苗干充实、芽体饱满、高度适宜、接口愈合良好、根系发达、须根较多、无严重的病虫危害及机械损伤。分级参照国家或地方标准进行，将一、二级苗分检出，对不合格的苗木，应留圃重新培育，达到标准后方可出圃。无培养价值的劣质苗木，应销毁处理。在分级过程中，要严防品种混杂，避免风吹、日晒或受冻。

结合分级进行修苗。剪去病虫根、过长或畸形根，主根一般截留 20 cm 左右。受伤的粗根应修剪平滑，缩小伤面，且使剪口面向下，以利于根系愈合生长。地上部病虫枝、残桩和砧木上的萌蘖等，应全部剪除。

四、检疫与消毒

1. 苗木检疫

苗木检疫是防止病虫害传播的有效措施，凡带有国家规定检疫对象的苗木，均不得出圃，应就地销毁。我国对内检疫的病虫害有：苹果绵蚜、苹果蠹蛾、葡萄根瘤蚜、美国白蛾等。列入全国对外检疫的病虫害有：地中海实蝇、苹果蠹蛾、苹果实蝇、葡萄根瘤蚜、美国白蛾、栗疫病、梨火疫病等。育苗单位和苗木调运人员必须严格遵守植物检疫条例，做到从疫区不输出，新区不引入。起苗后至包装运输之前，主动向当地植物检疫部门申请，对苗木进行产地检疫，检验合格签发检疫合格证后，才能起运。

2. 苗木消毒

除严格控制检疫性病虫害传播外，一般性病虫害也应防止其传播。因此，出圃苗木应进行消毒处理。

(1)杀菌处理。消毒杀菌可用 3～5 波美度石硫合剂，或 1∶1∶100 波尔多液浸苗 10～20 min，再用清水冲洗根部。李属植物应慎重用波尔多液，以免造成药害。还可用0.1%～0.2%硫酸铜溶液处理 5 min 后，用清水洗净，此药主要用于休眠期苗木根系的消毒，不宜用于全株消毒。用于苗木消毒的药剂还有甲醛、苯酚等。

(2)灭虫处理。杀灭害虫可用氰酸熏蒸。操作方法是：在密闭的房间或箱子中，每 100 m^3 容积用氰酸钾 30 g、硫酸 45 g、水 90 mL，熏蒸 1 h。熏蒸前关好门窗，先将硫酸倒入水中，然后将氰酸钾倒入，人员立即撤出，严密封闭。熏蒸完毕将门窗打开，待氰酸完全散发之后，方能进入室内取苗。氰酸有剧毒，使用时要注意安全。

五、包装与贮藏

1. 包装运输

苗木经检疫消毒后，即可包装调运。包装时分品种、等级、定量(根据不同苗木品种分别以10、20、50 或 100 株扎捆)，并饱蘸泥浆。若短距离运输，时间不超过 1 d，可以不再包装，直接装车，但车箱底部与侧旁需铺垫湿草或苔藓等，以防擦伤或压伤苗木。如果长途运输，必须将苗木细致包装。包装材料应就地取材，以价廉、质轻、韧软、吸水性强、保湿性好、不易发热霉烂的材料为宜，如草包、蒲包、草席、稻草或塑料编织袋等。苗木根部应填充湿润苔藓、锯末或谷壳等；包裹要严密，以减少水分散失。包装好后挂上标签，注明树种、品种、数量、等级以及包装日期等。

运输过程中做好保温、保湿工作，保持适当的低温，但不可低于 0 ℃。

2. 苗木贮藏

习惯称作假植。不能及时栽植的苗木，必须进行妥善贮藏，以防失水或受冻。贮藏分临时性短期贮藏与越冬长期贮藏两种方式。

(1)临时性短期贮藏。已分级、扎捆不能及时运走的苗木或运达目的地不能立即栽植的苗木，应进行临时性短期贮藏。临时贮藏的苗木，可就近开沟，成捆立植于沟中，用湿土埋好根系，或整捆码放于阴凉潮湿的地方，喷洒清水，用塑料布包盖根系。

(2)越冬长期贮藏。秋冬出圃到第二年春季栽植的苗木，应选避风背阳、高燥平坦、无积水的地方挖沟假植。南北向开沟，沟宽 1 m 左右，深 50～80 cm，沟长随苗木数量而定。假植时，将包装材料除去，并打开捆绳，摊开散置。苗干向南倾斜 45°整齐紧密地摆放在沟内，摆一层苗(苗层不宜太厚)，埋一层土，填土应细碎，使苗木根系与土壤密接，不留空隙。培土可达苗木干高的 1/3～1/2(严寒地区达定干高度)，填土一半时，沟内进行灌水，弱小苗木应全部埋入土中。假植地四周应开排水沟，大的假植地中间还应适当留有通道。不同品种的苗木，应分区假植，详加标签，严防混杂。运输时间过久的苗木，视情况立即将其根部浸水 1～2 d，待苗木吸足水分再行假植，浸水每日更换 1 次。苗木假植期间要定期检查，防止土壤干燥、积水，鼠及野兔等为害，发现问题及时处理。

项目小结

本项目着重介绍了果树育苗的详细过程以及不同的育苗方法。果树苗木的培育为果树种植业的发展提供了坚实的基础。果树种植业作为一种重要的经济产业，具有广阔的市场前景和良好的经济效益。而苗木作为果树的起始阶段，其品质直接影响着最终果树的生长状况和产出效益。优质的苗木能够保证果树的良好生长，提高果树的产量和品质。而果树的高产和高品质又能够带动果树种植业的良性发展，有利于促进农民增入，进一步推动农村经济的繁荣发展。

复习思考

1. 果树育苗需要哪些设施？怎样根据实际情况选用不同的设施？
2. 露地苗圃应具备哪些条件？如何进行苗圃规划？
3. 北方主要果树常用的砧木种子有哪些？选用砧木应注意哪些问题？
4. 采集和选购砧木种子应注意哪些问题？
5. 种子为什么要进行沙藏处理？如何进行种子沙藏处理？
6. 怎样提高播种质量？保证苗全苗壮的技术措施有哪些？
7. 以当地主要果树为例，拟订嫁接苗的培育程序，说明关键技术措施。
8. 说明营养繁殖的理论依据与促进扦插生根的技术措施。
9. 苗圃主要病虫害有哪些？如何防治？
10. 果树苗木在出圃、调运和贮藏过程中应注意哪些事项？

项目四 绿色果品生产建园技术

【学习目标】

• 掌握果园规划的基本程序及主要项目的技术要求，能独立进行果园规划设计；

• 熟练掌握果树栽植技术，能正确分析当地土壤条件及其他综合条件或根据所给的资料选择最佳果园园址。

【思政目标】

• 了解果园建设是农业生产的重要组成部分，对于提高农业产值、改善农民生活水平具有重要意义；

• 明确为改善我国农业的生态环境，实现农业可持续发展的目标，我国的农业现代化必须走节约资源，改善农业环境的生态农业之路；

• 培养学生因地制宜、学以致用的思维，形成严谨的科学态度，了解可持续发展的重要意义。

【学习提示】

• 通过组织参观等途径全面了解各种类型果园的特点及环境标准；利用实训、社会实践或其他形式熟悉果园规划设计的基本程序和内容；可在老师指导下，承担果园规划设计任务。

项目引入

我国国土总面积的67%以上为丘陵山地。利用丘陵山地建园有利有弊，设计得当可以创建名优果园，决策失误则可能造成巨大损失，关键在于建园规划中如何因地制宜，趋利避弊，优化资源组合。

必备知识一 绿色果品园地的选择

建立商品生产果园应选择生态条件良好，环境质量合格，并具有可持续生产能力的农业生产区域。生态条件良好就是坚持适地适栽的原则，在果树的生态最适宜区或适宜区选择园地，并从气候、土壤、地势、水源、社会经济条件等方面分析评价其优劣，从中选出最佳地段作为园址；环境质量合格是指园地的空气、土壤及农田灌溉水必须符合国家标准，以确保果品无污染、食用安全；可持续生产能力，就是选择良好的环境条件，保护生态环境，采用绿色生产技术，实现优质、丰产、高效和永续利用的目标。

一、果园类型简介

在果树的生态最适宜区和适宜区选择适宜的园地类型，可充分利用自然农业资源，实现最大经济效益。常见的类型有丘陵山地果园、一般平地果园、沙滩地及盐碱地果园等，生产上一般从气候、土壤、地势、水源、社会经济条件等方面分析评价各类园地的优劣，并以生态因素为主要依据。通常地势平坦或坡度小于5°的缓坡地带最适合建园，具体要求是土层深厚、土质良好、疏松肥沃、水土流失少、管理方便、环境质量符合绿色果品生产要求。

丘陵山地建园，光照充足，温差较大，通风排水良好，具备生产优质果品的独特优点，而且有改善生态环境、保持水土的作用。但丘陵山地地势起伏，地形复杂，土壤厚薄不一，且养分含量低。建园时，一要选择山麓地带和相对海拔在200～500 m的低位山带；二要充分利用丘陵山区的小气候带；三要考虑坡向和坡形的作用。通常南坡向阳，光照充足，温度较高，昼夜温差大，土壤干燥，果树表现物候期早、产量高、品质好，但往往容易发生霜冻、干旱及日烧。北坡与南坡相反，东坡与西坡的优缺点介于南坡与北坡之间。

一般平坦地建园，地势开阔、地面平整、土层深厚、肥水充足，便于机械化管理和交通运输，果树发育健壮，树体高大，产量较高，果实色泽、风味，耐贮性均可。但树势健旺，结果稍迟，应注意控制。选择园址时，关键要避开地下水位高的地段。

沙荒地、盐碱地及滨湖滨海地在我国有较大面积分布，可选择部分宜林宜果地带，有针对性地采取措施改良土壤，提高肥力之后再建园。

重茬建园是在老果园彻底砍伐后重新建立同一树种的果园。果树是多年生植物，长期选择吸收土壤中的养分，造成根系分布范围内土壤盐类和有害物质积累、土壤肥力下降、危害果树的病虫害基数增加等，使重茬果树生长结果受到严重影响。因此，重茬建园必须彻底进行土壤改良。一般采用连续4～5年种植其他作物，尤其是豆科作物或绿肥，并施入土中，以恢复土壤肥力。如在短时间内重茬建园，应采取全园土壤消毒或耕翻、换土等方法。

二、果园环境标准

绿色果品应是优质、洁净且有毒有害物质含量在安全标准之下的果品，其核心内容是果品生产、储运过程中，通过严密监测、控制，防止农药残留、放射性物质、重金属、有害细菌等对果品生产及运销各个环节的污染，从而保证消费者的健康，并保持果园及其周围良好的生态环境。无污染的产地环境条件是生产绿色果品的基础，绿色果品产地环境标准遵循《绿色食品产地环境质量标准》(NY/T 391—2021)。该标准强调绿色食品(果品)产地的环境包括水、土壤、大气必须良好，目的是确保最终产品不受污染。

1. 空气环境质量

空气中的污染物主要有二氧化硫、氟化氢、臭氧、氮化物、氯气、碳氢化合物等。要求总悬浮颗粒物(TSP)、二氧化硫(SO_2)、二氧化氮(NO_2)、氟化物(F)等4种污染物在产地空气中的浓度不得超过国家的规定限值。

空气中污染物含量过高会影响果树正常生长发育，造成急性或慢性危害。污染严重时，叶片产生伤斑，果面龟裂，叶果脱落，枝干干枯，甚至死亡；果树长期受低浓度污染物影响会出现叶片褪绿黄化，开花不齐，花朵或幼果脱落等慢性危害；同时也会造成潜隐性危害，如果树生理机能受到影响，对不良环境的抵抗力降低，产量和品质下降等。空气污染物主要来源于化工、冶金、制造业等工业区，如硫酸厂、化肥厂、钢铁厂、发电厂、冶炼厂、搪瓷厂、玻璃厂、铝厂、造纸厂、水泥厂以及工矿企业密集大量产生烟尘的地方，交通主干道车辆排放尾气、灰尘及装载物泄露等均可引起污染。选择园地时对上述地区应采取回避策略，在远离污染源的地段建园。

2. 农田灌溉水质量

果园灌溉用水包括江河、湖泊、水库、井水、工业废水、城市生活污水等。随着我国工业尤其是乡镇企业的迅速发展，城镇人口的增加，工业废水和生活污水的大量排放，超过了环境容量和水体的自净能力，污染物种类迅速增多。如需氧污染物、植物营养物、农药、重金属、石油、酚类化合物、酸、碱及无机盐类等。用被污染水灌溉果园，会对果树造成严重危害。一般井水污染较轻，但应注意重金属元素含量超标。工业废水和生活污水必须经净化处理才能浇灌果树。所以，选择园地必须对灌溉水源进行检测，国家标准要求灌溉用水中pH、化学需氧量、氯化物、氰化物、氟化物、石油类、汞、砷、铅、镉、六价铬、铜、挥发酚和大肠杆菌等14种污染物的浓度不得超过规定限值。

3. 土壤环境质量

土壤污染因子包括人为污染和天然污染两大类。天然污染主要是大自然因素所致。如土壤中某些元素的富集，矿床周围地质因素，水土流失、冲积，风蚀、风积，地震作用，火山喷发等，均可导致不同程度的污染。人为污染主要来自三个方面：一是工业"三废"的排放；二是农药、化肥、垃圾杂肥的施用，如过去普遍使用的六六六、滴滴涕，过量施用氮导致果实中硝酸盐的积累，对人体产生毒害和诱发癌变；三是污水灌溉。因此在建园前要严格检测土壤，要求土壤中类金属元素砷和重金属元素镉、汞、铅、铬、铜等6种污染物的浓度不得超过国家的规定限值。同时，在建园后的果树生产过程中必须注意安全使用农药，推广配方施肥，防止对土壤造成新的污染。

必备知识二　绿色果园规划的基本程序与内容

果园无论面积大小均应搞好规划。果园规划必须遵循以果为主、适地适栽、节约用地、降低投资、先进合理、便于实施的设计原则，为果树栽植和建园后的管理奠定基础。

一、调查与测绘

1. 建园调查

果园规划设计前期，首先应进行社会调查与园地踏查。社会调查主要是了解当地经济发展状况、土地资源、劳力资源、产业结构、生产水平与果树区划等，在气象或农业主管部门查阅当地气象资料，采集各方信息。园地踏查主要是调查掌握规划区的地形、地势、水源、土壤状况和植被分布以及园地小气候条件等。调查前，需要拟订调查提纲和制备必要的表格，将调查了解的内容详细记载，并于踏查后绘制规划区草图，作为初步规划的依据。

掌握基本情况之后，聘请有关专家进行可行性分析论证。在具备发展条件的基础上，确定生产目标、发展规模、技术水平、主要工程建设、树种与品种结构、经营规划及经济效益分析等，形成规划的基本框架。

2. 园地测绘

利用经纬仪或罗盘仪对规划区进行导线及碎部测量，达规定精度要求，绘制成 1∶(5 000～25 000)的平面图。图中须标明地界、河流、村庄、道路、建筑物、池塘、耕地、荒地以及植被等，并计算面积。山地果园规划还应进行等高线测量，绘制地形图。为具体规划设计提供依据。

二、总体规划设计

果园规划的内容因果园规模及生产需要等条件而有不同，现以规模生产果园为例，介绍总体规划设计内容。

(一)小区的划分

小区也称作业区，是果园土壤耕作和栽培管理的基本单位。划分小区应根据果园面积、地形等情况进行，应使同一小区内的地势、土壤、气候条件等尽可能保持一致，以便于实行统一生产管理和机械作业。

平地果园条件较为一致，小区面积以 4～8 hm^2 为宜；山坡与丘陵地果园地形复杂，土壤、坡度、光照等差异较大，耕作管理不便，小区面积 1～2 hm^2 即可；统一规划而分散承包经营的小果园，可以不划分小区，以承包户为单位，划分成作业田块。

小区形状在平地果园应呈长方形，以便于机械化作业，其长边尽量与当地主风方向垂直，以增强抗风能力；山地果园小区的形状以带状为宜，或随特殊地形而定，其长边最好在同一等高线上，以便整修梯田和保持水土。

(二)道路规划

果园应规划必要的道路，以满足生产需要，减轻劳动强度，提高工作效率。道路的布局应与栽植小区、排灌系统、防护林、储运及生活设施等相协调。在合理便捷的前提下尽量缩短距离，以减少用地，降低投资。面积在 8 hm^2 以上的果园，应设置干路、支路和小路。

干路应与附近公路相接，园内与办公区、生活区、贮藏转运场所相连，并尽可能贯通全园。

干路路面宽 6～8 m，能保证汽车或大型拖拉机对开；支路连接干路和小路，贯穿于各小区之间，路面宽 4～5 m，便于耕作机具或机动车通行；小路是小区内为了便于管理而设置的作业道路，路面宽 1～3 m，也可根据需要临时设置。

山地或丘陵地果园应顺山坡修盘山路或"之"字形干路，其上升坡度不能超过 7°，转弯半径不能小于 10 m。支路应连通各等高台田，并选在小区边缘和山坡两侧沟旁。山地果园的道路，不能设在集水沟附近。在路的内侧修排水沟，并使路面稍向内倾斜，使行车安全，减少冲刷，保护路面。

(三)排灌系统

1. 灌溉系统

灌溉方式有沟灌、喷灌、滴灌和渗灌等。不同的灌溉方式在设计要求、工程造价、占用土地、节水功能及灌溉效应等方面差异很大，规划时应根据具体情况而定。

(1)沟灌。沟灌主要是规划干渠、支渠。渠道的深浅与宽窄应根据水的流量而定，渠道的分布应与道路、防护林等规划结合，使路、渠、林配套。在有利灌溉的前提下，尽可能缩短渠道长度。渠道应保持 0.1%～0.3%的比降，并设立在稍高处，以便引水灌溉。山地果园的干渠应沿等高线设在上坡，落差大的地方要设跌水槽，以免冲坏渠体。

(2)喷灌。喷灌系统包括首部枢纽(取水、加压、控制系统、过滤和混肥装置)、输水管道和喷嘴三个主要部分。喷灌的输水管道有固定与移动式两种。固定管道按干管、支管和毛管三级设置，毛管分布于果树行间土壤内，每隔一定距离接出地面安装喷嘴。为保证出水均匀，还要安装减压阀与排气阀。喷灌强度应小于土壤入渗速度，以免地表积水和产生径流，引起土壤板结或冲刷。喷灌水滴尽量要小，防止对果实和叶片造成损伤，也防止破坏土壤团粒结构。

(3)滴灌。滴灌系统包括首部枢纽(水泵、过滤器、混肥装置等)、输水管网、(干管、支管、分支管、毛管)和滴头。干管直径 80 mm，支管直径 40 mm，分支管细于支管，毛管直径 10 mm 左右。在毛管上每隔 70 cm 左右安装一滴头。分支管按树行排列，毛管环绕树冠外缘一周。

(4)渗灌。渗灌系统是由首部枢纽、管网组成。渗水管一般用直径 17～20 mm 的塑料管道，在两侧或上部钻 1～1.2 mm 的孔眼，孔距 0.5～1 m。渗水管埋设在树冠下根系密集处，深度为 30～40 cm，埋设坡度为(1/1 000)～(5/1 000)。渗水管中间各节的结合处用白泥灰密封，两头留出地上孔和地下口，用封口套头套住，分别作为灌水口和雨季排水口。渗灌系统也可利用移动式软管，在土壤表面临时铺设，并通过树盘的管道钻孔渗水。

2. 排水系统

(1)平地果园。平地果园的排水方式主要有明沟排水与暗沟排水两种。排水系统主要由园外或贯穿园内的排水干沟、区间的排水支沟和小区内的排水沟组成。各级排水沟相互连接，干沟的末端有出水口，便于将水顺利排出园外。小区内的排水小沟一般深度 50～80 cm；排水支沟深 100 cm 左右；排水干沟深 120～150 cm，使地下水位降到 100～120 cm 及以下。盐碱地果园，为防止土壤返盐，各级排水沟应适当加深。

暗沟排水是在地下埋设瓦管管道或石砾、竹筒、秸秆等其他材料构成排水系统。此法不占地面，不影响耕作，但造价较高。暗沟设置的深度、沟距与土壤的关系见表 4-1。

表 4-1 暗沟深度和沟距与土壤的关系

土壤	沼泽土	沙质壤土	黏质壤土	黏土
暗沟深度/m	1.25～1.5	1.1～1.8	1.1～1.5	1.0～1.2
暗沟间距/m	15～30	15～35	10～25	8～12

(2)山地果园。山地果园主要考虑防御山洪。其排水系统包括拦洪沟、排水沟和背沟等。拦洪沟是在果园上方沿等高线设置的一条较深的沟。作用是将上部山坡的洪水拦截并导入排水沟或蓄水池中，保护果园免遭冲毁。拦洪沟的规格应根据果园上部集水面积与最大降水强度时的流量而定，一般宽度和深度为1～1.5 m，比降为0.3%～0.5%。并在适当位置修建蓄水池，使排水与蓄水结合进行。山地果园的排水沟应设置在集水线上，方向与等高线相交，汇集梯田背沟排出的水而排出园外。排水沟的宽度50～80 cm，深度80～100 cm。在梯田内修筑背沟(也称集水沟)，沟宽30～40 cm，深20～30 cm，保持0.3%～0.5%的比降，使梯田表面的水流入背沟，再通过背沟导入排水沟。

(四)配套设施

果园内的各项生产、生活用的配套设施，主要有管理用房、宿舍、库房(农药、肥料、工具、机械库等)、果品贮藏库、包装场、晒场、机井、蓄水池、药池、沼气池、加工厂、饲养场和积肥场地等。配套设施应根据果园规模、生产生活需要、交通和水电供应条件等进行合理规则设计。通常管理用房建在果园中心位置；包装与堆贮场应设在交通方便相对适中的地方；贮藏库设在阴凉背风、连接干路处；农药库设在安全的地方；配药池应设在水源方便处，饲养场应远离办公和生活区，山地果园的饲养场宜设在积肥、运肥方便的较高处。

(五)防护林的设置

1. 防护林的作用

果园营造防护林能降低风速、保持水土，调节温度、增加湿度，改善果园生态气候条件。还可以提供蜜源、肥源、编条等林副产品，增加果园收入。

2. 防护林类型及效应

根据林带的结构和防风效应可分为三种类型。

(1)紧密型林带。由乔木、亚乔木和灌木组成，林带上下密闭，透风能力差，风速3～4 m/s的气流很少透过，透风系数小于0.3。在迎风面形成高气压，迫使气流上升，跨过林带的上部后，迅速下降恢复原来的速度，因而防护距离较短，但在防护范围内的效果显著。在林缘附近易形成高大的雪堆或沙堆(图4-1)。

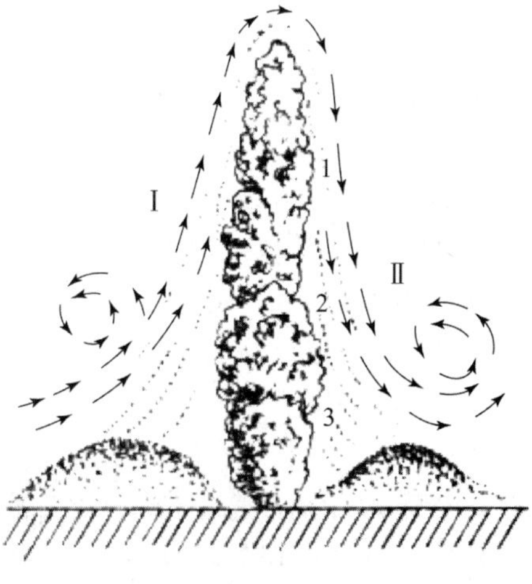

Ⅰ. 迎风面(起沙) Ⅱ. 被风面(落沙)

1. 乔木 2. 亚乔木 3. 灌木

图 4-1 紧密型防护林带

(2)稀疏型林带。由乔木和灌木组成，林带松散稀疏，风速3～4 m/s的气流可以部分通过林带，方向不改变，透风系数为0.3～0.5。背风面风速最小区出现在林高的3～5倍处。

(3)透风型林带。一般由乔木构成，林带下部(高1.5～2 m处)有很大空隙透风，透风系数为0.5～0.7。背风面最小风速区为林高的5～10倍处。

一般认为果园的防护林以营造稀疏型或透风型林带为好。在平地，防护林可使树高20～25倍的距离内的风速降低一半。在山谷、坡地上部设紧密型林带，而坡下部设透风型或稀疏型林带，可及时排出冷空气，防止霜冻危害。

3. 防护林树种的选择

(1)树种要求。用作防护林的树种必须能适应当地环境条件，抗逆性强，尽可能选用乡土树种；同时要求生长迅速、枝叶繁茂且寿命较长，具有良好的防风效果；防护林对果树的负面作用要尽可能小，如与果树无共同病虫害，根蘖少又不串根，并且不是果树病虫害的中间寄主。此外，防护林最好有较高的经济价值。

(2)常用树种。乔木树种可选杨、柳、楸、榆、刺槐、椿、泡桐、黑枣、核桃、银杏、山楂、枣、杏、柿和桑等；灌木树种可选紫穗槐、酸枣、杞柳、柽柳、毛樱桃等。

4. 防护林的营造

山地果园营造防护林除防风外，还有防止水土流失的作用。防护林一般由5～8行组成，风大地区可增至10行，最好乔木与灌木混交。主林带间距300～400 m，带内株距1～1.5 m，行距2～2.5 m。为了避免坡地冷空气聚集，林带应留缺口，使冷空气能够下流。林带应与道路结合，并尽量利用分水岭和沟边营造。果园背风时，防护林设于分水岭；迎风时，设于果园下部；如果风来自果园两侧，可在自然沟两岸营造。平地、沙滩地果园应营造防风固沙林。一般在果园四周栽2～4行高大乔木，迎风面设置一条较宽的主林带，方向与主风向垂直。通常由5～7行树组成。主林带间距300～400 m。为了增强林带的防风效果，与主林带垂直营造副林带，由2～5行树组成，带距300～600 m。

(六)山地果园水土保持工程

1. 水平梯田

水平梯田是山地水土保持的有效方法，也是加厚土层、提高肥力、促进果树生长的重要措施。

在修筑水平梯田之前，先要进行等高线测量。方法是：选一坡度适当的地方，由上而下拉一直线为基线；然后根据梯田要求的宽度，将基线分成若干段，并在各段的正中间打点作为基点；以基点为起点，按一定的比降(一般为0.1%～0.3%)向左右延伸，测出一系列等高点，同一高度的等高点连成的线就是等高线，即为梯田面的中轴线。

梯田面的宽度要根据坡度和栽植行距来设计。坡度小或栽植行距大，田面应宽些，反之，则可窄些。田面设计较窄时，修筑容易，用工量少，对土壤肥力破坏性小，但不耐旱，边埂和背沟占地比例大，田面利用率低，不便于耕作管理。一般每台梯田只栽一行树的，梯田面宽度不应小于3 m；栽两行树的不应小于5 m。在条件许可的情况下，应尽量将田面拓宽，力争每一台面能栽两行以上的树，以充分利用土地，更好地发挥果树群体效应。

修筑梯田时，应先修梯壁。由于修筑梯壁所用材料不同，分为石壁梯田和土壁梯田两种。为了牢固，梯壁要稍向内倾斜，石壁一般与地面呈75°角，土壁保持50°～60°为宜。在修梯田壁的同时，要随梯田壁的逐渐增高，从梯田中轴线上侧取土填到下侧，最后整平田面，并在其内侧挖一小捧水沟。挖出的土堆在梯田外沿修筑边埂。

2. 等高撩壕

在坡面上按等高线挖横向浅沟，将挖出的土堆在沟的外侧筑成土埂，称为撩壕。果树栽在土埂外侧。此法能有效地控制地面径流，拦蓄雨水，当雨量过大时，壕沟又可以排水，防止土壤冲刷。撩壕对坡面土壤的层次和肥力状况破坏不大，能增加活土层厚度，有利于幼树生长发育。但撩壕后的果园地面不平，会给管理工作带来不便。另外，在坡度超过15°时，撩壕堆土困难，壕外侧土壤流失严重。因此，撩壕只适宜在坡度为5°～10°且土层深厚的平缓地段应用。

撩壕前，选一坡度适中的坡面，由上而下拉一直线为基线，然后按果树栽植的行距，将基线分成若干段，并在各段的正中间打出基点，以基点为起点，按0.3%的比降向左右延伸，测出等高线，再取50～70 cm距离，划出平行于等高线的两条线。撩壕时将两条平行线间的土挖出，堆在下坡方向，培成弧形宽埂。壕沟宽一般为50～70 cm，深40 cm左右，沟内每隔一定距离做一小土坝，其高度比壕顶略低，用以拦水，水多时可溢过小坝，顺沟缓流，而不至于冲毁壕体。

3. 鱼鳞坑

鱼鳞坑是一种面积极小的单株台田，由于其形似鱼鳞，故称“鱼鳞坑”。此法适于坡度大、地形复杂、不易修筑梯田和撩壕的山坡。修鱼鳞坑时，先按等高原则定点，确定基线和中轴线，然后在中轴线上按株行距定出栽植点，并以栽植点为中心，由上部取土，修成外高内低半月形的小台田，台田外缘用土或石块堆砌，拦蓄雨水供果树吸收利用。

（七）树种与品种选择

正确选择果树种类和品种，是实现优质、丰产、高效的重要前提。在选择树种、品种时，首先应根据区域化、良种化的要求，因地制宜地确定发展果树的种类、品种。充分考虑不同树种、品种的生物学特性，结合当地的地形、气候、土壤等生态环境条件，做到适地适栽。其次以市场为导向，以优质、营养为生产目标，以名、特、优、新品种为主，引进国内外优良品种，集中开发。但对引进新品种必须通过区域试验、生产试栽等程序，经鉴定通过后，才能大面积发展。最后，根据果品销售主渠道的需要，结合果园所处的地理位置、交通状况等，合理搭配早、中、晚熟，鲜食与加工品种的比例。但是作为生产果园树种和品种都不宜过多，一般主栽树种1个，主栽品种2～3个即可。以发挥优势，突出重点，形成特色，扩大规模，提升效益。

（八）果树栽植设计

1. 授粉树的配置

果树属异花授粉植物，绝大部分种类和品种自花不实，或自花结实率很低。进行异花授粉后，坐果率提高，果形端正，外观和品质更好。因此，建园时必须配置授粉树。授粉树的配置，并不是任意将两个品种栽在一起就能相互授粉。必须选择适宜的品种组合，按比例搭配，确定合理的配置方式，才能保证授粉质量，有效地提高坐果率和果实品质。

（1）授粉树应具备的条件。①授粉树必须适应当地环境条件，生长健壮，并具备较高的品质与商品价值。②授粉树的生长结果习性要与主栽品种相匹配，即与主栽品种长势相仿，冠体大小接近，能同时进入结果期，开花期基本一致。③授粉树要具备良好的授粉性能，如花粉量大，花粉发芽率高，与主栽品种授粉亲和力好，最好能互相授粉。

（2）授粉树的配置比例。授粉树与主栽品种的配置比例，应根据授粉树品种质量及授粉效果等因素来确定。①授粉品种丰产性强，果实品质优良，可以加大授粉品种比例，实行等量栽植；若产量或品质稍差，应尽量压缩授粉品种，但不能少于15%。②授粉品种花粉质量好，授粉结实率高，为了保持主栽品种较高比例，可适当少栽授粉品种。若授粉效果稍差，应保持在20%以上。③主栽品种不能为授粉品种提供花粉时，还应增加品种，解决授粉品种的授粉问题。

（3）授粉树的配置方式。授粉树的配置方式，应根据授粉品种所占比例、果园栽培品种的数量和地形等确定，通常采用的配置方式有：①中心式：授粉树较少时，为能均匀授粉，提高受精结实率，每9株配置1株授粉树于中心位置。②行列式：大面积果园，为管理方便，将主栽品种与授粉品种分别成行栽植。授粉树较少时，每隔2～3行主栽品种配置1～2行授粉品种。如果授粉品种也是主栽品种之一，可各3～4行等量相间栽植。③复合行列式：两个品种不能相互授粉，须配置第三个品种进行授粉，每个品种1～2行间隔栽植（图4-2）。

××××××	××○××○	○××△△○
×○××○×	××○××○	○××△△○
××××××	××○××○	○××△△○
××××××	××○××○	○××△△○
×○××○×	××○××○	○××△△○
××××××	××○××○	○××△△○
1	2	3

×主栽品种　○、△授粉品种

1.中心式　2.行列式　3.复合行列式

图4-2　授粉树的配置方式

2.栽植密度确定

确定果树合理栽植密度的根本依据是树体大小，即根据所选树种及品种在果园具体环境条件和既定的栽培管理制度下，能够或者要求达到的最大体积来确定，树体越小，栽植密度越大。生产上可根据以下因素综合确定。

（1）树种和品种特性。不同树种、品种的树冠大小和生长势不同，株行距应有所不同。如苹果＞梨＞桃＞葡萄；普通型品种＞短枝型品种。

（2）砧木种类。砧木的种类、使用方式和砧穗组合不同，树冠大小也不同。一般普通品种/乔化砧＞短枝型品种/乔化砧；普通品种/半矮化砧＞普通品种/矮化砧。同一种矮化砧，用作中间砧比自根砧树冠大，则其栽植密度应减小。

（3）自然条件。一般山坡地土层薄，肥力低，树冠小，栽植密度应比土质良好的平地大。在高纬度和高海拔地区，树冠较小，栽植密度应加大。气候温暖、雨量充足、水利条件较好，树冠高大，栽植密度小。

（4）栽培制度。精细合理的栽培技术能有效控制全园树冠，加大栽植密度。也可以采用变化性密植，将全部果树分为永久性植株和临时性植株（也叫加密果树），对后者采用控制树高、大量结果、适时间伐的栽培技术，以充分利用土地和光能。大面积果园机械化耕作，适当放宽行、株距。现将北方主要果树栽植密度参考值列入表4-2。

表 4-2　北方主要果树栽植密度参考值

果树种类	砧木与品种组合(架式)	栽植距离/m		每 667 m^2 株数	备注
		行距	株距		
苹果	普通型品种/乔化砧	4～5	3～4	33～56	山地、丘陵
		5～6	3～4	28～44	平地
	普通型品种/矮化中间砧/短枝型品种/乔化砧	3～4	2	83～111	山地、丘陵
		4	2～3	56～83	平地
	矮枝型品种/矮化中间砧/矮枝型品种/矮化砧	3～4	1.5	111～148	山地、丘陵
		3～4	2	83～111	平地
梨	普通型品种/乔化砧	4～6	3～5	33～56	
	普通型品种/矮化砧 矮枝型/乔化砧	3.5～5	2～4	33～95	
桃	普通型品种/矮化砧	4～6	2～4	28～83	
杏	普通型品种/矮化砧	5～7	4～5	19～33	
李	普通型品种/矮化砧	4～6	3～4	28～56	
葡萄	小棚架	3.0～4.0	0.5～1.0	166～444	
	自由扇形、单干双臂	2.0～2.5	1.0～2.0	134～333	
	高宽垂	2.5～3.5	1.0～2.5	76～267	
樱桃	大樱桃	4～5	3～4	33～56	
核桃	早实型品种	4～5	3～4	33～56	
	晚实型品种	5～7	4～6	16～33	
板栗	普通型品种/乔化砧	5～7	4～6	16～33	
	短枝型品种/乔化砧	4～5	3～4	33～56	
柿	普通型品种/乔化砧	5～8	3～6	14～44	
枣	普通型品种	4～6	3～5	22～56	
	枣粮间作	8～12	4～6	9～21	
山楂	普通型品种/乔化砧	4～5	3～4	33～56	
石榴	普通型品种	4～5	3～4	33～56	
猕猴桃	“T”形架	3.5～4	2.5～3	55～76	
	大棚架	4	3～4	42～55	
草莓	普通型品种	0.25～0.35(小行距)；垄距：1	0.15～0.18	7 000～10 000	大垄双行栽植

3. 栽植方式

以经济利用土地、提高单位面积经济效益和便于栽培管理为原则。常用栽植方式有：

(1)长方形栽植。生产上广泛采用的栽植方式。特点是行距大于株距，通风透光良好，便于机械耕作。果树栽植的行向，一般以南北行向为好，尤其是平地果园，南北行向较东西行向树体受光量大而均匀。

(2)正方形栽植。行距和株距相等。植株呈正方形排列，便于纵向、横向作业管理，但密植郁闭，不利于间作。

(3)带状栽植。宽窄行栽植，一般双行成带，带距为行距的 3～4 倍。带内较密，群体抗逆性较强，但带内光照条件较差，管理不便，应用较少。

(4)等高栽植。适于山地丘陵地果园。栽时掌握“大弯就势”“小弯取直”的方法调整等高线，并对过宽、过窄处适当增、减树行，在行线上按株距栽植。

三、果园规划设计说明书的编制

果园规划最终要完成规划设计文书——果园规划设计说明书，并附果园规划平面图、主要工程设计图。果园规划设计说明书是进一步编写实施计划的重要依据，是上报有关部门审批，或申报立项必不可少的重要材料，也是果园建立档案长期保存的重要技术资料。果园规划设计说明书的编写方式及主要内容如下。

(一)规划依据

(1)果园建设的背景、目的、规模和经营方式等。

(2)规划设计工作过程如调查、文献信息资料查阅、实地考察、咨询研讨、分析论证、测绘和规划设计等工作情况。

(二)规划区基本情况

1. 地理位置及区域范围

规划区所处的位置，经纬度、四至(东、西、南、北临界接壤处)、总体地形及规划设计总面积等。

2. 气候资源

(1)光能资源。年日照时数，年总辐射量。

(2)热量资源。年平均气温、年极端最高平均气温、极端最高气温、年极端最低平均气温、极端最低气温、≥10 ℃有效积温等。

(3)降水与蒸发。年平均降水量，年平均自然植被蒸发量。

(4)无霜期。年平均无霜期，无霜期最早日期、最晚日期。

(5)灾害性气候。当地容易遭受的自然灾害，如干旱、洪涝、霜冻、冰雹、沙尘暴及风害等。

3. 水资源

过境水(河流)、地表水、地下水。

4. 土地资源

区内土地资源总体情况、土地面积与利用情况(农业生产用地面积与比例、非农业生产用地面积与比例)、土壤类型等。

5.劳动力资源

略。

6.生产现状及产业结构

略。

(三)总体规划设计

(1)作业区划分小区数量、位置、面积形状等。
(2)道路规划。干、支、小路规划设计具体情况。
(3)排灌系统设计果园灌溉系统、排水系统设计。
(4)配套设施建设管理用房、贮藏库、包装场、晒场、配药池、畜牧场及农机具等。
(5)防护林设计防护林面积、树种、栽植方式及用苗量等。
(6)山地果园水土保持工程设计修筑梯田、撩壕等工程建设设计。
(7)树种与品种设计设计依据,树种与品种选择,授粉树配置等。
(8)果树栽植设计。栽植密度、栽植方式、苗木用量、肥料用量及栽植用工计划等。

(四)服务保障体系

技术保障体系、信息服务体系、组织管理和协调体系。

(五)建设投资概算

(1)规划设计概算的原则和依据。
(2)各主要工程项目分项概算。
(3)建设投资总概算。

(六)经济效益分析

略。

(七)总体实施安排

略。

(八)规划设计图纸

(1)果园建设设计总平面图。
(2)主要工程设计图纸。

工作任务一　绿色果园规划设计

一、任务目标

通过实际设计和对当地现有果园的参观调查,掌握果园规划设计的步骤和方法,培养学生果园规划设计能力。

二、任务内容

1. 建园调查

(1)社会调查。包括当地经济发展状况、土地资源、劳力资源、产业结构、果业生产现状和果树区划情况等。

(2)园地调查。包括新规划园地的地形、地势、水源、土壤状况、植被分布以及园地小气候条件等。指导教师根据任务需要调整安排调查提纲。

2. 园地测绘

在测量老师的参与指导下,进行导线及局部测量,绘制平面图。

3. 总体设计

练习小区划分、道路设计、排灌系统、配套设施、树种与品种选择、栽植设计等规划内容。

三、材料与用具

1. 材料

可供调查的现有果园和建园实习场地。

2. 用具

测量用具:经纬仪、水准仪、标杆、塔尺、测绳、皮尺、木桩、记载表和记录本等;

绘图用具:绘图板、比例尺、三角板、坐标纸、铅笔和橡皮等。

四、任务提示

(1)根据条件选择参观已规划设计的果园,或模拟规划设计,或实地建园规划设计等形式完成实训任务,并由指导教师根据实训形式确定具体内容和要求。

(2)学生分组进行,小组间定期交流,教师统一指导。

五、任务作业

1. 绘制果园规划平面图。
2. 编写果园规划设计说明书。

想一想

果园规划设计的注意事项有哪些?

必备知识三　果树栽植技术

一、栽植时期的选择

果树主要在秋季落叶后至春季萌芽前栽植。具体时间应根据当地气候条件及苗木、肥料、栽植坑等的准备情况确定。

1. 秋栽

一般在霜降后至土壤结冻前进行。秋栽有利于根系恢复，次年春季发根早，萌芽快，成活率高。但在冬季寒冷风大、气候干燥的地区，必须采取有效的防寒措施，如埋土、包草、套塑料袋等，以防冻害和抽条。

2. 春栽

在土壤解冻后至萌芽前栽植。春栽宜早不宜晚，栽植过晚则发芽迟缓苗慢。栽后如遇春旱，应及时灌水以提高成活率，促进发苗。

早秋带叶栽植在 9 月下旬至 10 月上旬带叶栽植。此时苗木地上部分停止生长，根系活动仍然旺盛。利用秋季多雨、天气凉爽、水分蒸发少的特点，抢墒带叶栽植，成活率高，能提高越冬抗寒能力，避免抽条现象。但带叶栽植必须具备应有的条件即就近育苗就近栽植；提前挖好栽植坑；挖苗时少伤根多带土，随挖随栽；阴雨天或雨前栽。若不具备以上条件，不宜采用这一方法。如远距离调苗往往不宜带土，其反而会加剧苗木失水，降低成活率。

二、栽植点的确定

建园时，应确保树正行直。这样不但园容整齐，展示性强，而且有利于采光通风，便于管理。因此，挖坑前必须按照设计的行、株距，测量放线并准确定出栽植点。

1. 平地穴栽

选园地较垂直的一角，划出两条垂直的基线。在行向一端的一条基线上，按设计行距量出每一行的点，用石灰标记。用另一条基线标记株距位置。在其他三个角用同样方法划线，定出四边及行、株位置，并按相对应的标记拉绳，其交点即为定植点。

2. 平地沟栽

用皮尺在园地四角分别拉直角三角形，划出垂直的四边基线。在行向两端的基线上，标记出每一行的位置，另两条对应基线标记株距位置。接着在两条行距的基线上，按每行相对的两点拉绳，划出各行线，再按栽植沟的宽度要求(80～100 cm)，以行线为中心向两边放线，划出栽植沟的开挖线。四周基线上的株行距标记点应保护好，以便栽树时拉线校正树行。

3. 山地定植

山地以梯田走向为行向，在确定栽植点时，应根据梯田面的宽度和设计行距确定。如果每台梯田只能栽一行树，以梯田面的中线或距梯田外沿 2/5 处为行线，向左右延伸按株距要求标记定植点。山坡地形复杂，梯田多为弯曲延伸，行向应随弯就势。遇到田面宽窄不等时，可酌情采取加减行处理。

三、栽植坑的挖掘与回填

1. 早挖坑

定植坑应提早 3～4 个月挖好。一般是秋栽树夏挖坑，春栽树秋挖坑，早挖坑早填坑。其好处是有利于土壤熟化；使填入栽植坑内的有机肥和秸秆提早分解；接纳雨水或灌溉水，促使土壤充分沉实，有利于栽植成活。

2. 挖大坑

挖大坑有利于改良土壤，促进幼树生长发育。设计株距在 3 m 以上的可以挖栽植穴，以标记的栽植点为中心，挖长、宽、深都为 80～100 cm 的坑；栽植株距在 3 m 以下时应挖栽植沟，沟宽 70～100 cm，深 80 cm 左右。下层土壤坚实或土质较差的地块，应适当加深，以利改良下层土壤。挖掘时要把表土、底土分开堆放，拣出粗沙或石块等物。

3. 回填灌水

坑挖好后，将秸秆、杂草或树叶等有机物与表土分层填入坑内。为加速分解，在每层秸秆上撒少量生物菌肥或氮素化肥，尽量将好土填入下层，每填一层踩踏一遍。填至离地表 30 cm 左右时，撒入一层粪土。其做法是将优质农家肥按每株 25 kg 左右的用量与表土拌匀后撒入。

土壤回填后，有灌溉条件的应立即灌水，使坑内土壤和有机物沉实，以免栽树后土壤严重下陷，造成悬根、埋干或倒伏现象，影响成活率和整齐度。

四、栽植方法

栽植前将苗木按大小进行分类，使同类苗木栽在同一地块或同一行内，以利于园貌整齐一致。质量较差的弱小、畸形和伤残苗应另行假植，作为补苗用的预备苗。将分类后壮苗的根先用 1%～2%的过磷酸钙溶液浸泡 12～24 h，然后蘸泥浆栽植，可促进苗根恢复，能有效地提高成活率。运往地里的苗木，先用湿土将根系封埋，边栽边取，以防根系失水而影响成活。

栽树前，先将栽植坑进行修整。高处铲平，低处填起，深度保持 25 cm 左右，并将坑中间培成小丘状(图 4-3)，栽植沟可培成龟背形的小长垄。然后拉线核对准确栽植点并打点标记。栽时将苗木放于定植点，目测前后左右对齐，做到树端行直。根系周围尽量用表土填埋，填土时轻轻提动苗木使根系舒展，并边填土边踏实，将坑填平后培土整修树盘，然后浇透水：当水下渗后撒一层干土封穴，以减少水分蒸发。

苗木栽植的深度应掌握恰当，若栽植过深下层温度低又透气性差，幼树往往发芽晚且生长缓慢，容易出现活而不发的现象；栽植过浅则根系易外露，降低固地性和耐旱性，成活率低。一般普通乔化苗的栽植深度以嫁接口稍高出地面为宜。

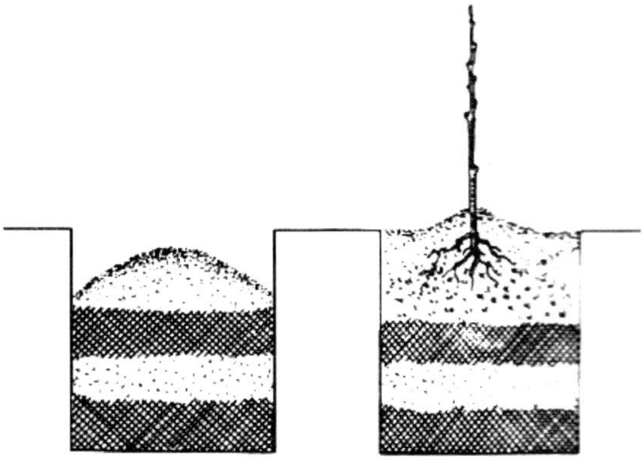

1. 分层填入表土和有机肥，坑中央培成小丘状 2. 幼树栽植

图 4-3 土壤回填与栽植

知识拓展

苹果矮化中间砧苗栽植技术

矮化中间砧苗适当深栽（中间砧入土 1/2～2/3），具有抗旱、抗寒、抗倒伏能力强、生长健壮、早果、丰产、优质等特点，但同时存在发芽迟、缓苗慢、前期发枝弱的现象。生产上多采用“深栽浅埋、分批覆土”技术解决这一问题。具体做法是：回填灌水后的栽植坑，合墒修整，深度保持在 35 cm 左右，将苗放入坑内，使中间砧 1/2～2/3 处与地面持平，然后填土栽苗，土壤培至中间砧接口处即可踏实灌水，剩余部位暂不填土。进入 6 月，结合田间松土除草，给坑内填充湿润细土 10～15 cm；相隔 25 d 左右再用湿润细土将坑填平。这样，既达到了深栽的目的，又能使幼树及时发芽抽枝。若保持土壤湿润，中间砧当年就能产生大量根系，促进幼树生长发育。

五、栽后管理

新建果园既要精栽更要细管。加强栽植后的管理，对提高成活率，缩短缓苗期，实现早果丰产具有重要作用。

1. 修剪定干

新栽幼树在春季萌芽前要进行剪截定干，以促发枝条加速整形。定干高度应根据整形要求决定，苹果、梨、杏和李等果树为 70～90 cm，剪口以下 25～30 cm 内要有 8～10 个饱满芽。定干后立即用封剪油涂抹剪口，以防失水。

2. 适时灌水

栽植后的灌水应恰当掌握，既不能缺墒，又不可灌水太多。缺墒受旱必然降低成活率，但频繁灌水又会降低地温和土壤透气性，抑制根系生长，甚至会造成烂根、死树。

春栽苗应浇好定植水，及时松土或覆盖保墒，萌芽期掌握墒情灌水。秋栽苗在春季萌芽前要适当灌水，以利于萌芽抽枝。5 月以后气温升高，土壤蒸发量增大，要注意灌水促进幼树旺盛生长。7～8 月高温干旱季节应适时灌水。进入 9 月之后要控制灌水，促进枝条成熟，提高越冬抗寒能力。入冬前应灌足越冬水，以防枝条抽干。无灌溉条件的地区应覆盖保墒。

3. 覆膜套袋

栽后树盘覆盖地膜对提高幼树成活率，缩短缓苗期，加速生长具有显著效果。树盘覆膜之后，地温可提高 3～5 ℃，土壤含水量相对提高 20%以上，不但保墒、增温，且能减少肥料损失，控制杂草生长，是旱地建园不可缺少的措施。有灌溉条件的地方也应推广应用，以节水增效。新栽幼树连续覆盖 2 年效果更佳。

覆盖地膜的方法应根据栽植密度而定。株距在 2 m 以下的密植园可成行连株覆盖；株距在 2 m 以上的果园用 1 m 见方的小块地膜单株覆盖。覆膜前应将树盘浅锄一遍，打碎土块，整成四周高而中间稍低的浅盘形，以便雨水流入根部。覆膜时，将地膜中心打一直径 3.5～4 cm 的小孔后从树干套下，平展地铺在树盘上。紧靠树干培一拳头大的小土堆，以防进风和膜下高温灼伤树干皮层，地膜四周用细土压实，以免被风吹起而失去作用。地膜表面应保持干净，下雨冲积的泥土要细心清理，破损处应及时用土压封，以保持良好效应。进入 6 月以后，由于膜下温度过高会影响根系生长，应在地膜上再覆一层秸秆或杂草，也可覆土 5 cm 左右用以降温，又能防止膜下杂草生长。

在寒冷、干旱、多风地区，应在苗干上套一细长塑料袋。用塑料薄膜做成直径 3～5 cm，长度 70～90 cm 的细长塑料袋，将其从苗木上部套下，基部用细绳绑扎，周围用土堆成小丘。幼树发芽时，将苗木基部土堆扒开，剪开塑料袋顶端，下部适当打孔，暂不取下。发芽 3～5 d，在下午将塑料袋取掉，这样可以防寒保湿、降低冻害、防止苗木抽条。

4. 补栽

缺苗幼树发芽展叶后要检查成活情况。若发现死亡现象应分析原因，采取有效措施补救，缺株应立即用预备苗补栽。如果苗干部分抽干，可剪截到正常部位，促其重新发枝。夏季发生死苗、缺株，要在秋季及早补苗。最好选用同龄且树体大小接近的假植苗，全根带土移栽，以保持果园的整齐度。

5. 追施肥料

幼树施肥应“少量多次”，既要及时供给营养，又要防止造成肥害。一般栽树时已施定植肥，所以可在新梢长到 15 cm 左右时每株追施 50 g 尿素，方法是距离树干 35 cm 左右，挖 4～5 个小坑均匀施入。新梢长到 30 cm 左右时每株再追 50 g 尿素。7 月下旬每株追施 50～80 g 复合肥。除土壤施肥外，还要加强根外追肥。结合防治病虫喷药，生长前期喷 0.3%～0.5%的尿素溶液，8 月上旬以后喷 0.3%～0.5%的磷酸二氢钾溶液或交替喷施光合微肥、腐殖酸叶面肥等，效果更好。

6. 夏季修剪

萌芽后，对靠近地面的萌蘖要及时抹除，以保证整形带内枝条旺盛生长。新梢长达 25～30 cm 时，如果幼树旺盛新梢不足 4 个，应对中干延长枝进行重摘心处理，即掐去梢尖 3～5 cm，以促发次生分枝，但摘心工作不宜太晚，7 月中旬以后摘心，发出的多为利用价值不高的细小枝条，冬剪时不便处理，且易发生冻害。生长较旺而枝条角度小的，进入秋季要拉枝开角，缓和长势。

7. 防治病虫害

幼树萌芽初期容易遭受金龟子和象鼻虫等为害，可在为害期内利用废旧尼龙纱网，套在树干上保护整形带内的嫩芽。还应注意防治蚜虫、卷叶虫、红蜘蛛、浮尘子等害虫及早期落叶病、白粉病和锈病等侵染性病害，以保护叶片。

工作任务二　果树栽植

一、任务目标

熟悉提高栽植成活率的关键措施，掌握果树栽植技术。

二、任务内容

（一）确定栽植时期

果树主要在秋季落叶后至春季萌芽前栽植。具体时间应根据当地气候条件及苗木、肥料、栽植坑等的准备情况确定。

（二）确定栽植点

建园时，应确保树正行直。这样不但园容整齐，展示性强，而且利于采光通风，便于管理。因此，挖坑前必须按照设计的行、株距，测量放线并准确定出栽植点。

（三）栽植坑的挖掘与回填

（1）一般是秋栽树夏挖坑，春栽树秋挖坑，早挖坑、早填坑。

（2）挖大坑有利于改良土壤，促进幼树生长发育。

（3）回填灌水。坑挖好后，将秸秆、杂草或树叶等有机物与表土分层填入坑内。

（四）栽植方法

栽植前将苗木按大小进行分类，将分类后壮苗的根用1%～2%的过磷酸钙溶液浸泡12～24 h，然后蘸泥浆栽植，可促进苗根恢复，能有效地提高成活率。

栽树前，先将栽植坑进行修整。高处铲平，低处填起，深度保持25 cm左右，并将坑中间培成小丘状，栽植沟可培成龟背形的小长垄，然后拉线核对准确栽植点并打点标记。栽时将苗木放于定植点，目测前后左右对齐，做到树端行直。根系周围尽量用表土填埋，填土时轻轻提动苗木使根系舒展，并边填土边踏实，将坑填平后培土整修树盘，然后浇透水：当水下渗后撒一层干土封穴，以减少水分蒸发。

一般普通乔化苗的栽植深度以嫁接口稍高出地面为宜。

三、材料与用具

1. 材料

果树成品苗木、有机肥料。

2. 用具

修枝剪、皮尺、测绳、标杆、石灰、地膜、挖掘和灌水工具。

四、任务作业

总结果树栽植成活的关键技术，分析苗木未成活的原因。

想一想

新建一个果园需要做好哪些准备工作？

项目小结

本项目从果园建园选址、规划设计到果树苗木栽植，分别进行了详细的介绍。果园建设实施方案是果园建设的重要指导，只有制订科学合理的果园建设实施方案，才能保证果园的生产效益。学生通过对本项目的学习，能够制订科学合理的果园建设实施方案，为果园的生产效益提供有力支持。果园的建设，应始终坚持以弘扬中国果树文化为目标，打造“绿色效益、黄金产业”的果园。建设优质果园，对调整农业产业结构、推进农业科技革命、改善生态环境、实现农业可持续发展具有重要意义。

复习思考

1. 怎样通过果园合理选址和科学规划创建名牌果品？
2. 绿色果品生产基地对环境条件有哪些要求？
3. 说明果园规划设计程序，总体规划主要包括哪些内容？
4. 调查当地不同果树栽植密度，分析其与果园综合效益的关系，提出你认为最理想的栽植密度。
5. 如何充分发挥丘陵山地的资源优势建立果园？建园时应解决哪些关键问题？
6. 根据当地气候、土壤特点，制定出可行的果树栽植规程，以提高栽植成活率。
7. 造成旱地建园失败的原因有哪些？应采取哪些针对性措施？

项目五 绿色食品苹果生产技术

【学习目标】

• 了解苹果生产概况，熟悉苹果生物学特性及当地优良品种；

• 掌握果园土肥水管理、整形修剪、花果管理及病虫害防治等基本生产技术及其原理；

• 具备苹果园周年生产管理的能力。

【思政目标】

• 了解我国苹果产业发展现状，苹果产业是我国农业经济和农业生产的重要组成部分，近年来苹果产量总体稳步提升，生产区域布局趋向稳定，科技创新能力大幅提高，产业加工链条不断延伸；

• 树立文化自信，培养学生懂农业、爱农村、爱农民的“三农”情怀。

【学习提示】

• 利用专业课、实验实训课及课外活动观察苹果生长结果习性、主要物候期和重要病虫害发生规律，记载全年农事活动；在教师指导下，学生以小组定树，制订周年管理计划，具体完成生产任务，并实施技术试验；通过集中参观、分散实践等形式调查总结当地苹果丰产经验和推广的优良品种。

项目引入

苹果起源于欧洲中部、中亚和我国新疆一带。欧洲在公元前300年就有苹果栽培品种的记载，随后由欧洲商贩和移民将苹果带入美洲，通过美洲又传入亚洲、非洲及大洋洲等世界著名苹果产区，进而遍布世界各地。我国苹果栽培已有2 000多年历史，早在汉代，我国新疆的绵苹果就有记载。目前，新疆伊犁新源、巩留一带仍有大面积的野生绵苹果林带，它作为一种特殊的育种材料和抗逆性良好的砧木为我国苹果产业发展做出了巨大贡献。苹果作为落叶果树中的主要栽培树种，在果树生产及水果市场中占有重要位置。在我国，苹果生产已开始由黄河故道、西南冷凉高地等苹果次适宜区向渤海湾和西北黄土高原最佳生态区集中。为了提升产业综合竞争力，苹果生产正在向集约化、标准化、产业化、高效化方向迈进。将苹果生产尽快与国际市场接轨，是实现苹果产业跨越式发展的有力保证。

必备知识一　苹果的种类和品种

一、主要种类

苹果属于蔷薇科苹果属。苹果属植物全世界有 35 种，原产我国的共有 22 个种、1 个亚种。现将其中用于栽培和作为砧木的主要种类介绍如下。

1. 苹果

目前世界上栽培的苹果品种，绝大部分属于本种或该种与其他种的杂交种。我国原产的绵苹果也属于本种。本种有两个矮生型变种，即道生苹果和乐园苹果。目前生产上应用较多的 M 系和 MM 系矮化砧中，有许多属于这两个变种。如 M_2、M_4、M_7、M_9、M_{26}、MM_{106}等。

2. 山荆子

别名山定子。原产我国东北、华北与西北。乔木，果实重约 1 g，果梗细长。本种抗寒力极强，有的可耐－50 ℃，但不耐盐碱，在 pH 7.5 以上的土壤易发生缺铁黄叶病，是北方寒冷地区常用的苹果砧木。其他地区从中选出适用于当地的类型，如沁源山荆子、蒲县山荆子、黄龙山荆子等。

3. 楸子

别名海棠果、海红、林檎。我国西北、华北与东北地区均有分布。果实卵圆形，直径约 2 cm，黄色或红色。本种根系深，适应性广，抗寒、抗旱、耐涝、耐碱，抗苹果绵蚜，与苹果嫁接亲和力强，是生产上广泛应用的砧木。

4. 西府海棠

别名小海棠果、海红、子母海棠。我国东北、华北、西北均有分布。果实扁圆形，重约 10 g。本种抗性较强，耐盐碱，较抗黄叶病。与苹果嫁接亲和力好，是北方应用最广的苹果砧木之一。本种有许多优良类型，如耐盐碱的河北八棱海棠，耐涝的平顶海棠等。

生产上应用较多的砧木种类还有湖北海棠、甘肃海棠、毛山荆子、扁棱海棠、花叶海棠和新疆野苹果等。

二、主要优良品种

目前全世界有苹果品种繁多，我国从国外引进和选育的栽培品种有 250 个。而生产上用于商品栽培的主要品种却只有 20 个左右。为了研究和应用上方便，人们常按照成熟期、生长结果习性、色泽、血缘关系及用途等标准分别将苹果分成不同类型。果园生产上使用较多的是按果实成熟期将品种分为特早熟、早熟、中熟、中晚熟和晚熟品种；按照生长结果习性不同分为普通（乔化）品种和短枝型（矮生）品种；根据亲缘关系分为富士系、元帅系、金冠系等。

（一）早熟品种

1. 早捷

Quinte×七月红，1964 年美国纽约州实验站育成。果实扁圆形，平均单果重 146 g，果实浓红色。果肉致密，汁液较多，肉质松脆，风味酸甜，香气浓郁，品质中上。成熟期在 6 月上中旬，室温下可存放 5～7 d。幼树长势强，结果早，易丰产。

2. 藤牧一号

美国选育，代号 QBIR-2T-47。平均单果重 200 g，果实较大，近圆形，萼洼下有明显的五棱突起。果皮底色黄绿，阳面有明显的条纹红或彩霞。果肉黄白色，肉质松脆、多汁，酸甜可口，香气浓，可溶性固形物含量为 11%，品质上等。成熟期在 7 月上中旬。

3. 萌

嘎拉×富士，日本果树试验场盛岗支场育成。果实扁圆形，平均单果重 200 g，果实浓红色。果肉白色，致密多汁，风味甜酸，香气较浓，品质上等。7 月初开始成熟，常温下可存放 10～15 d。树势强健，早果性、丰产性强。

（二）中熟品种

1. 美国八号

美国选育，果个大，平均单果重 240 g，果实圆形，整齐端正。果面光洁，底色乳黄，果面鲜红，色彩艳丽。果肉细致，松脆多汁，酸甜适口，芳香味浓，可溶性固形物含量为 14.2%～15.0%，品质上等。8 月上旬成熟，丰产性强。抗斑点落叶病、白粉病及枝干轮纹病等。

2. 津轻系

金冠自然杂交种，1975 年由日本青森苹果试验场选育而成。果实圆形至长圆形，平均单果重 200 g。果面平滑，底色黄绿，色相为条红，果皮薄。果肉乳黄色，汁液中多，甜多酸少，微香，可溶性固形物含量为 14%，品质极上。成熟期 8 月下旬至 9 月上旬，常温下可储藏一个多月。树体强健，早果性强，丰产性中等，采前落果较重。

（1）芳明系。果实长圆形，面色浓红。果肉黄白色，肉质松脆，多汁，香气浓郁。大型果，平均单果重 300 g，可溶性固形物含量为 15%。8 月中下旬成熟，比普通津轻成熟早，抗逆性相近。

（2）日本红津轻系。日本选育的上色较早的一个新品种，果实个大，果形与普通津轻相近，着色比普通津轻早 20 d 左右，上色期初为条红，后转为全红，可溶性固形物含量为 16%，风味、香气、肉质与普通津轻接近，耐储性较好。

3. 嘎拉系

新西兰育成的品种，亲本为红桔苹×金冠。果实近圆形或卵圆形，果个偏小，平均单果重 132 g。底色金黄，阳面着红晕，间有红色细条纹，果皮薄，五棱突起。肉质松脆，果汁中多，含可溶性固形物 13%～15%，甜酸适口，风味浓郁，品质上等。成熟期在 8 月上旬至 9 月中旬。

该品系树势中庸，树姿开张，早果性、丰产性好，坐果率高，是目前世界各国正在发展的优良中熟苹果品种。主要有：丽嘎拉、陕嘎三号、富红早嘎、皇家嘎拉、烟嘎 1～6 号、帝国嘎拉和银河嘎拉等。

4. 元帅系

由红元帅变异而来的品种通称。据初步统计，目前已发现元帅系芽变品种有 120 多个。当前栽培的元帅系品种发展历程：元帅→红星→新红星→首红、超红、银红、艳红→瓦里短枝等。从品种变异趋势看，果形越来越高桩，色泽越来越漂亮，但品质越来越差。其是苹果的最佳授粉品系之一。

5. 金冠

原产美国，中熟品种，发育期 140～145 d。果实圆锥形，萼部五棱突起，平均单果重 200 g。果实成熟时面色绿黄，光照充足时，阳面常具红晕。果肉淡黄色，致密细脆，可溶性固形物含量为 14.6%，香味浓郁，品质上等，耐储藏。该品种适应性强，在西南冷凉高地及陕北、宁夏一带表现良好。但幼树易抽条，湿度大时，果锈严重。

金冠芽变品种有无锈金冠、金矮生等。世界各国以金冠为父本选育的新苹果品种有：嘎拉、津轻、乔纳金、王林、秦冠、陆奥、摩里斯、清明、华冠、华红、粉红女士等。

6. 乔纳金

原产美国，中晚熟三倍体品种，果实生育期 155～165 d。果实圆锥形，单果重约 220 g，果面底色绿黄至淡黄色，有鲜红霞和浓红色条纹。果肉淡黄色，中粗，汁多，味酸甜，可溶性固形物含量为 14%，品质上等。耐储性一般。该品种萌芽率高，成枝力强，早果、丰产性好，在北方干旱地区易感白粉病、轮纹病，栽植时应配两个二倍体授粉品种。

(三)晚熟品种

1. 红富士

主要指由富士芽变而成的着色系富士品种。1976 年由日本长野县佐原氏果园首次发现并选育而成，目前生产上应用的红富士品种有 100 多个。在红富士中有长枝型和短枝型两类，长枝红富士有秋富 1、长富 2、长富 6、岩富 10、2001 富士、乐乐富士、寿富士、丰富士、皇家富士 21 号等；短枝富士有宫崎短富、福岛短富、烟富 6 号、优良短枝富士、礼富 1 号、青森短枝富士 S 号等。红富士早熟芽变品种有弘田富士、红王将等。

着色系富士多为晚熟品种，果实生育期 170～175 d。该类品种果实圆形或近圆形，单果重 230 g，果面有鲜红条纹或全面着深红色。果肉黄白色，细脆多汁，酸甜爽口，稍有芳香，可溶性固形物含量为 14%～18.5%，品种极上，极耐储藏。该品系萌芽率高，成枝力强，结果较早，丰产，适应性强，适宜北方各个苹果产区发展。缺点是耐寒性稍差，易感轮纹病、水心病、果实霉心病等，应注意管理。

2. 斗南

日本品种。果圆锥形，单果重 36 g 左右，全面鲜红，不需要套袋，果形正，耐储藏，可储藏至翌年 4 月。渭北 10 月中旬采收，有望成为今后推广栽培的优良品种。

三、加工品种

(一)制汁品种

1. 澳洲青苹

又名史密斯,原产澳大利亚,果实生育期185～195 d。果实大,近圆形,单果重200～230 g。果皮翠绿色,果面光滑,阳面有时稍有红晕。果点灰白色,大而明显。果梗短,梗洼小。果肉绿白色,肉质松脆,汁多,致密,硬度大。初采时酸度大,甜味少,储存一段时间后,酸甜适口,风味优良,含可溶性固形物12.8%,生食品质中上等。10月下旬至11月上旬成熟。既可鲜食,又适于加工,是国际市场上最为畅销的优良的晚熟品种之一。

2. 瑞丹

法国新品种。单果重70～120 g,果面着色75%,片红,10月下旬至11月上旬成熟,耐储运。早实、丰产性强,无大小年,树势中庸,枝势半下垂,抗黑星病。出汁率为70%～75%,适宜制汁。

3. 上林

法国新品种。单果重100～150 g,黄色,10月下旬至11月初成熟。丰产性强,树势旺,枝势半直立,抗黑星病。出汁率为70%～75%,适宜制汁或制果泥。

(二)制酒品种

1. 甜麦

法国第一酿酒品种。单果重38～64 g,果面底色为黄色,色调片红。11月初成熟,耐存放。树势中旺,结果早,产量高,有大小年。出汁率为63%,果汁香气浓,色深,所酿酒柔和清香。

2. 甜格力

法国第二酿酒品种。单果重50～70 g,底色为黄色,着红晕,11月初成熟,耐存放。树势中庸,自然树形为半圆形,早实、极丰产,大小年不严重。出汁率为65%,果汁甜中略香,酒甜。

知识拓展

适宜苹果产区发展的其他品种

我国地域辽阔,各地环境条件差异很大,适宜发展的品种也不相同。除以上介绍的品种外,还有许多优良品种适宜在以下苹果产区发展。

渤海湾产区还可发展秀水、秋锦、寒富等品种。其中,寒富耐寒性强,可在年均温为7.6 ℃、1月平均气温为－12.5 ℃、绝对低温为－32.7 ℃的地区栽培。且抗旱、抗风、抗腐烂病和早期落叶病,又早果、矮化、丰产;中部苹果产区还可发展华冠、华帅、短枝华冠等品种;西南高地苹果产区则适宜发展红星、国光、红玉、青香蕉等品种。

工作任务一 苹果主要品种识别

一、任务目标

(1)培养学生从植株和果实两方面描述苹果品种特征特性,初步具备品种识别的能力。
(2)准确识别5个以上当地苹果主栽品种。

二、材料与用具

1. 材料

主要苹果品种的幼树、结果树和成熟果实。

2. 用具

卡尺、水果刀、折光仪、托盘天平、记载表、记载用具。

三、任务内容

(一)树体休眠期识别

1. 树干

干性、树皮颜色、纹理及光滑程度。

2. 树冠

树形直立、开张、半开张,冠内枝条密度。

3. 一年生枝

硬度、颜色、皮孔(大小、颜色、密度)、尖削度、有无茸毛。

4. 枝条

萌芽力、成枝力、果台大小、果台枝。

5. 芽

花芽和叶芽的形状、颜色、茸毛多少、着生状态。

(二)生长期识别

1. 叶

叶片大小、形状、厚薄、颜色深浅,叶缘锯齿单复与深浅,叶背茸毛多少,叶片平展、向上卷、向下卷,叶边缘平展或波展,叶柄长短、颜色。

2. 花

每花序花数、花色(花蕾色、初花色)、花冠大小、雄花数目、腋花芽有无、多少。

3. 果实

大小:纵径、横径、果形指数、平均单果重。

形状:圆形、扁圆形、圆锥形、长圆形。

果梗:长短、粗细。

梗洼:深浅、宽窄、有无锈斑。

萼洼:深浅、宽窄、有无棱或条棱。

果皮:颜色、晕纹、厚薄。

果点:颜色、形状、大小、多少、分布情况。

果肉:颜色(乳白、黄白、淡绿)、质地(粗细、松脆、硬度)、汁液、风味(甜、酸、可溶性固形物含量)。

果心:大小、位置(上、中、下位)。

萼筒:开张与闭合、萼筒形状(漏斗形、圆筒形)。

四、任务提示

(1)分 2～3 次进行,以秋季果实成熟期为主。可结合果实采收先在果园进行树体和果实外观识别,然后在实验室进行解剖识别;休眠期识别可结合苹果冬剪进行;开花期识别结合物候期观察和人工授粉实训进行。

(2)以掌握品种主要特征、能识别品种为重点。师生可共同确定观察项目,制作苹果品种调查记载表,并以 1～2 个品种为例,通过讨论、比较学会描述每一观察项目,为其他树种的品种识别奠定基础。

(3)品种室内识别,以小组为单位,按先描述外部特征,后纵切观察萼筒、果心、果肉种子,最后品尝评价的顺序进行。

(4)配合多媒体教学手段扩大品种识别范围。

五、技能考核

当地主要苹果品种果实识别。在规定时间内识别 5～10 个品种,按正确率记分。

六、任务作业

(1)制作苹果品种识别检索表。

(2)选 2 个品种,全面描述其树体和果实特征特性。

想一想

什么是果树的休眠期？其有什么特征？

必备知识二　苹果的生物学特性

一、生长特性

1. 根系生长

苹果根系在土温 3～4 ℃时开始生长，7～20 ℃时旺盛生长，低于 0 ℃或高于 30 ℃时停止生长。树体营养状况和根系环境条件对根系生长有重要影响。在一年中，根系常与地上部器官交替生长，出现 2～3 次生长高峰。具体时间在萌芽前、新梢停长后及果实采收后。其中以春梢停长后发根量最大，持续时间最长。但树龄、树势和结果状况不同，其生长动态也明显不同。

苹果根系的分布受树龄、砧木种类、土壤类型、地下水位和栽培技术的综合影响。一般水平分布范围为树冠直径的 1.5～3 倍，但主要吸收根群集中于树冠外缘附近及冠下。根系的垂直分布深度一般小于树高，乔化砧苹果根系主要集中在 20～60 cm 的土层，矮化砧苹果根系多分布在 15～40 cm 土层中。

2. 枝芽生长

春季日均温约 10 ℃时，苹果叶芽萌动，新梢开始生长。一般新梢生长分开始生长期(叶簇期)、旺盛生长期、缓慢及停止生长期和秋梢形成期 4 个阶段。不同阶段停长的新梢分别形成短枝、中枝和长枝。短枝小于 5 cm，多数是在叶簇期就形成顶芽的新梢，是成花的基本枝类。具有 4 片以上大叶的短枝极易成花。树冠中维持在 40%左右、具有 3～4 片大叶的短枝，是保持连续稳定结果的基础；中枝只有春梢而无秋梢，且有明显的顶芽，长度为 5～30 cm，特点是只有 1 次生长、功能较强，有的可当年形成花芽而转化为果枝。长枝是在秋梢形成期停长的新梢，长度大于 30 cm，对树体具有整体性的调控作用。

叶幕是苹果光合作用的主体。其结构和动态直接影响苹果的品质与产量。一般从叶面积系数、光照状况及工作时间评价其好坏。而树体枝量和枝类比则是影响叶幕的重要因素。优质丰产果园要求每 667 m^2 苹果树树冠体积为 1 200～1 500 m^3，枝量达 5 万～9 万个，长枝比例为 5%～8%，枝叶覆盖率为 60%～80%，叶面积系数为 3～4，树冠透光率达 30%以上，东西两侧每天受直射光 3 h 以上。同时应提高叶片质量，并保持叶幕较长时间的稳定。

二、结果习性

1. 结果枝的类型

苹果结果枝分为长果枝(>15 cm)、中果枝(5～15 cm)、短果枝(<5 cm)及腋花芽枝。除

少数品种外，一般以短果枝结果为主。

2. 花芽分化

花芽分化是形成各类结果枝的关键。花芽分化通常经过生理分化、形态分化和性细胞形成三个时期。生理分化在枝条停长并积累一定营养后开始，是花芽分化的临界期，也是促进花芽分化的关键时期。苹果生理分化的集中期在 6 月上旬至 7 月；形态分化是花器的各个部分在芽内形成雏形的过程，经过 7 个时期，在入冬前可分化出花萼、花瓣、雄蕊和雌蕊。春季花芽萌动后，雄蕊和雌蕊继续发育，在花序伸出和分离期形成花粉母细胞，雌蕊形成胚囊、孢原细胞，花序分离期后 4～5 d，雄蕊形成四分体。

3. 开花与坐果

苹果花芽春季萌发后，先抽生一段短枝，长 1～3 cm，以后膨大，叫果台(图 5-1)。果台上着生 5～9 片叶，其顶端着生伞形花序，有花 3～7 朵，当日均温达 15 ℃时，多数品种相继开花。在一个花序中，中心花先开，坐果亦好。苹果单花开放期为 2～6 d，1 个花序为 7 d，1 株树约 15 d。就单株而言，生产上常将苹果的开花期分为初花期、盛花期、终花期和谢花期 4 个时期。全树有 5%的花开放为初花期，25%～75%的花开放为盛花期。

图 5-1　果台及副梢

苹果开花后要经过授粉受精才能正常结果。多数品种自花结实率低，建园时必须配置授粉树。但三倍体品种如乔纳金、陆奥、北海道 9 号等因花粉败育不具备受精能力，不能作为授粉树。

苹果坐果后到果实采收前会出现 2～3 次落果高峰：第一次在花后 1～2 周，第二次在花后 4～6 周，又称为六月落果。某些品种在采前 1 个月左右还会出现 1 次落果，尤以红星较为明显。

4. 果实发育

苹果从坐果到果实成熟需要 60～190 d。果实大小既决定于细胞分裂的数量，也决定于细胞膨大期形成的果肉细胞的体积和间隙。实质上取决于树体营养状况、内源激素和环境条件。苹果品种间果实发育时间的长短或成熟期早晚，取决于其果实发育过程中组织分化期的长短。在果实成熟期，苹果果实出现本品种应有的色泽和品质，内含物发生变化，水分增加，风味形成。

三、对环境条件的要求

选择适宜的综合生态条件并保证良好的产地环境质量是苹果生产的基础。苹果对环境条件的要求主要包括农业气候条件、土壤条件和其他环境条件。

1. 农业气候条件

农业气候条件是苹果品质和产量的主要决定因素，也是果树生产中优化资源配置，科学区划的主要依据。苹果生长要求年平均气温 8～14 ℃，绝对低温不低于－25 ℃，1 月份平均气温不低于－10 ℃，年降水量 500～800 mm，年日照时数 2 200～2 800 h。实际上苹果的品质和产量往往是上述农业气候因素综合作用的结果。我国苹果产区及其适宜区域也主要依据上述综合因素划分。现将张光伦提出的苹果生态区划主要气候指标列入表 5-1。

表 5-1 苹果生态区划主要气候指标

生态适宜性	全年			6～8(9)月			4～9月	
	1	2	3	4	5	6	7	8
	平均气温/℃	≥10 ℃积温/℃	极端最低气温/℃	月平均气温*/℃	平均气温日较差/℃	月平均相对湿度/%	月日照时数及光质/h	降水量/mm
最适值	9(8.5)～12.5	2 800～3 600	<－20.0	17.5～22.0(16.0)	>10.0	<70(75)	>190 紫外多光	400～500
适宜值	8.0～9.0 或 12.5～13.5	2 400～2 800 或 3 600～4 300	<－25.0	16.0～17.5(>15.0)或 22.0～24.0(<20.0)	>8.0	<75(80)	>160 紫外光较多	<400 或 >700
次适值	6.5～8.0 或 13.5～16.5	1 600～2 400 或 4 300～5 100	<－28.0	13.5～16.0(>12.0)或 24.0～27.0(<21.0)	<8.0	<80(85)	>140	<200 或 >800
可适值	<6.5 或 >16.5	<1 600 或 >5 100	<－30.0	13.5～16.0(>11.0)或 >27.0(>22.0)	<8.0	>80(85)	<120	<100 或 >1 000

* 月平均值变幅

2. 土壤条件

苹果对土壤的适应范围较广，并可利用不同砧木，在 pH 5.7～8.2 的土壤中正常生长。但适宜苹果生长的土壤条件是：土壤肥沃、有机质含量在 1.0%以上；土层深厚，活土层在 60 cm 以上；地下水位在 1.5 m 以下；土壤 pH 6.0～7.5，总盐量在 0.3%以下。

3. 其他环境条件

包括地势、地形和苹果产地环境质量。一般要求坡度低于 15°。产地环境质量要求果园远离城镇、交通要道及工业"三废"排放点等。

知识拓展

我国苹果产区及其适宜区域

我国苹果生产主要集中在四大产区，即渤海湾产区、中部产区、西北黄土高原产区和西南高地产区。四大产区的栽培面积和产量分别占全国的 95%和 97%。渤海湾产区包括辽南、辽西、山东的胶东半岛和泰沂山区、河北省大部及北京、天津两市，是我国苹果栽培最早、产量和面积最大、生产水平最高的产区;中部产区包括河南、江苏和安徽,为黄河故道地区;西北产区包括陕西、甘肃、山西、宁夏、青海,大部分属黄土高原地区,是苹果优质产区,其不少地区为我国苹果重要的外销基地;西南高地产区包括四川、云南、贵州和西藏,主栽品种为金冠、元帅和红星等。我国苹果生态最适宜区为黄土高原和川滇横断山区,生态适宜区是渤海湾区和华北平原区,在每个区域又有最适宜的栽培品种。

必备知识三 苹果的基本生产技术

一、土肥水管理

土肥水管理是苹果生产技术的基础。其任务是通过土壤改良和一定的果园耕作制度,为苹果根系创造深厚、疏松、肥沃的土壤条件,并根据苹果生长发育的需要及时供给肥水,以满足优质高效生产的需要。绿色食品苹果生产基地要求选择空气清新、水质纯净、土壤未受任何污染的环境建园。以 A 级绿色食品苹果为例,说明其产地环境要求。

绿色食品苹果是指获得绿色食品标志的苹果,属 A 级绿色食品。它的生产必须同时具备下述条件:

(1)大气环境条件,其二氧化碳、氮氧化物、总悬浮微粒、氟的浓度,不得超过《环境空气质量标准》(GB 3095—2012)所规定的限值。

(2)农田灌溉水条件,其 pH、总汞、总镉、总砷、总铅、铬(六价)、氯化物、氟化物、氰化物的含量,不得超过《农田灌溉水质标准》(GB 5084—2021)所规定的指标。

(3)果园土壤条件,不同土壤类型、20 cm 与 40 cm 土层深度中的汞、镉、铅、砷、铬等含量,按土壤质量相关标准执行。

(4)大气、水质、土壤的综合污染指数,A 级标准均不得超过 1。

(一)土壤管理技术

我国大多数果园地处丘陵山区、沙滩及盐碱地,土质瘠薄、结构不良、有机质含量低,是长期影响苹果生产的主要因素。因此,果园土壤管理技术的核心是根据果树年龄、果园类型及生产管理水平,以必要的工程措施为基础,通过深翻熟化、增施有机肥、培土掺沙等措施改良土壤,并选用覆盖、生草间作、清耕以及其他方式,对果树株行间空余土地进行耕作和利用,以有效保持水土,提高土壤肥力,改善果园环境,促进果树生长发育。

1. 深翻改土

深翻是果园土壤改良的最基本措施,也是清耕果园主要的土壤管理技术,具有加厚土层、改良结构、熟化土壤、提高肥力的作用。

果园深翻的时期以秋季最好。一般在苹果采收后至落叶休眠前结合秋施基肥进行。因为这一时期正值苹果根系生长高峰之前,断根后容易愈合,并能产生大量新根,有利于苹果吸收及贮藏养分。深翻的方法主要有扩穴深翻、隔行深翻和全园深翻。幼龄果园采用扩穴深翻,即在幼树定植后,自定植穴外缘开始,每年或隔年向外挖宽 60～80 cm、深 40～60 cm 的环沟状。

深翻时将挖出的表土和心土分别堆放，并及时剔除翻出的石块、粗沙及其他杂物，剪平较粗根的断面。回填时，先把表土和秸秆、杂草、落叶填入沟底部，再结合果园施肥将有机肥、速效肥和表土填入。其中表土可从环状沟周围挖取，然后将心土摊平，及时灌水。成龄果园适宜采用隔行深翻，每次只伤部分根系。全园深翻是将栽植穴以外的土壤全部深翻，深度为30～40 cm。

2. 果园覆盖

在树冠下或稍远处覆以有机物、地膜或沙石等。生产上应用较为普遍的是有机覆盖和地膜覆盖。

有机覆盖也叫生物覆盖或果园覆草，是在果园土壤表面覆盖秸秆、杂草、绿肥、麦壳、锯末等有机物。它能防止水土流失，减少水分蒸发，稳定土壤温度，防止泛碱返盐，增加土壤有机质。其缺点是易招致鼠害，加重病虫害，引起果园火灾，造成根系上浮。有机覆盖适宜在山地、旱地、沙荒地、薄地及季节性盐碱严重的果园采用。时间以春末至初夏为好，即温度已回升，但高温、雨季尚未来临时。也可在秋季进行。具体做法是：有条件的地方覆盖前先深翻改土、施足土杂肥并加入适量氮肥后灌水。然后在距树干50 cm以外、树冠投影范围内覆草15～20 cm厚。也可全园进行覆草。覆草后适当拍压，再在覆盖物上压少量土，以防风吹和火灾。以后每年继续加草覆盖，使覆盖厚度常年保持15～20 cm。覆盖物经3～4年风吹雨淋和日晒，大部分分解腐烂后可一次深翻入土，然后再重新覆盖，继续下一个周期。果园覆盖后，应加强病虫害防治，草被应与果树同时进行喷药。多雨年份注意排水，防止积水烂根。深施有机肥时，应扒开草被挖沟施入，然后再将草被覆盖原处。多年覆草后应适当减少氮肥施用量。

地膜覆盖具有增温保水、抑制杂草、促进养分释放和果实着色的作用，尤其适于旱作果园和幼龄果园。具体做法是：早春土壤解冻后，先在覆盖的树行内进行化学除草，然后打碎土块，将地整平。若土壤干旱，应先浇水。然后用两条地膜沿树两边通行覆盖，将地膜紧贴地面，并用湿土将地膜中间的接缝和四周压实。同时间隔一定距离在膜上压土以防风。树冠较小时，可单独覆盖树盘。

3. 果园生草

在土壤水分充足的果园，可全园或行间种植禾本科、豆科草种或实行天然生草，并采用覆盖、沤制、翻压等方法，将其转变为有机肥。果园生草后会形成良好的果园生态系统，能改善果园生态环境，改良土壤结构，有效保持水土，提高土壤肥力，增加综合效益。

果园生草适宜在年降雨量500 mm，最好是800 mm以上的地区，或有良好灌溉条件的地区采用。可分为全园生草、行间生草、株间生草三种方式。土层深厚肥沃、根系分布较深的果园宜采用全园生草法；土壤贫瘠、土层浅薄的果园，宜采用行间生草和株间生草法。草的种类可选白三叶草、扁茎黄芪、小冠花、鸭绒草、早熟禾、羊胡子草、野燕麦、黑麦草、百脉根等。

果园人工种草技术应抓好4个技术环节。一是播种。时间以春秋两季为宜，最好在雨后或灌溉后趁墒进行。播前应细致整地，清除园内杂草，每667 m^2撒施磷肥150 kg，翻耕20～25 cm，翻后整平地面。通常采用条播或撒播。条播行距为15～30 cm，播种深度0.5～1.5 cm，播后可适当覆草，遇土壤板结时及时划锄破土，以利于出苗。二是幼苗期管理。出苗后应及时清除杂草，查苗补苗。干旱时及时灌水补墒，并可结合灌水补施少量氮肥。三是成坪后管理。草成坪后可在果园保持3～6年，此期应结合果树施肥，每年春秋季施用以磷、钾肥为主的肥料。生长期内，叶面喷肥3～4次，并在干旱时适量灌水。当草长到30 cm左右时，应留茬5～10 cm及时刈割。割下的草一般覆盖在株间树盘内，也可撒于原处，或集中沤肥。四是草的更新。生草3～6年后，草层老化，土壤表层板结。应及时将草翻压，休闲1～2年后再重新生草。

4. 清耕制度

清耕是我国传统的果园土壤管理技术。其做法是秋季果实采收后深耕20～30 cm，土壤封冻前耙耱。春季土壤化冻时浅耕地10 cm，并多次耙耱。其他时间多次中耕除草，深度为6～10 cm。清耕能使土壤疏松通气，有利于有机质分解，清除杂草，但长期使用会破坏土壤结构，降低有机质含量，造成水土流失。

5. 果园间作

幼龄果园利用行间空地种植其他作物的土壤管理技术。其好处是间作物形成果园的另一生物群体，群体间互相依存，有助于改善微域气候，既有利于幼树生长，又可增加果园早期收入，提高土地利用率。

果园间作必须坚持以果为主的原则，正确选择间作物，坚持轮作倒茬，加强栽培管理。优良的间作物应具备植株矮小、生长期短、主要需肥水期与果树错开且无共同病虫害等条件，最好能提高土壤肥力，本身经济价值较高。常用的间作物有豆类、薯类，其次为蔬菜类及药材。生产上多实行不同间作物轮作倒茬，如花生→豆类→甘薯、绿肥→豆类→马铃薯→甘薯→花生。为保证果树生长，间作物的种植应以树冠外围为限，并且应加强间作物的肥水管理。

绿肥作物也是幼龄果园的优良间作物，其利用的方式：①就地翻压；②花期或花荚期刈割集中沤制，用作基肥；③用作饲草，过腹还田，常用的有草木樨、田菁、沙打旺、苜蓿、聚合草、白三叶、苕子、柽麻、乌豇豆等。

(二)施肥技术

苹果在其一生的生长发育中，每年要从土壤中吸取多种营养元素，以保证其正常生理代谢活动的进行。这些营养元素中既有大量元素氮、磷、钾和中量元素钙、镁、硫，也有铁、铜、锰、锌、硼、钼或钴等微量元素，它们各自具有特定的生理功能，相互之间不能代替。果园施肥技术就是及时足量供给苹果各个生长发育阶段所必需的营养元素，实现优质高效生产。果园施肥的原则是在养分需求与供应平衡的基础上，坚持有机肥料与无机肥料相结合；坚持大量元素与中量元素、微量元素相结合；坚持基肥与追肥相结合；坚持施肥与其他措施相结合。根据苹果的需肥规律进行平衡施肥，选用经主管部门登记允许使用或免予登记的肥料。

1. 苹果树需肥特点

与其他大多数果树一样，苹果属于多年生木本果树。其需肥特点具有阶段性、交叉性和连续性，即苹果不同年龄时期的发育方向不同，器官建造类型不同，对养分的需求量和比例也就不同。例如，苹果从幼年期进入成龄期后，需肥量迅速增加，尤以磷、钾及微量元素增幅较大，故必须按阶段性需肥特点制订施肥方案。而就一年而言，物候期的交叉和生长结果的同时进行，使苹果的需肥机理更为复杂。例如，6月新梢旺长与花芽分化同时进行，都需要氮的供应,但供应量过大造成新梢过旺生长反而抑制花芽分化。因此,把握施肥量是解决其需肥矛盾的关键。连续性是指肥料对苹果生长发育的作用具有明显的年际累加效应。例如,苹果春季根系生长、萌芽、开花需要的氮素营养主要来自上年树体贮藏的有机氮。而有机氮取决于秋季果实采收后土壤的供氮水平。因此春季是苹果氮素需求高峰,而最佳的施氮时期则在上年秋季。

苹果属于深根性果树,而且根系稀疏,根密度[根长(cm)/土壤表面积(cm^2)]低。树体生长既取决于耕作层养分的供应状况,也取决于下层土壤的肥力高低。加之长期按比例从土壤中选择吸收营养元素,必然造成部分营养元素的贫乏。除氮、磷、钾外树体最常见铁、锌、硼、钙缺乏症。因而在肥料供应上,必须以改善深层土壤结构为前提,增施有机肥料,追施富含多种营养元素的复合肥料,专施含有易缺元素的肥料,并适当增加施肥深度,提高肥料利用率。

苹果对矿质营养的吸收既有总量的需求,也有按季节分配的规律。一般每生产 100 kg 苹果,需从土壤中吸收纯氮 205.8~221.6 g、磷 17.0~34.06 g、钾 229.2~323.8 g。而每一种矿质营养的吸收又随季节而变化。其中苹果需氮分为 3 个时期。第一个时期从萌芽到新梢加速生长为大量需氮期。其前期来源于树体内的贮藏氮素,后期逐渐过渡为利用当年吸收的氮素;第二个时期从新梢旺长到果实采收前为氮素营养的稳定供应期。第三个时期从采收到落叶为氮素营养贮备期。氮的吸收直接影响下年器官的形成和分化。苹果对磷的吸收全年比较稳定。钾的吸收高峰在果实迅速膨大期。

2. 基本施肥技术

绿色苹果栽培应重点建立以有机肥为主的施肥制度,扭转目前以化肥为主的不良局面;要广开肥源,切实增加有机肥的施入量,提高有机质含量;化肥的施入用量、时期要达到精准化,施肥方法、部位科学化,同时注意肥水互动,提高肥料利用率。重点施用腐熟的厩肥、堆肥、沤肥、沼肥、生物菌肥等。按照土壤供肥性能及树体需求规律,开展配方施肥、诊断施肥,推广缓释肥、掺混肥、粒肥,混施少量化肥。禁止使用硝态氮肥、未腐熟的农家肥及未登记的肥料。

(1)基肥的施用。基肥是较长时期供应苹果多种养分的基础肥料。通常以迟效性的农家肥为主,混加少量铵态氮肥或尿素和磷肥。基肥以秋施最好,因为苹果秋季生长发育的特点和环境条件适宜施用基肥。首先,秋季气温较高,雨量充沛,有机肥有充分的时间腐熟、分解、矿化,满足翌年需要。其次,树体根系正处于生长高峰期,吸收能力强,断根愈合快,有利于新根产生和养分吸收。最后,秋季新梢处于缓慢或停止生长状态,根系吸收的矿质营养可提高叶片光合效能,增加树体贮藏养分,促进花芽分化,增强越冬抗寒能力,促进翌年根系生长发育。具体时间在中熟品种采收之后和晚熟品种采收之前。施肥量按每生产 100 kg 苹果施 150~200 kg 优质农家肥计算。

秋施基肥可结合果园深翻进行。单独进行时常采用沟施或撒施两类方法,施肥部位在树冠投影范围内。沟施是在树冠下从距树干 80~100 cm 处开始向外至树冠外缘挖 4~8 条里浅外深、里窄外宽的放射状沟;或在树冠外围挖环状沟,沟深 60~80 cm。将表土与肥料掺和填入沟的下部,上部填盖心土。幼树还使用条状沟施肥,即在树冠边缘稍外的地方,相对两面各挖 1 条深 40 cm、宽 20 cm 的施肥沟。第二年改为另外相对的两面开沟施肥。撒施是将肥料撒在距树干 50 cm 以外的树冠下,然后耕翻 20 cm 深。

(2)追肥的施用。追肥指生长季根据树体需要而追加补充的速效性肥料。分土壤追肥和叶面喷肥两种。

土壤追肥每年3次。第一次在萌芽前后,以氮肥为主;第二次在花芽分化及果实膨大期,以磷、钾肥为主,氮、磷、钾混合施用;第三次在果实生长后期,距采收期30 d以前进行,以钾肥为主。施肥量根据土壤供肥能力和目标产量确定。结果树一般按每生产100 kg苹果需追施纯氮1.0 kg、磷(P_2O_5)0.5 kg、钾(K_2O)1.0 kg计算。施肥方法是树冠下开15~20 cm深的沟,将肥料均匀撒入沟中后,覆土填平浇水。养殖业较发达的果区也采用随灌水追施禽畜肥的方法,即在果园地头设一粪坑,将禽畜粪在其中发酵腐熟后进行追肥。特点是省时省工,肥效稳定,有利于培肥改良土壤。

叶面喷肥是将肥料配成一定浓度的溶液喷布在树冠上。其特点是省肥、省工、速效,不受土壤条件的限制,避免肥料在根系施肥中的流失、淋失和固定,还可与农药混合施用。生产中常用于补充土壤追肥、矫治苹果缺素症和干旱缺水地区及苹果根系受损情况下追肥。叶面喷肥必须严格掌握肥液浓度,最好先做试验再大面积喷施。喷布时间选择无雨的阴天或晴天10时以前或16时以后。喷布部位以叶背为好。生产上全年可喷4~5次,一般生长前期2次,以氮为主;后期2~3次,以磷、钾为主;还可用于补施果树生长发育所需的微量元素。生产上提倡喷施多元微肥。

3. 平衡施肥技术

综合运用现代施肥的科技成果,根据果树需肥规律和实际需要、土壤供肥能力与肥料效应,制订出以有机肥为基础,各类营养元素配比适当,用量适宜的施肥方案。以合理供应和调节果树必需的各种营养元素,均衡满足果树生长发育的需要。平衡施肥技术具有用肥科学经济,优质稳产增效,培肥果园土壤,保护生态环境,防止肥料污染等诸多功效和优点,是目前苹果生产上积极推广的施肥技术。其核心是测定养分、科学配方、合理施肥。目前苹果生产上主要采用叶分析技术和养分平衡法两种平衡施肥技术。

(1)叶分析技术。叶分析技术是根据苹果叶片内各种矿质元素含量的测定值与标准值的对比,判断树体养分的盈亏程度,并通过试验分析确定具体施肥量及配比,分以下5个步骤。

叶样采集:苹果盛花后8~12周或结果树新梢顶芽形成后2~4周,在0.4~2.0 hm^2的果园,用对角线法选至少25株树,在每株树外围东西南北四个方位的目视高度(1.5~1.7 m),取发育中庸的营养性春梢的中位叶带叶柄采下,共采集100~200片叶,然后装入尼龙纱袋挂牌标记后立即带回实验室。不能立即处理时,将叶片放入塑料袋,扎紧口,放入−5 ℃冰箱中暂存。

叶样制备:先将样品放入0.1%中性洗涤液中洗30 s,取出后立即用自来水冲掉洗涤剂,再用无离子水洗干净;然后用滤纸吸去多余水分后把叶子放入70 ℃鼓风干燥器中烘干;最后用玛瑙研钵研细,过20~30目孔筛并干燥后,放入无菌密闭的塑料瓶中贮存。

样品测试:应尽可能用现代化仪器设备进行测试。氮用凯氏法,全磷用湿灰化法—抗坏血酸还原比色法,钾用火焰光度法,钙、镁、铁、锰、铜、锌用原子吸收分光光度法。

结果分析:将测得的各种元素含量与国家标准叶样参比值比较,判断树体营养水平与某种元素盈亏(表5-2)。

表 5-2 苹果叶矿质元素含量标准值

元素	缺乏	低值	正常值	高值	中毒
常量元素(干基)/%					
N	<1.5	1.5~2.0	2.0~2.6	>2.6	
P	<0.13	0.10~0.15	0.15~0.23	>0.23	
K	<0.8~1.0	0.8~1.4	1.0~2.0	>2.0	0.37
Ca	<0.5~0.75	0.72~1.00	1.00~2.00	>2.0	
Mg	<0.15~0.25	0.15~0.2	0.22~0.35	>0.30~0.35	
微量元素(干基)/(mg/kg)					
Fe			150~290		
Mn	<20	20~25	25~150		
Cu	<3	3~5	5~15	>15	>140
Zn	<5~10	5~15	15~80	>30~80	
B	<5~15	15~20	20~60	>60~120	

平衡施肥：通过田间试验确定果园不同树体营养水平时的最佳施肥量及各元素的合理配比，并在施肥过程中，根据品种、目标产量及其他因素进行调整。

(2)养分平衡法。养分平衡法是根据果树需肥量与土壤供肥量之差来计算实现目标产量(或计划产量)的施肥量。其计算公式是：

$$\text{苹果施肥量}(\text{kg/hm}^2)=\frac{\text{目标产量所需养分总量}(\text{kg/hm}^2)-\text{土壤供肥量}(\text{kg/hm}^2)}{\text{肥料养分含量}(\%)\times\text{肥料利用率}(\%)}$$

目标产量所需养分总量：指年周期中，苹果形成一定数量的果实所需养分的总量。以国光苹果为例，每形成 100 kg 果实吸收纯氮 0.30 kg、五氧化二磷 0.08 kg、氧化钾 0.32 kg。按下式可求出目标产量所需氮、磷、钾养分的总量：

$$\text{目标产量所需养分总量}(\text{kg/hm}^2)=\frac{\text{苹果计划产量}(\text{kg})}{100}\times\text{形成 100 kg 果实所需养分数量}$$

生产上首先应根据品种、树龄、树势、花量及环境条件与栽培管理措施，本着保证质量的原则确定合理的目标产量。如红富士盛果期每 667 m^2 的最高产量不应该超过 3 000 kg。

土壤供肥量：可采用三种方法确定。一是直接测定果园土壤养分含量，适当考虑其吸收率。二是按吸收量估算供给量。一般氮为吸收量的 1/3，磷为 1/2，钾为 1/2；三是以该类土壤无肥区果实中养分的总量为依据，按下式计算：

$$\text{土壤供肥量}(\text{kg/hm}^2)=\frac{\text{无肥区果实产量}(\text{kg/hm}^2)}{100}\times\text{形成 100 kg 果实所需养分数量}$$

肥料利用率：指当季苹果从所施肥料中吸收的养分占肥料中该养分总量的百分数。可通过田间试验和化学分析求得：

$$肥料利用率=\frac{施肥区树体内该元素吸收量-无肥区树体内该元素吸收量}{所施肥料中该元素总量}\times 100\%$$

按照目前果园土壤管理水平，肥料利用率的参考值为：氮约为50%，磷约为30%，钾为40%～50%。如采用喷灌式施肥，则分别约为95%、54%、80%。有机肥料中腐熟较好的厩肥或绿肥约为30%，土粪和泥肥不足10%。

肥料的养分含量因肥料种类不同而有很大差异。无机肥料的养分含量由外包装直接查得。

例：某盛果期红富士苹果园经综合分析确定目标产量为45 000 kg/hm²，该园往年未施肥时产量为22 500 kg/hm²。如肥料总量的70%施用腐熟猪厩肥（含氮0.45%，五氧化二磷0.19%，氧化钾0.60%），氮肥选用尿素，磷肥选用15%的过磷酸钙，钾肥选用50%的氯化钾，试求每公顷施肥量（需肥量参照国光苹果）。

氮的施肥量为：

目标产量所需纯氮＝45 000/100×0.30＝135(kg)

土壤供氮量＝22 500/100×0.3＝67.5(kg)

每公顷施氮量＝135－67.5＝67.5(kg)

其中：

有机肥（猪厩肥）＝67.5×70%÷0.45%÷30%＝35 000(kg)

尿素＝67.5×30%÷46%÷50%＝88.1(kg)

同法求出磷、钾肥需求量。

磷肥需求量：

有机肥＝18×70%÷0.19%÷30%＝22 105(kg)

过磷酸钙(15%) ＝18×30%÷15%÷30%＝120(kg)

钾的需求量：

有机肥＝72×70%÷0.60%÷30%＝28 000(kg)

氯化钾＝72×30%÷50%÷40%＝108(kg)

综合平衡：有机肥取最大值35 000 kg；氮肥、磷肥、钾肥分别为尿素88.1 kg，过磷酸钙120 kg，氯化钾108 kg。

养分平衡法确定的计划施肥量是一个较粗的估算值，生产上还要根据果园的其他条件进行调整。

平衡施肥的最终方向是平衡配套施肥，形成"测、配、产、供、施"完整技术服务体系。即针对每一个果园采用分析仪器自动精确测量土壤及叶片各矿质元素含量，由微机的施肥数据库进行自动分析给出配方，再由专业厂家按配方生产个性化复合专用肥供给果园，最后按苹果生产要求进行施肥。

4. 其他施肥技术

(1)穴贮肥水技术。适于丘陵山地、河滩荒地及干旱少雨地区。方法是：春季发芽前，在树冠投影内挖4～8个直径20～30 cm、深40～50 cm的穴，穴内放1个直径15～20 cm的草把，草把周围填土并混施 50～100 g 过磷酸钙，50～100 g 硫酸钾，50 g 尿素，再将 50 g 尿素施于草把上覆土，每穴浇水 3～5 kg。然后将树盘整平，覆地膜，并在穴上地膜穿一小孔。孔上压石块，在生长季节利用小孔追肥、灌水。

(2)缺素矫正技术。苹果结果多年后，会出现多种营养元素缺乏症。其中氮、磷、钾可通过常规施肥补充。其他元素的缺素表现及矫正方法见表 5-3。

表 5-3 苹果主要微量元素缺素症状及矫正方法

元素种类	缺素症状	矫正方法
钙	嫩叶首先褪色，出现坏死斑点，叶缘及叶尖向下卷曲，果实发生苦痘病、水心病	盛花后 3～5 周和采前喷 0.3%磷酸二氢钙或 250 倍氨基酸钙液肥，采后用 0.5%氯化钙液肥浸果实 3～5 min
铁	新梢顶端叶片变黄白色、以后向下扩展，幼叶叶肉失绿，叶脉保持绿色，严重时出现梢枯叶落	叶面喷施 0.3%～0.5%尿素铁、硫酸亚铁或 0.3%黄腐酸二铵铁，或 0.05%～0.1%柠檬酸铁，或采用注射法、灌根法
锌	叶片呈簇生状小叶、狭小，果小畸形，小枝枯死	早春萌芽前喷 0.5%～1%硫酸锌，花后 3 周喷 0.3%～0.5%硫酸锌加 0.3%尿素
硼	顶部小枝枯死，节间短，产生丛状枝，叶片变厚，易碎，过时发生缩果病	春季每株施 150～250 g 硼砂，盛花期和花后各喷 1 次 0.3%硼砂水溶液
镁	老叶片叶脉间呈现淡绿色或灰绿斑，常扩散到叶缘，后为淡褐至深褐色，最后卷缩脱落。枝条细弱弯曲	叶面喷施 1%～2%的硫酸镁，间隔 7～10 d，连喷 4～5 次

(3)树干强力注射施肥技术。该技术是将果树所需的肥料从树干直接注入树体内，并靠机具持续压力输送到树体各部。操作方法是：先用钻头在树干基部垂直钻 3 个 3～4 cm 的孔，将针头用扳手旋入孔中。拉动拉杆，将注泵和注管吸满肥液，排净空气，连接针头，即可注肥。注射中应使压力恒定在 10～15 MPa。肥液浓度 1%～3%。每株用量为 100～200 mL，一般在 3～4 月和比较干旱时使用。强力树干注射机目前有气动式、手动式、注射及喷雾两用式三种型号，均由中国农业科学院果树研究所与西南交通大学合作研制。

(4)新品种肥料应用技术。根据苹果生长发育特点施用专用肥、高效肥和复合肥是目前苹果生产技术的重要手段。其中应用较广泛的有光合微肥、氨基酸复合微肥、长效氮肥、多元复合肥及各种果树专用肥。

知识拓展

苹果安全施肥

大幅度提高施肥水平已成为苹果增产的主要技术。有害肥料、伪劣肥料及滥用化肥现象对苹果生产、果品安全及生态环境形成极大威胁，已成为全社会共同关注的问题。其中，化肥是我国土壤及水体污染的主要来源。因此，苹果安全施肥就是要以最适量的优质肥料达到果树健壮生长、果品安全优质、环境不受污染的目标，满足人们健康生活的需要。实现安全施肥的主要途径是限制肥料种类，确保肥料质量，严格施肥规程。

首先，必须按照果品生产的等级选用肥料种类。如生产无公害苹果允许使用堆肥、沤肥、厩肥、沼气肥、绿肥、作物秸秆肥、泥炭肥、饼肥、腐殖酸类肥、人畜废弃物加工而成的肥料等有机肥料；允许使用固氮菌肥料、磷细菌肥料、硅酸盐细菌肥料等微生物肥料；允许使用包括氮肥、磷肥、钾肥、硫肥、钙肥、镁肥、复合(混)肥在内的化肥；允许使用大量元素类、微量元素类、氨基酸类及腐殖酸类叶面肥；限量使用氮肥，限制使用含氯复合肥；禁止使用未经无害化处理的城市垃圾或含有金属、橡胶和有害物质的垃圾。而生产绿色果品只允许使用农家肥、商品有机肥料、腐殖酸类肥料、微生物肥料、有机复合肥、无机(矿质)肥料、叶面肥料、有机无机掺混肥等。生产上应按照国家颁布的有关标准执行。

其次，必须确保肥料质量。使用伪劣肥料既危害苹果又污染环境，还会造成经济损失。一是选用经主管部门登记允许使用或免于登记的肥料。二是注意进货渠道，购买信誉度高的厂家的产品。三是亲自进行鉴别，防止假冒伪劣化肥。可通过看、摸、烧、测鉴别区分其真伪与种类，即看包装、结晶形状、颗粒成形、颜色和光泽；摸其光滑度、流动性、吸湿性；烧是进行灼烧试验，观察熔融情况及熔融物着火情况；测是测试肥料的水中溶解度、养分含量及 pH。

最后，要严格按施肥技术规程操作。特别是要做到施肥不过量，采前有间隔。因为过量施肥轻则造成苹果生长失调、品质降低、污染环境，重则造成果园绝收或树体死亡，最好采用平衡施肥法。为保证果实质量与安全，要求最后一次追肥与苹果采收要有一定的间隔期，其中土壤追肥的间隔期在 30 d 以上，叶面施肥为 20 d 以上。另外，应限制使用次数，如生产绿色果品时，叶面施肥在生长期内不超过 3 次。

(三)节水技术

果园节水技术就是根据果树需水特点和降水情况，通过蓄水保墒、节水灌溉以及其他综合措施，利用最少量的水分满足果树优质、高效生产的需要。节水技术在我国果树生产中具有特殊意义。我国是水资源比较贫乏的国家，全国年人均占有淡水资源约 2 200 m^3，仅为世界人均占有量的 1/4，因而多数果园都面临缺水问题。采用节水技术既能最大限度地保护利用有限的水资源，又能防止因过量灌水而破坏土壤结构，污染环境，还可降低成本，提高产值，具有显著的经济、生态和社会效益。

果园节水技术的核心是提高水分利用率，其基本途径是开源和节流。开源是最大限度拦蓄利用自然降水，尽可能延长水分在土壤中的存留时间。节流是通过优化灌水时间与方式，以最小量的水分满足苹果生长发育需要，获取尽可能大的效益。

1. 节水灌溉技术

(1)精选灌水时间。苹果年周期中的需水特点和自然降水情况是选择灌水时间的主要依据，而生产上往往为降低成本将施肥与灌水尽可能结合在一起。综合上述因素，果园一年中应尽可能保证 4 次灌水，即春季萌芽展叶期适量灌水，春梢迅速生长期足量供水，果实迅速膨大期看墒用水，秋后冬前保证冻水。其中果实迅速膨大期处于北方雨季，干旱时应及时补水，雨涝时山地果园以蓄水为主要任务，平地果园则注意及时排水。

知识拓展

苹果周年需水特点

苹果年周期内的需水特点是由自身生长发育规律决定的。而我国北方自然降水的规律则会影响水分供求。

春季萌芽前至花期，气温不高，叶幕又未形成，总需水量较少。但干旱多风的气候使水消耗量加大，因而此期需要适量的水分；新梢旺长期温度迅速升高，叶面积剧增，需水最多，而此期仍处于春旱阶段，故成为苹果的需水临界期；花芽形成期，需水较少；果实膨大期气温较高，果实体积迅速增加，耗水量剧增，为苹果的第二需水临界期，但多数年份此期自然降水较多，矛盾并不十分突出；果实采收前，气温渐降，果实叶片耗水相对稳定，一定的空气湿度有利于果实着色，但水分过多反而影响着色，故此期是需水较少的时期；休眠期苹果生命活动微弱，蒸腾面积较小，根系吸水功能减弱，故需水较少。

(2)优化灌水数量。苹果最经济的灌水量，应在一次灌水中刚好使根系主要分布范围内的土壤达到最有利于生长发育的湿度。一般可采用公式计算：

$$W=S \cdot H \cdot V(H-HR)$$

式中，W 为灌水量(t)；S 为灌水面积(m^2)；H 为灌水深度(m)，苹果一般要求 0.4～0.6 m；V 为土壤容重(kg/m^3)，黏土为 1.15～1.20，壤土为 1.20～1.25，沙土为 1.30～1.35；H 为田间持水量；HR 为灌前土壤湿度。

按照经验，北方果园在不太干旱的情况下，每 667 m^2 每次灌水量在 33.3 m^3 左右。

(3)改进灌水方式。节水灌溉的目的是减少灌水途径中的所有无效渗漏。如减少输水配水途径中的渗透，防止过量水分浸入苹果根系分布范围以外的土壤，包括水平范围树冠投影外和垂直范围根系分布层以下的土壤。果园灌水的方式有地面灌溉、渗灌、喷灌、滴灌，其中地面灌溉又分为小畦灌、沟灌、漫灌、穴灌等。从节水灌溉的角度讲，应首先选择渗灌、滴灌和穴灌，其次为喷灌。地面灌溉中以小畦灌和沟灌最省水，但必须在骨干输水渠上采用防渗技术，如混凝土衬砌、塑模防渗、现浇混凝土“U”形防渗渠等，最好采用低压管道直接将水输入小区内。

渗灌：通过地下埋设专用输水管道和渗管，靠一定高差的水位，水从管壁小孔或毛细孔中慢慢渗出，使其周围达到一定的湿度，称为渗灌。渗灌节水效率高，能保持土壤疏松结构，不产生地表流和蒸发损失，又不占耕地，还可用于施肥。渗灌包括水源、输水渠道(或管道)和渗水管三个部分。渗水管埋设在苹果树冠下距树干 1 m 以外的根系密集处。深度为 30～40 cm，埋设坡度为 1/1 000～5/1 000。渗水管中间各节的结合处用白泥灰密封，两头留出地上孔和地下口，分别作为灌水口和雨季排水口。灌溉水要经过纱网过滤，灌水后，盖严地上口。

滴灌：利用水渠压力，通过配水管道，将水送达地下管道，在低压管道系统中送达滴头，使水成滴状和小细流滴注入土而进行的灌溉。滴灌可明显减少株间蒸发损失，避免地表径流和渗漏，也不受地形影响。适于干旱、缺水果园应用。

微喷灌：简称微喷，利用微喷头安装到滴灌系统上，形成微喷灌系统。微喷灌兼有喷灌和滴灌的优点，适宜于生草制果园节水灌溉。其设备包括四部分，即水源、过滤系统、自动化控制和灌溉区。

2. 蓄水保墒

蓄水保墒是果园水分管理的根本，更是我国旱地果园节水的主要途径。生产上应以工程措施为基础，坚持工程、生物、耕作、物理及化学措施多管齐下的综合技术路线，才能收到良好效果。

首先，要根据旱地果园的地势、地形、坡度修筑水土保持工程，如水平梯田、撩壕和鱼鳞坑，以拦蓄地表径流，为其他保墒措施提供作业平台。其次，采用增施有机肥、果园生草、有机覆盖等生物措施，减缓水土流失，减少土壤水分蒸发，提高土壤保水能力。耕作保墒是我国传统的节水技术。如早春顶凌刨园、雨后中耕散墒、雨前耕园立垡、采后深翻扩穴聚雨纳雪。物理保墒的典型是塑料薄膜覆盖，已在生产上普遍推广并收到巨大的经济效益。化学保墒是高分子化学在农田土壤上的成功应用，是利用高分子化合物的某种特性制成保水剂来实现蓄水保墒。目前有两个应用方向，一是利用某些保水剂具有极强的吸水能力将其施入土壤，在土壤水分充足时大量吸水，之后缓慢释放供根系较长时间利用。如淀粉和聚丙烯酸盐接枝共聚物、羧甲基纤维素交联体、变性聚乙烯醇和交联聚丙烯酸盐等合成聚合体。还有聚乙烯醇、聚丙烯酸盐、三聚氰胺合成树脂、阳离子合成高分子材料等。二是由高分子材料制成乳状液，将其喷到果园地表上，形成一层覆盖膜，具有良好的保水作用，且不影响自然降水渗入土壤。该类保水剂有沥青乳剂、环氧乙烷和高碳醇制剂、合成脂肪酸残渣制剂等。一般一次喷布可维持 30～100 d。一块地上不能连续多次使用，以免污染土壤，影响土壤结构。

此外，果园在雨季应注意排水。

知识拓展

建设高效生态果园

生态果园是以果业为龙头，以果园生物间物质能量的循环转化为纽带，建立以果园相关生物为主要循环体系的生态农业模式。在我国资源环境问题日益突出的形势下，建设高效生态果园，有利于综合利用果树及其他生物资源，防止水土流失和环境污染，达到果园生态系统内各类生物间的和谐发展，为绿色果品及有机农业提供平台，最终实现经济效益、生态效益及社会效益的可持续增长。

果园属于人工生态系统，其结构主要决定于生物类型的选择与搭配，即以果树为核心，构建由若干环节组成的食物链条，并由此衍生出更多的自然支系统。例如在由人、果树、禽畜、草、昆虫及微生物组成的较完整的生态系统内，既有果园土壤、空气和地上所有生物构成的生物圈生态系统，也有牧草、禽畜、沼气、果树构成的地上生物系统，还有果树、昆虫、病菌及各种有益生物构成的果树生态系统。生态果园就是通过构建科学的果园生态系统，实现三方面的目标。一是利用果园植被多样性和周边生态环境的生物多样性，以果园生态系统内各类生物间相互依存、相互制约、自我调节、自然平衡的原理为依据，创造有利于果树生长发育和有益生物活动而不利于有害生物生存为害的生态环境，有效控制病虫害，减少农药使用，生产绿色及有机果品；二是以合理的食物链及产业链结构，谋求果业与畜牧、微生物等果园其他产业间相互依存、互利互惠的可持续发展，实现最大的经济效益；三是拓展果园生态系统的社会功能，创造人与自然和谐发展的空间，实现生态果园在生物多样性、社会教育等方面的价值。

建立生态果园应根据当地实际条件选择适用而高效的模式。目前生产上采用的模式有三类。第一类是简单的二元结构,如果禽型和果牧型生态果园。果禽型是利用果园散养土鸡,达到一举三得:产蛋、产粪、灭虫。果牧型实行果园种草养畜,畜粪还田肥土。第二类是三元结构,即由动物、植物和微生物组成。如陕西渭北的果—牧—沼高效生态果园模式。其沼气池是果园核心,起着联结养殖与种植、果树用肥与生活用能的纽带作用。其主要内容是果园养鸡,鸡粪喂猪,人畜粪及秸秆进入沼气池,既实现粪便无害化,又产生沼气,用于照明、做饭,沼液、沼渣是果树的优质肥料。第三类是多元结构,如观光生态果园,集生产示范、旅游观光、技术培训、教育功能于一身,已成为城市近郊重要的生态果园模式。

二、整形修剪

苹果是多年生、高产值作物。在其生命周期中由于生长与结果、衰老与更新同时出现在同一个体,很容易加剧不同时期、不同部位和不同器官之间的矛盾。果园生产中经常出现的适龄不结果、树冠密闭、落花落果及高产低质等现象就是其矛盾结果的具体体现。而解决这些矛盾极为有效的手段是整形修剪。苹果生产属于劳动密集型产业,整形修剪是其中用工最多的技术环节之一,所以整形修剪历来是苹果生产上有特色的关键技术,对其优质、早果、丰产、稳产具有重要作用。

整形修剪是根据苹果的生物学特性,结合果园自然条件和管理特点,将树体建造成一定的形状,并按照生长结果的需要,综合运用短截、疏枝、回缩、缓放、曲枝、伤枝及施用植物生长调节剂等各种技术处理枝条。整形修剪的目的是使苹果树具有最合理的树体结构和外观形状,形成果园群体优势,以有效利用土地、空间、光能、树体营养等生产资源,实现优质、丰产、高效和低耗。

整形修剪从理论及技术内涵上可分为整形与修剪两部分内容,前者指建造树体的形状与结构,后者专指枝组的培养与更新、生长与结果、衰老与复壮的调节。整形与修剪互为依存、互相渗透。整形以修剪为手段,修剪以整形为基础。因此,生产上常常将整形与修剪合称为修剪,即广义的修剪。而修剪又与果园生态环境和其他农业措施互为基础、相互作用,共同构成果园综合技术系统和环境系统。

(一)修剪的原则和依据

1. 修剪的原则

整形修剪必须坚持"因树修剪,灵活应用,有利结果,注重效益"的原则。"因树修剪,灵活应用"是指在修剪中要根据修剪对象在当时当地综合条件下的生长结果状况,具体分析,因势利导,灵活采用相应技术,切忌"按图索骥"、生搬硬套。例如,整形中采用的"有形不死,无形不乱,因树修剪,随枝造形"和修剪中采用"以轻为主,轻重结合,以生长季修剪为主,生长季和休眠期修剪相结合"都是其具体体现。"有利结果、注重效益"是指整形修剪要满足果树"优质、丰产、高效"的要求。具体包括:一是坚持"质量优先"。二是同时兼顾"早果、丰产、稳产"。如对树体结构"长远规划、全面安排、平衡树势、主从分明",修剪上坚持"抑强扶弱,正确促控,合理用光,枝组健壮"等,既满足早果丰产和前期效益,又保证长期稳产和长远效益。三是保证最大效益。过分的精细修剪虽然能增加产量，提高品质，但如果导致生产成本剧增、降低效益时，则可简化修剪技术，采用机械修剪。

2. 修剪的依据

苹果修剪的依据是品种的生物学特性、果园自然条件和管理水平以及修剪反应。因为苹果不同品种之间在干性、分枝角度、萌芽成枝力、成花难易、结果枝类型以及对修剪的敏感程度等方面都存在差异，即使同一品种也由于树龄、果园气候、土壤条件、采用的栽培密度和管理水平等因素的不同，其生长结果习性也有不同的表现。只有依据当地果园的上述条件确定修剪方案与技术，才能收到预期的修剪效果。

生产上确定合理修剪方法的最准确的依据是修剪反应。因为修剪反应是果树在一定自然条件和栽培措施下，通过修剪后所表现出的具体生长结果特性，是过去的修剪技术综合作用后留在树上的痕迹。它可以让修剪者看到同一株树上历年采用的修剪技术、修剪以后的具体效果，并以此准确确定应采用的修剪方案和技术。因此，从一定意义上讲，修剪反应是修剪的唯一依据。观察修剪反应可以从两方面进行：一是观察局部反应，即观察修剪后局部枝条抽生状况、枝类比例、成花数量、坐果率及果实品质等表现；二是观察全树综合表现，即观察上一年或过去采用某一修剪方案后的全树总生长量、新梢平均长度、树冠郁闭度、全树成花情况、产量情况等，以总结经验，改进技术，有的放矢。

(二)修剪时期

苹果一年四季都应当进行修剪，通常分为休眠期修剪和生长期修剪。休眠期修剪也叫冬剪，一般在苹果落叶后到第二年萌芽前进行，即 11 月下旬至翌年 3 月。生长期修剪又称夏剪，在果树整个生长期内均可进行。具体又分为春季修剪、夏季修剪和秋季修剪。

修剪时期不同，修剪的任务和使用的方法不同，其作用也不同。即使方法和修剪量完全相同，其作用也截然不同。这是因为苹果在年周期中的不同时期，树体营养和器官基础以及环境条件存在明显差异，均对修剪效果产生不同的影响。在生产上可根据果园修剪的任务确定修剪的主要时期和一般时期(表 5-4)。

表 5-4 苹果不同时期修剪任务及方法一览表

修剪时期	修剪任务	修剪方法
春季修剪	缓和树势、促进发枝 合理负载、优质稳产 补充完善冬剪	刻芽、延迟修剪 按枝果比疏、缩结果枝，花前复剪 回缩、疏剪、拉枝
夏季修剪	改善光照、缓和树势 促进成花、提高坐果率 培养枝组	开张角度、疏梢、拿枝 扭梢、环剥、开角、摘心 剪梢、摘心、扭梢
秋季修剪	整形、缓和树势、改善光照、促进成花 提高越冬性	拉枝开角、拿枝、疏密生枝 剪嫩梢
冬季修剪	整形、调整树冠、培养结果枝组、 改善光照条件、合理负载	短截、疏剪、缓放、弯枝、回缩

修剪的具体时间要根据修剪目的、萌芽先后、气候条件及劳力状况等因素确定。以冬剪为例，弱树、大树宜适当早剪，以减少养分损失，促进营养生长。为提高修剪工效，降低成本，在生产上可根据修剪任务、修剪技术工人的数量、气候对工效的影响安排修剪的天数，按品种萌芽的早晚决定修剪的顺序。

知识拓展

正确使用修剪工具

熟悉并能正确使用和保养修剪工具是掌握修剪技术的前提。常用的修剪工具有修枝剪、手锯、高枝锯、高枝剪、环剥刀、梯子或高凳等。

修枝剪以剪刃锋利、钢口较硬、轻便灵活为好。剪簧要软硬适当、长度适宜。手锯的锯条要薄而硬、锯齿要锐利。

正确使用修剪工具既能达到修剪目的，又可防止工具损坏。例如，使用修枝剪时，剪截小枝，要使剪口迎着树枝分杈的方向或侧方。剪较粗枝条时，应一手握修枝剪，另一手握住枝条向剪刃切下的方向柔力轻推，使枝条迎刃而断。剪口一般采用平剪口。寒冷地区冬剪时可在芽上 0.5～1.0 cm 处剪截，成为留桩平剪口。斜剪口能抑制剪口芽生长，但在严寒多风地区，常使剪口芽死亡(图 5-2)。使用手锯时，锯除较细大枝，可采用“一步法”，即用手将被锯枝托住，从基部一次锯掉，或者先在基部由下向上拉一锯口，深入木质部 1/4 左右，再由上向下锯掉枝条。锯除较粗的大枝，宜采用“两步法”，见图 5-3。最后要求锯口上方紧贴母枝，下方较上方略高出 1～2 cm。

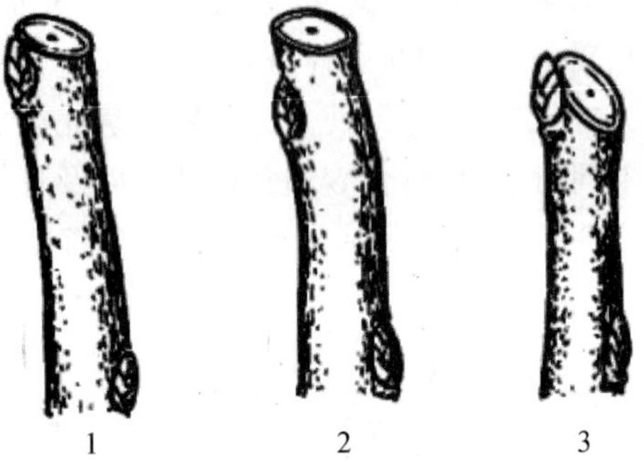

1. 平剪口　2. 留桩剪口　3. 斜剪口

图 5-2　剪口

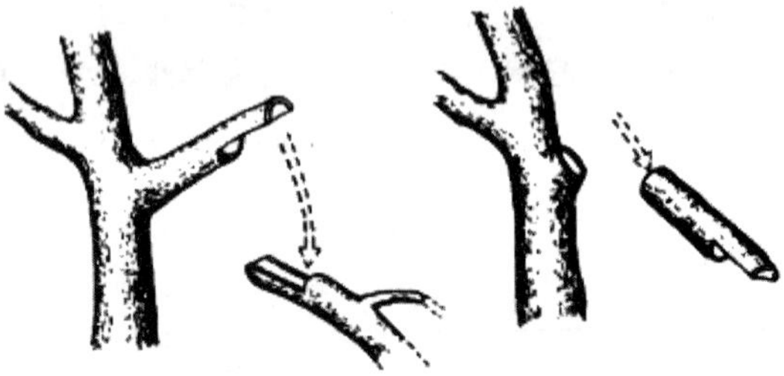

图 5-3　锯大枝

修剪工具使用一定时间变钝后要及时磨砺。磨修枝剪时不必拆开，且要求只磨刀刃的斜面，不可磨刀背和刀托。手锯可用鱼背锉把锯齿锉成尖齿，锯齿垂直棱的外侧要锉成刃状，整个齿刃要左右相间、平行向外。

剪、锯、刀用完后存放时，要涂凡士林以防止生锈。

(三)修剪的基本方法

苹果的修剪方法很多，产生的效果也不同，而不同的修剪目的和时间则要求不同的方法。冬季修剪通常多使用短截、疏剪、回缩、缓放、弯枝等方法，夏季修剪则采用抹芽、疏梢、摘心、剪梢、环剥、扭梢、拿枝、刻伤、枝条开角等方法。根据各种方法的作用实质，可以概括为以下六类基本剪法。

1. 短截

即剪去一年生枝条的一部分。短截具有局部刺激作用，可促进剪口下侧芽的萌发，促进分枝。但其刺激作用与剪截强度、剪口芽质量、品种成枝力、枝条姿势等因素有关。一般剪截强度大、剪口芽饱满、品种成枝力强、枝条直立，则促进作用大。生产上根据剪去枝条的长短，将短截分为轻截、中截、重截、极重截四种，其修剪方法、剪后反应及应用范围见表 5-5。

表 5-5 主要短截方法

短截类型	轻截	中截	重截	极重截
修剪方法	在枝条顶芽下或春秋梢交界处短截，一般剪去枝条的 1/4～1/3	在枝条中上部饱满处短截，截去枝条的 1/3～1/2	在枝条中下部的半饱芽处短截，一般剪去枝条的 3/2～3/4	在枝条基部留 1～2 个瘪芽短截
剪后反应	形成较多的中短枝、缓和枝势、分化花芽	形成较多的中长枝，生长势旺，成枝力强	抽生 1～2 个旺枝和少量短枝	抽生 1～2 个短枝，可缓和树势，降低枝位
应用范围	培养结果枝组	各级骨干枝延长枝的修剪、扩大枝组	缩小枝体、培养紧凑枝组，改造徒长枝	对水平结果母枝上大枝或直立枝“马耳剪”、竞争枝台剪(如国光)、果台“破台”短截，均可培养枝组

夏季修剪采用的摘心和剪梢实质上是对新梢进行短截。摘心是摘除新梢顶端的幼嫩部分，剪梢是剪去新梢前端的一部分。二者均能增加分枝，促进成花，控制生长。摘心和剪梢通常用在以下五种情况：一是春梢生长期，当幼树骨干枝延长，头上的新梢达 40～50 cm 时摘心，能利用二次枝扩大树冠。二是 6～8 月，当主枝、拉平枝背上的直立梢和有一定空间的徒长梢或竞争梢长到 25～30 cm 时摘心，并连续摘心 1～2 次，可培养枝组、形成花芽。三是新梢旺长期对果台副梢留 6～8 片叶摘心可促进坐果，培养小型枝组。四是秋梢生长期对结果枝组上的强枝(梢)连续摘心，可控制强枝，形成花芽。五是秋梢停长后剪去所有新梢前端尚未木质化的部分，能提高枝条成熟度和越冬性。

2. 疏剪

又称疏枝，是将枝条从基部剪除。疏剪减少枝条数量，对树体能同时起到改善通风透光条件和削弱整体生长的作用。疏剪造成的伤口具有局部抑前促后的作用。即对剪口上部的枝条有削弱作用，而对剪口下的枝条有一定促进作用。疏剪对树体的影响与被疏去枝的大小、性质、生长势强弱以及数量有关。如被疏枝生长势强、数量多，而且为多年生大枝或大部分为营养枝，则削弱作用大。

疏剪在生产上主要用于三个方面：一是疏除树冠内过密的枝条或背上直立枝，以改善通风透光条件；二是应用疏剪，控制强枝，控制增粗，以削弱过强骨干枝和枝组的势力，平衡树势；三是用于培养和改造结果枝组，调节花果量(图 5-4)。

1. 去直留平　2. 去强留弱　3. 去弱留强

图 5-4　疏剪的应用

抹芽和疏梢也属于疏剪。苹果萌芽后，抹除嫩芽称为抹芽或除萌。新梢生长期将新梢从基部去掉称为疏梢。它们在生产上常用于苹果定干后抹除方向不适当或部位不适当的萌芽，夏季疏去过密梢、病虫梢、背上直立徒长梢、大剪锯口下萌蘖以及其他无用梢。富士系品种在甩放枝顶芽春季萌发并长出3～4片叶时，将其疏除，促使枝条后部芽萌发，形成中短枝，以培养结果枝组。

3. 回缩

也称缩剪，即剪去多年生枝的一部分。回缩的作用是局部刺激和枝条变向。一方面回缩与短截相似，能使剪留部分复壮和更新。另一方面回缩时选留不同的剪口枝，可改变原来多年生枝的延伸方向。回缩作用的性质和大小因修剪对象、剪去枝的大小和性质、剪口枝的强弱和角度而有明显的差异。

回缩通常用在以下几方面：一是平衡长势，复壮更新，调节多年生枝前后部分和上下部分之间的关系。如前强后弱时，可适当缩去前旺部分，选一角度开张的相对弱枝当头，以缓前促后，使之复壮。对势力衰弱的多年生枝应重回缩，以利更新（图 5-5）。二是转主换头，改变骨干枝延长枝的角度和生长势力。三是培养枝组。对萌芽成枝力强的品种先缓放后回缩，形成多轴枝组。四是改善光照。如整形完成后适时落头，并对一、二层主枝间的大枝适当回缩；对果园封行树回缩交叉枝。

图 5-5　应用回缩复壮更新

4. 缓放

又称长放，甩放。对一年生枝不剪，即缓放。缓放能缓和枝条长势，有利于养分积累，形成中短枝和花芽。应用缓放要做到“三看”：一看树势。要求被缓树营养生长良好，树势较强或中庸偏旺。因此幼树和初结果期树多用缓放，盛果期树应用较少。二看品种。萌芽成枝力强或中等的品种，如红星系、红富士系缓放效果明显。三看枝条。一般平生、斜生的中庸枝和下垂枝可以缓放，直立枝、强旺枝、徒长枝、锥形枝、衰弱枝不宜缓放。其中前4类枝确需缓放时，必须结合使用枝条变向、枝上刻芽、环割、破顶芽等措施，才能收到较好的效果。

5. 弯枝

也称曲枝。即将较为直立枝条改变生长方向，使其加大角度，缓和生长势力，促进花芽形成、合理利用空间。弯枝可在全年进行，但一般以夏秋季采用效果较好。常用的弯枝方法有别枝、撑枝、拉枝、坠枝等(图 5-6)。使用弯枝技术应注意三点：一要选准着力点，即拉、撑、别、坠的支撑点。使枝条开角后仍趋于直线，避免成为弓形枝。二要保护枝条，防止劈裂。实施弯枝时，应在枝条的着力点上垫衬柔软物品，以避免损伤树皮。角度过小的多年生枝开张角度，应先将枝条基部用绳索绞拉固定。三要在弯枝后及时抹芽，防止背上抽生直立旺枝。

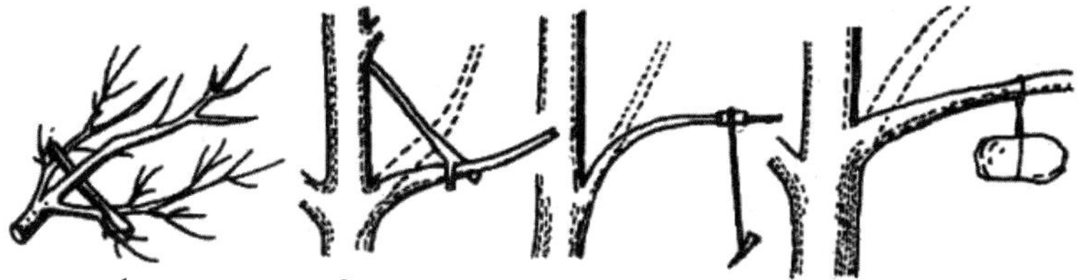

1. 别枝　2. 撑枝　3. 拉枝　4. 坠枝

图 5-6　弯枝的方法

6. 伤枝

凡是对枝条造成破伤，以达到一定修剪目的的方法都可以称为伤枝。伤枝能破坏枝条输导组织，影响营养物质和水分的运输与分配，从而改变受伤枝条或伤口前后枝条的生长势力和生长方向，达到促进生长或结果的目的。伤枝技术多在夏剪中采用，具体方法有刻伤和环割、环剥、扭梢、拿枝等。

(1)刻伤和环割。刻伤也叫目伤，其做法是春季萌芽前，在枝或芽的上方(或下)0.5 cm 处，用刀(或锯)横割皮层深达木质部而形成月牙形切口，芽上刻伤能促进该芽萌发，旺盛生长。芽下刻伤则抑制其生长。环割是在枝干上用刀剪或锯环切 1 圈，深达木质部。为加强效果，可于 7 d 后在距原环割部 5～10 cm 处再割 1 圈，或采用多道环割，即在枝条上每隔一定距离环切 1 圈。苹果修剪时，常在需要生枝的部位(如主枝两侧或中干等)刻伤或环割，使之发枝(图 5-7)。生产上当年生枝用钢锯条，多年生枝用手锯效果较好。

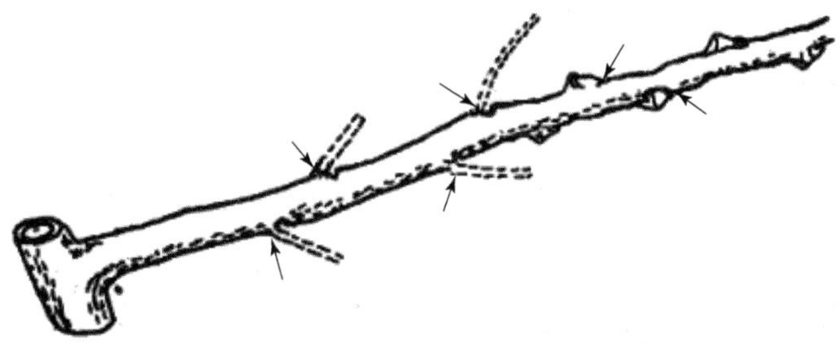

图 5-7　刻伤的应用

(2)环剥。在果树生长期内将枝干的韧皮部剥去一圈，叫环剥。环剥能使剥口以上部分积累有机营养，有利于花芽分化和坐果，同时促进剥口下部发枝。其作用大小与环剥宽度、深度、时间及枝条生长状况有关。应用环剥技术应注意四点：第一，环剥的对象必须是营养生长旺盛的果树、辅养枝或枝组。如树势过旺或乔化密植树的主干、骨干枝。同时要求环剥前树体水分必须充足(刀下去后，树液随刀口很快渗出)。第二，严格掌握环剥宽度和深度。环剥深度以木质部为界，宽度一般为树干直径的 1/10。直立旺枝可适当加宽，但不得超过 1 cm，以 20～30 d 内能愈合最好。为了同时兼顾环剥的安全性和有效性，生产上常采用双半环剥皮、留营养道环剥、环状倒贴皮等技术(图 5-8)。其中环状倒贴皮是将剥下来的一圈树皮上下倒转贴接于原处,外面用塑料条绑缚。第三,要根据修剪目的选择最佳时期。促进花芽分化,应在新梢旺长期环剥;提高坐果率则应在花期环剥。第四,环剥后注意消毒和保护环剥口,以防止腐烂病菌及害虫侵害树皮。剥后不要用手或器物去摸碰伤口,并立即用报纸将伤口包住,一般 7 d 后撕去报纸。

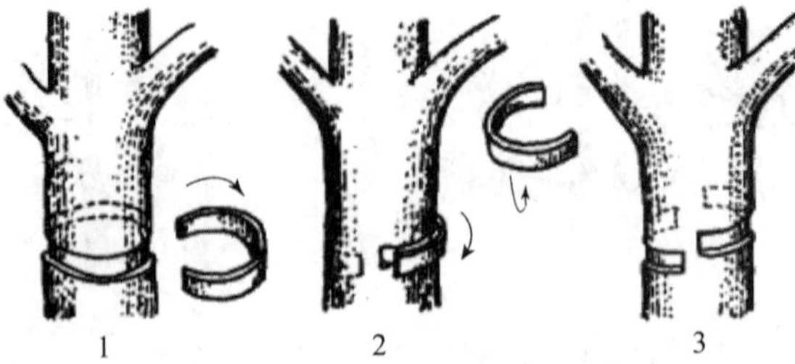

1. 环状剥皮 2. 环状倒贴皮 3. 双半环剥皮

图 5-8 环剥

(3)扭梢。扭梢是在新梢旺长期,当新梢达 30 cm 左右且基部半木质化时,将直立旺梢、竞争梢在基部 5 cm 处扭转 90°～180°,使其受伤,并平伸或下垂于母枝旁(图 5-9)。操作时,应先将被扭处沿枝条轴向水平扭动,使枝条不改变方向而受到损伤,再接着扭向两侧呈水平、斜下或下垂方向。

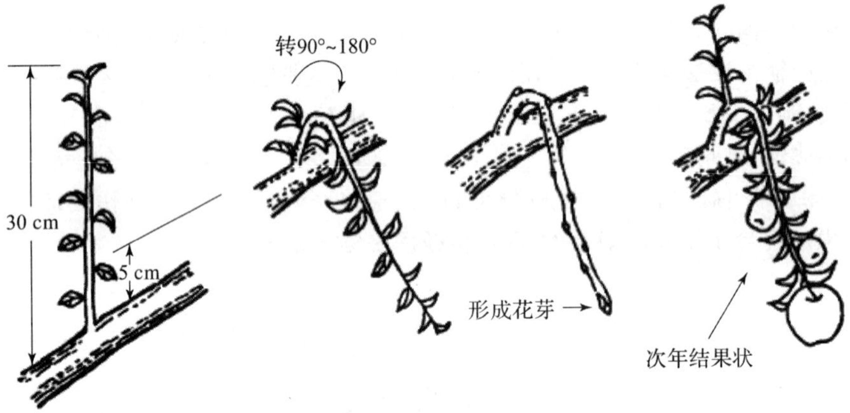

图 5-9 扭梢及其效果

(4)拿枝。也叫捋枝,是在 7～8 月新梢木质化时,将其从基部拿弯成水平或下垂状态。操作时,先在距枝条基部 7～10 cm 处,用手向下弯折枝条,以听到折裂声而枝梢不折为度。然后,向上 7～10 cm 处再拿一次,直到枝条改变方向为止(图 5-10)。

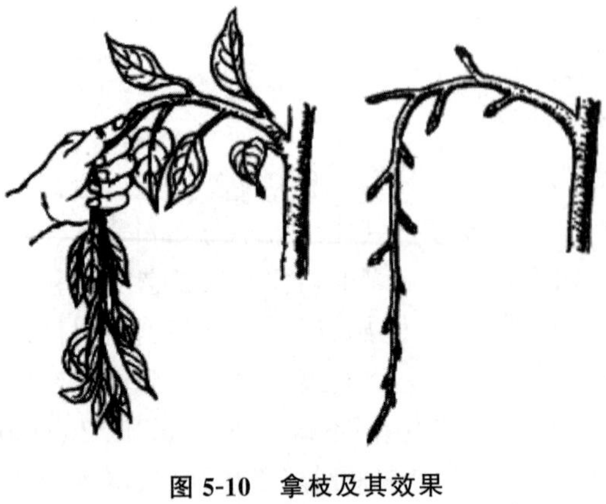

图 5-10 拿枝及其效果

此外,生产上常在萌芽前对一些过粗、过强的大枝,在枝条基部的下方用锯拉出枝条直径 1/3～1/2 深的切口,以减缓其生长势,促花结果,调整枝干比,果农称之为“关阀门”。

知识拓展

正确认识修剪的作用

片面夸大修剪作用、过分依靠修剪技术是个别果区或果农在果树生产中普遍存在的问题。事实上，修剪作用既不是孤立的，也不是无限的。正确认识修剪的作用是合理应用修剪措施的前提、尽快提高技术水平的捷径和进行技术创新的基础。

一种修剪方法可以产生双重甚至多重作用。从范围看，既有对被剪局部的作用，也有对全树整体的作用。从效果看，既有主要的修剪者预期的积极作用，也有次要的但不希望出现的消极作用。例如，短截修剪能促进局部营养生长，但对全树或母枝则有削弱作用，也不利于成花结果；疏剪和缓放有利于缓和树势成花结果，但长期应用容易造成树体衰弱。

修剪的作用是综合的。即局部修剪反应常常是各种修剪方法共同作用后表现出的综合效果，因为果园生产过程中必然是多种修剪方法在一株苹果上同时采用，甚至是在一个枝组上同时采用。当不同方法作用性质相同时，其作用效果加强。例如，对回缩后留下的剪口枝再进行短截，其局部刺激作用会增强。将拉平的枝进行多道环切，将进一步提高萌芽率，削弱生长势。反之，当不同剪法作用性质相反时，其效果就会减弱。例如，对二年生枝采用前截后疏的方法，对延长枝则有相反作用。其综合反应取决于短截的轻重和被疏枝条的强弱(图 5-11)。

＋促进作用　－抑制作用

图 5-11　修剪的综合作用

修剪作用的实质是调节性的。因为修剪本身不能代替肥水，只能通过调节果园群体与环境之间、群体与个体之间、果树各部分之间以及生长与结果之间的关系，控制果树的生长发育，开花结果。从理论上分析，修剪是通过树体形状和器官的改变，从外部调节了对生态条件的利用状况，从生理上调节了树体营养和水分的利用、内源激素的分配以及代谢作用的强弱。

因此，修剪作为一项关键技术，只有在良好的果树生产技术群中才能充分发挥作用。必须根据果园其他生产技术水平，确定具体方案，并随时进行调整。

(四)主要树形及其整形步骤

苹果的树形很多，生产上主要根据砧穗组合、栽植密度、立地条件和栽培技术四方面综合影响下最后形成树冠的大小来选择适当的树形。生产上常用的有小冠疏层形、自由纺锤形、细长纺锤形以及主干形(圆柱形)和改良纺锤形。

1. 小冠疏层形

属中冠树形。常用于乔化砧普通型品种、半矮化砧普通型品种和乔化砧短枝型品种组合，适宜采用株距 3～4 m、行距 4～5 m 的栽植密度。

小冠疏层形树高 3.0～3.5 m，干高 50～60 cm，冠幅约 2.5 m，全树有 5～6 个主枝，分 3 层排列。第一层 3 个主枝，呈邻近或邻接分布，层内距 10～20 cm，开张角度 60°～80°，方位角 120°，每个主枝上留 2 个侧枝，呈外斜侧方向，第一侧枝距中央领导干(简称“中干”)20～

40 cm；第二侧枝距第一侧枝 50 cm。第二层至第一层间距 70～80 cm，配置 2 个主枝，第三层至第二层间距 50～60 cm，配置一个主枝。第二、三层主枝上不留侧枝，只留各类枝组，生产上为通风透光和便于操作。多数只留 2 层主枝，即第一层 3 个，第二层 2 个，层间距 80～100 cm，层内距 20～30 cm。图 5-12 为小冠疏层形模式图。小冠疏层形按以下步骤整形：

（1）第一年修剪。苹果定植后，在距地面 70～80 cm 处定干，剪口下 10～20 cm 为整形带。萌芽前在整形带内选择方位合适的芽进行芽上刻伤，促使其抽梢以培养为主枝。萌芽后，及时抹除主干上近地面 40 cm 以下的萌芽，以保证整形带内枝梢生长。不够定干高度的苗应剪到饱满芽处，以备下年定干。

夏季选择位置居中，生长健壮的直立新梢作中央领导干的延长梢。对竞争梢扭梢。同时培养方向、角度、长势合适的新梢，留作基部主枝用。秋季对主枝新梢拉枝，使开张角达到 60°左右，同时调整方位角。

冬季中心干剪留 80～90 cm，各主枝剪留 40～50 cm。如未选足主枝或中心干生长过弱时，可将中心干延长枝留 30 cm 短截，以便第二年选出（图 5-13）。

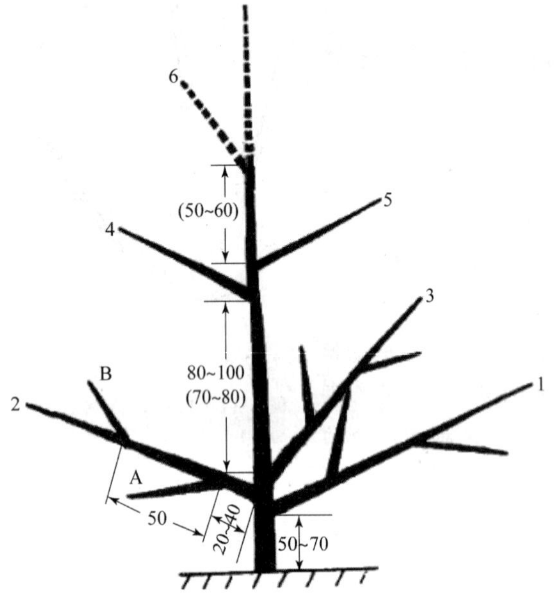

1～6. 主枝顺序　A～B. 侧枝顺序
虚线及括号内为具有第 6 主枝时的数据

图 5-12　小冠疏层形模式图（单位：cm）

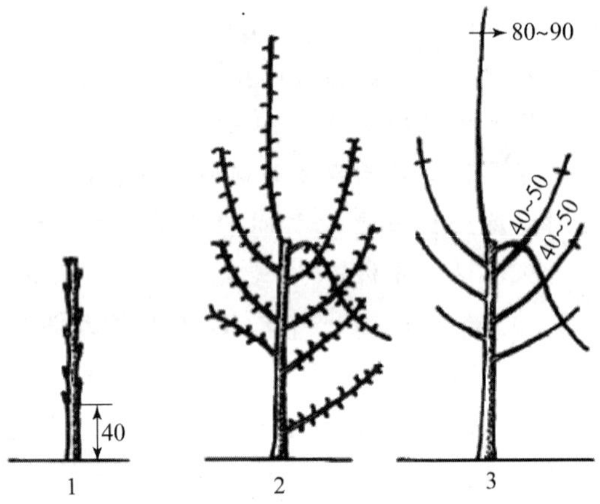

1. 抹芽　2. 扭梢　3. 短截

图 5-13　小冠疏层形栽后当年的修剪（单位：cm）

（2）第二年修剪。春季萌芽前，主枝上选位置合适的芽进行刻伤，以促生背斜侧枝。萌芽后及生长期内继续抹除主干上近地面 40 cm 内的萌芽、嫩梢，并抹除主枝基部背上萌芽。夏季采用扭梢、重摘心和疏剪的方法，处理各骨干枝上的竞争梢。秋季按要求拉开主枝角度，拉平 70～100 cm 长的辅养枝。年生长量不足 1 m 的主枝长放不拉。

冬季，中心干延长头剪留 50～60 cm，基层主枝头剪留 40～50 cm。按奇偶相间的顺序选留侧枝。第二层主枝头在饱满芽处修剪。第一层至第二层主枝间配备几个辅养枝或大枝组（图 5-14）。

（3）第三至第五年修剪。夏季修剪除按上年方法进行外，还要通过扭梢、摘心、环剥、环割等措施处理辅养枝以促进成花，同时疏除密生枝、徒长枝，以改善光照。

冬季修剪，三年生及四年生树的中心干和主、侧枝的延长头分别剪留 50～60 cm、40～50 cm、40 cm。选留第三层主枝和基层主枝上的第二侧枝。辅养枝仍采取轻剪长放多留拉平的剪法。五年生树，如树高达 3 m 以上，树冠大小已符合要求，则基层主枝头可不必短截。继续培养第二、三层主枝，采用先放后缩法培养枝组（图 5-15）。

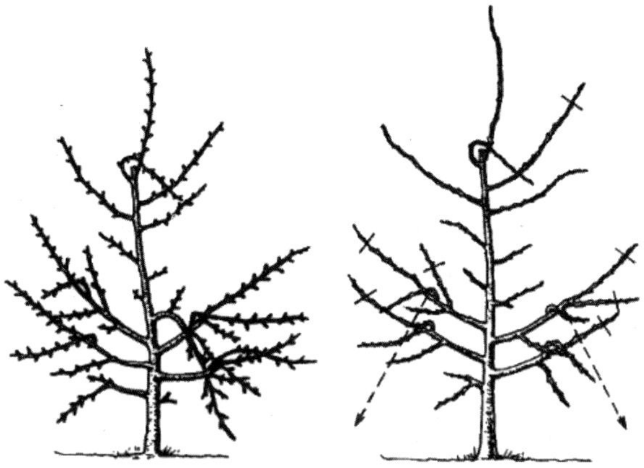

图 5-14　小冠疏层形栽后第二年的修剪

图 5-15　小冠疏层形栽后第五年修剪

2. 自由纺锤形

属中小冠形。常用于矮砧普通型、半矮砧普通型和生长势强的短枝型品种组合。适宜采用株距 2.5～3.0 m，行距 4 m 的栽植密度。自由纺锤形树高 2.5～3.0 m，干高 50～70 cm，中心干上按 15～20 cm 间距着生 10～15 个主枝，呈螺旋上升状。同向主枝间距不小于 50 cm。主枝长度 1.5～2.0 m，分枝角度 70°～90°其上着生枝组。随树冠由下而上，主枝体积变小，长度变短，分枝角度变大，着生的枝组变小变少。自由纺锤形按以下步骤整形：

（1）第一年修剪。定植后在距地面 70～90 cm 处定干，萌芽前在整形带内选择方位合适的芽进行刻伤，促发新梢培养主枝。萌芽后及时抹除主干上近地面 50 cm 以内的萌芽和嫩梢。夏季对竞争性的强旺梢进行扭梢、重摘心或疏除。秋季新梢停长时，对小主枝拉枝或拿枝，开张 70°～80°。冬剪时，中干延长枝留 50～60 cm 短截。从其余枝条中按要求选 2～4 个小主枝，留 40～50 cm 短截。中庸枝缓放成辅养枝。疏除重叠枝、密生枝。

（2）第二年修剪。基本剪法参照第一年，要加强夏剪。一是对小主枝及辅养枝刻芽或按 15～20 cm 间距进行多道环割，并及时抹除背上萌芽。二是新梢旺长期疏除主枝基部 20 cm 以内长出的背上旺枝及过密新梢，并对其背上直立梢扭梢或摘心。同时应注意控制骨干枝上的竞争梢。三是秋季对中干上发出的新梢进行拿枝或拉枝。冬剪时，中干延长头剪留 40～50 cm。各小主枝头剪留 30～40 cm。强旺小主枝长放不剪，翌春刻芽促枝。

（3）第三年以后的修剪。生长期修剪同前几年。但秋季重视对中干上部小主枝拉枝。第三年冬剪时，中干延长头剪留 50 cm，各小主枝头剪留 40 cm。以后冬剪继续培养上层小主枝和下层主枝的结果枝组。当全树基本成形时，中干延长头可长放，或用弱枝换头，各小主枝头不再短截。同时应及时控制大枝长势，保持中干优势。一是开始疏缩中下部过多的大枝如重叠枝、把门枝、轮生枝；二是对下层主枝和辅养枝环剥促花，疏除背上枝（图 5-16）。

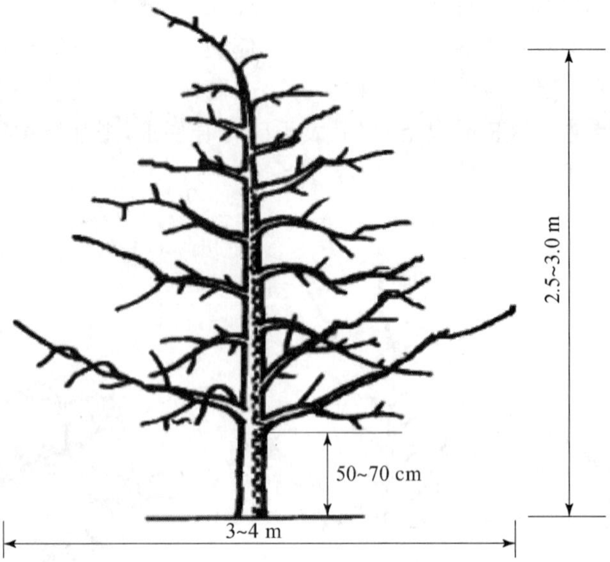

图 5-16 自由纺锤形树体结构

3. 细长纺锤形

属小冠形。常用于矮砧普通型、矮化中间砧短枝型品种组合。适宜采用株距 2～2.5 m，行距 4 m 的栽植密度。细长纺锤形树高 2～3 m，干高 50～70 cm，冠径 1.5～2.0 m。在中干上不分层次均匀分布势力相近的水平细长侧生分枝 15～20 个。随树冠由下而上，侧生分枝长度变短，角度变大。细长纺锤形按以下步骤整形。

(1)第一年修剪。栽植后，在距地面 70～90 cm 处定干，并在生长季内及时抹除基部 50 cm 以内的萌芽。夏季扭梢控制竞争梢。秋季拉平 1 m 以上的长梢，其余新梢包括中干延长梢不剪，让其直立生长(图 5-17)。

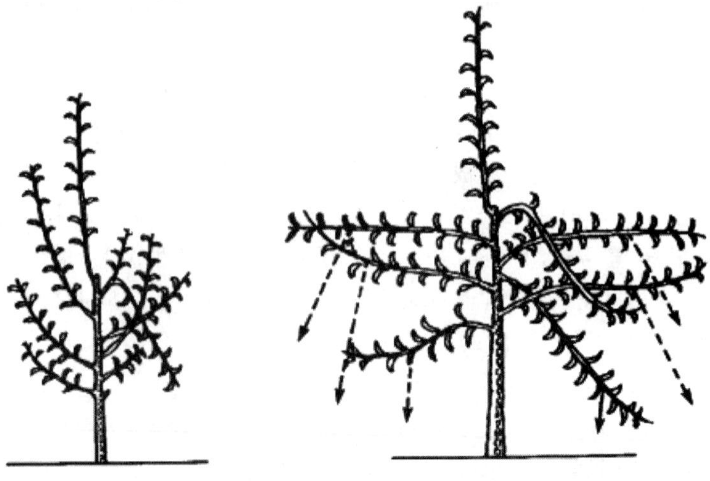

图 5-17 细长纺锤形树栽植当年的修剪

(2)第二年修剪。春季萌芽前，在中干延长枝各个方位、拉平侧生分枝的两侧进行刻芽。萌芽后抹除拉平的侧生分枝基部 20 cm 内的萌芽和嫩梢。夏剪时对侧生分枝背上梢分别采用扭梢、摘心、疏梢、拉技等措施。秋季继续拉平中干上当年发生的侧生长梢(80～100 cm)。冬剪时,只疏除直立徒长枝、旺枝、重叠枝、密生枝和主干上的萌蘖枝(图 5-18)。

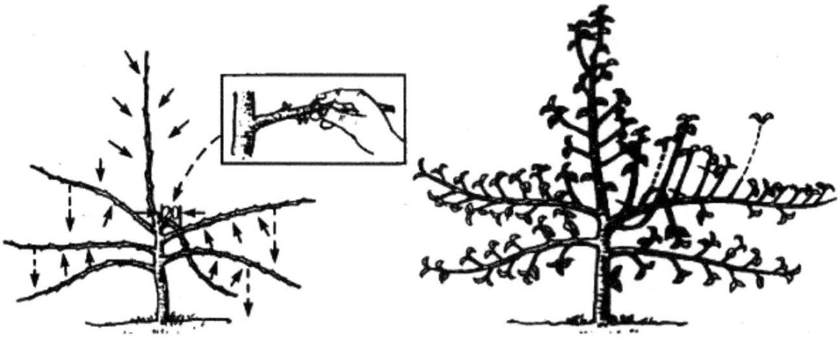

图 5-18 细长纺锤形树栽植第二年的修剪

(3)第三年的修剪。栽后第三年及其以后的修剪方法与第二年基本相同。但要注意维持上弱下强、上小下大的状态,方法是中干延长枝不短截,及时疏除中干上部稠密的侧生分枝。整形即将完成时,回缩株间过长的分枝。还要注意保持中干领导优势,适当适时落头(图 5-19)。

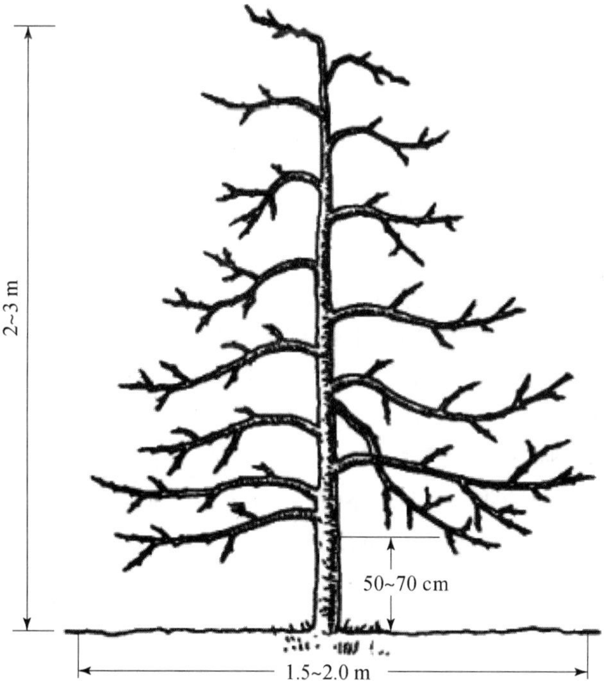

图 5-19 细长纺锤形树体结构

知识拓展

1. 细长纺锤形树体如何保持中干优势

保持中干优势是维持细长纺锤形树势平衡和稳定树形的关键因素。生产上可通过以下技术保持中干优势。

(1)选用长势较强、位置居中的枝条作为中干延长枝,禁止短截侧生分枝。

(2)拉开中干与侧生分枝的枝龄差。方法是:冬剪时对中干延长头下抽生的枝条,若基部粗度超过或接近其着生部位的中干粗度的1/3时,留短桩剪。翌年短桩上萌发枝条后,再加以培养和利用。其好处是短桩上抽生的枝条角度开张,长势均匀,降低了夏剪强度。

(3)修剪侧生分枝。对长势较强的侧生分枝实行强拉枝。要求树冠下部侧生分枝的开张角度为90°～105°,树冠上部达105°～120°也可在萌芽前对一些过粗、过强的大枝,在枝条基部的下方用锯拉出枝条直径1/3～1/2深的切口,或在新梢旺长期采用基部环剥或环割,以促花压势。当侧生分枝基部粗度超过其着生部位的中干粗度的1/3时,及时疏除。

2. 苹果的其他树形

目前,苹果生产上常用的树形还有主干形(圆柱形)和改良纺锤形。

主干形(圆柱形)属小冠形。适宜于株距1.5～2 m,行距3～4 m的高密度果园。其基本结构是树高2 m左右,干高30～40 m,冠径2 m左右。在中心干上均匀着生30～35个大、中、小结果枝组,每个枝组长度15～120 cm,多数为30～40 cm,枝轴基部的最大直径不超过2.5 cm,多数为1 cm,枝组开张角度为90°～120°。

改良纺锤形属中冠树形。适宜于株距2～3 m,行距4 m的栽植密度。其基本结构是:树高3 m左右,干高50～60 cm,基层有3个主枝,分枝角度是80°～90°,主枝上直接着生许多单轴延伸枝组,其分布呈两头小、中间大的纺锤形结构。基层主枝以上的中干不再分层,着生10～15个侧生分枝,呈螺旋式上升。

(五)盛果期树的修剪

进入盛果期的苹果树,枝条分枝级次增多,总生长量急剧增加,光照条件开始变差,生长与结果矛盾突出。修剪的任务是控制树冠,改善光照条件,稳定树势,精细修剪枝组。

1. 适时控制树冠

主要是控制树冠高度和宽度,维持树势稳定和平衡,改善冠内光照条件。一是当树冠超过该树形规定的高度时,对生长势已缓和的中央领导干落头开心,剪口下留中庸的单轴细长枝作新头,以改善树冠光照和避免树势返旺。二是当行间个别大枝出现搭接时,有计划疏除、回缩行间主侧枝、大侧生分枝及大枝组,使行间保持1.0～1.5 m的通道。并分年疏缩株间交叉、密生、重叠的大枝,改善果园群体光照。三是控制树冠上强下弱,注意保持中干优势,当树冠中上部旺枝多、角度小,出现多头领导、上大下小时,及时疏除中上部强大分枝,拉平有用的直立枝、大枝组。另外可通过对小主枝开张角度增大结果量。

2. 调整处理大枝

首先,要对树冠内整形期间留下的多余辅养枝及不适当的小主枝,本着去长留短、去大留小、去粗留细、去密留稀的原则,分期、分批疏除。一般从大枝开始疏除。大枝较少时,可一次性去除;大枝较多时可分三年去除,每年分别去除60%、30%和10%。其次,要根据树冠内小主枝的着生位置、发展阶段及长势,及时调整其分枝角度。在小主枝延伸阶段,分枝角度为60°～70°。在其稳定阶段,生长中庸的分枝角度调整到80°～90°,生长旺的调整到100°～120°。为稳定树势,防止上强下弱,主侧枝开张角度自下而上应逐渐加大。如下部为80°左右,中部为90°左右,上部为100°～120°。

3. 精细修剪枝组

枝组的修剪从幼树整形开始贯穿苹果树生产的始终,也是盛果期修剪的主要任务。其内容包括枝组的培养、修剪和配置。

结果枝组分小型、中型和大型三类。小型枝组有2～5个枝条，轴长30 cm以下。中型枝组有5～15个枝条，轴长30～60 cm。大型枝组有15个以上的枝条，轴长60 cm以上。

结果枝组的培养有两种基本方法。一种是先放后缩法，即先对枝条轻剪或缓放，形成花芽后回缩。生产上常在初结果期采用连年缓放，使枝组单轴连续延伸，形成细长松散下垂枝组，以缓和树势，成花早果。另一种是先截后放法，即先对营养枝短截，翌年去上部强枝，缓放其余枝条。生产上常采取连年短截再缓放的方法培养大中型枝组(图5-20、图5-21)。

图5-20 结果枝组的培养方法(一)

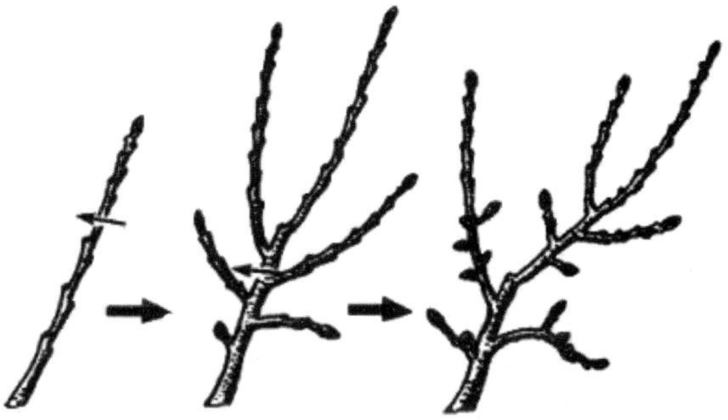

图5-21 结果枝组的培养方法(二)

结果枝组的修剪主要包括两方面的内容，即整形和修剪。整形是根据枝组的发展阶段和培养目标控制其大小和形状。一般在枝组扩大阶段，仅对带头枝进行中截，在饱满芽处剪，用剪口芽的方位调整枝组发展方向；在枝组稳定阶段，停止短截带头枝，令其缓势、增枝、成花、结果；在枝组更新阶段，于中后部选好芽或良好分枝处进行回缩，并对带头枝重截，以恢复生长势。修剪是及时调整枝组内各类枝条的生长势和比例，留足预备枝，合理留花芽，做到交替更新、轮换结果。

结果枝组的配置要做到数量适当，位置适中，距离适宜。枝组的适宜数量是每株每米骨干枝上平均有8～15个枝组。其中红富士8～10个，新红星12个左右，金冠、青香蕉15个左右，国光12～15个。中冠形树大型枝组不超过全树的10%；枝组姿势以斜生和两侧枝组为好。大型枝组只配备于基层主枝的背下。中小枝组可配备于其他位置；各类枝组间应当高低错落、大小相间，保持必要距离，一般大枝组间距约为60 cm，中枝组约为40 cm，小枝组间距约为20 cm。

知识拓展

果树修剪的程序

苹果进入盛果期后，树大枝多，修剪中需要考虑更多的因素，解决一些综合性问题，灵活全面地使用技术。因此，采用一定的程序，分步骤进行修剪，有助于简化技术，减少失误，提高效率。冬季修剪可按以下程序进行。

(1)全园调查，明确任务。修剪开始之前要全面调查和掌握果树修剪的整体状况和动态。如品种、栽植密度、选用的树形和整形目标及其当前进度，产量要求，观察树势、花量、树冠郁闭情况。确定目前修剪在果园总体修剪进程中的位置，当年修剪的方针和主要任务。

(2)树下观察，确定方案。即具体修剪某一株苹果树之前，要从不同的方位仔细观察该树树形与修剪反应，分析往年修剪者的意图、修剪结果及得失。重点是骨干枝的数量、角度，辅养枝的位置、长势及对骨干枝的影响，枝组的类型、数量及配置是否合理，树体存在的突出问题。在此基础上决定骨干枝的选用与辅养枝的处理，通过哪些措施解决树体存在的突出问题，如光照不足、从属不明、树势不平衡等，形成修剪方案。

(3)调整骨架，处理害枝。按照修剪方案疏除、回缩多余的骨干枝，处理妨碍树形、影响通风透光的辅养枝、株行间交叉枝、重叠枝，去除密生枝、病虫枝、竞争枝、徒长枝、轮生枝等有害大枝。

(4)分区按序，精细修剪。将全树以骨干枝为单位划分修剪小区，按照从上到下的顺序依次进行修剪。如小冠疏层形、改良纺锤形，分别以基部三个主枝和中干为小区。自由纺锤形和细长纺锤形则以小主枝或侧生分枝为单位。具体修剪每一小区如某一主枝时，也应首先熟悉其状态、结构、枝组配置，在大脑中初步形成计划，然后从主枝延长头开始，自上而下依次进行，要做到眼看、心想、手剪，即看每一枝组的基本状况、着生位置、大小和作用，想它在主枝中的位置及发展前途，定它的去留、伸缩、方向、花芽留量，最后剪到合适的部位。

(5)检查补漏，全树平衡。分区修剪完成后应回头检查是否有漏剪或错剪之处，及时补充修剪。全树修剪完成后，应绕着苹果树从不同方位查看修剪结果，全树进行平衡，以提高修剪质量。

修剪程序应随修剪对象、时期和任务的不同而改变，也应随修剪者技术的熟练程度以及其他条件的变化灵活运用。最好能因地制宜，实践创新，形成更符合当地实际的程序。

(六)主要品种修剪特点

1. 红富士

红富士的特点是顶端优势强，萌芽成枝力强，年生长量大、枝量多、成形快；幼树直立、健壮，易上强下弱，大量结果后树势渐趋缓和，树冠开张。初结果期以二至四年生枝条上的中短果枝结果为主，有腋花芽结果能力。盛果期以短果枝结果为主，花序坐果率高，连续结果能力较差，大小年现象严重。

修剪应坚持少截、多缓、适疏、轻缩，加强夏剪。整形阶段要控制上强下弱，可采用中心干弯曲延伸，多留辅养枝，上层主枝开张角度，促花留果的方法。除各级骨干枝延长枝正常短截，疏除直立强旺枝和中干上部密生枝外，关键是对各类大枝和枝组采用拉枝开角，以整形和促花，同时利用疏枝、扭梢处理直立旺梢、徒长梢和竞争梢。通过环剥、刻伤控制旺树、旺枝。盛果期树及时疏缩大辅养枝、衰老枝组与弱枝。剪口选留好枝好芽更新复壮。注意疏花疏果，按5～6个枝留1个果的方法操作。

短枝型红富士干性弱，容易出现下强上弱现象，整形阶段注意拉大枝干比，扶持培养中干。采用连年甩放结合疏枝的方法培养单轴延伸的结果枝组或小骨干枝，尽可能减少多轴枝组。

2. 新红星

为短枝型品种，萌芽力强，成枝力弱，停止生长早，短枝数量多，生长健壮，寿命长。以短果枝结果为主。新红星宜选用小树冠。栽后1～2年，要适当短截，促生分枝。以后以轻剪为主，拉平辅养枝和枝组，疏除密生枝、重叠枝、徒长枝，控制强枝，加强夏剪促花结果。盛果期树除部分枝条继续采用缓势修剪外，要适当多短截，疏除直立、徒长枝，改造大辅养枝和大枝组，培养紧凑、健壮的中、小型新枝组，及时更新衰弱枝组和弱果枝。注意控制花芽总量和疏花疏果，防止树势早衰和大小年结果。

三、花果管理

苹果生产的主要目的是获得优质高产的商品果实，提高果园经济效益。而苹果的商品价值主要决定于品种商品性状、果园生产技术和采后商品化处理。果树生产中，树体超载、落花落果、不当采收是限制果品质量提高，影响其商品价值并导致经济效益下降的主要原因。因此，果园花果管理的任务应以提高苹果商品价值为目标，以合理负载并保证坐果为前提，通过疏除过量花果、促进授粉、果实套袋、人工增色等技术，生产优质果品，并采用合理采收和采后处理技术，实现产品增值，经济增效。

(一)保花保果技术

授粉受精不良是引起苹果落花落果的主要原因。凡建园时未配置授粉树的果园，应整株高接换种或冠内部分枝干高接授粉品种，从根本上解决问题。一般果园应在加强综合管理和提高花芽质量的基础上，采取昆虫授粉、人工辅助授粉或化学调控等措施，确保花期授粉，提高坐果率。

1. 花期放蜂

利用昆虫授粉具有节省劳力、授粉周到、坐果率高、果实端正及经济效益好等特点。

(1)蜜蜂传粉。通常在开花前安置蜂箱，每 0.3～0.5 hm^2 放一群蜂。每群蜂约有 8 000 只蜜蜂。其授粉范围以 40～80 m 为好，蜂群间距为 100～150 m。密植园最好每行或隔几行放置。蜂种宜选用耐低温、抗逆性强的中华蜜蜂。

(2)壁蜂传粉。壁蜂是苹果的优良授粉昆虫，与蜜蜂相比具有出巢时间早、耐低温、访花速度快、工作效率高的优点。壁蜂主要有角额壁蜂、凹唇壁蜂、紫壁蜂等几种。开花前 5～10 d，在果园内背风向阳处，按 40～50 m 间距设置巢箱，巢箱放于 45 cm 高处的支架，巢箱口向东南或南。巢箱口放置带有多个孔洞的纸盒。纸盒内放入蜂茧，数量掌握在每公顷 900～1 500 头。巢箱上面搭设防雨棚，附近 1～2 m 处挖 1 个长、宽、深均为 40 cm 的坑，保持坑内半水半泥状态，以便为壁蜂做巢提供材料。花期放蜂时应严禁喷施农药。

2. 人工辅助授粉

这是保证苹果花期授粉最有效、最可靠的技术。它既能解决果园无授粉树、授粉树搭配不合理等长期性授粉问题，也可解决授粉昆虫缺乏或花期天气恶劣等临时性问题。人工授粉在苹果盛花初期到盛花盛期进行。因此，首先要根据历年开花物候期和当年春季温度变化情况，预测当年花期，做出计划；然后按计划采集授粉树花朵，制备花粉；最后按时进行授粉，授粉方法有人工点授、机械喷粉和液体授粉。

(二)疏花疏果技术

疏花疏果是对花果量过多的果树采取人为疏除的一种技术措施。它可以减少苹果树自然落花落果造成的养分损失，避免过多结果引起的不良后果，从而提高坐果率和果实品质。因此“疏”的意义和作用在于“保”，即通过疏花疏果后的适宜负载、定量生产，保证果品优质、树势健壮、稳产增收。

1. 制订疏除方案

其主要内容是根据果园品种、树体生育状况、花期气候条件、生产技术水平及人力资源等综合因素，确定目标产量、选择疏除时期、决定疏除方法、制定技术规程、做好用工计划。

(1)确定目标产量。苹果生产能力既决定于果园光能利用率、叶面积系数及纬度气候等因素，也受到提高果实品质的限制。尤其是在目前果品市场激烈竞争的条件下，限产增质、单果管理成为质量取胜、增收增效的主要技术措施。根据目前我国苹果产区的综合条件，苹果每 667 m^2 的产量以 2 000～3 000 kg 为宜，最多不超过 4 000 kg。制订疏除方案首先要根据果园的实际条件，确定具体的目标产量。

(2)决定疏除方法。疏花疏果分化学疏除和人工疏除两种方法。人工疏除准确、安全、灵活、有效，但费时费工。化学疏除省时、省力、速效，但疏除效果受品种敏感性、树势、用药绝对剂量、气候条件、喷布时期等因素影响很大，因而准确性和安全性较差。一般只作为人工疏除的辅助手段，完成必要疏除量的 1/4～1/3，生产上主要采用人工疏除法。

(3)选择疏除时期。适宜的疏除时期主要取决于安全准确和节约养分两个互相矛盾的因素。从节约养分考虑，疏花优于疏果，疏花芽优于疏花，但疏除越早，安全准确性越差。因此在保证安全、有效、准确的前提下，应适当早疏。生产上一般在花前复剪疏花芽，花序分离期到初花期疏花，花后 7～28 d 完成疏果。具体到一个果园，应根据苹果品种、树势、授粉条件、花期天气等综合因素确定实际疏除时间。坐果率高的品种、树势健壮而花芽饱满的果树、授粉良好的果园及花期气候条件好的年份，应选择疏花，且一次完成。条件较差时可实行疏果，适当晚疏，或者采用首次疏除适当留有余地，第二次进行定果的方法。

(4)制定工作规程。包括具体疏除的日期、技术要求、工作程序、用工计划等。

2. 确定单株负载量

保持合理负载量是疏花疏果的主要依据和根本目的。确定合理负载量是进入果园开始疏除之前的首要工作，其内容是根据果园目标产量和苹果树的具体生长状况，确定每株树的产量和留果数。生产上可采用干周法，确立全树留果量，利用距离法具体进行调整和疏除。

(1)干周法。适于初果期至盛果期树体完整、管理较好而且比较丰产的品种。对于新红星和红富士等品种，可用下列公式算出：

$$y=0.2c^2$$

式中，y 为单株适宜留果数；c 为树干中部周长(cm)。

实际操作中为留有余地，应加总量的 10%作为保险系数。另外，旺树和弱树应在此基础上再增减 15%作为调节值。

(2)距离法。在确定某株苹果适宜留果量的基础上，采用距离法具体进行留果。其标准见表 5-6。

3. 花果疏除技术要点

(1)按枝配果，分工协作。按枝配果是首先将全树应负载的留果数，合理分配到大枝上(表 5-6)。分配的依据是每一个枝的大小、花量、性质、位置等。如辅养枝、强枝和大主枝可适当多留。多人同时疏除一株树，应分配好每个人的疏除范围和留果数量，并有 1 人负责检查，防止漏疏。

表 5-6 苹果花果间距及留果方法

项目	乔化砧树		矮化中间砧树及短枝型树	
果实类型	中型果品种	大型果品种	中型果品种	大型果品种
花果间距/cm	15～25	20～30	15～20	20～25
留果方法	留单果为主，留双果为辅	留单果	留单果	留单果

(2)科学安排，循序渐进。在一株树上疏花疏果的顺序是先上部后下部，先内膛后外围。为防止漏疏，可按枝条自然分布顺序由上而下，每枝从里到外进行；就一个果园而言，应根据品种开花早晚、坐果率高低，先疏开花早、坐果率低的品种，通常可按元帅系、乔纳金系、王林、津轻、金冠系、富士系等品种依次进行；同一品种内，先疏大树、弱树和花果量多的树。

(3)按距留果，注意位置。果实间距决定留果数量，而果实着生果枝的年龄、部位、方向和果实着生位置及状况则影响果实质量。具体操作时，要同时兼顾上述因素。果实间距和留果数参照表 5-6 进行。同时要选留三至四年生基枝上着生的中长果枝和有一定枝轴长度、结果易下垂的短果枝，最好是母枝两侧着生的果枝。但不同年龄果枝的结果能力因品种而异，可通过调查确定。

果实应选留下垂状态果和侧生果枝弯曲下垂果。最好是果形端正、高桩、无病虫为害、果肩平整。要疏除直接从骨干枝长出的果枝和大枝背上朝上的果枝上的幼果。

(4)及时复查，补充疏除。全树疏除工作结束后，应绕树一周仔细检查，核对全树留果总量，漏疏部分及时进行补疏。

(三)果实套袋技术

果实套袋能提高果实表面的着色度和光洁度，防止多种果实病虫为害，有效降低农药残留，从而提高苹果优质果率和经济效益，满足国内外市场对优质安全果品的日益增高的要求。目前果实套袋已成为果园常规的生产技术，具体按以下程序进行。

1. 果袋选择

果袋性能是决定果实套袋技术的首要因素，市场上出售的商品果袋种类繁多，性能各异，各地苹果园的生产情况及环境条件又差别很大，应本着价廉质优、效益第一的原则，依据品种特性选择果袋类型，按照市场要求确定果袋档次，结合环境特点灵活掌握。例如，富士系品种为较难着色的红色品种，要求着色面大，着色均匀，色调鲜艳，果面光洁，一般选择双层纸袋或者塑膜果袋；红星系品种可选遮光单层袋或低挡双层袋。然后按照苹果的市场定位确定果袋档次，如生产高档果选外黑内红离体双层袋；同时还要根据果园的环境条件进行调整。如同样是红富士，在海拔高、温差大、光照强的地区，采用遮光单层袋或塑膜袋即可很好地着色。

知识拓展

鉴别果袋质量

果袋质量是套袋成功的前提，在目前种类繁多的果袋市场选购果袋，应从 7 个方面鉴别其质量。一是果袋湿强度要大，即果袋外层浸入水中 1～2 h，双手均匀用力向外轻拉，柔韧性强；

二是外袋疏水性要好，即外袋上倒水后能很快流走，且不沾水或基本上不沾水；三是规格符合要求，双层纸袋的外袋一般宽 14.5～15.0 cm，长 17.5～19.0 cm，内袋长 16.5～17.0 cm；四是外观规范，袋面平展，黏合部位涂胶均匀，不易开胶；五是透气性好，即袋底要有透气孔；六是内袋涂蜡要均匀，可在太阳光下观察蜡质层的薄厚及均匀度；七是袋口必须有缺口，袋口一侧有铁丝。

2. 套袋前准备

(1)确定时期。一方面，套袋时期决定整个工作计划的安排；另一方面，确定最佳套袋时期对套袋技术的效果至关重要。一般黄绿色品种和早、中熟品种在谢花后 10～15 d 进行；生理落果重的红星、乔纳金等品种，可在生理落果后进行；晚熟红色品种在花后 35～50 d 完成。

(2)选择对象。套袋应选价值较高的品种，选择生长健壮或中庸偏旺、树体结构合理、自然着色较好的树。长势中庸偏弱的树套袋后着色不良，弱树套袋易发生日烧。

(3)综合管理。套袋果园应通过合理修剪使树冠通风透光，结果部位分布均匀；在施足肥料的基础上增施钙肥；套袋前严格进行疏花定果，并浇一次水。

(4)树上喷药。除果园常规病虫害防治外，谢花后 7～10 d 喷一次保护性杀菌剂；套袋前 2～3 d 全园喷一次杀虫杀菌剂。

(5)处理果袋。套袋前 3～5 d，将整捆果袋用报纸包好，埋入湿土中，以湿润袋体使之柔韧，也可在套袋前将整捆纸袋袋口浸一下水。

3. 套袋方法

一般情况下，果实套袋应在天气晴朗的上午和下午进行，具体做法是：先小心除去附在幼果上的花瓣及其他杂物，然后用左手托住纸袋，右手撑开袋口，或用嘴吹开袋口，使袋体膨胀，袋底两角的通气放水孔张开，手执袋口下 2～3 cm 处，将果实放入袋内，使果柄置于袋口中央纵向切口基部，然后将袋口两侧按"折扇"方式折叠于切口处，用捆扎丝扎紧袋口。

4. 摘除果袋

按时摘除果袋也是果实套袋的关键技术之一。应根据品种、果袋类型选择适宜的时间正确摘袋。

摘袋时间主要由苹果品种确定。一般红色中熟及中晚熟品种如新红星、新乔纳金采前 10～20 d 除袋，红色晚熟品种采前 20 d 左右除袋较为合适。黄绿色品种及塑膜袋可连袋采收，装箱时解袋。具体时间以阴天或多云天气为好。

摘袋的方法是：摘除红色内袋的双层纸袋，可先去外袋，过 2～3 d 再去内袋，具体时间在 10～16 时进行；摘除黑色内袋的双层纸袋，先将外袋底口撕开，取出内袋，使外袋呈伞状罩于果实上，经 6～7 d 再摘除外袋；摘除单层袋和内外层连体双层袋时，先在 12 时前或 16 时后撕开底部呈一伞形罩于果实，或背光面撕破通风。经 4～6 d 再摘袋。

(四)人工增色技术

在加强常规花果管理的基础上采用特殊措施，改善果实光照条件，人工促进着色，是提高果实品质和商品价值的重要途径。

1. 铺反光膜

反光膜除具有普通薄膜增温、保湿、抑草作用外，其良好的反光能力可显著改善树冠内膛光照条件，提高果面着色度。生产上常用的反光膜有银色反光塑料薄膜和GS-2型果树专用反光膜。铺膜时间在果实着色期，套袋苹果在除袋后立即进行。铺膜前5 d清除铺膜地段的残茬、硬枝、石块和杂草，打碎大土块，把地整成中心高、外围稍低的弓背形。铺膜面积限于树冠垂直投影范围。密植果园可于树两侧各铺一长条幅反光膜，要求膜面平展，与地面贴紧，交接缝及周边盖土。果实采收前，去掉膜面上的树枝、落果、落叶等，小心揭起反光膜，卷叠起来，用清水漂洗晾干后，放入无腐蚀性室内，以备下年重复使用。

2. 摘叶转果

摘叶是用剪子将影响果实受光的叶片剪除，仅留叶柄。摘叶在除袋后1～2 d开始进行。先摘除贴果叶片和果实上部、外围靠近果实的遮光叶片，经3～5 d再摘其他遮光叶片，包括树冠内膛及下部果实周围10～20 cm以内的全部叶片。全树摘叶量应控制在14%～30%的范围内。摘叶前应通过秋剪疏除遮光强的背上直立枝、内膛徒长枝、外围密生枝。

转果目的是使果实阴面也能获得直射光而充分着色。一般在除袋后4～8 d开始进行转果。具体时间以阴天或晴天14～15时以后为好。方法是用手轻托果实，将其转动90°～180°，使果实阴面转到阳面。单果应顺同一方向转，转后将果贴于树枝上，或用细透明胶袋固定于附近合适的枝条上。双果应向相反方向转动。

3. 应用增色剂

目前使用的增色剂主要是以微量元素为主的肥料，如氨基酸复合微肥、光合微肥、稀土微肥。

4. 采后处理

对达到一定成熟度但着色差的果实，可在采后促进着色，其适宜的环境条件是：10%左右的光照，10～20 ℃的温度，90%以上的空气相对湿度和早晚果皮着露。具体做法是：选地势高燥、宽敞平坦又背阴通风处，先在地面铺3 cm厚的洁净细沙，将苹果果柄朝下，单层排好，果实间稍有空隙。天气干旱或无露水时，每天早、晚用干净喷雾器，向果面各喷一次清水，以果面布满水珠为度。太阳出来后，用草帘或牛皮纸等遮阴。3～4 d果实着色后，翻动一次果实，使果柄向上。经2～3 d整个果面可全部着色。

（五）果实采收与采后处理

根据果品市场需求和果实成熟度适时正确地采收，并进行商品化处理，是提高苹果品质和果园经济效益的重要环节。

1. 制订采收方案

采收方案以当年苹果市场需求为导向，以果实成熟度为主要依据，具体确定全园采收的时期、批次、技术规程以及相应的资金、人力、物资等资源的调配。

采收时期首先由市场价格决定。如对同一株树实行分期分批采收，有助于提高苹果产量，实现品质和商品的均一性，便于分级出售，提高售价。山西晋南在9月中旬红富士果面绯红色时进行采收，以水晶富士的品牌抢占国庆果品市场，效益甚好。其次，按果品用途决定采收时期。用于当地鲜食销售、短期贮藏以及制果汁、果酱、果酒的苹果应在果实已表现出本品种特有的色泽和风味时采收；用于长期贮藏和罐藏加工的苹果应适当提前采收。具体采收时期应根据果皮色泽、果实生长日数及生理指标等综合因素确定。如用于长期贮藏的红富士苹果适宜采收的指标是：果实生长 175～180 d，果肉硬度为 6.36～7.26 kg/cm^2，可溶性固形物含量达14.0%以上，淀粉指数达 1～2 级，果面由绿变为淡红、深红。

采收技术规程可根据苹果质量标准、果树生长情况及果园技术管理条件确定。

2. 采前准备

采收前应在考察市场、建立销售网络的基础上，掌握市场最新信息，随时与客户保持联系；准备好采收工具、包装用品、分级包装场所及果场果库；集中培训采收人员，掌握操作规范，以减少采收损失，提高劳动效率。

3. 采收方法

分批采收时，第一批先采树冠上部和外围着色好、个大的果实。经 5～7 d 同样采着色好的果实，再过 5～7 d 采收其余部分。同一株树上，按先外后内、由近及远的顺序进行采收。

4. 采后处理

果实采收后，应进行清洗、分级、打蜡包装等商品化处理，以实现产后增值。用于中长期贮藏的苹果可在出库上市前再进行上述处理。

清洗是对未套袋果实用清水洗涤果面，以去除污物、霉菌、农药等。清水未能洗净的果实可用 0.1%的盐酸溶液洗果 1 min 左右，再用 0.1%的磷酸钠溶液中和果面的酸，后用清水漂洗。

分级可按《鲜苹果》(GB/T 10651—2008)中的苹果外观等级标准，采用人工或机械方法进行。

打蜡是在果面上涂一层半透性薄膜——果蜡。果蜡为可食性液体保鲜剂，具有保护果面、抑制呼吸、延迟和防止皱皮、抵御病菌侵染的作用。常用的有石蜡类、天然涂被膜剂和合成涂料。数量较少时，可采用人工涂蜡法，即将果实浸蘸到配好的涂料中，取出即可，或用软刷蘸取涂料均匀抹于果面上，苹果数量较大时，采用涂蜡分级机进行，可同时完成清洗、分级、打蜡三项工作。

苹果包装是采后商品化处理不可缺少的重要环节，其目的是在贮藏、运输和销售中保护果实，增加果品观赏性，提高售价。包装包括普通包装和装潢包装两种，目前以前者为主。随着苹果商品化程度的提高，果园经营者应一方面注重生产技术中的品牌和诚信意识，另一方面应在外观品牌上形成鲜明的特色，精心设计包装，注重产品形象，强化市场意识，提高竞争能力。

四、病虫害防治

病虫害防治是果园生产中十分关键且综合性强的技术。病虫害已成为果品生产过程中影响产量、品质和经济效益的最主要因素，每年给苹果生产造成巨大经济损失。果园病虫害防治应积极贯彻“预防为主，综合防治”的植保方针。绿色食品苹果生产中病虫害的防治应遵循以下原则：

(1)以保持和优化农业生态系统为基础，建立有利于各类天敌繁衍和不利于病虫草害发生的环境条件，提高生物多样性，维持农业生态系统的平衡。

(2)优先采用农业措施。如抗病虫品种、种子种苗检疫、培育壮苗、加强栽培管理、中耕除草、耕翻晒垡、清洁田园、轮作倒茬、间作套种等。

(3)尽量利用物理和生物措施，如用灯光、色彩诱杀害虫，机械捕捉害虫，释放害虫天敌，机械或人工除草等。

(4)必要时合理使用低风险农药。如没有足够有效的农业、物理和生物措施，在确保人员、产品和环境安全的前提下，配合使用低风险的农药。

(一)苹果树腐烂病

苹果树腐烂病俗称烂皮病，是苹果产区普遍发生的毁灭性病害。尤其以管理粗放的结果大树发病较重，往往造成产量锐减，品质下降，枝干残缺，甚至整株枯死，全园毁灭。

1. 识别与诊断

苹果树腐烂病主要为害结果树的枝干，使皮层腐烂坏死，具体有溃疡型和枝枯型两种症状。溃疡型是冬春发病盛期在树干及主枝下部出现的典型症状。病部初期为水渍状，稍隆起，皮层松软，后变为红褐色，常流出汁液，有酒糟味，最后病皮失水干缩下陷，变为黑褐色，病健交界处裂开，病皮上密生黑色小粒点，雨后或潮湿时，从小黑点顶端涌出橘黄色的丝状孢子角，枝枯型主要发生在二至五年生的小枝条、果台、干桩等部位，病部红褐色，水渍状，不规则形，病斑进一步扩展并环绕枝条，造成失水干枯，枝条上叶片变黄。

病原为苹果黑腐皮壳，属子囊菌亚门。

2. 发病规律

病原以菌丝体、分子孢子器及子囊壳在病部树皮内越冬。病菌孢子主要依靠雨水飞溅传播，从各种伤口及叶痕、果柄痕、果台和皮孔侵入。可长时间潜伏，在树体衰弱时分泌毒素，致使皮层腐烂，并侵入活组织继续扩展。每年冬春季节为发病高峰。

3. 防治方法

苹果树腐烂病防治应以提高树体抗病力为基础，注意清除菌源，及时治疗病斑，采用桥接复壮。

(1)增强树势。增强树势是提高树体抗病力、防止腐烂病发生的根本措施。主要包括改良土壤，增施有机肥与磷、钾肥，树体合理负载，克服大小年结果现象，防止果树冻害和果园雨季积水，加强病虫害防治。

(2)铲除菌源。将刮去的病皮、剪除的病枝及枯死的病树及时带出果园或烧毁；对病原基数大的果园，在春季发芽前，全树喷洒 9281、腐必清、4%农抗 120、10%杀菌优等。

(3)桥接复壮。对较大的病斑采用桥接或脚接的方法，恢复树体输送通道，复壮树势。

知识拓展

苹果树腐烂病与果园综合管理

苹果树腐烂病的发生与防治关键在于果园综合管理。这是由腐烂病病原的致病特性和树体的抗病性共同决定的。

腐烂病病原是弱性寄生菌，具有潜伏侵染的特性，即病菌选择树体的剪锯口、冻伤、日灼伤部或树皮的生理落皮层等死亡组织中侵入定居，并能较长时间潜伏，何时扩展致病主要决定于树势。树势健壮时，树体抗病能力和愈伤能力强，病菌潜伏点周围组织健康，病菌不能扩展，只有在其周围组织衰弱、抗病能力降低时，病菌才会产生有毒物质杀死周围活细胞，菌丝向外不断扩展，造成树皮腐烂坏死。

树体的抗病性主要取决于树势，其实质是树体营养水平的高低。而树体营养状况则取决于果园综合管理水平。生产上结果过多又肥水不足是树体发病的主要因素，不当修剪造成的大量伤口，冻伤、日灼及蛀干害虫形成的伤口，病虫为害叶片造成早期落叶，使树体营养不足，均是腐烂病发生的辅助因素，而果园周期性大冻害则是腐烂病大发生的直接诱发因素。如上述因素叠加，往往成为果园毁灭性的灾害。

因此，苹果树腐烂病是果园综合管理不善的一种表现和结果。“病”是结果，“管”是原因。在果树生产技术的其他方面，也有相似或可借鉴的规律，应注意发现问题，找出联系，掌握规律。

(二)苹果轮纹病和炭疽病

1. 苹果轮纹病

又称粗皮病、轮纹烂果病。轮纹病在我国主要苹果产区均有发生，主要为害果实和枝干。使枝干枯死，树势衰弱，果实腐烂，造成巨大的经济损失。枝干发病，通常以皮孔为中心，产生近圆形、直径 3～30 mm 的红褐色病斑。病斑质地坚硬，颜色变深，中心隆起呈疣状，边缘逐渐下陷，往往与健部组织形成一道环沟。第二年，病斑中央产生许多黑色小点，病组织失水干缩，病健交界处开裂、翘起或剥落，严重时许多病斑连在一起，使表皮显得十分粗糙，故称粗皮病；果实多在近成熟期和贮藏期发病，以皮孔为中心生成水渍状褐色小斑点，后扩大成深浅相间的褐色同心轮纹，并有茶褐色黏液流出，后期失水变成黑色僵果。病原为梨生囊壳孢，属子囊菌亚门。病菌以菌丝、分生孢子器及子囊在被害枝干上越冬。春季气温达 15 ℃以上并且湿度较大时，产生分生孢子，随风雨飞溅传播，从枝干和果实皮孔或伤口侵入。一般衰弱植株、老弱枝干及病园内补植的小树易染病。病菌侵入幼果后处于潜伏状态，近成熟时，迅速蔓延扩展使果实发病。

2. 苹果炭疽病

苹果炭疽病又称苦腐病、晚腐病，是苹果生长和贮藏期间的主要病害，也可为害葡萄和梨，在夏季高温多雨地区发病十分严重。发病初期，果面出现淡褐色水渍状圆形小斑点，后扩大成深褐色干腐状病斑。特点是中部凹陷，有深浅交替的同心轮纹，病组织呈漏斗状向果心扩展，腐烂果肉剖面呈圆锥状，有明显苦味。后期病斑上着生大量的排列成轮状的黑色小点。雨后或天气潮湿时，小黑点处溢出绯红色黏质团。严重感病时，病斑相连，全果腐烂，最后失水缩成黑色僵果。病原为盘长孢状刺盘孢，属半知菌亚门。病菌主要以菌丝在病枯枝、病果、死果台等处越冬，翌年温湿度适宜时，产生分生孢子，借助风雨传播。果实发病后成为新侵染源，反复侵染，造成病害流行。

3. 防治方法

(1)加强管理。加强肥水管理，降低果园湿度，增强树势，提高树体抗病能力；合理整形修剪，改善树体通风透光条件，增施有机肥，注意氮、磷、钾肥配合，合理负载，提高抗病能力，采用果实套袋技术。

(2)铲除菌源。落叶后，彻底清除果园中的病果、僵果；彻底清除枯死枝、衰弱枝、死果台等带病菌部位。

(3)生长期防治。预防此病主要喷施 1 200～1 500 倍易保、800 倍猛杀生、大生、菌立灭等。治疗此病主要喷施 8 000～10 000 倍福星，600～800 倍甲基托布津、多菌灵、杀菌优、力贝佳、菌立灭等。

(三)苹果早期落叶病

苹果早期落叶病是一类真菌病害，它包括斑点落叶病、褐斑病、灰斑病及轮斑病，其共同特点是叶部发病后早期枯黄脱落。生产上采用的防治方法也较为接近。其中斑点落叶病和褐斑病的症状识别诊断、发生规律及防治方法见表 5-7。

表 5-7　苹果早期落叶病防治一览表

病名	斑点落叶病	褐斑病
症状识别诊断	嫩叶叶片上出现褐色小圆斑，四周有紫红色晕圆，后病斑扩大，其中心往往有一深色小点或呈同心轮纹状，天气潮湿时，病斑正反面长出黑色霉层，叶片皱缩、畸形。条件适宜时，数个病斑相连。最后叶片焦枯脱落。枝条发病后，形成 2～6 cm 褐色至灰褐色病斑，边缘裂开，幼果染病，果面出现黑色斑点，形成疮痂	叶片发病初期，在叶背面出现褐色至深褐色的小斑点，边缘不整齐，病健界限不清后期病叶变黄，但病斑边缘仍保持有绿色晕圈。病斑表面有黑褐色微隆起的针芒状和蝇粪状黑点。症状可分为同心轮纹型、针芒状和混合型 3 种类型。果实染病时在果面出现淡褐色小斑点，后扩大为 6～12 mm 圆形或不规则形褐色斑，表面凹陷，有黑色小粒点，病部果肉为褐色，呈海绵状干腐
发现规律	病菌以菌丝在落叶、被害枝条及果实上越冬，春季苹果展叶期产生大量分生孢子，随风传播，进行初侵染。秋梢开始生长期再次出现染病高峰，造成大量落叶	病菌以菌丝或分生孢子在病叶上越冬。翌年降雨后开始产生分生孢子，随风雨传播，侵染叶片。多雨是其流行的主要条件
防治方法	①加强管理。增施肥料，增强树势，合理修剪，改善通风透光条件。 ②清除菌源。秋末冬初清除落叶，结合冬剪剪除病枝病叶，夏季剪除徒长枝病梢。 ③药剂防治。在初侵染前开始第一次喷药，以后根据降雨情况每隔 15 d 左右喷 1 次药，交替使用 1 200～1 500 倍易保，800 倍猛杀生、大生、农抗 120、菌立灭等。预防和治疗相结合主要喷 8 000～10 000 倍福星，3 000 倍万兴，600～800 倍杀菌优、扑海因、扑菌灵、多氧清等药剂。圆斑与褐斑病发生时期相近，可参照防治。	

(四)桃小食心虫

桃小食心虫又名桃蛀果蛾，是我国北方苹果产地最重要的食心虫。除苹果外，还为害梨、枣、山楂等蔷薇科果树和鼠李科果树。

1. 识别与诊断

幼虫蛀果后，随着为害程度的加重，果实会出现三种受害状。初期在果实胴部或顶部的蛀果孔出现水珠状半透明果胶滴，俗称“流眼泪”，以后蛀果孔成为很小的黑褐色凹点，且周围常呈浓绿色；中期幼虫在果皮下串食，使幼果果面凹凸不平，成为“猴头果”；后期幼虫大量取食并排粪于果实内，俗称“豆沙馅”果。

2. 发生规律

桃小食心虫在我国苹果产区因气候条件不同可发生 1～3 代。以老熟幼虫在树下 3～10 cm 土壤中结圆茧过冬。第二年春末夏初温湿条件适宜时，幼虫陆续破茧出土在地面结纺锤形夏茧化蛹。经 10～15 d 蛹期后，成虫羽化并在夜间交尾。雌虫将卵产于萼洼处，经 7～10 d，幼虫孵化，从萼洼及果实胴部蛀入，为害约 20 d 后老熟脱果，入土越冬。7 月中旬以前脱果的幼虫结夏茧而发生第二代。

3. 防治方法

(1)地面处理。当田间性外激素诱捕器连续 2～3 d 都诱到成虫时，先对树盘锄草和松土后，667m^2 用 48%乐斯本 0.5 kg，兑水 75 kg 喷洒树盘。

(2)树上防治。当田间性激素诱捕器连续 3 d 诱到雄蛾时，开始田间卵果率调查。方法是：果园每个品种按 5%～10%的比例取样选树，每株树按东西南北中 5 个部位调查 25～50 个果。每隔 1～2 d 用手持放大镜观察萼洼、萼片上有无卵，当卵果率达 1%以上时，药剂可选用 1.8%阿维菌素 4 000 倍液或 90%万灵 3 000 倍液、灭幼脲 3 号 1 500 倍液其中一种，每 10～15 d 喷 1 次，连喷 2 次。

(3)农业防治。摘、拣虫果深埋、果实套袋均有良好效果。

(五)叶螨类

我国苹果产区发生的叶螨，至少有 9 种。其中为害最重又分布广泛的是山楂叶螨、苹果叶螨及二斑叶螨。其共同特征是吸食叶片及初萌发芽的汁液。使叶片出现失绿小斑点，严重者失绿点扩大并连成片，最终全叶变黄而脱落。不同种类的叶螨，其为害状、分布区域、发生规律及防治方法略有不同(表 5-8)。

表 5-8 3 种叶螨防治一览表

虫名	山楂叶螨	二斑叶螨	苹果叶螨
分布	黄河故道、西北黄土高原、河北中部	山东、河北、河南、陕西、甘肃	渤海湾苹果产区
为害状	以小群体在叶背面主脉两侧吐丝结网，导致叶片出现灰黄斑，继而焦枯、变褐，引起脱落	以一群体在叶背面主脉两侧吐丝结网，导致叶片出现灰黄斑，继而枯焦、变褐，引起脱落	被害叶片均匀散布密集失绿斑点，变硬变脆，但不脱落
发生规律	每年 6～9 代，以受精螨在树皮缝内及根茎部土缝中越冬，翌春花芽膨大时出蛰，发生高峰期在 7～8 月	每年 7～9 代，以橙黄色雌虫成螨在树皮缝内及根茎部土缝中越冬，翌春，气温达 10 ℃时出蛰，春季在树下杂草上取食或在树冠内膛为害，7～8 月为发生高峰期	每年发生 6～9 代，以卵在枝条、果台等处越冬。苹果开花至落花后 1 周卵孵化。6～7 月为全年为害最重时期

续表 5-8

虫名	山楂叶螨	二斑叶螨	苹果叶螨
防治方法	①秋季树干绑草诱集越冬雌螨，春季发芽前刮除老翘皮，连同诱集用草圈一起烧毁，并喷3～5 波美度石硫合剂。 ②可用 9.5%螨即死、1.8%阿维菌素 4 000 倍液或 20%螨死净、15%哒螨灵 2 000～3 000 倍液等。 ③保护及引进天敌。		

(六)卷叶虫类

为害苹果树的常见卷叶虫类有苹果小卷叶蛾、顶梢卷叶蛾、苹果褐卷叶蛾、黄斑长翅卷蛾等，其共同特征是幼虫卷叶为害。生产上以苹果小卷叶蛾为害较重，其识别诊断、发生规律与防治方法如下：

1. 识别与诊断

苹果小卷叶蛾以幼虫为害果实的芽、叶、花和果实。小幼虫常将嫩叶边缘卷曲。以后吐丝缀合嫩叶；大幼虫常将 2～3 张叶片平贴，将叶片食成孔洞或缺刻，或将果实啃成许多不规则小坑洼。

2. 发生规律

每年发生 3 代，以小幼虫在剪锯口、枝干粗皮裂缝中结灰白色茧越冬。苹果花芽开绽期出蛰，在嫩芽、花蕾上吐丝为害，三龄后有转移为害习性。幼虫老熟后，在卷叶或缀叶间化蛹。成虫产卵于叶、果实上，对糖醋液和光有趋性。

3. 防治方法

(1)农业防治。冬春刮除老皮、翘皮消灭越冬幼虫；春季结合疏花疏果，摘除虫苞，集中处理；生长季及时捏除虫叶、虫梢。

(2)生物防治。各代卷叶虫卵发生期，根据性外激素诱蛾情况，在连续 4 d 诱到雄蛾后，释放赤眼蜂。以后每隔 4 d 继续第二、第三次放蜂，共 3 次，每次每 667 m^2 放蜂约 3 万头。

(3)物理防治。成虫期用性诱捕器、黑光灯、糖醋液等诱杀。

(4)化学防治。苹果小卷叶蛾越冬出蛰盛期及第一代卵孵化期为化学防治的关键时期。使用的药剂为苏云金杆菌乳剂 1 000 倍液，25%灭幼脲悬浮剂 2 000 倍液。越冬幼虫出蛰期施药的时间确定：在果园内按对角线法确定 5 个点，每点 2 株树，在树冠中部各固定 20 个花芽，从苹果树萌芽开始，每 2 d 调查一次上芽的出蛰幼虫数。当累计出蛰率达 30%且累计虫芽率达 5%时用药。

(七)蚜虫类

苹果树上的蚜虫主要有 3 种：绣线菊蚜、苹果瘤蚜、苹果绵蚜，除苹果绵蚜仅分布于大连、青岛、烟台、昆明、拉萨外，其余 2 种分布十分广泛。其为害状、发生规律及防治方法见表 5-9。

表 5-9　苹果 3 种蚜虫防治一览表

虫名	绣线菊蚜	苹果瘤蚜	苹果绵蚜
为害状	成、若蚜群集为害新梢、嫩芽和新叶，受害叶向背面横卷	成、若蚜群集叶片、嫩芽和幼果吸食汁液，受害叶向背面纵卷，且有红斑皱缩	成、若蚜群集枝干及根部吸取汁液，受害部膨大成瘤
发生规律	每年发生十几代，以卵在枝条芽缝或裂缝处越冬。果树萌芽后开始孵化。6～7 月是为害高峰期	每年发生十几代，以卵在枝条牙缝或裂缝处越冬。果树萌芽后开始孵化。5～6 月是为害高峰期	每年发生十几代，以若蚜在树干伤疤裂缝和近地表面根土上越冬，5～6 月和 9～10 月是两次为害高峰
防治方法	①农业防治。冬春刮树皮，生长季节人工摘除卷叶，结合黄板诱蚜、银灰膜避蚜。 ②生物防治。保护利用天敌，如瓢虫、草蛉、食蚜蝇、日光蜂等。 ③化学防治。选用 90%万灵 3 000 倍液，15%吡虫啉 3 000 倍液，3%啶虫脒 2 500 倍液。 ④加强检疫。禁止从苹果绵蚜发生疫区调进苗木、接穗。		

知识拓展

诊断与用药

化学防治仍是我国现阶段苹果生产中不可替代的技术，因此，准确识别与诊断病虫害，严格按国家有关标准选择与使用农药就成为绿色果品生产的关键技术。我国苹果生产上发生的病虫害种类很多，除以上介绍的外，常见的还有为害果实的苹小食心虫、梨小食心虫、苹果褐腐病、苹果霉心病、苹果锈果病；为害枝干的苹果小吉丁虫、苹果透翅蛾、天牛类、日本球坚蚧、大青叶蝉、苹果干腐病；为害叶片的金纹细蛾、旋纹潜叶蛾、舟形毛虫、苹果枯叶蛾、金龟子类、苹果白粉病等。快速而准确识别和诊断果园发生的每一种病虫害，并为其选择安全、有效、经济的施药方案，是苹果生产上一项实践性很强、难度较高的技能。可采取熟记病虫特征、进行比较鉴别、多看标本及果园实地观察等方法，以提高学习效果，指导果树病虫害防治。

表 5-10 为国家公布的生产 A 级绿色果品禁止使用的农药名称，生产上应严格掌握，并应随时注意国家新标准的颁布，及时调整相应内容。

表 5-10　苹果生产中禁止使用的农药

农药种类	A 级绿色果品	禁用原因
有机氯杀虫剂	滴滴涕、六六六、甲氧滴滴涕、硫丹	高残留
有机磷杀虫剂	甲拌磷、乙拌磷、久效磷、对硫磷、甲基对硫磷、甲胺磷、甲基异柳磷、治螟磷、氧化乐果、磷胺、地虫硫磷、灭克磷、水胺硫磷、氯唑磷、硫线磷、杀扑磷、特丁硫磷、苯线磷、甲基硫环磷	剧毒、高毒

续表 5-10

农药种类	A级绿色果品	禁用原因
氨基甲酸杀虫剂	滴灭威、克百威、灭多威、丁硫克百威、丙硫克百威	高毒、剧毒或代谢物高毒
二甲基甲脒类杀虫剂	杀虫脒	慢性毒性、致癌
卤代烷类熏杀虫剂	二溴乙烷、环氧乙烷、二溴氯丙烷、溴甲烷	致癌、致畸、高毒
微生物源杀虫剂	阿维菌素	高毒
杀螨剂	克螨特	慢性毒性
有机砷杀菌剂	甲基胂酸锌、甲基砷酸钙、甲基胂酸铁铵、福美甲胂、福美胂	高残毒
有机锡杀菌剂	三苯基乙酸锌、三苯基氯化锡、三苯基羟基锡	高残毒、慢性毒性
有机汞杀菌剂	氯化乙基汞、乙酸苯汞	剧毒、高残毒
取代苯类杀虫剂	五氯硝基苯、稻瘟醇	致癌、高残毒
2,4-D类化合物	除草剂或植物生长调节剂	杂质致癌
二苯醚类除草剂	除草醚、草枯醚	慢性毒性
植物生长调节剂	有机合成的植物生长调节剂	
有机氯杀螨剂	三氯杀螨醇	工业品中含有一定量的滴滴涕

工作任务二　疏花疏果与果实套袋

一、任务目标

熟悉疏花疏果和果实套袋的操作程序，掌握疏花疏果和果实套袋的技术要点。

二、材料与用具

盛花期苹果树、套果袋、疏果剪、喷雾器。

三、任务内容

(一)疏花疏果

(1)熟悉疏花疏果的时间。先疏蕾，再疏花，后疏果。疏花在花序分离期进行，每花序保留

2～3朵发育最好的边花即可，如果花序过密也可疏除一部分，花序间距保持15 cm左右比较适宜。疏果在一次落果后至生理落果前均可进行，其间早疏比晚疏好，可减少储藏营养消耗，最迟也应在六月上旬完成。

(2)确定花(果)的留量。根据叶果比法、枝果比法、间距法、以产定果法确定花(果)适宜留量。留果量多采用平均果间距法，一般大果型品种果间距应拉开30 cm以上；中、小果型品种，果间距可缩短至20 cm左右。

(3)掌握疏花疏果的方法。人工疏除和化学药剂疏除。

(二)果实套袋

(1)套袋前准备选园、选树、选果，套袋前喷药。

(2)果实套袋用购置的专用纸袋或自制纸袋。套袋时，先用手将袋撑开，使袋口的纵向开口基部骑在果梗上，再将袋口左右横向折叠，最后将袋口处的扎丝弯成"V"形夹固袋口。纸袋应鼓起，幼果在袋内悬空，扎丝夹住纸袋叠层，不要夹在果梗上。

四、任务提示

(1)分2～3次完成，采取以组定树的方法，从疏花疏果到果实套袋按操作流程连续进行。

(2)任务中留若干株树不疏果作为对照。选择化学药剂进行疏花疏果时，可结合生产做小型实验，定期观察和记载新梢生长、果树产量和果实品质等情况。

五、技能考核

根据实训态度、操作的规范与熟练程度、疏除与套袋效果及学生的创新能力等综合评分。

六、任务作业

(1)调查确定果树负载量。

(2)在果园实践疏花疏果，合理疏留，操作规范。

想一想

苹果树疏花疏果有什么作用？

工作任务三　苹果根系观察与果园施肥

一、任务目标

(1)学会观察果树根系分布的方法，为施肥提供依据。

(2)掌握果树常用的施肥方法。

二、材料与用具

1. 材料

苹果结果期树、各种肥料。

2. 用具

挖根用具、施肥工具、钢卷尺、记载和绘图用具、方格绘图纸。

三、任务内容

1. 观察果树根系的分布

可用壕沟法观察。从树干向冠外引一直线为基线，在基线两侧各 40 cm 处做一与基线平行的直线。再在基线上离树干 1～1.5 m 处向外挖一土壤剖面。剖面宽 60～80 cm，深度一般为 80～100 cm。挖出的剖面必须铲平，再在剖面上纵横每 10 cm 划线，分为若干 10 cm×10 cm 的方格。然后观察根系分布。根据观察结果，将土壤平面上的根，按方格自左向右，自上向下，根据根的断面粗度，用各种符号逐格绘记在方格绘图纸的相应位置上，绘制成根系分布剖面图。根的标记符号：• 表示直径 2 mm 以下的细根；○表示直径 2～5 mm 的根；⊙表示直径 5～10mm 的根；◎表示直径 10 mm 以上的根；×表示死根。

2. 果园施肥

(1)施肥方法。

①基肥：根据果园具体情况和果树根系分布特点，分别进行环状沟施、放射状沟施、条状沟施或全园施肥。深度 40～60 cm。

②追肥：可参照基肥的方法，应适当浅些，深度以 15～25 cm 为好。

③根外追肥：根据果树需肥特点，合理选择喷肥种类，确定喷肥浓度，按照喷施要求，进行操作。

(2)施肥时间。基肥宜在秋梢停止生长后及早施用(9 月上旬至 10 月下旬)，追肥应掌握好时期、用量。进行土壤施肥前，应先对树种、树龄、树势、结果量、植株营养状况、土壤性质、肥料种类、施肥时期、需肥特点等进行全面分析，然后确定适宜施肥量和施肥方法，最后进行施肥。

四、任务提示

(1)最好安排在苹果果实采收后，先进行根系观察，后进行土壤施肥。根外追肥可结合其他实训进行。

(2)任务内容应作为果园平衡施肥技术的一部分统筹考虑，以提高实训的针对性和实用性。

(3)施肥应预先挖好2～3个根系分布的土壤剖面,供实习时轮流观察;土壤施肥方法很多,可根据条件选做几种,其余方法采用示范方式进行。

五、任务作业

(1)根据观察结果,绘制根系分布剖面图。
(2)根据果园条件,提出最适宜的施肥方法。

工作任务四　绿色食品苹果主要虫(螨)害的识别

一、任务目标

(1)掌握苹果主要虫(螨)害的识别方法。能从虫(螨)害形态特征及为害状两方面准确识别当地主要虫(螨)害10种以上。
(2)掌握农药田间药效试验方法,学会合理用药。

二、材料与用具

(1)桃小食心虫、山楂叶螨、二斑叶螨、苹果叶螨、苹果小卷叶蛾、绣线菊蚜、苹果瘤蚜、苹果绵蚜及其他当地常见害虫的针插标本、液浸标本、玻片标本及为害状标本。
(2)放大镜、体视显微镜、显微镜、镊子、挑针、载玻片、培养皿等。
(3)供试药剂,喷药、配药和盛药的各种工具,喷药标签、记录本等。

三、任务内容

1. 室内苹果虫(螨)害的识别

(1)苹果食心虫类识别。观察食心虫成虫的体形、颜色及前翅特征;幼虫的体形、头部、前胸背板、腹板和腹节的形状及颜色,胴部的色泽,腹足、尾足的趾钩数目;幼虫为害果实的症状特点;卵的形状和颜色等。
(2)叶螨类识别。观察山楂叶螨、二斑叶螨、苹果叶螨的成螨、若螨、幼螨和卵的形态特征和为害状。
(3)当地苹果其他重要害虫识别,观察其形态和为害状。

2. 果园虫(螨)害的识别

(1)选择夏季果园虫(螨)害种类较多时,现场观察鉴别。
(2)结合果树生产技术的其他任务内容随时观察鉴别。

3. 果园药剂防治试验

在苹果虫(螨)害室内外识别的基础上,以某一种虫害为代表,通过果园药剂防治试验,确定药剂品种和防治方案。现以桃小食心虫药剂品种比较试验为例说明如下：

选择上年桃小食心虫发生较重的果园，分成 2 个试验区段（即重复 2 次），每个区段按试验处理数（供试药剂品种数）划成小区，每小区 15 株树。第二区段按逆向顺序排列。将该果园防治桃小食心虫常用药剂设为标准对照药剂。喷药前每小区中间固定 3 株调查树，每株树定果 100 个以上，每个处理（药剂）。重复 2 次，共定果 600 个左右。同时用放大镜检查固定果上的蛀入孔数，并随即用玻璃铅笔将蛀入孔圈起。检查完以后在当天或第二天喷药。当代卵发生期结束后，调查固定果，凡有新增蛀入孔的果实即作为虫果计算，否则都算作好果，然后按以下公式求出好果率，作为选用药剂的依据。

$$好果率=\frac{好果数}{检查总果数}\times 100\%$$

四、任务提示

（1）可选择在夏季果园害虫（螨）种类多时进行，先在室内识别，再到果园现场鉴别，最后进行药剂试验。

（2）室内识别应充分利用彩图、课件、视频等多媒体教学手段，力求达到准确识别。

（3）不同害虫（螨）药剂防治效果的调查方法及计算公式不同，可参考有关资料进行。

五、技能考核

当地主要苹果虫（螨）害识别：在规定时间内，能通过害虫（螨）的任一形态或为害状识别 10 种以上害虫（螨）。

六、任务作业

（1）制作当地主要害虫（螨）室内检索表。

（2）利用课外时间观察果园主要害虫（螨）各虫态形态特征及为害状，制作苹果常见害虫检索表。

工作任务五　苹果主要病害识别

一、任务目标

（1）掌握苹果主要病害的识别方法，为果园病害防治奠定基础。

（2）准确识别当地苹果主要病害 5 种以上。

二、材料与用具

1. 材料

苹果树腐烂病、苹果干腐病、苹果轮纹病、苹果炭疽病、苹果褐斑病、苹果斑点落叶病、苹果白粉病、苹果花叶病及其他苹果病害症状标本和病菌玻片标本。

2. 用具

显微镜、放大镜、挑针、刀片、滴瓶、载玻片、盖玻片、培养皿等。

三、任务内容

1. 苹果枝干病害识别

观察苹果树腐烂病的溃疡型、枝枯型等病状特点，病皮表面产生黑色小粒点的情况和孢子角的释放。镜下观察病菌的子囊壳、子囊孢子、分生孢子器及分生孢子的形态特征。

2. 苹果果实病害识别

比较轮纹病与炭疽病以及其他果实病害的症状区别，镜下观察病原菌形态特征。

四、任务提示

(1)病害识别以室内集中观察识别为主，结合果园病害防治及其他实训任务全年进行。

(2)除标本外，注意利用其他媒体如彩图、幻灯、影像资料扩大识别范围，巩固记忆。

五、技能考核

当地苹果主要病害识别：在规定时间内，能通过症状识别5种以上病害。

六、工作任务作业

(1)制作当地苹果主要病害检索表。

(2)调查总结苹果某一病害发生特点。

工作任务六　苹果修剪基本技能训练

一、任务目标

(1)学会观察修剪反应，为掌握苹果基本修剪技能奠定基础。

(2)熟练掌握苹果基本修剪技能,为其他树种修剪奠定基础。

(3)掌握苹果幼树整形技术,学会基本修剪技能的综合应用。

二、材料与用具

1. 材料

管理较好的各个年龄时期的苹果树。

2. 用具

修枝剪、手锯、芽接刀、梯子、开角用具、钢卷尺、卡尺、铅笔、笔记本等。

三、任务内容

1. 修剪反应

冬季修剪前,观察上年果树对各种基本修剪方法的修剪反应,观察内容包括被剪枝条的生长势、角度、粗度、位置,采用的修剪方法及其程度,修剪后枝芽生长情况,如萌芽率、成枝力、枝类比例、枝条充实度、成花结果情况。在此基础上,评价其修剪效果,提出每一种修剪方法的改进技术。

2. 基本修剪技能训练

(1)修剪工具的使用方法与枝条的剪截及锯除方法。

(2)各种修剪方法的训练。如不同短截程度的剪截部位,剪口芽的留用;回缩的部位及剪口枝的选留;缓放对象的选择;枝条开张角度的方法及操作规程;环剥、刻芽的操作技术等。要求达到规范熟练、意图明确,与实际符合程度高。

3. 综合修剪技能训练

(1)幼树整形技术练习。选择当地苹果园的主流树形,利用不同树龄的苹果树,按由小到大的顺序,分别进行定干、定植当年及以后各年的修剪,形成相对连续的整形过程。

(2)结果枝组的培养与修剪。掌握结果枝组的配置、培养与更新。

四、任务提示

(1)本任务可结合果树修剪综合任务分 2～3 次进行,以冬季修剪为主,完成大部分技能训练。生长季分别在春季萌芽前和夏季新梢旺长期进行,并应利用专业劳动课继续进行技能训练。

(2)为使学生从苹果动态生长的角度掌握修剪技能,可先让学生观看相应的影视教学片,并采用室内板图演示、现场模拟教学、示范修剪等形式,使学生形成系统的修剪概念和综合技能。

(3)任务开始阶段先由教师讲解示范,然后学生分组进行,以便共同讨论,尽快入门。以后逐步过渡到单人单株修剪。教师在指导学生修剪时,注意发现具有普遍性和典型性的问题,并及时集中全班学生进行辅导。

(4)注意操作安全。

五、技能考核

1. 任意指定某一枝条，能说明其上年采用的修剪方法，准确率高。
2. 能正确握剪、用锯，剪（锯）枝条熟练正确，剪锯口符合要求。
3. 任意指定一种基本剪法，能按步骤且规范完整地进行操作。

六、任务作业

（1）在实习基地以实习小组或单人定树定期修剪。教师指导学生制订修剪方案，完成全年修剪。实习小组（或个人）之间应选择不同树龄的植株进行修剪并定期互相交流。

（2）设计小型修剪试验，观察不同修剪方法的反应规律。

想一想

果树冬季常用修剪方法中回缩和短截有什么区别？

必备知识四　果园分阶段综合生产技术

果园分阶段综合生产技术是根据果树不同年龄时期的生育特点和生产目标，制订正确的技术方案，并在年周期中将土肥水管理、整形修剪、花果管理、病虫害防治及其他基本生产技术，按照农事季节顺序和实际生产需要，组成以物候期为单元的可直接实施的综合技术包，以实现果园优质高效生产。苹果的年龄周期包括幼年期、初果期、盛果期、衰老更新期四个时期，生产上通常按照生产目标、技术方向和管理任务的不同，以树体结果为界限，将果园生产分为幼龄期和成龄期两个阶段。

一、幼龄期果园

幼龄期从建园定植起到开始结果为止。其时间长短因苹果品种、砧木、栽植密度、生产技术和果园所处环境而异，通常为 3～4 年。

（一）果园特点

幼龄期果园光照和通风条件良好，水肥供应相对充足，果树营养生长十分旺盛，表现为新梢生长周期长，生长量大，光合面积迅速扩大，树冠扩展速度较快。但由于北方地区春旱秋涝及早春低温的影响，造成新梢春短秋长的现象，加之秋梢停止生长晚，生长不充实，营养积累少，极易出现越冬抽条与冻害等自然灾害，成为影响果树生产的重要因素。

幼龄期果园主要发生以为害叶、芽、低龄枝条为主的病虫害，如食叶性的苹小卷叶蛾、顶梢卷叶蛾、苹毛丽金龟、黑绒金龟，为害枝条的大青叶蝉。病害有苹果斑点落叶病、苹果褐斑病。此外还有蚜虫类、毛虫类及潜叶害虫等。

投入产出比小，经济效益较低是幼龄期果园的显著特点，因为幼龄果园属于果树生产的投入阶段，包括建园基础设施、苗木以及每年的生产资料、生产用工等均需不断投入资金。而相比之下，由于果树生长前期叶面积系数小，光能利用率低，收益却较少。

（二）生产目标与技术路线

幼龄期果园的主要生产目标是在保证果树安全越冬的基础上，综合应用各项技术，迅速扩冠成形，早花早果，尽快达到经济产量要求。同时充分利用果园光能资源，提高早期经济效益。幼龄果园通过以下技术路线实现生产目标。

1. 整形修剪

促控结合苹果幼龄树的修剪任务是通过对枝条的调整、促进和控制，完成整形任务，并在整形的基础上增枝、扩冠、转化枝条类型和促花。因此要坚持以轻为主、轻重结合、冬轻夏重的原则。重点是冬剪整形、夏剪促花、春秋控旺。冬剪整形，以骨干枝的选用、培养为重点，通过其剪留长度、开张角度及修剪程度平衡树势。在不影响骨干枝的选留和生长，不影响光照和从属关系的前提下，通过缓放、疏枝、回缩等剪法充分利用辅养枝；夏剪促花，主要通过拉枝开角、扭梢摘心、环剥旺枝等措施缓和树势，促进花芽形成；春秋控旺是指对生长旺盛的幼树，秋季剪除嫩梢，拿枝软化，继续拉枝开角，甚至采用延迟修剪的方法，即春季萌芽后再进行冬剪。

2. 肥水管理，前促后控

在深翻改土的基础上，实行秋施基肥，早春追肥，夏季控肥。肥料种类上以有机肥料为主，化肥为辅。前期以氮为主，中后期以磷、钾为主。水分管理上应满足早春及初夏水分供应。雨季注意排水和山地果园蓄水。冬前灌足封冻水。

3. 树体保护，防治兼顾

以冬春季节为重点做好幼树安全越冬和病虫害防治工作。即以越冬保护为中心，以培养健壮树体控制后期旺长为前提，预防越冬抽条和冻害；以春季萌芽和新梢生长为关键时期，以夏季为重要时期，实行化控为主、农业防治为辅的方案，防治金龟子、卷叶虫、叶片病害及毛虫类害虫。

4. 果园增效，因地制宜

在科学分析果园地理区位、生态因素、技术条件等综合资源优势的前提下，以市场为导向，以有利于果树和果园生态环境为原则，根据树龄选择适宜的生产模式，最大限度地增加果园早期收益。如果园间作、育苗养禽等。

知识拓展

冻害与抽条

冻害与抽条是造成苹果幼树越冬死亡的主要原因。冻害是由 0 ℃以下低温引起的伤害。通常使主干纵裂、枝杈树皮变褐坏死、枝条木质部变黑出现“黑心”现象。抽条是由早春土壤结冻和干燥多风共同作用引起的枝条过度失水，使枝条表皮皱缩、皮层和木质部失绿变黄。生产上通常采用建园选择、壮树锻炼、防护治疗三大技术措施，确保幼树安全越冬。

1. 建园选择

应避免在低洼地、深沟及风口处建园。选择抗性强的品种和砧木，如山荆子、八棱海棠、短枝寒富、北海道9号等。也可采用坐地苗高接的方式建园。

2. 壮树锻炼

运用综合技术措施，培养健壮树体，保证枝条充分成熟。一是严格控制后期肥水，配合使用多效唑、矮壮素等生长调节剂防止枝条徒长；二是果园避免间作秋季需肥水多的大白菜、萝卜等；三是秋季剪除未成熟的嫩梢；四是清除果园杂草，并在秋末大青叶蝉转到树上产卵之前喷施杀虫剂，消灭果树行间杂草及间作物上的成虫。

3. 防护治疗

果园入冬前要灌足冻水，采用埋土方式越冬。即将树体卧倒后覆土20～50 cm。也可在早春对树体喷涂高脂膜、石蜡乳剂、聚乙烯醇、羧甲基纤维素等保护剂，减少枝条水分蒸发。树干涂白是果园越冬防护的常规技术，可按生石灰：水：食盐：石硫合剂原液＝1：3：0.1：0.1的比例配制，再加适量动植物油或豆浆作展着剂，在果树落叶后涂抹即可。树冠下覆盖地膜也能减轻根系、枝干冻害和抽条。

冻害和抽条发生后，应及时剪除受冻或抽干的枝条，加强肥水管理，采用夏剪摘心、秋剪嫩梢技术使枝条充实。结果树应注意疏花疏果，加强腐烂病的检查与防治工作。

(三)周年生产技术

1. 萌芽期

从早春根系开始活动，经芽膨大、开绽、展叶到春梢旺盛生长前为止。此期的特点是少雨干旱，气温回升而地温偏低，光照充足但大风频繁。生产任务是做好幼树安全越冬的后期工作，土壤增温保墒，综合防治果园病虫害，后期追肥灌水，保证幼树春季生长。

(1)萌芽前15～20 d喷布第二次越冬抽条防护剂。全园顶凌刨园耙地。

(2)萌芽前5～10 d对埋土越冬的幼树分2～3次出土，顺序是先梢部后基部，然后筑树盘，根际覆地膜；全园中耕松土，除草，同时喷布农抗120或3～5波美度石硫合剂1次。采用药剂涂抹剪锯口、枝杈等处，杀死越冬卷叶虫、叶螨、蚜虫等；新植幼树定干、刻芽。

(3)萌芽后，全园追肥。施肥后灌一次透水，播种间作物；喷50%马拉硫磷加三唑酮防治白粉病、蚜虫、卷叶虫及金龟子。同时人工剪除白粉病病芽、病梢和卷叶虫苞。人工捕杀或灯光诱杀金龟子；发现苹果小叶病时，叶面喷布硫酸锌液；抹除骨干枝上无用的不定芽和密生芽，抹除圈枝、别枝、扭梢、压条后在隆起部长出的无用芽、环剥和环割后伤口处萌发的芽。

2. 春梢生长期

从春梢旺盛生长开始，经缓慢生长直至形成顶芽。此期的特点是气温迅速回升，日照时间加长，多风少雨，新梢生长旺盛，叶幕形成。生产任务是保证肥水供应，精细夏季修剪，防治病虫为害，提早形成叶幕。

(1)旺长前期。全园灌水，水渗后树盘松土10 cm深，除草保墒；及时疏除外围过密梢、旺长梢及剪锯口和主干上的萌蘖，对背上枝、竞争枝及时扭梢摘心。旱地果园进行穴贮肥水。

(2)旺长期。叶面喷施0.2%氨基酸复合肥2～3次，全园喷多效唑1～2次。

(3)缓慢及停止生长期。追施以磷、钾为主的复合肥。施肥后灌水,然后进行全园或行内覆草;对骨干枝及辅养枝拉枝开角,并环剥生长强旺的辅养枝,同时可进行拿枝。继续做好叶螨预测预报;果园化学除草。

3. 秋梢生长期

从秋梢开始生长,经旺盛生长阶段到大部分缓慢生长直至停止生长。此期是全年气温最高、降水量最多的季节。新梢生长强度大、时间长,部分新梢生长可持续到入冬前,但组织不充实。本期的生产任务是通过控制过量水分、缓势修剪及防治叶片病虫害等途径防止新梢旺长,减少养分消耗,提高枝条成熟度。

(1)秋梢生长前期。生草制果园草高 20～30 cm 时留茬 8 cm 刈割,覆盖树盘,也可采用其他方式处理后施肥。

(2)秋梢生长中期。山地果园蓄水保墒,平地果园尤其是低洼地果园注意排水;清耕制果园雨后深锄,疏松土壤除草保墒;当每叶有活动螨 6～7 头时,喷布 1%阿维菌素溶液。同时,叶面喷施 0.3%磷酸二氢钾溶液 2～3 次。

(3)秋梢生长后期。果园扩穴深翻,秋施基肥。结合施基肥,进行深翻改土。施肥后及时灌水;秋季修剪,疏除剪锯口徒长枝。对未及时停长的秋梢剪去前部幼嫩部分或摘心。对非骨干枝上的直立新梢拿枝变向,然后按照整形要求对骨干枝及辅养枝拉枝开张角度。

4. 落叶期

从秋梢停止生长,经过落叶到土壤封冻为止。其中秋梢停长到落叶是全树主要营养积累期。此期的特点是日照充足,昼夜温差大,土壤墒情较好。加之枝梢光合能力强,有利于光合产物积累,增加树体贮藏营养。落叶后,随冷空气频繁入侵,气温迅速下降,养分缓慢回流。这一时期的生产任务是:维持健壮枝叶,增加养分积累,消灭越冬病虫,保证安全越冬。

(1)前期根据墒情适当灌水,继续秋施基肥,深翻改土;树干绑草把诱集捕杀叶螨。果园行间作物和周边杂草,树干涂白。

(2)落叶后清除落叶、杂草、枯枝,深埋或烧毁;需要时进行土壤改良;幼树埋土,封冻前全园灌一次冻水。

5. 休眠期

从果园土壤封冻到翌年根系开始活动前。此期天气寒冷,日短多风,工作效率低,大部分生产任务安排在气温开始回升之后。主要是冬季修剪,树体越冬保护,翌年生产准备工作。

(1)进行冬季修剪。结合修剪,剪除病虫枝梢,枯枝翘皮,然后集中烧毁,以消灭越冬病虫害。

(2)不宜埋土防寒的幼树,早春喷布防护剂防止抽条。

(3)制订翌年果园管理计划,准备肥料、农药、生产工具及其他生产资料,组织冬季技术培训。

二、成龄期果园

成龄期从开始结果,经大量结果和高产稳产阶段,至产量明显下降到无经营价值为止,可分为结果初期、结果盛期和结果后期三个时期。结果盛期经历时间最长、经济效益最大而成为果园生产的核心阶段。

(一)果园特点

成龄期果园树体和根系扩大到最大限度,出现封行和行间交叉现象,新梢生长周期变短,生长量逐步减小,结果枝大量增加,达到总枝数的80%~90%,产量达到最高峰,故肥水用量急剧增加。果实大小、形状、品质完全显现出该品种特性。在生长与结果的关系中,结果已成为矛盾的主要方面,不当的生产技术很容易造成大小年结果、品质下降以及树势衰弱,最终导致病虫害严重。由于叶面积指数达到最大值,果园光照和通风条件变差,尤其是树冠下层和内膛更差,结果部位开始外移,骨干枝后部枝组开始枯死,逐渐出现光秃现象。

果园病虫害已由幼龄期相对单一的枝叶类病虫害,演变为以果实、枝干、叶片为主要对象的多种类、综合性病虫害。其中最重要的有为害果实的桃小食心虫、苹果小食心虫、苹果炭疽病、苹果轮纹病。为害枝干的苹果树腐烂病、苹果干腐病、苹果枝溃疡病、苹果小吉丁虫。为害叶片的叶螨类、蚜虫类、卷叶虫类、苹果白粉病。多数病害往往同时为害苹果树的多种器官,又常与虫害叠加,在防治方法不当及管理粗放的情况下,经常出现暴发性流行。同时由于大量结果,土壤中微量元素缺乏,果园常发生苹果缩果病、苹果小叶病、苹果黄叶病、苹果苦痘病等生理病害。枝干冻害和花期霜害成为主要的低温灾害。大多数果园往往因上述因素的共同作用而造成较大经济损失。如过量结果、肥水供应不足、冬季大冻害后加上苹果树腐烂病暴发,会在短时间内毁灭果园。

成龄果园是果园生产周期中的投入回报阶段,具有较大的投入产出比和较高的经济效益。一方面随着苹果树总生长量和结果量的增大,肥料、农药、农膜等生产资料的使用量加大,果园用工量急剧增加。另一方面优质高产会带来显著的经济效益。而市场成为决定果园效益的关键,故以市场为导向成为果园生产经营的基本模式和方向。

(二)生产目标与技术路线

成龄果园的生产目标是以维持健壮而稳定的树势为前提,以生长与结果的动态平衡为基础,采用精细准确的综合技术,生产安全优质而产量稳定的果品,最大限度提高果品的商品率、果园经济效益和生态环境效益。

实现成龄果园生产目标的技术路线是:

1. 以果品消费市场需求为导向

在效益优先的原则下,确定果园生产方向和技术方案,并随时根据市场变化,引进新技术,调整生产计划,通过产后分级包装提高苹果的商品率,力争实现订单式生产。

2. 以果实管理为核心

全面提高果实品质,严格按苹果生产相关标准,通过控制果园空气、土壤及灌溉水质量、正确选用肥料及农药类型等途径保证果品安全;通过疏花疏果、果实套袋、人工增色、合理采收及采后处理提高果实品质;通过合理的土肥水管理、花期防霜保证适宜而稳定的产量。

3. 以保证树体营养为关键

通过深翻改土、保持水土,培养深厚、疏松、肥沃的土层,满足根系扩展的需要,以充足而合理的肥水供应保证全树生长。应用修剪技术改善树冠光照,培养调整和更新枝组,维持各类枝的适当比例，使树体养分使用更为合理、高效。严格限制产量，及时采收并维持秋季叶片功能，增加树体营养储备。

4. 以病虫害防治为保证

抓好以春季为关键时期、综合防治为基本方针、安全用药为前提的果园病虫害防治。优先采用生态农业措施和生物自然控制技术，提倡使用微生物农药和矿物源农药。严格按照生产规程，限量使用限定的化学合成农药，重点防治食心虫、叶螨、腐烂病等主要病虫害。

知识拓展

高接换优技术

高接换优在苹果生产中广泛应用于改换劣老品种、高接授粉品种及高接抗寒栽培。利用高接换优改造老果园，可在短期内恢复产量，提高经济效益。

苹果高接换优应注意选择砧穗组合、合理整形、嫁接技术等环节。首先要根据果园原有树种选择与其嫁接亲和力强且市场销路好的优良品种，如采用国光高接红富士成活率高、结果早。然后在嫁接前对原树本着因树作形、主从分明、充实内膛、插枝补空的原则，锯除原头，合理安排嫁接部位。实践证明，大树采用多头高接，接口直径不超过 5 cm，并实行长短接穗配合时，容易愈合，早果丰产。

高接时期以盛花前 15～20 d 成活率最高，夏季嫩枝高接以 7～8 月为好。高接换优必须在保证接穗质量的基础上，削平接穗，对齐形成层，捆绑紧，然后套塑料袋保湿，并尽量缩短操作时间。嫁接方法因部位而定。在骨干枝和大型枝组等部位采用劈接或皮下腹接，中小型枝组及内膛插枝补空时采用皮下接和皮下腹接。

嫁接成活后，应在加强肥水管理和病虫害防治的基础上，重点做好四项工作。是随时除去原树萌蘖，保证养分集中供应接穗；二是接穗上萌发的新梢达 2 cm 左右时及时去掉塑料袋；三是新梢长到 30～40 cm 时，将原有捆绑物放松，以免造成缢痕，并结合松绑在接口处绑支柱，将新梢引绑到支柱上，防止大风吹折新梢；四是配合正确修剪措施。当年夏季骨干枝延长头长到 50 cm 时，留 30～40 cm 短截，促发分枝。其余新梢不剪，使之开张角度。秋末剪去新梢上未木质化部分，促进枝条组织充实，防止抽条。冬剪时，除骨干枝延长枝中短截外，其余枝条均采用缓势修剪。

(三)周年生产技术

1. 萌芽期

从春季芽膨大，经开绽展叶到短梢停止生长为止。萌芽期是一年中干旱、风大、少雨、温度偏低的时期。该期的生产任务是花前复剪、追肥、灌水和疏花；防治苹果树腐烂病、枝干轮纹病、干腐病、白粉病、蚜虫类、卷叶虫等。

(1)萌芽前整地、中耕除草。

(2)花芽膨大期，对花量大的树进行花前复剪；追施氮肥，施肥后灌 1 次透水，然后中耕除草。丘陵山地果园进行地膜覆盖穴贮肥水。

(3)花序伸出至分离期，按间距法进行人工疏花，同时疏去所留花序中的部分边花；全树喷 50％多菌灵可湿性粉剂加 10％吡虫啉。

(4)随时刮除大枝、树干上的轮纹病瘤、病斑及腐烂病和干腐病病皮，并涂农抗 120 杀菌消毒。

2. 开花期

从全树有 5%的花开放到谢花为止。此期多数地区仍为风大干旱时期，气温变化幅度仍较大，常因乍暖回寒发生晚霜而使花器受冻，造成大面积减产。生产任务是在合理疏花的基础上，应用多项措施提高坐果率，防止晚霜。

(1)人工辅助授粉或果园放蜂传粉，壁蜂授粉。

(2)对幼旺树的花枝采用基部环剥或环割，提高坐果率。

3. 幼果期

从坐果开始，经果实细胞分裂和组织分化，到 6 月生理落果结束、新梢停止生长之前。此期气温明显回升、光照充足、干燥少雨，幼果发育、春梢旺长同步进行，养分矛盾突出，肥水需求量大。生产任务是疏果、套袋；夏季修剪；灌水喷肥、中耕除草；防治果实轮纹病、炭疽病、早期落叶病、叶螨类、蚜虫类、卷叶虫类及金纹细蛾等。

(1)花后及时灌水 1～2 次；结合喷药，叶面喷施氨基酸复合肥、0.3%高效钙 2～3 次；清耕制果园行内及时中耕除草。

(2)花后 7～10 d，喷 1 次杀菌剂加杀虫杀螨剂。花后 10 d 开始人工疏果，疏果须在 15 d 内完成；疏果结束后，果实套袋前 2～3 d，全园喷 50%多菌灵可湿性粉剂加 25%除虫脲或 25%灭幼脲 3 号；施药后 2～3 d 红色品种开始套袋，同一果园在 1 周内完成。监测桃小食心虫出土情况，并在出土盛期地面喷布辛硫磷或毒死蜱。

(3)夏季修剪。应及时疏除萌蘖枝及背上徒长枝。对果台副梢和结果枝组中的强枝摘心，对着生部位适当的背上枝、直立枝进行扭梢。

4. 花芽分化及果实膨大期

从春梢停长、花芽分化，经果实迅速膨大期，到开始着色前为止。此期处于全年的雨季，高温多雨为其显著特点，是形成果实产量的主要时期，也是秋梢生长期和果实叶片病虫害集中发生的时期。这一时期的主要生产任务是重点防治病虫，加强土壤管理，继续夏季修剪，做好销售准备。

(1)春梢停长后，全园追施磷、钾肥，施肥后浇水，以后视降雨情况进行灌水。覆盖制果园进行覆盖，清耕制果园灌水后及时中耕除草，生草制果园刈割后覆盖树盘。晚熟品种在果实膨大期可追 1 次磷、钾肥，并结合喷药叶面喷施 2～3 次 0.3%磷酸二氢钾溶液。

(2)提前进行销售准备工作，早熟品种及时采收并施基肥。

(3)继续做好夏季修剪工作。山地果园进行蓄水，平地果园及时排水。

5. 果实成熟与落叶期

从果实开始着色，经成熟采收，到落叶休眠为止。此期的前期为果实成熟期，是采用果实商品化技术的集中时期，如果实增色、合理采收、采后处理等。采后到落叶前为全年营养积累期。由于昼夜温差大、光照充足、土壤水分适宜，加上果实采收和秋梢停止加长生长，枝叶光合同化产物绝大部分用于积累营养，为翌年全树生长发育奠定基础。生产任务是运用综合技术增加苹果商品价值，提高树体贮藏养分，确保安全越冬。

(1)采收前 20～30 d 红色品种果实摘除果袋外袋，经 3～5 d 晴天后摘除内袋。同时(采前

20 d)全园喷布生物源制剂或低毒低残留农药,防治苹果轮纹病和炭疽病;树干绑草把诱集叶螨;果实除袋后在树冠下铺设反光膜,同时进行摘叶、转果;秋剪疏除过密枝和徒长枝,剪除未成熟的嫩梢。

(2)全园按苹果成熟度分期采收,采前在苹果堆放地铺 3 cm 厚细沙,诱捕脱果做茧的桃小食心虫幼虫;采后清洗分级,打蜡包装。黄色品种和绿色品种可连袋采收;拣拾苹果轮纹病和炭疽病病果。

(3)果实采收后(晚熟品种采收前)进行秋施基肥。结合施基肥,对果园进行深翻改土并灌水;检查并处理苹果小吉丁虫及天牛。

(4)落叶后,清理果园落叶、枯枝、病果;土壤封冻前全园灌冻水。

6. 休眠期

从苹果落叶休眠到翌年萌芽前。因低温、多风、昼短,果树处于全年的休眠阶段。主要生产任务是冬季修剪及越冬病虫害的农业防治、翌年生产计划制订与生产准备工作。

(1)根据生产任务及天气条件进行全园冬季修剪。结合冬剪,剪除病虫枝梢、病僵果,刮除老粗翘皮、枝干病害的病瘤、病斑,将刮下的病残组织及时深埋或烧毁;然后全园喷 1 次杀菌剂。

(2)进行市场调查,制订年度果园生产计划,准备肥料、农药、农机具及其他生产资料,组织技术培训。

知识拓展

苹果综合生产技术方案的制订

苹果综合生产技术方案是果园经营方针的体现。完整的生产技术方案包括果园生产技术实施计划、人力资源开发、生产资金与生产资料的管理使用以及果品销售的前期工作。制订果园综合生产技术方案按以下步骤进行。

应先调查研究,充分占有第一手资料。具体包括三方面内容:一是苹果生长发育的基本资料和基本情况。如苹果物候期,果园主要病虫害发生规律,果园所在地气候资料及自然灾害发生时间、强度及危害情况,与苹果生长发育有关的土壤、水分及其他条件情况。二是收集与苹果生产有关的技术标准,作为制订方案的依据。三是调查市场,掌握苹果销售市场对苹果及其生产技术的要求。

在调查研究收集资料的基础上,由果园生产负责人组织技术员、生产工人并吸收销售人员参加制订技术方案。第一,根据果园生产环境条件、技术能力及果品市场要求确定果品生产目标标准,其等级由低到高依次是普通苹果、A 级绿色苹果和 AA 级绿色苹果。第二,根据标准要求确定果园生产采用的生产资料,如农药、肥料、除草剂、生长调节剂的种类。确定苹果质量标准及适宜产量指标,各单项技术的基本路线与任务。例如,修剪技术中全树枝量的确定,实现果实外观质量采用的技术途径,主要病虫害控制的目标等。第三,根据苹果物候期、病虫害发生规律、当年气候特点,按照相应的标准要求制定各单项技术全年工作历。第四,按照综合性、效益性的原则,以各个物候期为单位,以物候期的演化时间为顺序,将单项技术全年工作历有机合并,选优组合,形成综合生产技术方案。

在实施综合生产技术方案时,根据果园实际情况及时调整,进一步优化方案,使其成为翌年技术方案的雏形。以后随苹果生长发育变化，根据市场需求及气候条件变化，每年做小范围调整充实即可。

项目小结

本项目详细介绍了苹果的种类、品种及栽培建园的相关内容，包括不同阶段果园的不同管理方式。中国苹果种植区域广阔、跨度大，历史悠久，经济和社会效益显著。高质量发展苹果产业对推进我国农业供给侧结构性改革、助力乡村振兴和生态文明建设将发挥重要作用。

复习思考

1. 调查本地区苹果品种组成、市场结构及消费趋势，并依据自然和社会条件，提出当地苹果品种发展的规划意见。

2. 根据当地苹果主要品种的物候期，结合所学知识，试制订苹果园周年生产计划和管理年历。

3. 围绕优质果品、高效生产的目标，调查当地苹果生产存在的突出问题，提出全面提高苹果品质和商品率的技术措施。

4. 按照绿色果品标准，你认为当地苹果生产中应集中解决哪些问题？

5. 以苹果某单项技术（如幼树小冠疏层形整形修剪、疏花疏果、果实套袋等）为例，提出以提高工效为目的的技术改进措施，并制定操作技术规程。

6. 试总结苹果不同树形各年龄时期修剪的重点和主要技术措施。

7. 果园生草覆盖栽培有什么好处？具体如何操作？

8. 苹果园土壤管理制度有哪几种？各有何优点？当地适合采用哪种方法？

9. 如何提高苹果坐果率？如何进行人工授粉？

10. 如何科学采收苹果？

项目六 绿色食品梨生产技术

【学习目标】

• 了解梨的主要种类、品种群及品种，掌握梨的生长结果习性及对环境的要求，熟练掌握绿色食品梨生产关键技术，能独立进行梨园生产管理。

【思政目标】

• 培养学生形成严谨的科学态度、不断探究的科学精神以及"三农"情怀。

【学习提示】

• 在学习梨生产技术的基础上，通过观察记载、对比分析，掌握梨生长发育特点及生产技术特点。利用实验课及课外活动，参与生产管理，熟练专项技能。

项目引入

梨含有糖、酸、维生素、蛋白质、脂肪以及多种矿质元素，具有帮助消化、润肺清心、止咳祛痰等功效。梨除鲜食外，还可用于加工，是我国出口量最大的水果。梨树早果丰产、适应性强，在我国北方果树生产中占有十分重要的位置。

随着国际交流的加快和果品市场竞争的日益加剧，我国良种引进步伐加快，如日本、韩国的水晶梨、黄金梨等沙梨系名优品种及早红考密斯、红安九等特色红皮梨先后引入我国，发展迅速，加之传统的砀山酥梨、莱阳梨、河北鸭梨、雪花梨，品种趋于国际化、名优化、多样化。在栽培技术上，引进了国外先进的梨棚架栽培、弥雾喷药、精准施肥、壁蜂授粉等技术，使传统技术进一步提升和优化，果园生草、人工授粉、配方施肥、果实套袋已成为现代梨果栽培的必然趋势。从栽培模式上，过去分散的经营方式已显露出各种弊端，取而代之的是规模化发展，标准化生产，产业化开发，一体化经营，拉长产业链，实现小生产与大市场的对接。

必备知识一　梨的种类和品种

一、主要种类

梨为蔷薇科梨属多年生落叶乔木果树。世界梨属植物约有35种，其中原产我国的有13种。我国主要栽培种类如下。

1. 秋子梨

主要分布于我国东北，华北、西北也有分布。本种成枝力强，生长旺盛。老枝灰黄或黄褐色。叶缘有带长刺芒的锯齿。果实大多近球形，个小，果柄短，萼宿存，果肉石细胞多且粗，多数品种经后熟方可食用，部分品种有浓郁香气。本种抗寒力强，耐旱、耐瘠薄，抗腐烂病，不耐盐碱，寒冷地区栽培表现较好。

2. 白梨

主要分布于我国华北、西北地区，辽宁、淮河流域也有分布，是中国栽培梨中分布最广、栽培面积最大、优良品种最多的种类。二年生枝褐色或茶褐色。叶缘有尖锐锯齿，齿芒内合。果实多为倒卵形或长圆形，个大，成熟时果皮多为黄色，果柄长，萼片多脱落，果肉细脆多汁、味甜，石细胞少，多数耐贮藏。

3. 沙梨

主要分布于中国长江流域及其以南各省、自治区、直辖市，华北、东北、西北等地也有栽培。本种类成枝力弱，树冠内枝条稀疏。枝条粗壮直立，多褐色或暗褐色。叶片先端长尖，叶缘锯齿尖锐有芒。果实多为圆形，果皮褐色或黄褐色，萼片多脱落，肉脆味甜、汁多，果实石细胞较多。本种喜温暖湿润气候，抗热、抗火疫病能力强，抗寒性较差。我国从日本和韩国引进的梨优良品种多属于本种。

4. 西洋梨

从欧洲引进。在我国栽培面积较小，主要分布于华北、西北等地区。枝条直立性强，小枝无毛有光泽，枝条灰黄色或紫褐色。叶片小，叶缘锯齿圆钝或不明显。果实多葫芦形，果柄粗短，萼片多宿存，多数需后熟后方可食用，肉质细软易溶，石细胞少，常有香味，不耐贮藏。抗寒性弱，易染腐烂病。

5. 杜梨

又名棠梨。野生于我国华北、西北、华东各地。枝条常有刺，嫩梢密生白色茸毛。叶缘有粗锯齿。果实圆球形，直径0.5～1 cm。本种抗寒、旱、涝、盐、碱力均较强，与中国梨、西洋梨嫁接均生长良好，是中国北方梨区应用的主要砧木树种。

原产中国的梨属植物还有新疆梨、豆梨、褐梨、川梨、麻梨、河北梨、木梨、杏叶梨和滇梨等。

二、主要优良品种

梨品种类型极为丰富，全世界梨品种有 7 000 个以上，我国有 3 500 个以上，依据形态特征、生态特征不同可分秋子梨系、白梨系、沙梨系、西洋梨系和新疆梨系。生产上主要栽培的品种有 20 多个。

(一)早熟品种

1. 早酥梨

母本为苹果梨，父本不明。果实多呈卵圆形，平均单果重 250 g。果皮黄绿色，光滑，果点小。肉质细脆多汁，石细胞少，风味甜稍淡，可溶性固形物含量为 11%～14%。果实 7 月中下旬成熟，发育期 84 d，我国南北方均可栽培，需配置授粉树。

2. 早美酥

新世纪×早酥梨。中国农业科学院郑州果树研究所培育。果实近圆或卵圆形，平均单果重 250 g，最大果重 540 g。果面光滑，蜡质厚，果点小而密，绿黄色，无果锈；果肉乳白色，肉质细脆，果心较小，石细胞少，汁液多，可溶性固形物含量为 11%～12.5%，酸甜适度，无香味，品质上等。郑州地区 7 月中旬成熟，货架期 20 d。适宜在长江流域、华南、华北、西北、西南等地栽培。

3. 绿宝石

又名中梨 1 号。新世纪×早酥梨。中国农业科学院郑州果树研究所 1982 年培育。果实近圆形，平均单果重 220 g。果皮绿色至黄绿色，果点小而稀。肉质细嫩多汁，石细胞极少，风味浓甜，香气浓，可溶性固形物含量为 15%。果实 7 月底至 8 月初成熟。室温下可储放 30 d 左右，冷藏条件下可储存 2～3 个月，在树上可持续到 9 月中旬不落果。

(二)中熟品种

1. 黄冠

雪花梨×新世纪。河北省农林科学院石家庄果树研究所培育。果实椭圆形，平均单果重 250 g。果皮金黄色，光滑，果点小而稀。肉质细脆多汁，石细胞极少，风味甜，香气浓，可溶性固形物含量为 12%。果实 8 月上中旬成熟。在长江及长江以北均可种植。

2. 八月红

早巴梨×早酥梨。陕西省农业科学院果树研究所与中国农业科学院果树研究所共同选育。果实近圆柱形，平均单果重 300 g。果皮黄绿色，阳面着片红。采后需后熟，肉质细嫩，石细胞少，风味甜，香气浓，含可溶性固形物 12%。果实 8 月中下旬成熟。

3. 新世纪

二十世纪×长十郎。日本冈山县农业试验场育成。果实扁圆形，平均单果重 300 g。果皮黄绿色，光滑，果点大。肉质细脆多汁，石细胞极少，风味甜，香气浓，含可溶性固形物 13%。果实 8 月中旬成熟。

4. 丰水

(菊水×八云)×八云。日本农林省园艺试验场1954年育成。果实圆形略扁,平均单果重300 g。果皮黄褐色,粗糙,果点大而多。肉质细脆多汁,石细胞极少,风味甜,香气浓,含可溶性固形物12%。果实8月下旬成熟。

(三)晚熟品种

1. 黄金

新高×二十世纪。韩国1981年育成。果实近圆形,平均单果重300 g。果皮黄绿色,光滑,果点小而稀。肉质细脆多汁,石细胞极少,风味甜,香气浓,含可溶性固形物12%。果实9月中下旬成熟。

2. 莱阳梨

为山东梨类传统名贵品种,集中种植于莱阳市五龙河及其支流两岸。果实卵圆形,掐萼后为倒卵圆形,平均单果重250 g。果皮黄绿色,果点大而密。肉质细嫩多汁,味浓甜,具芳香,石细胞小,含可溶性固形物13%。果实9月下旬成熟。

3. 新高

天之川×今村秋。日本神奈川农业试验场于1915年育成。果实近圆形,平均单果重350 g。果皮褐色,较光滑,果点小。果肉致密多汁,石细胞极少,风味甜,香气浓,含可溶性固形物13%。果实10月中下旬成熟。

4. 南果梨

原产于辽宁鞍山地区。果实圆形或扁圆形,果实小,平均单果重58 g。果皮绿黄色,后熟后底色变黄色,萼片脱落或宿存,阳面有鲜红色晕。果实采收后即可食用,肉脆较硬、汁多。品质极上,一般可储放25 d左右。在兴城地区开花期为4月中下旬,果实成熟期为8月下旬。

5. 鸭梨

原产于河北赵县,平均单果重150～200 g,倒卵圆形,果肩一侧呈鸭头状突起。绿黄色,储后黄白色,皮薄,果点小而密,果肉白色,肉质特细而脆嫩,含可溶性固形物11%～13%。有香气,石细胞少。9月中下旬成熟。较耐储藏。

6. 砀山酥梨

原产于安徽砀山,果实近圆柱形,平均单果重250 g。果皮绿黄色,萼片脱落,果心小,果点小而密。果肉白色,酥脆多汁。果实发育天数135 d,渭北地区8月下旬成熟。为西北主栽品种。

7. 库尔勒香梨

原产新疆南部。果实小,平均单果重80～100 g,最大174 g。倒卵圆形或纺锤形。小树、旺树的果实顶部有猪嘴状突起,阳面有暗红色晕,果面光滑,果点小而不明显,皮薄。果肉白色,脆嫩,汁多浓甜,香味浓郁。9月下旬成熟。

知识拓展

梨的其他优良品种

梨的优良品种很多,尤其是20世纪以来,果树科技工作者培育出大量特点鲜明的品种。

有果实成熟早的，如七月酥、早美酥、中梨一号、华酥梨、翠冠梨、西子绿、早魁、早酥梨等，果实发育期在 120 d 以内；有从日本、韩国引进的，如金廿世纪、爱宕梨、新高、圆黄梨、黄金梨、水晶梨等，果个大、外观美、汁多味甜、肉质细腻、品质佳；还有果皮着红色的，如红太阳、满天红、红香酥、红香蜜、美人酥、红酥脆、八月红、寒红、云红梨 1 号等，品种优良，色彩艳丽。各地可根据具体情况选择栽培。

工作任务一　梨果园生草覆盖栽培技术

一、任务目标

使学生掌握梨果园生草覆盖播种技术。

二、材料用具

1. 材料

三叶草、紫花苜蓿、黑麦草等草种。

2. 用具

锄头。

三、任务内容

梨果园生草覆盖是一项提高土壤肥力、改善生态环境、提高果实质量的土壤管理技术，是现行果园土壤管理制度的一种变革。果园生草一般采用行间生草、株间清耕的模式。在果园树体行间，留足树盘周围，其余地方进行生草播种，适合灌区果园和降雨充足的地区使用。果园覆盖采取秸秆、杂草、麦草等于春秋覆盖果园行间，保护浅层根系，增加果园有机质含量，特别适合干旱少雨地区使用。

1. 时间

一般在春季 3～4 月和秋季 9 月种草，以条播或撒播为主。除去杂草，平整土地，然后播种草籽。夏秋季进行行间覆盖，风大地区注意覆土压草，防止火灾发生，覆草厚度以 20～30 cm 为好。

2. 播种量

根据草类而定，黑麦草、羊茅等 2.5～3 kg/667 m^2，白三叶、紫花苜蓿等豆科草 1～1.5 kg/667 m^2。

四、任务考核

计算合理播种量，并在规定时间内完成草籽播种及相关农事操作。

五、任务作业

(1)检查所播草种的出苗情况及覆草腐烂情况。

(2)调查果园土壤湿度及地温变化情况。

想一想

果园生草有哪些好处?

必备知识二　梨的生物学特性

一、生长特性

(一)根系

梨为深根性果树,根系分布的深广度和稀密状况受砧木、种类、品种、土质、土层深浅和结构、地下水位、地势、栽培管理等的影响很大。梨垂直根一般比苹果粗壮发达,侧根则较少。一般情况下,梨树根系的垂直分布可深入地下 2～4 m。在肥水较好的土壤中,以 20～60 cm 深的土层中根的分布最多,80 cm 以下则很少。根的水平分布较广,约为冠幅的 2 倍左右,少数可达 4～5 倍,越靠近主干根系越密集。梨根系生长每年有两个生长高峰:第一次生长高峰出现在新梢停止生长时,第二次高峰出现在 9～10 月(图 6-1)。梨根系伤断后恢复较慢。

(二)地上部分

梨树为高大乔木,寿命很长。梨干性强,树冠层性明显,顶端优势比苹果更强,树体易出现上强下弱现象。幼树枝条较直立,生长旺盛,新梢年生长量可达 80～150 cm,树冠呈圆锥形。进入盛果期后,枝条生长势减弱,新梢年生长量约 20 cm,加之梨树的骨干枝尖削度比较小,结果后主枝逐渐开张,树冠呈自然半圆形。

在我国北方,绝大多数梨树新梢只有春季一次加长生长,无明显秋梢或者秋梢很短且成熟不好。新梢停止生长比苹果早,多数能在 7 月中旬以前封顶。

梨芽在外观上表现为鳞片数量多、体积大、离生。梨萌芽力较强,成枝力常因种类、品种不同有所差异。一般秋子梨、西洋梨成枝力强,白梨居中,沙梨较低。梨树芽的异质性不明显,除下部有少数瘪芽外,全是饱满芽。枝条侧芽芽鳞中常有副芽存在,萌芽抽梢后,鳞片脱落,副芽在枝条基部成为隐芽。梨树隐芽多而寿命长,有利于更新复壮。

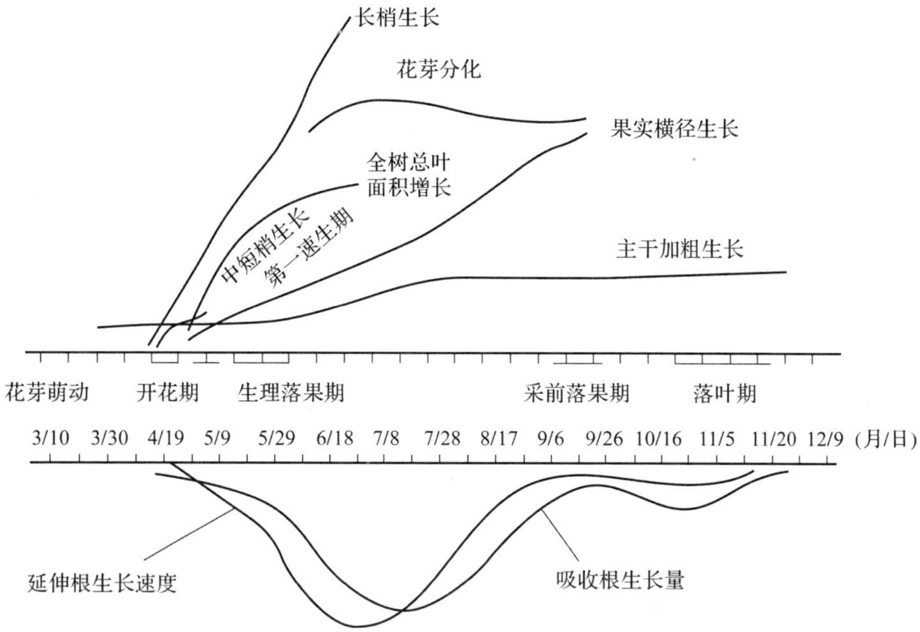

图 6-1 莱阳梨年周期器官生长相互关系

梨叶具有生长快、叶幕形成早的特点。5 月下旬前，全树 85%以上叶片完全展开并停止长大，大部分叶片在几天内呈现油亮的光泽，生产上称为亮叶期。进入亮叶期标志当年叶幕基本形成，花芽生理分化开始。

二、结果习性

梨花芽较易形成，一般能适期结果，且结果期长，盛果期可维持 50 年以上。梨树开始结果的年龄因树种、品种而异。沙梨开始结果较早，一般在 3～5 年，白梨 5 年左右，秋子梨 5～7 年。品种间的差异也很大，萌芽率高、成枝力低的品种，或腋花芽有结实力的品种结果较早，一些品种 2～3 年即开始结果。同一品种在不同地区进入结果期的早晚也不同。对梨树采取控制先端优势，开张角度，轻剪密留，加强肥水管理等措施，可提早结果。

(一)结果枝类型

梨的结果枝可分长果枝、中果枝、短果枝和腋花芽枝 4 种不同的类型，一般梨树以短果枝结果为主。梨结果新梢极短，开花结果后，结果新梢膨大形成果台，果台上可发果台副梢 1～3 个，条件良好时，可连续形成花芽结果。果台副梢经多次分枝成短果枝群(图 6-2)。一个短果枝群结果能力可维持 2～6 年，长的可达 8～10 年，具体因品种和树体营养等条件而异。随树龄增长，短果枝群的结果能力衰退。

图 6-2 短果枝群

(二)开花结果

梨树花芽为混合花芽,以顶生为主,也有腋花芽,腋花芽的数量在品种间有很大差异。梨花芽分化一般在6月上旬至9月上旬,短果枝早于中、长果枝,顶花芽早于腋花芽。梨多数品种先开花后展叶,少数品种花叶同时开放或先展叶后开花。梨的花序为伞房花序。每花序平均有5～10朵花,边花先开,中心花后开。先开的花坐果率高,果实发育快,质量好。

梨树自花结实率很低,大部分品种需要异品种授粉才能结果,所以梨园应注意配置授粉树。梨果实发育经过果实迅速膨大期、胚发育期及果实成熟期三个阶段。前期主要是细胞分裂,组织分化,后期则是细胞膨大和果肉成熟。果实体积生长曲线呈"S"形。

与苹果比,梨树开花量大,落花重,落果轻,坐果率比较高。其主要原因是梨叶面积形成早,新梢与幼果之间营养矛盾小。一般在果实发育过程中有两次生理落果:第一次在花后5～10 d,主要是授粉受精不完全所致;第二次在花后4～6周,主要是器官间的营养竞争引起的。两次落果都会因气候不良而加剧。

知识拓展

石细胞与石细胞团

人们在食用梨果时,常感觉果肉中有一些粗涩的颗粒状物,与其他水果有明显不同,这是由梨果实的特殊构造——石细胞与石细胞团引起的。石细胞由果肉细胞木质纤维化形成,一定数量的石细胞相互结合形成石细胞团。石细胞团的大小和数量是影响果实内在品质的因素之一。如鸭梨的石细胞团直径小于100 μm,口感好,而秋子梨系的多数品种石细胞团直径大于250 μm,口感较差。石细胞团在果肉中分布有一定规律。大部分品种从果实基部到顶部石细胞分布逐渐增加,从近果皮处到果心不断增加。

从生理上讲,石细胞主要是由木质素沉积形成的。木质素是酚类化合物的聚合物,其生物合成是通过苯丙烷类代谢途径进行的。调节代谢途径中各种酶的活性可影响木质素的产生。生产上采用果实套袋可抑制部分酶的活性,导致木质素含量下降,石细胞减少,以提高品质。

三、对环境条件的要求

1. 温度

不同种的梨对温度要求有较大差异(表6-1)。在年生长周期中,不同器官、不同生育阶段对温度的要求也不一样。当土温达0.5 ℃以上时根系开始活动,6～7 ℃时生长新根,21.6～22.2 ℃生长最快,超过30 ℃或低于0 ℃时停止生长。气温达10 ℃以上即能开花,低于4～5 ℃时花粉管即受冻。梨树开花较早,在华北地区常因晚霜危害而影响产量。花芽分化以气温20 ℃左右为最好。

表6-1 梨适宜的气候条件

梨栽培种	年平均温度/℃	1月平均气温/℃	降水量/mm
白梨	8～14	−9～−3	450～900

续表 6-1

梨栽培种	年平均温度/℃	1月平均气温/℃	降水量/mm
秋子梨	6～13	−11～−4	500～750
沙梨	13～23	1～15	500～1 900
西洋梨	10～14	−6～3	450～950

2. 日照

梨是喜光树种，要求年日照时数为 1 600～1 700 h。在一定范围内，随日照时数和光照强度的增加光合作用增强。所以，生产上应确定适宜的栽植密度，注意树形选择，控制树体高度和冠幅。

3. 水分

梨树耐旱、耐涝性均强于苹果，但树种间有较大差异。沙梨需水量最多，较耐涝。白梨和西洋梨比沙梨需水量少。秋子梨需水量最少，较耐旱。但久雨、久旱均对梨生长不利。另外，梨农田灌溉水质应符合 NY/T 5010—2016 的规定。

4. 土壤

梨树对土壤的适应性强，不论山地、滩地，还是沙土、黏土均可栽植，但土壤过于瘠薄时，果实发育受阻，石细胞增多，肉质变硬，果汁少而风味差。建园时应尽量选择土层深厚、土质疏松、透水和保水性能好、地下水位低的沙质壤土。具体要求是土壤肥沃，有机质含量在 1.0%以上，土层深厚，活土层厚度 50 cm 以上，地下水位 1 m 以下，土壤 pH 6～8，含盐量不超过 0.2%。

必备知识三　梨的生产技术特点

一、土肥水管理

土肥管理遵循《绿色食品　肥料使用准则》（NY/T 394—2023）要求。梨树对矿质营养的吸收与器官生长的规律是一致的，即器官生长高峰即需肥的高峰期。梨树对氮和钾的需求量高，前期氮素吸收量最大，后期氮素吸收水平显著降低而钾的吸收量仍保持很高水平；对磷的需求相对较低，而且各个时期的变化幅度也不大。

梨的新梢和叶片形成早而集中，同时开花、坐果、花芽分化都需要大量营养，但梨的根系稀疏，肥效表现慢，因此，仅靠临时追肥往往不能满足需要，所以梨树施肥提倡秋施基肥，早春施追肥。

（一）土壤管理

1. 深翻改土

梨根系深广，吸收根稀疏，要求土层深厚。深翻可改良土壤，加深土层，解决吸收根稀疏的缺点(表 6-2)。但梨树深翻伤根后又恢复较慢。因此生产上要重点做好建园前的深翻改土和幼树扩穴深翻。成龄梨园深翻最好在树势健壮的条件下进行,并配合良好的土肥水管理。如对树势较弱的梨园深翻,必须增施肥料。深翻的方式应采取单株半圆式或分年隔行的方式进行,深度应达 70 cm。

表 6-2 梨园深翻改土效果

处理	土壤孔隙度/%	土壤微生物/(个/g)	土壤年平均含水量/%	根系/条	
				新侧根	吸收根
深翻(60 cm)	52.90	36 713	20.4	45 275	64 250
未深翻	39.63	16 012	12.8	14 465	10 678

2. 梨园耕作措施

根据梨树各生命周期和年生长周期的特点,梨园可采用间作、行间生草、清耕法、覆盖法等耕作措施,具体做法可参照苹果进行。

(二)施肥

梨树施肥的时期、深度、广度和肥料的种类,既要考虑土壤肥力特点、梨树对营养元素的需求规律,又要考虑到根系生长、分布特点,综合确定。

梨树在年生长周期内的显著特点是前期需肥量大,供需矛盾突出。其中萌芽开花期对养分的需要量较大,但主要利用树体上年贮存的养分;新梢旺盛生长期,氮、磷、钾的吸收量最大,尤其对氮的吸收量最多;花芽分化和果实迅速膨大期钾的吸收量增大;果实采收后至落叶期主要是养分积累回流,以有机营养的形式贮藏在树体内。

梨园施肥可按以下方法进行:

1. 秋施基肥

秋季采收后,结合深翻改土进行。施用量应达到全年用量的 50%,幼树每株施有机肥 25~50 kg,初结果树按每生产 1 kg 梨果施有机肥 1.5~2.0 kg 的比例施用,盛果期梨园每 667 m^2 施 3 000 kg 以上,并施入少量的速效氮肥和全年所需磷肥。方法是在树冠投影范围内挖放射状沟或在树冠外围挖环状沟,沟深 40~60 cm。

2. 追肥

(1)土壤追肥。土壤追肥分 3 次进行。第一次在萌芽前 10 d 左右施入,以氮肥为主。初果期梨树每株施尿素 0.15~0.2 kg,成龄梨树株施尿素 0.5~0.8 kg。若第一年秋施基肥量大时,此期可不追肥。第二次在花芽分化及幼果生长期,以氮、磷肥为主,氮、磷、钾混合施用。初果期梨树每株施尿素 0.15~0.2 kg,成龄梨树株施尿素 0.5~1.0 kg,氮、磷、钾按重量比为 1.0∶1.0∶0.5 施入。第三次在果实生长后期,以钾肥为主,氮、磷、钾重量比为 0.3∶1.0∶1.5。初果期梨树追肥总量 0.3~0.4 kg,成龄梨树追肥总量 1.0~1.5 kg。

施肥方法是于树冠投影外围开环状沟、条状沟或放射状沟,沟宽 30 cm,深 10~15 cm,将肥料撒至沟底,与土拌匀,覆土灌水。

(2)叶面施肥。全年 4~5 次,一般生长前期 2 次,以氮肥为主,后期 2~3 次,以磷、钾肥为主，也可根据树体情况喷施果树生长发育所需的微量元素。

梨园施用的肥料种类必须符合梨绿色生产的技术要求，其具体种类可参照苹果安全施肥的相关内容。肥料施用量应根据树龄、树冠大小、生长势强弱、结果多少、土壤肥沃程度等确定。根据各地的试验结果，每生产 100 kg 梨果需要的氮、磷、钾量及氮、磷、钾的比例关系见表 6-3。

表 6-3 每生产 100 kg 梨果的需肥量

kg

试验地点	供试品种	需氮量(N)	需磷量(P_2O_5)	需钾量(K_2O)	N∶P_2O_5∶K_2O
日本	二十世纪	0.47	0.23	0.48	1∶0.5∶1
中国	秋白梨	0.5～0.6	0.25～0.3	0.5～0.6	1∶0.5∶1
吉林延边	苹果梨	0.35	0.175	0.175	1∶0.5∶0.5
山东	/	0.225	0.100	0.225	1∶0.5～1∶0.7
河北昌黎	密植鸭梨	0.30～0.50	0.15～0.20	0.30～0.45	1∶0.5∶1

(三)水分管理

梨树需水状况受诸多因素制约，首先是由自身发育所决定，一般梨树每生产 1 g 干物质，需消耗约 400 g 水。同时也受气候条件和降雨量的影响，降水量大于 600 mm 的地区，灌水是季节调整的辅助方法，但降雨量少的地区必须灌水。梨树全年需水量基本是前多、中少、后又多，因此应掌握灌—控—灌的原则，达到促—控—促的目的。生产上应掌握以下五个关键灌水时期。

1. 萌芽前

梨树春季萌芽需消耗大量水分，而北方正值干旱多风时期，适量灌水有利于萌芽开花。

2. 幼果膨大期

此期梨树的生理机能旺盛，新梢生长和幼果发育同时进行，为需水临界期，灌水可加速新梢生长，减少生理落果，促进花芽形成。

3. 果实迅速膨大期

此期梨果生长迅速，且往往天气干旱，是梨树需水量最大的时期，灌水可促进果个增大，提高品质，增加产量和促进花芽形成。

4. 果实采收后

大量结果后树体处于“亏空”状态，结合秋施基肥灌足水分，有利于叶片功能迅速恢复。

5. 土壤封冻前

此期灌水可提高梨抗寒、抗旱能力，有利于树体安全越冬，也为翌年生长发育打下良好基础。

二、整形修剪

(一)主要修剪特点

梨整形修剪的基本原则和主要技术可参照苹果，但与苹果相比具有三方面特点。一是根据梨树冠大、极性明显、干性较强的特点，以及枝条硬脆、开张角度小的特点，必须重视控制顶端优势，限制树高，重视生长季开张枝条角度，平衡骨干枝长势；二是根据梨芽力强而成枝力弱的特点和枝条基部有盲节的现象，为保证早期结果面积，并防止中、后期树势衰弱，应在修剪中适当增加短截量，减少疏枝量，少用重短截，尽量利用各类枝；三是根据多数梨以中、短果枝及短果枝群结果为主的习性，必须注意培养中、大型枝组，精细修剪短果枝群。

(二)适宜树形

定植后根据栽植密度选定适宜的树形。适合梨的树形很多，常见的树形及结构特点见表 6-4。

表 6-4 常见的树形及结构特点

树形	密度/(株/hm^2)	结构特点
主干疏层形	500～626	树高小于 5 m，干高 0.6～0.7 m，主枝 6 个(第一层 3 个，第二层 2 个，第三层 1 个)，开张角度 70°。层间距，第一、第二层 1 m，第二、第三层 0.6 m。第一层层内距 0.4 m。每层主枝留侧枝树，第一层 3 个，第二层、第三层 2 个。
小冠疏层形	500～833	树高 3 m，干高 0.6 m，冠幅 3～3.5 m，第一层主枝 3 个，层内距 0.3 m，第二层主枝 2 个，层内距 0.2 m，第三层主枝 1 个。第一、第二层间距 0.8 m，第二、第三层间距 0.6 m，主枝上不配侧枝，直接着生大、中、小型枝组
单层高位开心形	670～1005	树高 3 m，干高 0.7 m，中心干高约 1.7 m，0.6 m 往上约 1 m 的中心干上枝组基轴和枝组均匀排列，伸向四周。基轴长约 0.3 m，每个基轴分生 2 个长放枝组，加上中心干上无基轴枝组，全树共 10～12 个长放枝组，全树枝组共为一层
纺锤形	1 000～1 428	树高不超过 3 m，主干高 0.6 m 左右，中心干上着生主枝，分生角度为 80°左右，小主枝上直接着生小枝组

(三)不同年龄时期的修剪

1. 幼树和初结果期树修剪

幼树和初结果期树枝条直立生长，开张角度小，往往抱合生长，易产生“夹皮角”。因此，梨幼树和初结果期树修剪的主要任务是迅速扩大树冠，注意开张枝条角度、缓和极性和生长势，形成较多的短枝，达到早成形、早结果、早丰产。要求冬季选好骨干枝、延长枝头，进行中度剪截，促发长枝，培养树形骨架。夏季拉枝开角，调节枝干角度和枝间主从关系，促进花芽形成，平衡树势。

(1)促发长枝，培养骨架。在培养骨架时，要多短截。定干应尽量在饱满芽处进行短截，一般定干高度为 80 cm 左右。距地面 40 cm 以内萌发的枝芽可以抹除，余者保留，以利于幼树快长。冬剪时中干延长枝剪留 50～60 cm，主枝延长枝剪留 40～50 cm，短于 40 cm 的延长枝不剪，下年可转化成长枝。

(2)增加枝量，辅养树体。可通过轻剪少疏枝、刻芽、涂抹发枝素、环割、开张角度等措施，促使发枝，增加枝叶量，迅速壮大树冠。

(3)开张角度，缓和长势。由于多数梨树萌芽力强成枝力弱，通过拉、顶、坠、拿枝以及应用各种开角器开张枝梢角度后，缓和了长势，极易形成较多短枝。加之，梨的短枝停止生长早，叶幕形成早，角度开张后，通风透光好，短枝顶芽极易成花芽，从而实现早期丰产。梨的枝条易形成“夹皮角”，脆且易劈裂，枝达到一定粗度后再开张角度会比较困难，因此，开张角度应及时进行。

(4)抑强扶弱，平衡树势。梨树干性强、先端优势强，容易出现上强下弱、同级别枝强弱不均、主从不分等问题。通过对中心干换头或使之弯曲生长，对强枝、角度小的枝采用加大开张角度、弱枝带头、多疏枝缓放少短截、环剥环割、多留果等方法，对弱枝采用相反的方法，抑强扶弱，平衡树势。通过改变枝的开张角度、回缩等方法，调整好主从关系。

(5)培养枝组，提高产量。梨树结果枝组的培养一般以先放后缩法为主。第一年长放不剪，第二年根据情况回缩到有分枝处，或第一、二年均长放不剪，等到第三年结果后再回缩到有分枝处。幼树至初结果期应多培养主枝两侧的中小型结果枝组，增加斜生结果枝组。

(6)清理乱枝，通风透光。由于前期轻剪缓放冠内枝条增多，内膛光照变差，结果部位外移。应通过逐年疏枝、回缩，处理辅养枝，清理乱枝，保持树冠通风透光，小枝健壮，达到优质丰产的目的。

2. 盛果期树修剪

梨枝条一般尖削度较小，形成花芽容易，大量结果后其开张角度往往过大，树势易衰弱，易出现“大小年”结果、果实品质下降、抗性下降、病虫害增加等问题。因此盛果期梨树修剪的主要任务是调节生长和结果之间的平衡关系，保持中庸健壮树势，维持树冠结构与枝组健壮，实现高产稳产。具体要求是：树冠外围新梢长度以 30 cm 为好，中短枝健壮；花芽饱满，约占总芽量的 30%；枝组年轻化，中小枝组约占 90%；通过对枝组的动态管理，达到 3 年更新，5 年归位，树老枝幼，并及时落头开心。

(1)保持树势中庸健壮。梨树进入盛果期，树体骨架已基本形成，应保持中庸健壮状态，确保稳产优质。长势中庸树的树相指标是：树冠外围新梢长度 30 cm 左右，比例约为 10%，枝条健壮，花芽饱满紧实。

(2)保持枝组年轻化。枝组只有处于一种大小新旧交替，枝组内部动态变化状态，才能保证枝组的年轻化，使全树中庸健壮，丰产稳产。随着树冠的开张，背下、侧背下枝组应逐渐由多变少，侧背上、背上枝组应逐渐由少变多，应以中小枝组为主。位置空间适宜的枝组或培养或维持，不适宜的或更新或疏除，使枝组分布合理，错落有序，结构紧凑，年轻健壮。

(3)保持树冠结构良好。盛果期树树冠达到最大，枝叶茂密，无效光区增大，内膛结果差或不结果，甚至出现小枝枯死。因此要及时落头开心，疏除上部过多枝，解决上部遮光问题。间疏外围密生枝，疏缩辅养枝，疏除影响光照的旺枝，改善内膛光照。疏缩裙枝下垂枝，使下部通风透光。回缩行间碰头枝，解决群体光照。全树保持结构良好，中庸健壮。

3. 衰老期树修剪

当产量降至不足 15 000 kg/hm^2 时，对梨树进行更新复壮。每年更新 1～2 个大枝，3 年更新完毕，同时做好小枝的更新。

梨树潜伏芽寿命长，当发现树势开始衰弱时，要及时在主、侧枝前端二、三年生枝段部位，选择角度较小，长势比较健壮的背上枝，作为主、侧枝的延长枝头，把原延长枝头去除。如果树势已经严重衰弱，选择着生部位适宜的徒长技，通过短截，促进生长，用于代替部分骨干枝。如果树势衰老到已无更新价值时，要及时进行全园更新。对衰老树的更新修剪，必须与增加肥水相结合，加强病虫害防治，减少花芽量，以恢复树势，稳定树冠和维持一定的产量。

知识拓展

梨的棚架栽培

棚架栽培是日本最传统、最普遍的沙梨栽培方式，其主要作用是防止台风的危害。如今棚架栽培已成为促进早果优质、方便田间作业的必要方式。棚架一般以 0.3～0.4 hm^2 为一基本单位，高 1.8～2.0 m，棚面用 8 号和 12 号镀锌铅丝结成 0.5 m×0.5 m 的方格。栽植密度为(2.5～3)m×(2.5～4)m，随树冠的扩大，经间伐最终达到(8～10)m×(10～12)m。整形方式主要有三种：水平形(主干高 1.6～1.8 m，主枝水平分布在棚面上)、漏斗形(主干高 0.5～0.6 m，主枝按一定的角度倾斜至棚面再水平绑缚)、改良形(主干高 1 斜伸长至棚面)。主枝 2～4 个、株，侧枝 2～3 个、主枝，第一侧枝距主干 1 m，短果枝结果为主的品种侧枝间距 0.6 m，长果枝结果为主的品种侧枝间距 2 m。枝在棚面上的分布要均匀，不交叉、不重叠，使长枝间间距等于叶柄加上叶片的长度。通过抹芽、扭梢、拉枝绑缚控制枝梢密度和长势。

三、花果管理

(一)授粉

梨多数品种自花不孕，即使配置了授粉树，树体贮藏营养充足，果园管理正常，当花期遇到大风、干热风、连阴、低温、晚霜等不良天气时，影响传粉昆虫活动，或花器官不能正常授粉受精，都会造成坐果率降低、果实畸形等问题。因此，梨园除配置好授粉树外，应采用蜜蜂或壁蜂传粉和人工辅助授粉以确保产量、提高单果重和果实的整齐度。

(二)疏花疏果

在确定适宜负载量的基础上疏花疏果，可以调整果实与花芽及果实之间的矛盾，有利于稳产稳势，达到优质增值的栽培效果。确定适宜负载量要考虑品种、树龄、树势、栽培条件及梨园环境条件。坐果率低的品种、大树、树势强的树、栽培条件好或气候环境较差的果园可适当多留。具体可通过叶果比、枝果比、干截面积等来确定。采用叶果比时，一般中小果为(15～20)：1，大果为(25～30)：1，西洋梨因叶片较小，为 50：1。枝果比一般为 2.0～6.0。生产上较为实用的方法是利用干截面积确定留果数(如库尔勒香梨为 2～4 个果/cm^2)计算全树留果数，再用间距法具体留果。疏花从花序分离时开始，直到落瓣时结束。如果采取按距离留果法，每花序留2～3 朵边花。疏果从落瓣起便可开始，生理落果后定果。根据品种，大中型果 20～25 cm 留1 个果；中小型果 20 cm 留 1～2 个果。如金花梨、雪花梨每 25 cm 留 1 个果，酥梨、早酥梨每 20 cm 留 1 个果，鸭梨、栖霞梨等每 15 cm 留 1 个果。按照去劣留优的疏果原则，在留果时，尽可能保留边花结的、果柄粗长、果形细长、萼端紧闭而突出的果。同时应留大果、端正果、健康果、光洁果和分布均匀的果。树冠中不同部位留果情况也不相同，一般后部多留，枝梢先端少留，侧生背下果多留、背上果少留。

(三)果实套袋

梨果套袋可有效避免多种病虫害，减少农药残留及环境污染。还可提高梨外观质量，生产出果皮嫩、果点小、光洁度高、颜色鲜艳的果实，并具有果个均匀整齐、果实耐贮性强的特点。缺点是单果重和可溶性固形物含量均有所下降，梨套袋应掌握以下技术环节。

1. 纸袋选择

梨果袋有塑料袋和纸袋，纸袋又分为自制纸袋和专用标准袋，有单层和双层等类型。根据品种不同和果实着色不同，选择抗风、抗病、抗虫、抗水、抗晒、透气性强、具有一定的色调和透光率的优质梨果专用纸袋。

知识拓展

梨防虫果袋

目前防虫梨果袋按照色调、透光率及配方可分为 LA、LB 两种类型。使用 LA 型黄色纸袋，果实采收解袋后，果面呈浅绿色，贮藏后则变为鲜黄色，货架期较长，适用于果点较浅、果皮易变褐、采后易变色的品种。白梨系统的多数品种适用此类型果袋。使用 LB 型黄褐色纸袋，果实采后果面呈浅黄色，适于果点较大而深、果皮不易变褐、有色彩的品种。沙梨、赤梨品种应用 LB 型果袋，可使果色变为黄褐或红褐色。

2. 套袋

梨果套袋通常于落花后 15～35 d 进行，在疏果后越早越好。若个别品种实施二次套袋，应在落花坐果后先套小袋，30 d 后再套大袋。套袋时一手拿袋，另一只手伸进袋内，并用手指将袋底撑开，以防纸袋贴近果皮。

3. 除袋

着色品种应于采收前 30 d 除袋，以保证果实着色。其他品种可在果实采收前 15～20 d 除袋，或采收时连同果袋一同摘下。

四、病虫害防治

梨树主要病害包括梨黑星病、腐烂病、干腐病、轮纹病、黑斑病、锈病和褐斑病。主要害虫包括梨木虱、蚜虫类、叶螨、食心虫类、卷叶虫类和椿象。

(一)梨黑星病

梨黑星病又称疮痂病，是梨树的一种主要病害。我国梨产区均有发生。

1. 识别与诊断

黑星病能为害果实、果梗、叶片、叶柄和新梢等部位，以叶片和果实受害最重。果实发病初期产生淡黄色圆形斑点并逐渐扩大，以后病部稍凹陷，长出黑霉，最后病斑木栓化、凹陷并龟裂。叶片和新梢受害后可长出黑色霉斑。

2. 发生规律

病菌主要以分生孢子或菌丝体在腋芽的鳞片内越冬，也能以菌丝体在枝梢病部越冬，或以分生孢子、菌丝体及未成熟的子囊壳在落叶上越冬。华北地区第二年春季4月下旬至5月上旬开始发病，一般在新梢基部最先发病，病梢是重要的侵染中心。最适流行的温度为11～20 ℃，如阴雨连绵、气温较低，则蔓延迅速。

病原为梨黑星病菌，属子囊菌亚门。

3. 防治方法

(1)农业防治。加强栽培管理，增施有机肥料，提高抗病力；秋末冬初清扫落叶和落果；生长期及早摘除病花丛和病梢。

(2)化学防治。在北方梨区，一般第一次喷药在临近花期用1∶2∶200波尔多液，也可用大生800倍液保护花序和嫩梢，5月中旬、6月中旬、7月中旬、8月上旬各喷一次杜邦福星800倍液、多霉清1 200倍液，或大生800倍液。

(二)梨木虱

梨木虱又叫中国梨木虱，除为害栽培梨外，还为害梨属的其他种类，如褐梨。

1. 识别与诊断

梨木虱是一种具有刺吸式口器的害虫，它不仅通过口针吸取梨叶、新梢、嫩芽的汁液直接为害，而且它排出的大量蜜露被霉菌腐生后，形成黑斑，污染叶片和果实，被污染的叶片会大量脱落，影响梨树生长发育。

2. 发生规律

梨木虱一年发生4～7代，以冬型成虫在梨树的皮缝中、杂草根际处越冬。鸭梨花芽萌动时为越冬成虫出蛰盛期，鸭梨终花期为第一代卵孵化盛期，盛花期后30 d是第一代成虫羽化盛期。以后世代重叠，且大量分泌蜜露和白色的蜡质絮状物，防治困难。多雨的年份梨木虱发生轻，干旱的年份发生重。

3. 防治方法

(1)农业防治。越冬前结合秋施基肥，清扫园内残枝、落叶和杂草深埋，消灭越冬成虫；入冬浇冻水，冻死部分越冬成虫；早春刮树皮压低虫源基数。

(2)生物防治。保护和利用天敌，在天敌发生盛期尽量避免使用广谱性杀虫剂，使寄生蜂、瓢虫、草蛉及捕食螨等发挥最大的控制作用。

(3)化学防治。一年中，梨木虱的防治有两个关键时期。以鸭梨为例，第一个时期在花芽萌动时，可第一次使用农药进行树体喷雾，喷药时应注意喷树干和地面杂草。第二个时期在落花后及盛花期后30 d。可使用1.8%的阿维菌素乳油4 000倍液，10%吡虫啉可湿性粉剂4 000倍液等，为了提高防治效果，可在药液中加增效物质，如碳酸氢铵300倍液或洗衣粉300倍液。

(三)梨大食心虫

梨大食心虫只为害梨，是一种单食性的害虫，在我国各地均有分布。该虫在20世纪90年代以前曾造成过严重危害，但近年来危害较轻。

1. 识别与诊断

小幼虫从梨芽的基部蛀入，啃食生长点或花器，使梨芽枯死，鳞片开裂，蛀孔处堆有虫粪，果农俗称“破头芽”或“虫花芽”。幼虫蛀果时，蛀孔较大，而且直达果心，食害种子，蛀孔处也堆有虫粪。老熟幼虫在被害果中化蛹前，先咬好羽化道，吐丝将果柄缠在果台上，使被害果变黑并留在树上，果农称之为“吊死鬼”。

2. 发生规律

梨大食心虫在北方一年发生两代，以小幼虫在被害芽中做茧越冬。来年春季梨芽萌动期（日均温度 7 ℃以上），越冬小幼虫出蛰为害正在生长的花芽，为害 2～3 个芽后，转到果上为害，并有转果为害的习性，一般为害 1～3 个果实。在 6 月中旬，发生越冬代成虫。成虫有强烈的趋光性和趋化性。成虫喜产卵在果实萼洼处与小枝轮痕处。小幼虫初孵期发生在 7 月上旬，小幼虫在芽中蛀食 7 d 左右后转果为害。9 月后在被害芽中做茧越冬。

3. 防治方法

梨大食心虫全年有两个关键防治时期，第一次是小幼虫春季出蛰期，当出蛰率达 20%时进行防治；第二次为一代幼虫初孵期。

(1)农业防治。冬剪剪除“破头芽”，生长季节摘除“吊死鬼”等虫果。

(2)生物防治。保护和利用天敌，如寄生蜂、寄生蝇等。

(3)化学防治。在全年两个防治关键期内喷药防治，使用的药剂可参照桃小食心虫的防治。

(四)梨二叉蚜

梨二叉蚜是一种严重为害梨树叶片的重要害虫，在全国各地均有分布。

1. 识别与诊断

梨二叉蚜为害梨树的叶片，叶片受害后，向正面纵向卷曲。除直接为害外，所产生的大量蜜露污染叶片和果实，严重影响光合作用和果实品质。

2. 发生规律

梨二叉蚜为乔迁蚜，以卵在枝条的芽旁或轮痕处越冬。来年梨树发芽后，卵开始孵化，若虫孵出后先在开绽的芽顶端为害，然后在新生叶片上为害，可一直到麦收前。麦收前产生乔迁蚜，转移到狗尾草上生活，度过整个夏季和初秋。因此，梨二叉蚜仅在春季为害。9 月中旬后，在狗尾草上再次产生乔迁蚜，回迁到梨树上，出现性母，即有性蚜。有性蚜于 11 月上旬产卵越冬。

3. 防治方法

(1)农业防治。刮除翘皮，人工摘除被害叶集中销毁。

(2)生物防治。保护和利用天敌，如瓢虫、草蛉类。

(3)化学防治。春季药剂涂干。在梨树萌芽后，当卵的孵化率达到 80%时喷药防治，此时虫态整齐，而且最不抗药，还可以避免药害的发生。可使用 10%吡虫啉可湿性粉剂 4 000 倍液等。

(五)梨小食心虫

梨小食心虫是一种可为害多种果树的害虫,其寄主有苹果、梨、桃、杏、李、樱桃、山楂等,在我国各地均有分布。

1. 识别与诊断

梨小食心虫主要为害果实,在果实上常由萼洼处蛀入,蛀果孔小,周围微凹陷,不变绿色,以后蛀孔外排出较细虫粪,周围变黑。蛀入果心后,果肉及种子被害处留有虫粪。果面有较大蛀果孔。还为害桃树的新梢,使其萎蔫枯死,故俗称“截梢虫”。

2. 发生规律

一年发生 2～5 代,以老熟幼虫在树体的树皮下、剪锯口、吊绳、根颈处及地面的石块下或某些杂草根际等潜藏处做茧越冬。4 月上、中旬羽化越冬代成虫。当桃树叶片长出后,成虫开始产卵,于桃树谢花后 7～10 d 孵化。小幼虫孵出后由叶柄基部蛀入,于 5 月末至 6 月上、中旬发生一代成虫。大约在 7 月中旬发生二代成虫,8 月上中旬发生三代成虫。

3. 防治方法

(1)农业防治。清洁果园以及人工剪除虫梢,在桃园及混植园重点防治第一、二代。

(2)生物防治。可采用田间释放赤眼蜂防治第一、二代卵。在第二代成虫发生期,田间发现成虫后,即可放蜂,每代放蜂两次,间隔 5 d,每 667 m^2 每次 5 万头。第一代卵的寄生率可达 98%,第二代也可达到 70%左右,但后两代效果较差。

(3)化学防治。在各代幼虫初孵期喷药防治,如 25%灭幼脲 2 000～2 500 倍液等;发生严重的地段 10 d 后应再喷 1 次。

(六)梨圆蚧

梨圆蚧又名梨枝圆盾蚧。可为害多种果树,全国各地都有分布。

1. 识别与诊断

枝条上常密集许多介壳虫,被害处呈红色圆斑,严重时皮层爆裂,甚至枯死。果实受害后,在虫体周围出现一圈红晕,虫多时呈现一片红色,严重时造成果面龟裂,商品价值下降。红色果实虫体下面的果面不能着色,擦去虫体后果面出现许多小斑点。

2. 发生规律

在北方一年发生 2～3 代。以二龄若虫和少数雌成虫附着在枝条上越冬。翌年果树开始生长时,越冬若虫继续为害。成虫可两性生殖,也可孤雌生殖。成虫直接产卵于介壳下。若虫出壳后迅速爬行,分散到枝、叶和果实上分泌介壳,喜群集阳面,二至五年生枝条被害较多。

3. 防治方法

(1)农业防治。刮刷枝条上的害虫及裂皮,剪除害虫集中的树枝,集中销毁;加强苗木检疫;果实套袋时,注意扎紧袋口,防止若虫爬入袋内为害。

(2)药剂防治。要抓住两个关键时期:一是果树发芽前,二是在若虫爬行期到固定前,选用 10%吡虫啉可湿性粉剂 4 000 倍液等。

五、梨树病虫害防治规程

1. 落叶至萌芽前

(1)重点防治腐烂病、干腐病、枝干轮纹病和叶螨。

(2)清除枯枝落叶。结合冬剪,剪去带病虫枝梢、病僵果,翻树盘及刮除老粗翘皮、病瘤、病斑等,集中深埋或烧毁。

(3)树体喷布一次3～5波美度石硫合剂。

2. 萌芽至开花前

(1)重点防治黑星病、腐烂病、枝干轮纹病、黑斑病、梨木虱、叶螨和蚜虫类。

(2)刮除病斑和病瘤。

(3)喷布氟硅唑混加吡虫啉。

3. 落花后至幼果套袋前

(1)重点防治黑星病、果实轮纹病、锈病、黑斑病、梨木虱、叶螨和蚜虫类。

(2)喷施烯唑醇,或氟硅唑,或亚胺唑,或代森锰锌,防治锈病、黑星病和果实轮纹病。

(3)梨木虱第一代若虫发生期,尚未分泌黏液前,喷施阿维菌素、吡虫啉或甲氰菊酯,混加多菌灵防治梨黑斑病。

(4)蚜虫和叶螨可喷施吡虫啉或双甲脒防治。

4. 果实膨大期

(1)重点防治黑星病、轮纹病、黑斑病、梨木虱和食心虫。

(2)防治黑星病和轮纹病使用的药剂同上。

(3)混合使用拟除虫菊酯类农药和有机磷类农药防治食心虫和梨木虱,以扩大防治对象、提高防治效果。

(4)进入雨季,交替使用倍量式波尔多液(1∶2∶200)或内吸性杀菌剂,防治果实和叶片病害,15 d左右喷一次。

5. 果实采收前后

(1)重点防治轮纹病、炭疽病、黑星病和食心虫。

(2)喷施氟硅唑或多菌灵,混加拟除虫菊酯类农药。

(3)采收前20 d喷布一次代森锰锌,防治果实病害。

(4)落叶后,清扫落叶、病虫果,集中烧毁或深埋。

工作任务二　梨人工辅助授粉

一、任务目标

使学生掌握梨花粉的采集、贮藏和人工辅助授粉的方法。

二、材料与用具

1. 材料

亲和力强的两个以上品种的结果梨树。

2. 用具

装花蕾的容器、棕色瓶、冰箱、尖嘴镊子、花粉脱粒机、簸箕、光洁纸、细筛、蜡纸、花粉填充剂、毛笔等。

三、任务内容

1. 花粉采集

采花粉应选与主栽品种亲和力强的品种、选择采摘当天刚开或第二天将开的花朵。具体采摘时间在晴天或阴天早上露水干后至中午12时前。一个花序留1～2个边花。采花量根据授粉量而定。一般每0.25 kg鲜花能制干花粉0.5 kg,可供1～2 hm^2 盛果期树授粉用。

刚采下的鲜花不能堆放,也不能装在塑料袋内。要及时在室内将花蕾倒入细铁丝筛中,用手轻轻揉搓,将花药搓掉后用簸箕簸一遍,去掉杂质。将花药摊晾在干燥、通风、温暖而又洁净的室内白纸光面,温度保持在22～25 ℃,经1～2 d花药即裂开散粉,然后将花粉过细筛,去除杂物,制粉后,将花粉装在暗色瓶内,密封后放在冰箱内备用。

2. 花粉贮藏

梨花粉在自然条件下贮放10～15 d,仍然有生命力。短期贮藏,可用蜡纸或小瓶装好,贴上品种标签,置于5 ℃左右的干燥黑暗环境中,待用时提前1 d取出。长期贮藏,可适当干燥,在冰箱中冷藏5～7 d再置于－18 ℃以下冷冻保存。待需要时取出,花粉使用前首先要测定发芽率。

3. 人工辅助授粉

(1)授粉时期。在梨初花期和盛花期选晴天进行,效果以开花当天或次日最好。花期如遇连续阴雨,应在雨停数小时的间歇点授,且应增加花朵授粉数量。

(2)花粉填充剂。为降低授粉成本,人工授粉前一般要在花粉中加入一定量的填充剂。常用的梨花粉填充剂有石松子粉、滑石粉、淀粉和失效梨花粉,以失效梨花粉和石松子粉效果较好。

(3)人工点授。纯花粉与填充剂按1∶(5～8)混合后装入瓶中。授粉前准备好授粉器,授粉器可以自制,如带绒毛笔稍剪去笔尖、铁丝上绑软绒毛球等。每蘸一次花粉可点十几朵花。花期整齐时授一遍即可,花期不一致可授两遍,以花开当天授粉坐果率最高。这种方法授粉速度较慢,但纯花粉用量少,易控制,授粉效果好,坐果率高,品质提高显著。

(4)纱布袋震粉。可将已稀释过的花粉装入有2～3层纱布的袋中,用细绳把袋口扎紧,系在长竹竿上。将袋子高举到树冠上和树冠内,轻敲竹竿,花粉即可由袋中飞散出进行授粉。

(5)鸡毛掸子滚动授粉。用白酒洗去鸡毛上的油脂，干后将鸡毛掸子绑在木棍上，当花朵大量开放时，先在授粉树花多处反复滚蘸花粉，然后移到要授粉的主栽品种上，上下内外滚动授粉。此法适于密植且栽植授粉树的梨园。

(6)机器授粉。采用电动采粉授粉器授粉。使用时开启采粉授粉器开关，将采粉授粉器靠近已开放的花朵，将收集到的花粉取出，添加花粉添加剂后放回贮粉瓶中。开动授粉器，花粉可通过贮粉瓶中的送粉装置均匀喷出，进行授粉。

(7)喷花粉液。先将白糖 500 g、尿素 30 g、水 10 kg 配成混合液，临喷雾前再加入 25 g 干花粉和 10 g 硼砂，用 2～3 层纱布滤出杂质。花粉水溶液要随配随用。

四、技能考核

能正确采集制备花粉，授粉操作规范。

五、任务作业

(1)调查授粉后，坐果率与对照处理间的差异。

(2)总结人工授粉的技术要点和操作步骤。

想一想

在给梨树授粉时，应该注意什么？

工作任务三　梨生长结果习性观察

一、任务目标

了解梨生长结果习性的主要特点；学会观察方法。

二、材料与用具

1. 材料

梨的幼树和初果树。

2. 用具

钢卷尺、卡尺、笔记本、铅笔、橡皮等。

三、任务内容

由教师讲解观察内容、方法要求，学生分组逐项进行观察（3～5 人）和调查，教师巡回指导，及时解决疑难问题。

（1）树形、干性比较观察。

（2）枝芽类型、特性比较观察或调查。花芽和叶芽形态特征、鳞片数量（各调查 5 芽）、芽的异质性（绘图）、萌芽率和成枝力（各调查 5 个长枝），果台大小、果台枝数量长短，枝条坚实度、韧性，结果枝类型及比例等。

四、任务考核

能正确识别梨树干性、枝芽的主要区别；能正确识别树形。

五、任务作业

依据观察、调查结果写出梨和苹果生长结果习性的主要区别。

工作任务四　仁果类果树休眠期修剪

一、任务目的

整形修剪是果园管理工作中的一项重要内容，也是学生必须掌握的一项基本技能。通过训练，使学生掌握仁果类代表树种苹果、梨等同类果树休眠期整形修剪技术及要领，触类旁通。

二、材料与用具

1. 材料

选择当地苹果、梨等仁果类树种的不同年龄时期果树（1 hm^2）。

2. 用具

修枝剪、手锯、梯子。

三、任务内容

（1）修剪反应观察　对上年冬季修剪后的抽枝、结果、成花状况等进行观察、分析和总结，制订当年修剪方案。

(2)幼树整形修剪(以下各时期修剪具体操作方法见本项目整形修剪部分)。
(3)初果期树的修剪。
(4)盛果期树的修剪。
(5)衰老期树的修剪。
(6)不同品种的修剪。

四、任务提示

(1)果树相关专业应安排一周以上的时间,在冬季落叶后进行。

(2)每进行一种类型树的修剪,先由实习指导教师讲解和示范,再由学生进行修剪。修剪初期,可分小组进行,随着修剪技能的提高,小组人数逐渐减少,最后独立操作。

(3)整形修剪技术性强,较难掌握,必须加强实习指导力量。选派实践经验丰富的教师和修剪技术熟练工人,以便广泛指导,使学生操作技能迅速提高。

五、任务考核

休眠期修剪实训结束后,指定任意枝条,能说明其上一年采用的修剪方法;能正确握剪、用锯,剪枝熟练,剪口符合要求;任意一种修剪方法能按照步骤止规、完整操作。检验学生对果树修剪技能的掌握情况,根据修剪质量和技术熟练程度评定成绩。

六、任务作业

根据果园具体情况制订合理的修剪方案。

工作任务五　绿色食品梨常见病害诊断与防治

一、任务目标

了解当地梨树常见病害及其发生为害情况,区别梨树主要病害的症状特点及病原菌形态,设计梨树病害防治方法。

二、材料用具

学校实训基地、农业企业或农村专业户梨树园,多媒体教学设备,梨树病害标本,观察病原物的器具与药品,常用杀菌剂及其施用设备等。

三、任务内容

1. 梨树常见病害症状和病原菌形态观察

观察梨黑星病、梨锈病、黑斑病、褐斑病、白粉病、炭疽病、疫腐病、轮纹病、腐烂病、干腐病、干枯病、枝枯病等病害的分布特点、发病部位、症状表现(病部形状、质地、颜色、表面特征等)和病原特征，辨别并判断病原类型及病害种类。

2. 梨树重要病害预测

根据越冬菌量、气象条件、栽培条件和当地主要梨树品种生长发育状况，分析并预测 1～2 种重要梨树病害的发生趋势。

3. 梨树主要病害防治

(1)调查了解当地梨树主要病害的发生为害情况及其防治技术和成功经验。

(2)根据梨树主要病害的发生规律，结合当地生产实际，提出 2～3 种梨树病害防治的建议和方法。

(3)配制并使用 2～3 种常用杀菌剂防治当地梨树主要病害，并调查防治效果。

四、任务考核

能正确识别梨树常见病害并进行综合防治。

五、任务作业

(1)评价当地梨树主要病害的防治措施，提出主要病害的防治建议及方法。

(2)记录梨树常用杀菌剂的配制、使用方法和防治效果。

项目小结

本项目详细介绍了梨的种类、品种、建园、栽培技术及常见病虫害等相关内容。现阶段我国梨的品质得到了大幅提升。采用现代化的种植技术，如温室种植、水肥一体化和有机种植等，可以改善梨的产量和品质，并减少对环境的污染。此外，我国还建立了一系列的梨产地质量安全标准和检测体系，对梨的质量进行监管，确保食品安全。目前我国梨产业的发展现状是积极向好的，在品种、产量、质量、市场和技术等方面都取得了显著的进展。未来，我们有必要继续加强梨的研究和培育工作，提高梨的产量和品质，推动梨产业的健康发展。

复习思考

1. 梨树常用的砧木有哪些？如何根据当地条件正确选用砧木？
2. 列表比较秋子梨、白梨、沙梨和西洋梨在特征、特性方面的主要差异。
3. 根据当地立地条件，提出梨树品种规划意见。
4. 梨树生长习性与苹果树主要有哪些区别？试举两例说明其对栽培管理的影响。
5. 梨树在结果特性方面与苹果树有何不同？举例说明其栽培应用。
6. 简述梨树肥水管理要点。
7. 简述梨树疏花疏果的技术要领。
8. 比较梨树主干疏层形与苹果疏散分层形树体结构的主要区别，试分析其原因。
9. 简述梨树幼树、初结果树的整形修剪技术要领。
10. 简述梨树的主要病虫害及其防治要点。

项目七 绿色食品葡萄生产技术

【学习目标】

- 了解葡萄主要优良品种、生物学特性，掌握绿色葡萄生产关键技术；
- 掌握以建架整形、出土绑蔓、新梢处理、果穗管理、埋土防寒为重点的枝蔓管理技术；
- 掌握葡萄主要病虫害识别及防治方法；
- 具备周年综合生产管理能力。

【思政目标】

- 培养学生形成严谨的科学态度、不断探究的科学精神以及“三农”情怀。

【学习提示】

- 通过在果园观察熟悉葡萄生长发育规律；结合教学内容，课外阅读葡萄生产技术资料，以小组为单位，开展新技术应用试验，巩固所学知识；通过调查葡萄的消费市场、生产果园和加工企业，了解葡萄畅销的优良品种，熟悉优质高效栽培技术及周年生产技术。

项目引入

葡萄是世界四大水果之一，栽培历史悠久、分布范围广。原产于黑海、地中海沿岸的欧洲种葡萄，有五千年以上的栽培历史。目前几乎世界各地均有葡萄栽培，栽培面积最大的国家是意大利、法国、西班牙、土耳其和中国。我国的葡萄大约是在两千年前由汉朝的张骞出使西域时引入的，后传至全国各地。葡萄浆果营养丰富，除鲜食外，主要用于加工，全世界所产葡萄约80%用于酿酒，其次是制干、制汁等。葡萄适应性强，结果早，寿命长，易于更新而且产量高，收益快。近年来，葡萄产值一直稳中有升，呈现出良好的发展势头。目前我国栽培葡萄的主要有新疆、山东、辽宁、河北和河南。

必备知识一 葡萄的种类和品种

一、种类及品种群

葡萄在植物学分类中属于葡萄科葡萄属。本属用于栽培的有20多个种，按照原产地不同，分为欧亚、东亚、北美三个种群。

(一)欧亚种群

经过冰川期后仅存留1个种，即欧亚种葡萄，起源于欧洲、亚洲的西部和北非。目前广泛分布于世界各地的优良品种多属于本种。其栽培历史悠久，已形成数千个栽培品种，其产量占世界葡萄总产量的90%以上。该种适宜日照充足、生长期长、昼夜温差大、夏干冬湿和较温暖的条件。抗寒性较差，抗旱性强，对真菌性病害抗性弱，不抗根瘤蚜。根据亲缘关系和起源地不同大致可分为3个生态地理品种群。

1. 东方品种群

分布于中亚和中东及远东各国，主要为鲜食和制干品种。生长势旺，叶面光滑，叶背面无毛或仅有刺毛。穗大、松散呈分枝形，果肉肉质或脆质。抗热、抗旱、抗盐碱，但抗寒性、抗病性较弱，适于在雨量少、气候干燥、日照充足、有灌溉条件的地区栽培。代表品种有白鸡心、无核白、无核黑、牛奶、龙眼、白木纳格等。

2. 西欧品种群

原产于法国、意大利、英国等西欧各国，大部分为酿造品种。生长势中庸，生长期短，叶背有茸毛，较抗寒。果穗较小，果粒紧密多汁。果枝率高，果穗多，产量中等或较高。代表品种有赤霞珠、白诗南、雷司令、黑比诺、法国蓝等。

3. 黑海品种群

原产于黑海沿岸和巴尔干半岛各国。多数为鲜食、酿造兼用品种，如白羽、晚红蜜等。少数为鲜食品种，如花叶白鸡心等。

(二)东亚种群

有40多个种，分布于中国、朝鲜、韩国、日本等地，绝大多数处于野生状态。不少种是优良的育种材料。比较重要的有：

1. 山葡萄

分布在东北长白山、兴安岭和华北等山区，主要特点是抗寒力极强，根系可抗－16～－14℃的低温，成熟枝条可抗－40 ℃以下的低温。目前从中选育出的优良株系有长白山9号、长白山6号、通化1号、通化2号、通化3号等；经杂交育出的品种有北红、北玫、公酿1号、公酿2号等。

2. 蘡薁

野生，分布于华北、华南和华中的山区。结实力强，果实黑色，粒小穗小，可酿酒入药。

(三)北美种群

源于美国和加拿大东部，约有28个种，在栽培上有价值的主要有两种。

1. 美洲葡萄

植株生长旺盛，抗寒、抗病、抗根瘤蚜能力强。叶桃红色，被毡状茸毛，卷须连续性。果肉有草莓味，与种子不易分离。巨峰、康拜尔、白香蕉等均为本种与欧亚种的杂交种。

2. 河岸葡萄

耐热耐湿，抗寒抗旱，高抗根瘤和真菌病害，扦插易成活，与欧洲葡萄嫁接亲和力好，一般作为抗根瘤蚜砧木。

二、葡萄优良品种介绍

1. 乍娜(绯红)

欧亚种，1975年引自阿尔巴尼亚，属早熟品种，从萌芽到果实充分成熟生长期为115～125 d。果穗大，长圆锥形，平均果穗重680 g。果粒近圆形或短椭圆形，着生较紧密，平均粒重8.8 g，果皮紫红色、中等厚，果粉薄，果肉细脆，可溶性固形物含量13.5%～16%，酸度低，有清香味，品质上等。

植株生长势较弱，果枝率53%～60%，结果系数1.2～1.4，早果性强，较丰产，耐运输。幼树不耐寒易受冻害，对霜霉病抵抗力较强，多湿地区易染黑痘病。果实成熟前遇雨易裂果，对裂果不及时处理易引起穗腐病。棚架、篱架均可，宜中短梢修剪。目前北京、天津、河北、山东、宁夏、新疆等地均有栽培。

2. 矢富罗莎

欧亚种，又名粉红亚都蜜、兴华一号。果穗大，圆锥形，平均穗重700～800 g，果粒大，平均粒重12 g，椭圆形，皮色深红，肉脆汁少，口感好，7月中旬成熟。生长势强，结实力较强，丰产，抗病性较强，是欧亚种中较好的早熟大粒品种，也是设施促成栽培较理想的品种。目前山东、河北、辽宁等地均有栽培。

3. 京秀

欧亚种，原北京植物园选育而成。果穗圆锥形，平均穗重420 g，果粒椭圆形，平均粒重5～6 g，鲜紫红色，果肉脆，味甜微酸，品质上等，7月上中旬成熟。生长势中等，适于中梢修剪，丰产，耐运输。适于华北、东北和西北等地区栽培，也是适于设施促成栽培的优良品种。

4. 无核白鸡心

又名世纪无核、森田尼无核，欧亚种，1983年沈阳农业大学从美国引入，属早熟品种，从萌芽到果实充分成熟生长期为110～125 d。果穗大，平均穗重500 g以上。果粒着生中等紧密，平均粒重6 g，鸡心形，绿黄色或金黄色，果皮薄而韧，果肉硬而脆，略有香味，可溶性固形物含量 16%，含酸量 0.6%，味甜，无籽，品质极佳。该品种树势旺，果枝率 52%，结果系数 1.2，适应性强，较丰产。抗病力中等，较抗霜霉病，但不抗黑痘病和白粉病。棚架栽培，中、短梢混合修剪。目前辽宁、河北、山东、京津地区、新疆等地均有栽培。

5. 巨峰系

巨峰系葡萄是巨峰及与巨峰有亲缘关系的一类品种，包括巨峰、峰后、藤稔、先锋等系列品种，欧美杂交种，多为中熟品种，我国南北方均有栽培。巨峰系品种果穗圆锥形，平均穗重多在 400～550 g。果粒近圆形或椭圆形，平均粒重在 9 g 以上，完熟时呈黑紫色或紫红色。果皮厚韧，果肉肥厚而多汁，有草莓香味，品质中上等。果枝率 65%～85%，结果系数 1.6～1.8，丰产性强。适应性强，抗病，耐湿，对黑痘病、霜霉病、白粉病抵抗力均强。树势强旺，新梢粗壮，适宜于高篱架或小棚架栽培，宜中短梢修剪。有的品种落花落果重，成熟后易落粒，不耐储运，大小粒也严重，栽培时应注意控制负载量，多施有机肥和磷钾肥，改善通风透光条件。

6. 里扎马特(玫瑰牛奶)

欧亚种，20 世纪 80 年代由日本引入，属中熟品种，从萌芽到果实充分成熟生长期为 128～135 d。果穗大，平均重 800 g，果粒为牛奶型或束腰型，平均粒重 10 g 左右，果皮底色黄绿，半面紫红色，美观，皮薄肉脆多汁，可溶性固形物含量 11.5%～14%，含酸量 0.5%～0.6%，味酸甜爽口，品质上等。生长势强，果枝率 30%～32%，结果系数 1.2，丰产性中等。抗病力中等，易染黑痘病、霜霉病，果实成熟期遇雨易裂果。宜棚架栽培，中长梢修剪。喜排水良好的土壤。抗寒性差，北方要注意埋土防寒。日前辽宁、河北、山西、山东、宁夏、新疆等地有栽培。

7. 红地球

又名晚红、美国红提等，1987 年沈阳农业大学从美国引入。欧亚种，属晚熟品种。果穗长圆锥形，平均穗重 800 g，果粒圆形或卵圆形，平均粒重 12 g 以上。果皮中厚，鲜红色，色泽艳丽，果肉硬而脆，可削成薄片，酸甜适口；可溶性固形物含量 16%～19%，品质上等，果刷粗长，不脱粒，极耐贮藏和运输。

植株树势强，丰产性强。抗病力弱，易染黑痘病、白腐病、炭疽病、霜霉病。适宜小棚架或篱架栽培。幼树宜长中短梢混合修剪，成年树以短梢修剪为主。幼树易贪青生长，新梢成熟较晚，生产中要及时摘心和处理副梢，副梢多留叶片，严格控制产量，及早疏穗疏粒。目前新疆、陕西、山西、山东、河北、辽宁、京津等地区发展较快，尤其适于在我国北方较干旱无霜期较长的地区栽培。

8. 木纳格

欧亚种，原产于中国新疆，有红木纳格和白木纳格两种类型，属晚熟品种，从萌芽到果实充分成熟生长期为 150 d 左右。果穗圆锥形，较松散，平均穗重 560 g。红木纳格果粒长椭圆形，浅红色，平均粒重 7.8 g；白木纳格果粒椭圆形，绿黄色，平均粒重 9 g。果皮较厚，肉脆汁多，无香味，可溶性固形物含量 17%～19%，品质上等。果刷长，果实极耐储运，可贮藏至翌年 5 月，但过晚采收易落粒。植株树势强，丰产性中等，耐盐碱和瘠薄，适应性强，抗病力弱。宜小棚架栽培，中短梢修剪。适宜栽培区的有效积温应在 4 500 ℃ 以上，无霜期 220 d，年降雨量 500 mm 以下，年日照时数 2 800 h 以上。目前新疆阿图什、和田、喀什等地栽培较多。

9. 美人指

欧亚种，属晚熟品种。从萌芽到果实成熟需 145～150 d，果穗圆锥形，均重 480 g，果粒长椭圆形，中等紧密，均粒重 10～12 g，最大 18 g，颜色从顶到下由鲜红色逐渐变淡。果皮薄，果粉厚，果肉脆甜，可溶性固形物含量 16%～19%，该品种外观极美，品质极佳。植株生长势强，极性强，幼树抗寒力差，易得白腐病。由于抗病力较差，栽培时应做好防治病虫害及采取果实套袋和避雨栽培等措施，适宜在华北、西北、辽宁等地发展。

10. 龙眼

欧亚种，又名秋紫、紫葡萄，原产中国，是我国的古老品种之一，属晚熟品种，从萌芽到果实充分成熟生长期为 160 d 以上。果穗圆锥形或双歧肩圆锥形，平均穗重 650～800 g。果粒近圆形或椭圆形，红紫色，平均粒重 5.6 g，可溶性固形物含量 13%～17%，味酸甜，品质上等。该品种树势强，适应性和丰产性强，抗干旱，抗病力较弱，易染黑痘病。宜棚架栽培，长中短梢混合修剪。果实极耐储运，可贮藏到翌年 5 月，适宜在我国北方干旱、半干旱地区栽培。同时该品种也是优良的酿酒品种。

11. 阳光玫瑰

欧美杂交种，果粒大概平均重 12～14 g，平均穗重 500 g，最大穗重 1 000 g。绿黄色，坐果好。成熟期与巨峰相近，易栽培。肉质硬脆，有玫瑰香味，可溶性固形物含量 20%左右，鲜食品质优良。不裂果，盛花期和盛花后用 25 μL/L 赤霉素处理可以使果粒无核化并使果粒增重 1 g；耐储运，无脱粒现象。抗病，可短梢修剪，外形美观。适应性广，可进行大面积推广，是中熟品种中极其优秀的玫瑰香型品种。

12. 白罗莎里奥

属欧亚种。果穗圆锥形，无副穗，穗均重 600 g，果粒短椭圆形。鲜绿色，粒均重 12 g，果皮薄而韧，无涩味，果粉厚，果肉质厚爽脆、无肉囊，多汁，纯甜，有淡玫瑰香味，含可溶性固形物 19.0～22%，鲜食品质极上。果粒含种子多 2 粒，种子与果肉易分离，在昌黎地区，果实 9 月中旬成熟，果实发育期 145 d 左右。植株生长势强，枝条易成熟，隐芽萌发力差，芽眼萌发率 60%～70%。夏芽副梢结实力强，丰产，果实耐储运，适应性广。抗各种真菌病害能力比其他欧亚种葡萄强。

13. 魏可

又名温克，欧亚种。果穗圆锥形，果穗较大，平均穗重 450 g，果穗大小整齐，果粒着生较松。果粒卵圆形，果皮紫红色至紫黑色，果粒大，平均粒重 10.5 g，有小青粒现象，果皮中厚，具韧性，果肉脆，无肉囊，多汁，果汁绿黄色，味甜，可溶性固形物含量 20%左右，品质优良。植物生长势强，芽眼萌发率 90%，成枝率 95%，结果枝率 85%，每果枝平均 1.5 个果穗。隐芽萌发力强，且所萌枝条易形成花芽。丰产性强，抗病性强。果实成熟后可挂在树上延迟采收。

14. 圣诞玫瑰

又名秋红，圣诞红。欧亚种。果穗大，长圆锥形，果穗长 30 cm、宽 24 cm，穗重 800 g 左右；浆果着生较紧，果粒大，长椭圆形，紫红色，平均粒重 7.5 g，果皮中等厚，肉硬而脆，味甜美适口；含糖量 17%，含酸量 0.55%，每果粒有种子 1～2 粒，种子中等大，红棕色。植株生长势强，芽眼萌发率高，结果枝率 78%，每结果枝平均有花序 1.4 个。副梢结实力中等，产量高。抗病力较强，但植株幼嫩部分易感黑痘病。在华北地区，4 月上旬萌芽，5 月下旬开花，9 月下旬至 10 月初成熟，从萌芽至果实成熟，生长日数 160 d 以上，晚熟品种。果实耐贮藏、运输。

知识拓展

葡萄品种的类型

全世界的葡萄品种有 8 000 多个，我国拥有 600 个以上，除植物学分类外，生产上还将其按成熟期和用途分为许多类型。

1. 按品种成熟期早晚划分

（1）极早熟品种。从萌芽到浆果成熟大约在 110 d 以内的品种称为极早熟品种。如莎巴珍珠、早玫瑰、京早晶、早红。

（2）早熟品种。从萌芽到浆果成熟在 110～125 d 的品种称为早熟品种。如京亚、京秀、无核白鸡心、乍娜、凤凰 51、香妃、早玛瑙、紫珍香、无核早红、粉红亚都蜜、奥古斯特、维多利亚、京玉、京优等。

（3）中熟品种。从萌芽到浆果成熟在 125～145 d 的葡萄品种称为中熟品种。如峰后、京超、里扎马特、先锋、伊豆锦、白香蕉、红瑞宝、红富士、龙宝、黑奥林等。

（4）晚熟品种。从萌芽到浆果成熟在 145～160 d 的品种称为晚熟品种。如红地球、美人指、木纳格、无核白、高妻、皇家秋天、红宝石无核、克瑞森无核、黑大粒。

（5）极晚熟品种。从萌芽到浆果成熟在 160 d 以上的品种称为极晚熟品种。如龙眼、秋红、秋黑。

2. 按葡萄果实主要用途划分

（1）鲜食品种。应具备较好的内在品质和外观品质。穗形美观，果粒着色均匀、着生疏密适当，甜酸适口（可溶性固形物含量 15%～20%，含酸量 0.5%～0.9%）。如京秀、红地球、巨峰系等。

（2）酿造品种。酿造品种比较注重内在品质，可溶性固形物含量要求达到 16%～17%，出汁率 70%以上，具有特殊香味和不同的色泽。如赤霞珠、梅露辄、意斯林、霞多丽、贵人香、法国蓝、雷司令、黑比诺等（表 7-1）。

（3）制汁品种。制汁品种要求有较高的含糖量和较浓的香味，出汁率 70%以上。如康克、康拜尔、卡巴克等。

（4）制干品种。要求无核、肉厚、含酸量小，可溶性固形物含量要求达到 20%以上。如新疆的无核白。

表 7-1　酿酒品种简介

品种	穗重/g	粒重/g	含糖量/%	含酸量/%	出汁率/%	其他
赤霞珠	150～175	1.5～2.2	16～20	0.6～0.8	62	晚熟，树势较强，抗病性较强，适应性强，产量中等，适合酿制红葡萄酒。
梅露辄	110～225	1.4～3.3	17.4～18.8	0.64～0.80	70～74	中熟，树势较强，早果丰产，抗性强，适合酿制干红葡萄酒和佐餐葡萄酒。

续表 7-1

品种	穗重/g	粒重/g	含糖量/%	含酸量/%	出汁率/%	其他
意斯林	150～230	1.3～2.2	16～23	0.5～0.9	68～76	中熟，树势中等偏弱，产量中等，抗性较强，用于酿制白葡萄酒。
霞多丽	110～125	1.3～2.0	17～20	0.57～0.88	72.5	中熟，生长势强，早果丰产，适应性强，抗病性中等，用于酿制干白葡萄酒。

工作任务一　葡萄主要品种识别

一、任务目标

掌握葡萄主要种和品种群的识别特征，掌握当地葡萄主栽品种的识别特征，学会识别葡萄品种的方法，能识别当地葡萄主栽品种。

二、材料与用具

1. 材料

当地栽培的葡萄品种 5～10 个。

2. 用具

记录表格、铅笔、橡皮。

三、任务内容

采用统一标准、统一记录表格进行观察记录。

(1)教师以本地主栽品种为例，从叶、果穗、果粒、卷须、新梢和一年生枝等方面讲解葡萄品种识别依据和方法。

(2)学生 2～3 人分为一组，分品种逐项进行观察，小组讨论后填表(表 7-2)。

(3)教师进行讲评，归纳出种和品种群的识别特征要点。

表 7-2　葡萄品种特征记载表

项目	品种 1	品种 2	品种 3	品种 4
1. 叶片形状(近圆形、卵圆形、扁圆形等)与大小				
2. 叶片裂刻数及深浅(浅、中、深、极深)				

续表 7-2

项目	品种 1	品种 2	品种 3	品种 4
3.叶背茸毛(丝毛、刺毛、混合毛及着生密度)				
4.叶色(深浅、光泽度)及叶片薄厚				
5.叶柄洼形状				
6.嫩梢颜色				
7.果穗形状(圆柱形,圆锥形,单歧、双歧圆锥形,分枝形)及紧密程度(紧密、松散)				
8.果粒形状(长圆形、长椭圆形、椭圆形、圆形、鸡心形、瓶形、倒卵形、卵形等)				
9.果粒颜色(绿、黄、红、粉红、紫红、紫黑等)				
10.卷须(连续、间歇性)				

注:以第 7～12 片有代表性的叶子进行观察记载。可根据季节特征和学时调整项目。

四、任务考核

通过实训报告和现场表现进行评价。

五、任务作业

(1)每组交葡萄品种特征记载表 1 份。
(2)试述本次工作任务中认识的几个葡萄品种的来源、经济价值和栽培特性。

必备知识二　葡萄的生物学特性

一、生长特性

1.根

葡萄属深根性果树,生产上多采用扦插繁殖,无性繁殖的葡萄根系无真根颈和主根,只有根干及根干上发出的水平根及须根。根干由扦插育苗时插入土壤中的枝条发育而来。

葡萄的根为肉质根,能贮藏大量营养物质,且导管粗、根压大。故葡萄较耐盐碱,春季易出现伤流。葡萄根系的垂直分布为 20～60 cm,水平分布随架式而不同。篱架的根系分布左右对称,棚架的根系偏向架下方向生长,架下根量占总根量的 70%～80%。

葡萄根的生长与葡萄种类、土壤温度有关。欧洲种葡萄的根在土温达 12～14 ℃时开始生长,20～28 ℃时生长旺盛。全年有 2～3 个生长高峰,分别出现在新梢旺长后、浆果着色成熟期及采收后。

2. 茎

葡萄的茎通称为枝蔓。可分为主干、主蔓、侧蔓、一年生枝(又称结果母枝)、新梢和副梢等。

从地面发出的茎称为主干,主干上着生主蔓,埋土越冬的地区不留主干,主蔓从地表附近长出。主蔓上着生的多年生枝叫侧蔓,着生混合芽的一年生蔓叫结果母枝。结果母枝上的芽萌发后,有花序的新梢叫结果枝,无花序的叫营养枝。新梢叶腋间的夏芽和冬芽当年萌发形成的二次枝分别称副梢和冬芽二次枝,营养条件好时,其上也可着生花序,第二次结果(图 7-1)。葡萄新梢由节和节间构成。节部膨大着生叶片和芽眼,对面着生卷须或花序。节的内部有横隔膜,无卷须的节或不成熟的枝条多为不完全的横隔,新梢因横隔而变得坚实。节间的长短因种、品种及栽培条件而异。

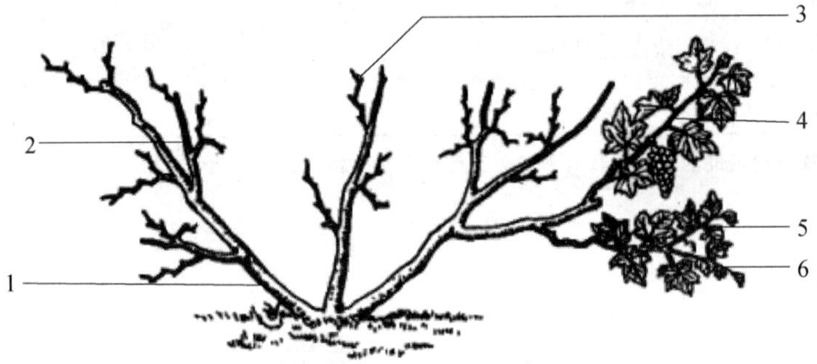

1. 主蔓　2. 侧蔓　3. 结果母枝　4. 结果枝　5. 营养枝　6. 副梢

图 7-1　葡萄植株地上部各部分名称

葡萄新梢生长量大,每年有两次生长高峰,第一次从萌芽展叶开始到花前,主要是主梢生长。此后,随着果穗生长的加快,新梢生长转缓。第二次生长高峰从种子中的胚珠发育结束后到果实快速生长之前,为副梢大量发生期。新梢开始生长时的粗细,反映树体贮藏营养水平的高低,贮藏营养丰富,新梢开始生长粗壮,有利于花芽分化和果实发育。葡萄新梢不形成顶芽,全年无停长现象。

3. 芽

葡萄新梢的每一叶腋内有两种芽,即冬芽和夏芽。冬芽正中央有一个主芽,周围有 3～8 个预备芽,其中 2～3 个预备芽发育较好(图 7-2),故又称为芽眼。冬芽内的主芽比预备芽分化程度深,发育好。大多数品种,春季冬芽内的主芽先萌发,预备芽则很少萌发。当主芽受到损伤或冻害后,预备芽也萌发。在一个冬芽内,主芽和 1～2 个预备芽同时萌发,形成双芽、三芽并生。

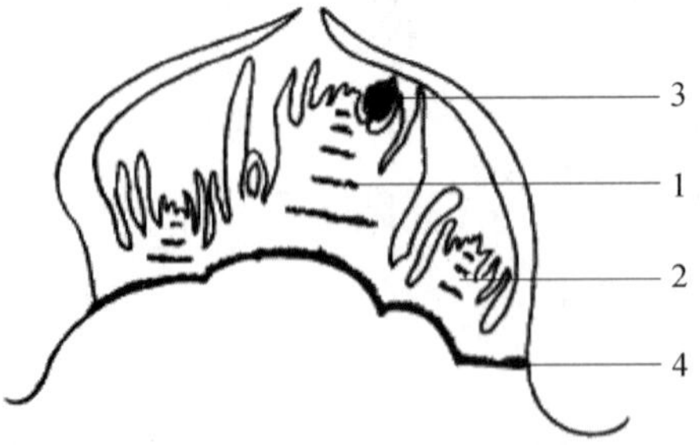

1. 主芽　2. 预备芽　3. 花序原始体　4. 芽垫层

图 7-2　葡萄的冬芽

生产上为了集中养分保证主芽新梢的生长,应及时抹去预备芽萌发的新梢。冬芽在主梢摘心过重、副梢全部抹去、芽眼附近伤口较大时均可当年萌发,影响次年正常生长,但冬芽当年萌发可形成二次结果。

夏芽为裸芽,具早熟性,随新梢的生长萌发成副梢。夏芽形成的副梢的叶腋间,同样形成当年不萌发的冬芽与当年萌发的夏芽，这为快速成形、提早结果及一年多次结果提供了基础。但大量副梢势必消耗养分。故处理副梢是葡萄夏季修剪的重要任务。葡萄冬芽内不萌发的预备芽成为潜伏芽，葡萄潜伏芽的寿命长，有利于枝蔓更新。

4. 叶

葡萄叶为单叶互生、呈掌状，大部分为 5 裂，也有 3 裂和全缘叶，叶片较大。叶面或叶背着生茸毛，直立的叫刺毛，平铺呈棉毛状的叫茸毛。葡萄的叶片表面覆盖较厚的角质层，可防止叶片水分的蒸发，是其抗旱力较强的重要原因。叶片的形状、叶缘锯齿、裂刻的多少与深浅、叶柄洼的形状以及叶上茸毛的有无与多少都是鉴别品种的重要依据。

叶的光合能力强弱与叶面积的大小、叶色深浅和叶龄有关，展叶后 30 d 左右的叶及叶色深绿的叶光合能力最强。因此，夏季修剪保留一定量的副梢叶，有利于提高树体营养。

二、结果习性

葡萄在良好的管理条件下定植后 2 年结果，4～5 年就可大量结果，经济栽培年限可达 30～50 年。

1. 花芽分化

葡萄的花芽由上一年新梢叶腋间的芽经花芽分化而形成，约需一年时间。一般花期前后开始分化，6～8 月为分化盛期，以后的分化则逐渐减缓。在此期间，营养条件适宜时，便可形成完整的花序原始体，否则，花序就不完整或者形成卷须。因此，花期也是葡萄花芽分化的临界期。入冬以后，花芽渐趋休眠状态。翌春萌芽前 2 周，花序原始体继续分化出花萼、花冠、雄蕊、雌蕊等，至开花前结束。在此期间，营养物质充足时，可促进花序分化增大，营养不足时，也可能迫使其退化为卷须，这是葡萄花芽分化的第二个临界期。花序原始体分枝分化的多少，即花序的大小，花蕾发育是否完全，取决于这一时期的营养状况。如果在此期间营养条件不良，则上一年形成的花序原基轻则分化不良，胚珠不发育，并造成大量落花，重则花序原基全部干枯脱落。

大多数葡萄品种，通过对主梢摘心能促使夏芽副梢上的花芽加速分化；通过对主梢摘心并控制副梢的生长，可促使冬芽在短期内形成花序，从而实现一年结两次果。

2. 开花

葡萄的花芽一般着生于结果母枝的第 3～12 节，以 5～7 节最多。欧美杂交种的花芽着生节位更低，从第二节即有花芽。花芽萌发后抽生结果枝，每个结果枝着生 1～3 个花序，多数位于第 3～7 节。结果枝平均着生的果穗数称为结果系数。葡萄的花序为总状花序或圆锥花序，由 200～1 500 朵花组成。每朵花由花梗、花托、萼片、花冠、雄蕊和雌蕊组成。花冠呈帽状(图 7-3)。

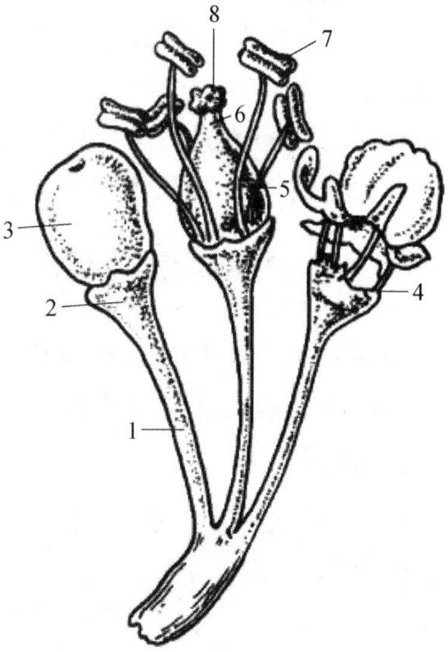

1. 花梗 2. 花萼 3. 花冠 4. 蜜腺
5. 子房隔 6. 雌蕊 7. 花药 8. 柱头

图 7-3 葡萄开花

当日平均温度稳定在 20 ℃时，欧亚种葡萄进入开花期。花期最适温度为25～30 ℃，花序基部和中部的花蕾先开，质量好，副穗和穗尖的花蕾后开。开花时，花冠基部5个裂片反卷而脱落，露出雌雄蕊。花药开裂散出黄色花粉，借风力和昆虫传播花粉。花期长短随品种和气候而异。一个花序开花5～7 d，单株为6～10 d。

葡萄的卷须和花序是同源器官，均为茎的变态。欧洲种葡萄的卷须每连生两节，间隔一节无卷须，称为间歇性。美洲种的卷须是连续着生的。

知识拓展

葡萄花的质量

葡萄花的质量首先取决于花芽分化过程中的营养条件，在一年中以萌芽至开花期最为关键，当营养条件不足时就会向卷须发展，生产上常见的带花序的卷须就是因营养不良而导致花芽质量较差的具体表现。

葡萄花的质量还取决于遗传因素，葡萄有三种花，分别为完全花、雌能花和雄能花。绝大多数葡萄栽培品种为两性花，可自花结实，如绝大多数欧亚种的葡萄。雌能花的雌蕊发育正常，但雄蕊退化，需配授粉品种，如花叶白鸡心等。雄能花仅有雄蕊而无雌蕊或退化不结实，为雄雌异株的野生种所特有，如山葡萄和河岸葡萄等。

环境条件也是影响葡萄花芽质量的重要因素。其中光照是影响花芽质量最主要的因素，在充足的光照条件下，花芽形成和分化良好，花芽质量高，反之则差。

加强综合管理，特别是萌芽至开花阶段的肥水及枝蔓管理，对提高即将开花的花序和花的质量，对促进翌年开花的花芽分化极为重要。栽培雌能花品种时，必须配置授粉品种。

3. 果实发育

葡萄开花后，经过授粉受精，花序发育成果穗，子房发育成浆果，花序梗发育成穗梗。果粒由果梗、果蒂、果刷、果皮(外果皮)、果肉(中果皮)、果心(内果皮)和种子组成。果刷的长短与果实的耐贮性有密切的关系，果刷长的不易落粒，耐储运。

葡萄果实的生长发育分为三个时期：第一期在坐果后5～7周，果实迅速生长；随后进入第二期生长缓慢，持续2～3周；再进入第三期浆果后期膨大期，含糖量迅速提高，含酸量减少，果肉变软，持续5～8周，直至果实成熟。

三、对环境条件的要求

外界环境条件中的温度、光照、土壤和水分对葡萄生长发育影响很大。在选择品种、制定技术措施时应以此为重要依据。

1. 温度

葡萄属喜温果树。当日平均气温达到10 ℃以上时，芽开始萌发。新梢生长和花芽分化最适温度为25～30 ℃，浆果成熟适温为28～32 ℃。温度时其影响主要体现在平均温度、积温和低温3个方面。平均温度影响葡萄物候期的起止时间及进程。如萌芽为10 ℃，开花为20 ℃。积温影响光合作用及营养积累，并最终影响葡萄的生长发育与果实质量。不同品种从萌芽到果实充分成熟所需≥10 ℃的有效积温不同(表7-3)。所以生产上必须根据当地有效积温选择品种。在具体应用时，应考虑小气候和管理水平的影响，可使有效积温有200 ℃左右的变化幅度。低温对葡萄的影响具有双重性:一方面葡萄作为落叶果树需要一定量的低温以完成休眠,通常欧洲种葡萄需 7.2 ℃以下 800～1 200 h;另一方面低温是决定葡萄栽培北限及管理模式的重要因素之一。冬季休眠期间,不同种类的葡萄耐受低温的能力不同。休眠期成熟枝蔓耐受低温的能力为:欧洲种－18～－16 ℃、美洲种－22～－20 ℃、山葡萄－50～－40 ℃;根系耐受低温的能力为:欧洲种－7～－5 ℃、美洲种－12～－11 ℃、山葡萄－16～－14 ℃。一般认为,冬季绝对低温低于－15 ℃的地区即需要埋土越冬,其中低于－21 ℃的地区应加覆盖物后再埋土或加大埋土的厚度。冬季 50 cm 深土层地温在－5 ℃以下的地区,最好选用抗寒砧木栽培。

表 7-3 不同成熟期品种对有效积温的要求

品种类型	萌芽至完熟所需有效积温/℃	萌芽至完熟所需天数/d	代表品种
极早熟品种	2 100～2 500	110 以内	莎巴珍珠,早玫瑰
早熟品种	2 500～2 900	110～125	京秀,无核白鸡心,乍娜
中熟品种	2 911～3 300	125～145	巨峰,里扎马特
晚熟品种	3 300～3 700	145～160	红地球,美人指,无白核
极晚熟品种	3 700 以上	160 以上	龙眼,秋红,秋黑

2. 水分

葡萄的根系发达,吸水能力强,具有较强的抗旱性,但幼树抗性差。一般在萌芽期、新梢旺盛生长期、浆果生长期内需水较多。花期阴雨或潮湿天气则影响正常开花授粉,引起落花落果;浆果成熟期降雨量大,会影响着色,引起裂果,加重病害发生,降低品质。葡萄生长后期雨水过多,新梢生长结束晚,枝条成熟度差,不利于越冬。因此,生长后期应注意控制水分和果园排水。

3. 光照

葡萄是喜光植物,对光照非常敏感。光照条件不足时,枝条细弱节间长,组织不充实,花芽分化不良,产量低,品质差。因此,栽培时应在架式、架向、株行距等方面注意创造良好的光照条件,并采用正确的整枝修剪技术。但光照过强,果穗易发生日烧,在管理上应适当利用叶片进行果穗遮光或果穗套袋。

4. 土壤

葡萄对土壤的适应性很强,除了极黏重的土壤和强盐碱土外,一般土壤均可种植。但以土层深厚肥沃、土质疏松、通气良好的砾质壤土和沙质壤土最好。戈壁石砾和河滩沙地,经过改良,多施有机肥,勤追肥多浇水,因其质地疏松,透气性好,早春温度回升快,昼夜温差大,因此,葡萄成熟早,色泽鲜艳,含糖多。

葡萄在土壤 pH 为 6～7.5 时生长良好,超过 8.3～8.7 时,易发生缺素性黄叶病或叶缘干焦。土壤含盐量达 0.23%时开始死亡,故重盐碱地栽葡萄前要先行改良土壤,还要注意洗碱排盐。

必备知识三　葡萄的生产技术特点

一、建架与整形修剪

葡萄是蔓性果树，在整形修剪上与其他乔木果树相比有其显著特点。一是葡萄枝蔓柔软，整形修剪必须做到架式、树形和修剪的有机结合，即根据栽培条件和品种选择架式，按照架式选择树形，并通过一定的修剪方法来实现。关键是使枝蔓伸展顺畅，均匀分布于架面，以获得更好的光照；二是冬季修剪必须避开伤流期；三是葡萄生长旺盛，必须加强生长期的修剪。

(一)架式选择与设立

葡萄生产中应用的架式种类很多，基本上可以分为篱架和棚架两大类。各种架式的基本结构见图7-4，其主要特点、适用条件等见表7-4。现以单臂篱架和小棚架为例说明其建架过程。

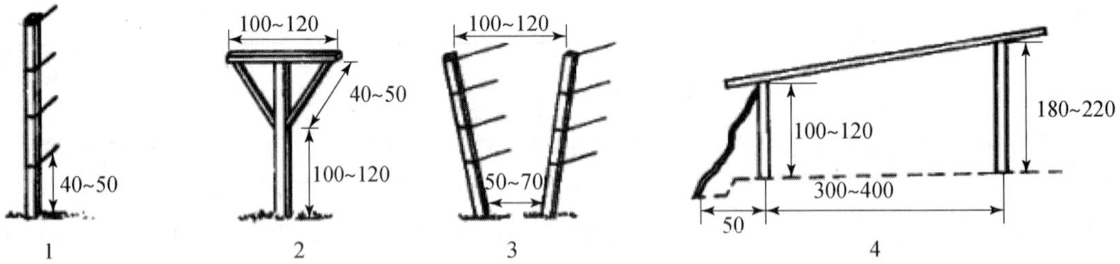

1. 单臂篱架　2. 宽顶篱架　3. 双臂篱架　4. 小棚架

图7-4　葡萄的主要架式类型(单位:cm)

表7-4　葡萄主要架式性能表

架式名称	特点	存在问题	采用树形	适用条件
单臂篱架	通风透光、早果丰产、管理方便、有利于密植，果实品质好	架面小，不适宜生长旺盛的品种，结果部位易上移	扇形、水平形、龙干形、"U"形整枝	密植栽培、品种长势弱、温暖地区
双臂篱架	架面扩大、产量增加	费架材，不便作业，病虫害重，着色差，对肥水条件和夏季植株管理要求较高	扇形、水平型、"U"形整枝	小型葡萄园
宽顶篱架("T"形架)	有效架面大、作业方便、产量增加、光照条件好、品质好	树体有主干，不便埋土防寒，在埋土防寒地区不宜采用	单干双臂水平形	适应生长势交较强的品种，不需要埋土越冬的地区

续表 7-4

架式名称	特点	存在问题	采用树形	适用条件
小棚架	早期丰产、树势稳定、便于更新	不便机耕	扇形、龙干形	长势中等品种，需要冬季埋土地区
倾斜式大棚架	建园投资少，地下管理省工	结果晚，更新慢，树势不稳	无干多主蔓扇形、龙干形	寒冷地区、丘陵山地、庭院栽培、长势强的品种

1. 单臂篱架

架面与地面垂直，架高因行距而定。以行距 3 m、架高 2 m 为好。行长以 60～80 m 为宜，行内每 6 m 设一支柱采用钢管、水泥柱。其中水泥柱的规格为：边柱 10 cm×12 cm×270 cm，中柱 10 cm×10 cm×250 cm，柱内用 4 根直径 6 mm 钢筋做骨架，柱面按要求设置穿线孔。单臂篱架设在距葡萄栽植行一侧 30～40 cm 处。建架时，边柱埋入土中 70 cm 并用锚石或支柱加固。中柱埋入土中 50 cm，然后将 8 号镀锌铁线按要求连接支柱，再用紧丝器拉紧。

2. 小棚架

以行距 4 m 为例，先在葡萄栽植行植株前面 0.5～1 m 处与葡萄行平行立第一排支柱，支柱间距 4～6 m，高出地面 70～120 cm，然后以 2 m 的相同间距再设第二、第三排支柱。第三排支柱高 2 m 左右，然后在支柱顶部顺枝蔓延伸的方向架横梁。横梁采用粗 6～10 cm 的水泥杆、木杆、竹竿或 8 号镀锌丝。最后参照篱架的方式用 6～8 号铁丝将边柱固定，并在架面上顺行向每隔 50～60 cm 拉一道 10～12 号镀锌铁丝。

知识拓展

柱 式 架

国外不埋土防寒地区较多采用柱式架栽培葡萄。方法是用一根木柱支持枝蔓，一般采用头状整枝或柱形整枝，结果母枝剪留 2～3 个芽，新梢在植株上部向下悬垂。当主干粗度达 6 cm 以上，能直立生长时，去掉木柱，成为无架栽培。柱式架简单，省架材，但通风透光较差。

(二)常用树形及其整形过程

1. 扇形整枝

扇形整枝为葡萄产区采用较多的一种树形。依主干有无分为有主干扇形和无主干扇形；无主干扇形有两种，主蔓上留侧蔓的叫自然扇形(图 7-5)，不留侧蔓的叫规则扇形(图 7-6)。其基本结构是植株由若干较长的主蔓组成，在架面上呈扇形分布。主蔓上着生枝组和结果母枝，较大扇形的主蔓上还可分生侧蔓。篱架通常采用无干多主蔓扇形，其主蔓数量由株距确定。在架高 2 m、行距 1.5 m 的情况下，每株留 3～4 个主蔓。每个主蔓上留 3～4 个枝组。其整形过程如下。

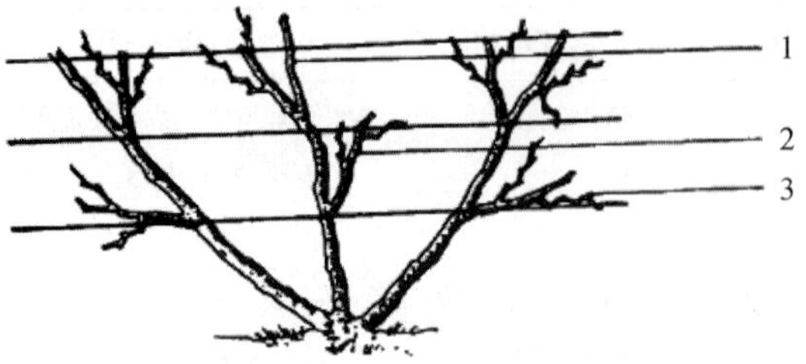

1. 主蔓　2. 侧蔓　3. 结果母枝

图 7-5　自然扇形

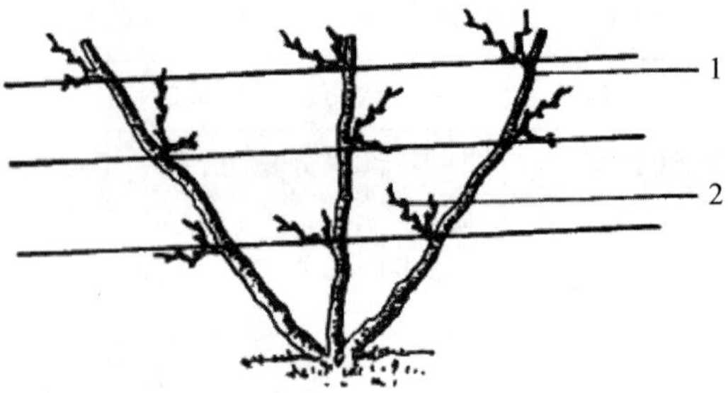

1. 主蔓　2. 枝组

图 7-6　规则扇形

第一年春季，苗木留 3～4 个芽短截后定植。萌芽后从新梢中选留 3～4 个壮梢培养，其余全部除去。夏天新梢达 80 cm 以上时，留 50～60 cm 摘心，以后对新梢顶端发出的第一副梢留 30 cm 摘心，并去掉其余副梢。按相同的方法，副梢上发出的二次副梢留 3～5 片叶摘心，三次副梢留 1～2 片叶摘心。夏季生长较差的新梢适当重摘心，培养壮梢。冬剪时，对壮枝留 50～60 cm 短截，作为主蔓。弱枝留 30 cm 短截，下一年继续培养主蔓。

第二年夏季，主蔓上发出的延长梢达 70 cm 时，留 50 cm 左右摘心，其余新梢留 40 cm 摘心，以后可参照第一年的方法摘心。冬剪时主蔓延长蔓留 50 cm 短截。其余枝条留 2～3 个芽短截，培养结果枝组。上一年留 30 cm 短截的待培养主蔓，当年可发出 1～2 根新梢。夏季选其中 1 根壮梢在其长到 40 cm 时留 30 cm 摘心，其上发出的健壮的副梢作主蔓延长梢处理，冬剪留 50 cm，其余副梢按培养枝组的方法进行摘心和冬剪。

第三年继续按上述原则培养主蔓和枝组，直到主蔓具备 3～4 个结果枝组为止。

2. 龙干形

我国北方各葡萄产区常用该整形方式，适于棚架和棚篱架，特点是树形、树势、产量和果穗稳定，果实品质好。

龙干形包括独龙干、双龙干和多龙干。龙干为其基本单元，其结构是从地面直接选留主蔓，引缚上架，在主蔓的背上或两侧每隔 25～30 cm 着生 1 个枝组，每个枝组着生 1～3 个短结果母枝，呈龙爪状。多用中短梢修剪(图 7-7)。现以双龙干为例说明其整形过程。

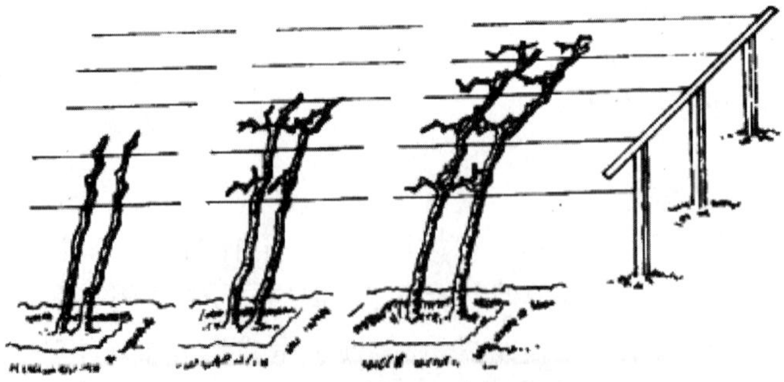

图 7-7　无主干双龙干形

第一年，定植时留 2～3 个芽剪截，萌发 2～3 个新梢用以培养主蔓。当新梢长至 1 m 以上时摘心，其上副梢可留 1～2 片叶反复摘心。冬剪时，主蔓剪留 12～18 个芽。

第二年，主蔓发芽后，抹去基部 30 cm 以下的芽，以上每隔 25～30 cm 留一壮梢，夏季新梢长到 60 cm 以上时，留 40 cm 摘心。以后对其上的副梢继续摘心，冬剪时留 2～3 个芽短截。

对延长梢可留15～18节摘心，冬剪剪留12～15个芽(长1～1.2 m)。

第三年，在上年留的结果母枝上，各选留2～3个好的结果枝或发育枝培养枝组，方法是在10片叶左右时摘心，及时处理副梢，并使延长蔓保持优势，继续延伸，布满架面。冬剪时可参考上年方法。一般3～5年完成整形任务。

3. 水平整枝

水平整枝主要用在篱架上。冬季不防寒地区采用有干水平整枝，其树形根据架式可分别采用单臂、双臂、单层、双层、低干、高干等多种形式(图7-8)。冬季防寒地区则必须使用无干水平整枝。单臂单层水平整形是水平整枝的基本形式。该树形的基本结构由一个主干和一个水平蔓及若干结果枝组构成。株距1～2 m。定植当年留1个新梢作主蔓培养，冬剪留1.5～2 m，将其水平绑缚于第一道铁丝。

第二年夏季抹芽定枝时，新枝蔓上每米留6～7个结果新梢，间距15 cm。

冬剪留2～3芽短截成为结果母枝。第三年夏季结果母枝发芽后，选留2个新梢分别作为结果枝和预备枝培养结果枝组，冬剪时分别留2～3个芽和4～6个芽。以后每年对结果枝组更新修剪。

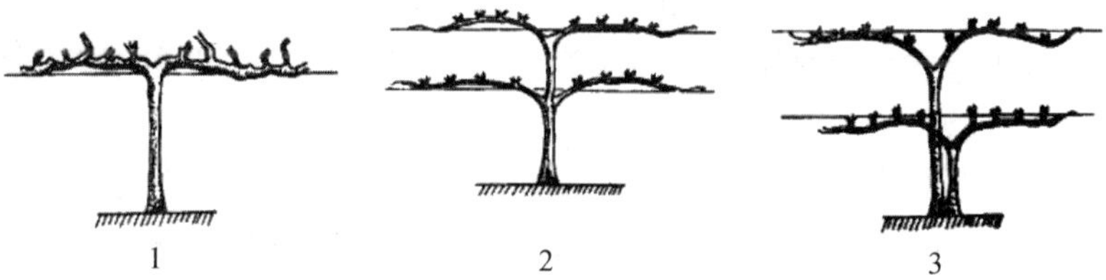

1. 双臂水平龙干树形　2. 双臂水平双层树形　3. 双层双干树形

图7-8　水平整枝树形

(三)基本修剪方法

1. 短截

葡萄冬季修剪中使用最多的剪法，往往是“枝枝短截”。根据结果母枝的剪留芽的多少，可将短截分为五种基本剪法，即超短梢修剪(剪留1个芽)、短梢修剪(剪留2～4个芽)、中梢修剪(剪留5～7个芽)、长梢修剪(剪留8～12个芽)、超长梢修剪(剪留12个芽以上)。具体又可根据品种特性、架式树形、夏季摘心强度等灵活运用。一般长梢或超长梢修剪适合结果部位较高、生长势旺的东方品种群葡萄，多用于棚架。它能保留最多的结果部位，形成较高产量，但萌芽和成枝率较低，结果部位外移快。因此，在生产上采用长(或超长)梢修剪时，必须注意配备预备枝。而短梢修剪，萌芽和成枝率极高，枝组形成和结果部位稳定，适于结果部位低的西欧品种群和黑海品种群及篱架栽培。中梢修剪的效果介于两者之间，多在单枝更新时使用。

2. 绑缚

枝蔓绑缚枝蔓是冬季修剪后的一项重要工作，生产上通过调整枝蔓绑缚的角度大小来实现冬季修剪的意图。

按树形要求将枝蔓定向、定位绑缚在架面铁丝上，使其在架面上均匀分布，充分利用光能。通过控制绑蔓的方位，可有效调节枝蔓生长势。如扇形整枝，将生长势较弱的主蔓绑缚于正中，使其转强，而生长势较强的绑缚于两侧。

对中、长梢修剪的结果母枝可适当绑缚，形式有垂直、倾斜、水平、弓形绑缚等，可抑强扶弱，对弱枝垂直或倾斜绑缚，对强枝水平或弓形绑缚，可有效地防止结果部位的上移。短梢修剪的结果母枝不必绑缚。

新梢长到 40～50 cm 长时进行引缚固定，使其均匀分布于架面。除长势较弱的新梢和用于更新骨干枝的新梢可直立向上绑缚外，一般要保持一定倾斜度。长势强的新梢，拉成水平状绑缚。部分新梢可自由悬垂。

绑缚材料可用马蔺、麻绳、布条或塑料绳。结扣要既死又活，使绑扎物一端紧扣铁丝不松动，另一端在枝蔓、新梢上较松，留有枝蔓加粗生长的余地。

3. 新梢摘心与副梢处理

新梢摘心与副梢处理是葡萄夏季修剪的基本内容，其目的是控制枝梢生长，改善光照条件，促进养分积累，保证花果发育。具体方法因枝梢类型而异。

结果枝摘心应在开花前 2～6 d 进行，在花序上留 4～6 片叶摘心，具体可选择达到成叶 1/2 大小叶片的节间作为摘心部位。对摘心后萌发的副梢采取以下方法处理：先端 1～2 个副梢留 3～4 片叶反复摘心，其余的穗上副梢留 1～2 片叶反复摘心，或留 1 片叶摘心并掐去叶腋芽防止萌发二次副梢。对穗下副梢全部除去。

发育枝摘心应根据其作用分别对待。培养主蔓、侧蔓的发育枝应在达到分枝的部位摘心，以后先端 1～2 个副梢及二次副梢均留 4～6 片叶摘心，其余副梢可参照结果枝果穗以上副梢的处理方法。培养结果母枝的新梢可留 8～10 片一叶摘心，预备枝上的新梢也应根据需要摘心，它们发出的副梢也按前述方法处理。此外，易发生日灼病的地区采用篱架栽培时，还要保留花序处及其上的 1 个副梢，留 2 片叶反复摘心，可为果穗遮阴。

4. 更新修剪

枝组的更新有两种方法。一是短梢为主的单枝更新法，结果母枝一般剪留 3～4 节，将母枝水平引缚，使其中上部抽生结果枝结果，基部选择一个生长健壮的新梢，培养为预备枝，如预备枝上有花序应摘除。冬剪时，将预备枝以上部位剪去，以后每年反复进行(图 7-9)。此法适用于母枝基部花芽分化率高的品种。二是双枝更新法，在一个枝组上通常由一个结果母枝和一个预备枝组成。结果母枝长留(采用长、中梢修剪)，另一个母枝作预备枝短留(留 2～3 个芽)。结果母枝抽梢结果后，冬剪时将其缩剪掉，留下预备枝上两个健壮的一年生枝，上面一个作结果母枝，采用长、中梢修剪，下面一个作预备枝，剪留 2～3 个芽，每年反复交替进行(图 7-10)。此外，生产上还应注意衰弱的主蔓及植株的更新复壮。

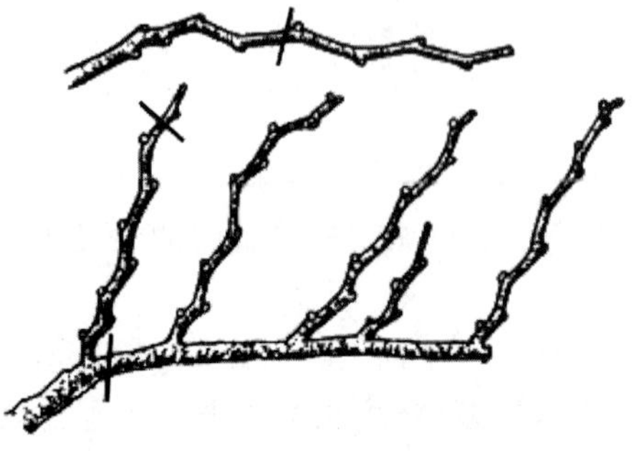

图 7-9　单枝更新法

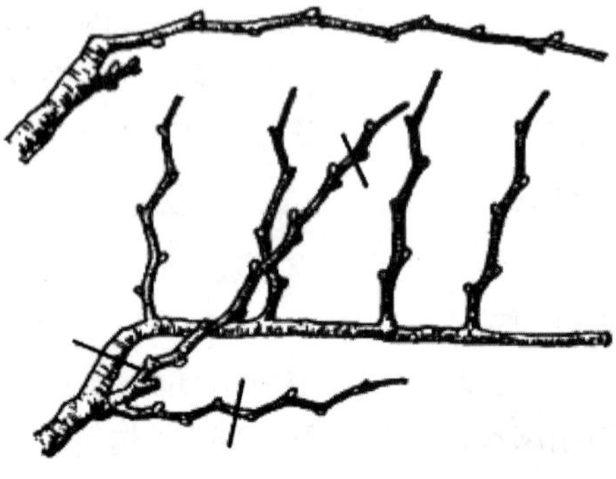

图 7-10　双枝更新法

(四)合理负载技术

葡萄过量结果会降低品质并影响翌年的生长和产量，生产上要求每 667 m^2 产量控制在 1 500～2 000 kg，修剪是实现合理负载的有效途径，具体可采取以下措施。

1. 留芽量及结果

母枝留量根据品种特性、架式特点、树龄、产量等确定结果母枝的剪留强度。结果母枝的剪留量为：篱架架面 8 个/m^2 左右，棚架架面 6 个/m^2 左右。冬剪时根据计划产量确定留芽量：

$$\text{留芽量}=\frac{\text{计划产量}}{\text{平均果穗数}\times\text{萌芽率}\times\text{成枝率}\times\text{果枝率}\times\text{结果系数}}$$

2. 抹芽定梢

在冬季修剪的基础上对留枝量做最后的调整。根据架面大小和树势强弱，最后确定留枝数量，棚架每平方米架面一般留 15～20 个新梢，单篱架每平方米架面留梢不超过 15 个，篱架上留枝距离 10 cm。疏枝时，首先疏除过密和过弱新梢，在新梢生长势相近时，疏密不疏稀，疏前不疏后。

3. 花后定果

通过疏花序和疏果穗，最后确定负载量。当花序较多时，弱枝不留穗；延长枝不留穗；中庸果枝留 1 穗；强壮枝留 2 穗，其余的花序全部疏除。每平方米架面选留 4～5 穗果。保证每生产 500 g 浆果有 40 片左右的正常叶片为其提供养分。

二、病虫害防治

葡萄病害多由真菌引发，主要有霜霉病、褐斑病、炭疽病、黑痘病、白腐病、灰霉病、白粉病、根癌病等。虫害主要有二星叶蝉、红蜘蛛、透翅蛾、瘿螨等。主要防治技术如下：

(1)重施有机肥，加强管理，健壮树体，提高葡萄抗病性。休眠季结合修剪彻底清理果园，剪除病虫枝蔓，将枯枝落叶带出果园集叶；烧毁或深埋。

(2)合理整形修剪，生长季及时绑蔓、摘心，改善通风透光条件。

(3)发芽前全园喷布一遍 3～5 波美度石硫合剂，铲除越冬虫源、病源，减轻病虫基数。

(4)开花前喷施 1：0.5：(200～240)波尔多液，或 75%百菌清可湿性粉剂 600 倍液，80%喷克或大生 M-45 可湿性粉剂 800 倍液，或 50%多菌灵可湿性粉剂 800 倍液等防治黑痘病、白腐病、灰霉病、炭疽病、穗轴褐枯病及绿盲蝽、透翅蛾等。

(5)谢花后喷 1：1：200 波尔多液，或 50%多菌灵可湿性粉剂 800 倍液，或 800 倍的甲基托布津液，或 80%喷克或大生 M-45 可湿性粉剂 800 倍液等防治灰霉病、黑痘病等。

(6)果实发育期每 15 d 喷施 1：0.5：200 波尔多液，或 70%代森锰锌可湿性粉剂 800～1 000 倍液，或大生 M-45 可湿性粉剂 800 倍液，或 36%甲基硫菌灵悬浮剂 600～800 倍液等可预防多种病害；喷施 50%敌敌畏乳油或 90%晶体敌百虫 1 000 倍液等可防治多种虫害。

(7)浆果着色至成熟期每 15 d 左右喷布 1∶0.5∶200 波尔多液,可防治多种病害。

(8)采果后全园喷布 1∶1∶200 波尔多液,或 0.3 波美度石硫合剂加 200 倍晶体硫酸铜等以防治枝蔓和叶部病害。

必备知识四　葡萄的周年生产技术

一、树液流动期

树液流动期从春季树液流动到萌芽时为止,华北地区在 3 月下旬至 4 月上旬。此时植株的主要特征是从伤口分泌伤流液。此期根系分布处的土层温度达 6～9 ℃,根系开始活动,吸收土壤水分。花序原始体可继续分化第二、第三花轴和花蕾。这一时期葡萄园的生产目标是清除越冬病虫,土壤提温保湿,促进根系生长。

知识拓展

葡萄的伤流

早春当土壤温度稳定在 6～10 ℃时,树液就开始流动,根的吸收作用逐渐增强,这时枝蔓上若有新的伤口,就会流出透明的树液,这种现象称为伤流。冬芽萌发后,伤流随即停止。整个伤流期的长短,随当年气候条件和品种而定,一般为 7～10 d。据分析,每升伤流液中含干物质 1～2 g,其中 60%左右是糖和氮等化合物,还含有钾、钙、磷等矿物质。大量的伤流会明显地削弱树势,降低光合效能,影响花芽的继续分化和当年的产量。

1. 修整架面

支架、铁丝每年必须修整、扎紧铁丝,对倾斜、松动的立柱必须扶正、埋实。用牵引锚石或边撑将边柱扶正。如果有铁丝锈断,需及时补设。

2. 适时出土

葡萄在树液开始流动至芽眼膨大以前,必须撤除防寒土,并及时上架。出土过早根系尚未开始活动,枝芽易被抽干;出土过晚则芽在土中萌发,出土上架时很容易被碰掉,或因芽已发黄,出土上架后易受风吹日灼伤害,人为造成“瞎眼”及树体损伤,影响产量。

葡萄出土最好一次完成,否则,枝蔓上面留有很薄的土层或草等覆盖物,容易引起芽眼提前萌发,上架时易被碰掉。但在有晚霜危害的地区应分两次撤除防寒物。出土时要求尽量少伤枝蔓。

出土后应将主蔓基部的松土掏干净,并刮除枝蔓老皮,并将其深埋或烧掉,以消灭越冬病原和虫卵,同时有利于枝蔓呼吸,然后修整好畦面。为了防止芽眼抽干,使芽眼萌发整齐,出土后可将枝蔓在地上先放几天,等芽眼开始萌动时再把枝蔓上架并均匀绑在架面上,进入正常的生长期管理工作。

3. 上架绑蔓

绑缚枝蔓是实现冬季修剪目标的重要途径。绑蔓的对象是主侧蔓和结果母枝。主侧蔓应按树形要求摆布，注意将各主蔓尽量按原来的生长方向拉直，相互不要交错纠缠，并将关键部位绑缚于架上。对采用中、长梢修剪的结果母蔓可适当绑缚，一般要采用倾斜引缚。弱枝可垂直绑缚，以增强生长优势。强枝可偏向水平或呈弧形绑缚，以缓和枝条的生长极性，促进基部芽眼萌发生长。

4. 喷药保护

出土后至萌芽前，喷 1 次 3～5 波美度石硫合剂加助杀剂 1 000 倍液，或喷 95%精品多硫化钡粉剂 150～200 倍液，防治各种越冬病虫。

5. 补肥灌水

(1)补充基肥。如果秋季未施基肥，应在此期施入基肥。可于出土前在冬前埋土时的取土坑里施入腐熟的厩肥，并施入速效化肥和油籽饼。

(2)催芽肥。葡萄是喜肥水的果树，且生长量大，对肥水反应敏感。第一次追肥在芽萌动期进行，宜追施尿素、腐熟的人粪尿、碳酸氢铵等，配合少量的磷、钾肥。使用量占全年的 10%～15%。

(3)及时灌水。若此时持水量达不到田间持水量的 60%～80%，可在萌芽前、萌芽后各灌一次水。

6. 春耕覆盖

(1)春翻。早春葡萄萌芽前，根系开始活动，结合施催芽肥，视情况对全园可进行浅翻耕，深度一般 15～20 cm。也可通过开施肥沟，达到疏松土壤的目的。这次翻耕有利于提高土温，促进发根和养分吸收。

(2)覆盖。对园地进行地面覆盖地膜、秸秆、稻草等，减少地面蒸发，对抑制杂草生长，防止水土流失，稳定土壤温、湿度等均有明显作用，同时有机覆盖物经分解腐烂后成为有机肥料，可改良土壤。缺点是容易导致葡萄根系上浮，在北方地区冬季葡萄根系应加强防寒。生草栽培土壤则不用耕作。

知识拓展

葡萄的水分管理

根据葡萄生长发育对水分的需求规律，葡萄园周年水分管理必须做到促控结合，具体技术是两促、两控、保证冻水。葡萄萌芽后到开花前灌 2～3 次水促进新梢生长和花芽形成。开花期控水防止枝叶徒长和授粉不良。浆果膨大期根据降水情况灌水以促进果实膨大及花芽形成。浆果着色期控水以防病害，防裂果，提高果实品质。北方寒冷地区下架埋土前保证灌好冻水。

二、萌芽与新梢生长期

萌芽与新梢生长期从芽眼膨大、鳞片裂开露出茸毛，在芽的顶端呈现出绿色到新梢加快速度生长，至开花前为止。这一时期内随着气温迅速上升，树体利用贮藏营养满足萌芽，新梢在短期内迅速扩大叶面积并转为利用当年营养，花序原始体随新梢生长继续分化出雄蕊和雌蕊等。因此，这一时期葡萄对肥水的需求量大，是奠定当年生长、结果基础的关键阶段。生产目标是迅速扩大营养面积，提高花果质量，合理利用养分，控制早期病虫害。

1. 抹芽追肥

葡萄的芽萌动后10～15 d，对芽眼发出的双生芽、三生芽等多生芽，每芽选留一个饱满芽，其余的全部抹除，并抹除多年生枝蔓上萌发的潜伏芽，以及过密、过弱的萌芽。通常过10 d左右再进行1次。与此同时，追施复合肥以保证新梢生长和开花结果。一般每公顷可施氮、磷、钾复合肥225～300 kg，最迟在花前1周施入。若树势强旺，基肥数量又比较充足时，花前追肥可推迟至花后。追肥后灌水并进行中耕除草。中耕应根据当地气候和杂草生长情况而定，中耕深度一般为5～10 cm，里浅外深，尽量避免伤害根系。

在幼叶展开、新梢开始生长时，喷施0.3%尿素加磷酸二氢钾混合液2次，可促进幼叶发育。

2. 定梢定果

当新梢长到15～20 cm时进行定梢。疏枝时，首先疏除过密和过弱的新梢，在新梢生长势相近时，疏密不疏稀，疏前不疏后。新梢达到20 cm以上时开始疏花序定果，即按负载量要求疏花序，一般壮枝留1～2个花序，中庸枝留1个花序，延长枝及细弱枝不留花序。定梢定果后及时引绑固定，防止风害。

3. 花序整形

花序整形的主要内容是掐穗尖和疏副穗，可在花前5～7 d与疏花序同时进行，对花序较大和较长的品种，要掐去花序全长的1/5～1/4，过长的分枝也要将尖端掐去一部分。对果穗较大、副穗明显的品种，应将过大的副穗剪去，并将穗轴基部的1～2个分枝剪去。通过掐穗尖和疏副穗可将分化不良的穗尖和副穗去掉，营养集中，坐果率提高，使果穗紧凑，果粒大小均匀，穗形较整齐一致。

4. 摘心去卷须

开花前3～5 d开始摘心，结果枝在花序上留4～8片叶摘心。并进行副梢摘心，同时要及时摘除卷须。

知识拓展

葡萄的施肥量

葡萄施肥量的确定是一个十分复杂的问题，它与产量、土壤养分含量、肥料种类及其利用率等因素有关。目前国内外通行的葡萄施肥量计算方法是“以产定肥”，即每生产100 kg果实所需氮、磷、钾三要素的数量。

葡萄施肥量参照每生产100 kg浆果1年需施纯氮(N)0.25～0.75 kg、磷(P_2O_5)0.25～0.75 kg、钾(K_2O)0.35～1.1 kg的标准，进行平衡施肥。

三、开花期

从花序上的第一朵花开放到开花终了为开花期。华北地区葡萄开花期一般在5月下旬。开花期的早晚、延续时间的长短取决于温度、湿度及品种。

葡萄开花期已形成大量枝叶，随枝叶生长开始新一轮花芽分化。此期由于开花、花芽分化和枝叶生长均需消耗大量营养物质，导致葡萄落花落果较为严重，是葡萄管理的关键期，称水肥临界期。此期的生产目标是改善架面光照，合理调节养分，保证授粉受精，提高坐果率。

1. 花期放蜂

花期放蜂可有效提高坐果率，对授粉不良的品种和雌能花品种尤为重要。

2. 整理架面

新梢长到 40～50 cm 时进行绑缚，引导固定到铁丝上，使其均匀分布于架面，以改善光照、通风条件。开花前后进行夏剪时，进一步整理和绑缚新梢。随时去除所有新发生的卷须。

3. 花期喷硼

落花落果严重的品种，在开花前两周喷 0.3%的硼砂，隔 1 周再喷 1 次，可提高坐果率。

四、果实发育期

果实发育期从子房开始膨大到浆果着色前为止。此期延续时间差异很大，一般为 60～110 d，早熟品种需要 35～60 d，中熟品种需要 60～80 d，晚熟品种需要 80 d 以上。华北地区在 6～9 月。

此期植株营养矛盾突出，环境高温高湿，易导致落果严重，病虫害发生频繁，故生产任务较重。这一时期浆果迅速生长，果实增重较快，新梢加粗并出现二次生长高峰。当葡萄浆果长至 3～4 mm 大小时，一部分营养不足或授粉、受精不良的幼果开始脱落。

果实发育期的生产目标是提高树体营养水平，改善通风透光条件，及时控制枝梢生长，集中防治病虫，促进果实发育。

1. 果穗修剪

开花后在疏花序的基础上疏果穗，对留下的果穗，先抖动果穗以震落发育不良的果粒，同时疏除小粒果、畸形果、病虫果、碰伤果，然后将果穗摆顺。

2. 追肥灌水

花后 4～8 d 追施壮果肥，每公顷施饼肥 1 000～1 500 kg、尿素 220 kg、钾肥 150 kg、硫酸钾复合肥 370 kg 效果较好。尿素的最佳施肥期应在花后 4～6 d，施肥后灌水。结合防病喷施波尔多液加 0.2%尿素溶液作为叶面肥。

3. 疏粒套袋

花后 20 d 疏果粒，通过疏粒使果穗大小符合标准、穗重均衡、果粒匀整，提高商品性能。标准穗重因品种而异，小粒果、着生紧密的果穗，以 200～250 g 为标准；中粒果、松紧适中的果穗，以 250～350 g 为标准；大粒果、着生稍松散的果穗，以 350～450 g 为标准。如对龙眼、玫瑰香、牛奶等品种，大型穗可留 90～100 粒果，穗重 500～600 g；中型穗可留 60～80 粒，穗重 400～500 g。巨峰每穗可留 30～50 粒，穗重 350～500 g；藤稔、伊豆锦等，可控制在每穗 25～30 粒，穗重 400～500 g。

疏粒结束后，全园喷 1 次杀菌剂，重点喷布于果穗。可喷甲基硫菌灵、代森锰锌或石灰半量式波尔多液。待药液干后即可开始套袋。

应根据果穗大小、果实颜色选择不同规格的葡萄专用商品袋。套袋时，将袋口端 6～7 cm 浸入水中，使其湿润柔软，便于收缩袋口，提高套袋效率，并且能够将袋口扎紧扎严，防止害虫及雨水进入袋内。先用手将纸袋撑开，然后由下往上将整个果穗装进袋内，再将袋口绑在穗梗或穗梗所在的结果枝上，用封口丝将袋口扎紧。注意套袋时绝对不能用手揉搓果穗。

4. 其他管理

（1）叶面施肥。叶面施肥的次数应根据植株需肥情况而定。果粒开始膨大后，每 10 d 施 1 次 3%～5% 的草木灰和 0.5%～2% 的磷肥浸出液，或 0.1%～0.3% 尿素溶液，或 0.2%～0.3% 的磷酸二氢钾溶液连续喷施 3～4 次，对提高果实品质有明显作用。果实发育前期，施过磷酸钙浸出液和尿素，果实发育中后期（重点在果实着色期）施磷酸二氢钾。还可施钙、锰、锌等微肥。

（2）中耕除草。应视土壤板结及杂草生长情况进行中耕，通常灌溉后和大雨后要中耕，深度 5～10 cm，里浅外深。如果葡萄行间种苜蓿、草木樨、三叶草等，必须在适当的时间进行割埋处理，以保证枝蔓的生长和果实的发育。

五、浆果成熟期

浆果成熟期一般是从有色品种开始着色、无色品种开始变软起到果实完全成熟为止。浆果成熟时期及其所需的时间因地区和品种不同。我国北方葡萄成熟期为 7 月下旬至 10 月下旬，一般品种为 8～9 月。通常浆果从着色开始到完全成熟需 20～30 d。

此期果粒不再明显增大，浆果变得柔软，富有弹性，而且有光泽，白色品种果皮逐渐变透明，并表现出本品种固有色泽，如金黄色或白绿色，有色品种开始着色。营养物质迅速积累和转化，果实糖分积累增加，酸度减少，芳香物质形成增多，风味形成。

中晚熟品种在成熟期前后新梢逐渐木质化，花芽继续分化，植株地上部分的有机营养物质开始向根部运输。此期的生产目标是，改善光照条件，控制水分，防止后期徒长，防治病虫，保护叶片，提高浆果品质。

1. 熟前追肥

在晚熟品种成熟前，要控制氮肥，增施磷、钾肥。可在开始着色期每 667 m^2 施磷肥 50 kg、钾肥 30 kg，浅沟或穴施均可，施肥后覆土灌水，然后中耕保墒。同时喷 2～3 次 0.2%～0.3% 磷酸二氢钾或 1%～3% 过磷酸钙溶液以提高品质。

2. 控制水分

中、晚熟品种此期应控制灌水。若遇连续干旱天气，应适当灌水。对果实已采收的早熟品种，在采收后应及时灌水。降雨较多时，山地果园注意蓄水，平地果园做好排水工作。

3. 去袋增色

无色品种套袋后可不摘袋，采收时连同果袋一同摘下。一般有色品种可在采收前 10 d 左右将袋下部撕开，以增加果实受光，促进良好着色。但要注意仔细观察果实颜色的变化，如果袋内果穗着色很好，已经接近最佳商品色泽，则不必摘袋，否则会使紫色加深，着色过度。对于着色较重的品种如巨峰也可不解袋，采收时再去袋。另外，也可以通过分批摘袋的方式来达到分期采收的目的。若使用的纸袋透光度较高，能够满足着色的要求，也可不摘袋，以生产洁净无污染的果品。去袋后适当疏掉遮光的枝蔓和叶片，促进果实着色和新梢成熟。

4. 架面管理

及时处理结果枝、营养枝上的副梢，除顶部副梢留 3～4 片叶反复摘心外，其余副梢作“留一叶绝后”处理，以促进枝蔓生长和成熟。同时及时绑蔓，防止风害。

5. 采收

采收是控制葡萄质量、提高生产效益的重要环节，合理采收应做到时期适宜，方法适当。

(1)采收时期。葡萄的正确采收期应根据葡萄的用途、品种特性、当年的气候条件等确定。鲜食品种主要依据生理成熟状况确定采收期，其标志是有色品种充分表现出该品种固有的色泽，无色品种呈黄色或白绿色，果粒透明状。同时大多数品种果粒变软而有弹性，达到该品种的含糖量和风味时即可采收。外销或贮藏的可适当早采；酿造品种一般根据不同酒类所要求的含糖量采收，当该品种果实达到酿酒所需要的含糖指标、色泽风味呈现该品种固有特性时即可采收；制汁、制干品种要求含糖量达到最高时采收。

(2)采收方法。采收鲜食葡萄，特别是供外销或贮藏的葡萄，要注意在每日清晨或傍晚时采收，以便降低葡萄呼吸作用，同时尽量留长穗轴，便于包装时拎提果穗。鲜食葡萄采收前 10～15 d 停止灌水，在容易受旱的砾质戈壁上，停水时间也不应少于 5～7 d。若遇下雨，要等叶面和果穗中的积水干燥后再采，以减少果穗腐烂。

采收时用手指捏住穗梗，用剪紧靠枝条剪断，随即装入果筐，然后分级包装。采收鲜食葡萄要轻拿轻放，尽量不擦掉果粉。采下的葡萄放在阴凉通风处，切忌日光下暴晒。

六、新梢成熟及落叶期

本期从葡萄采收后到落叶为止。浆果采收以后，叶片合成的营养物质开始转向积累，运往根部和枝蔓贮藏起来。新梢自下而上不断充实并木质化，为越冬做准备。随着气温的下降，叶片的光合作用逐渐转弱直到停止；叶色由绿转黄，叶柄产生离层，相继脱落。

本期葡萄园的生产目标是延长叶片光合时间，促进树体养分积累，提高花芽质量，增强植株越冬能力。

1. 深翻改土

葡萄定植后的最初几年应结合深施基肥进行深翻改土。一般深翻 50～60 cm。深翻时新沟和旧沟不要重叠过多，两沟之间也不要出现隔离层，逐渐扩大深翻范围，最终达到全园贯通。深翻时，将地表熟土与下层的生土分别堆放，回填时将有机肥与表土混合回填。深翻后必须立即浇透水，使土壤与根系密切接合，以免引起干旱。深翻的效果可保持 3 年，可每隔3～4 年进行 1 次，或隔年隔行轮流进行。

2. 秋施基肥

基肥在葡萄采收后及早施入，通常用腐熟的有机肥如厩肥、堆肥等作为基肥，并加入少量速效性肥料如尿素和过磷酸钙、硫酸钾等。基肥施用量占全年总施肥量的 50%～60%。

基肥常采用沟施，其中幼树可用环状沟施肥，即在植株 50 cm 以外挖深 30～40 cm、宽

30 cm 左右的环状沟施入肥料。成龄果园多用条状沟施肥，根据树龄和行距在距植株 50～120 cm 处挖深 40～60 cm、宽 40～50 cm，且与葡萄行平行的沟。随着树龄的增加、根系的扩大，施肥沟与植株的距离逐年加大，直到全园贯通，施肥深度也由浅而深，逐年增加。

结合施基肥灌水 1 次，以促进肥料分解，提高树体养分积累。

七、休眠期

从葡萄的正常生理落叶开始，到第二年春季树液开始流动时为止。北方葡萄的休眠期多在 11 月上旬至翌年 4 月下旬，即气温下降到 8～10 ℃时就进入休眠。此期气候寒冷干旱，树体生理活动极为微弱，欧洲种葡萄经过 7.2 ℃以下 800～1 200 h 的低温可通过自然休眠，然后转入被迫休眠。

此期葡萄园的生产目标是通过修剪控制树形和产量，保证树体安全越冬，加强综合管理，奠定翌年生产基础。

1. 冬季修剪

冬季修剪理想的时间应在葡萄正常落叶之后 2～3 周内进行，这时一年生枝条中的养分已向多年生枝蔓和根系运转，修剪造成的养分损失最小。在北方，由于秋天霜冻来得早，葡萄叶片来不及自然脱落便受冻干枯脱落，需及时修剪以确保土壤结冻以前埋土防寒。

2. 越冬防寒

葡萄植株根系在地表以下 20 cm 才有较多分布，故在冻土层不超过 20 cm 的地区，根系越冬对植株的影响不是主要矛盾，重点是保护枝蔓不受低温与抽条危害，防寒覆土 20～30 cm，葡萄即可安全过冬。

在当地土壤封冻前 15 d 开始埋土，华北地区 11 月上、中旬土壤稍冻结时为适宜的埋土时期。

埋土方式取决于当地气候条件，关系到葡萄越冬的安全性。具体可采用 4 种方式。在冬季绝对最低温度高于－15 ℃的地区可采用局部埋土法，即在植株基部堆 30～50 cm 高的土堆；稍冷的地区可采用塑料膜防寒，先将理顺捆好的枝蔓上盖麦草、稻草或其他柔软杂草 40 cm，然后盖上薄膜，周边用土压严，注意薄膜不能破洞；冬季温度较低地区采用地上全埋法，埋土前清理栽植沟，可加深 10 cm 左右，然后将枝蔓下架，顺沟理好捆扎，用土埋严。为防止出土时损伤枝蔓，提高防寒效果，埋土时可盖一层 10～15 cm 厚的草，然后覆土；更寒冷地区则实行地下全埋法，其方法是在葡萄行间挖 50 cm 深的防寒沟，然后将枝蔓压入沟内再覆土，或先在植株上覆盖塑料膜、干草或树叶后再覆土，也可先覆盖 2～3 cm 厚的草秸等再覆土。覆草埋土时，鼠害严重地区应投放毒饵灭鼠。

埋土的方法是先将下架葡萄枝蔓尽量拉直，不得有散乱的枝条，除边际第一株倒向相反外，同行其他植株均顺序倒向一边，后一株压在前一株之上，如此株株首尾相接，形成“一条龙”，捆扎稳固，以便埋土和出土。无论采用何种防寒法，埋土时都应在植株 1 m 以外取土，以免冻根。土堆的宽度与厚度根据当地气候条件决定。埋土时土壤应保持一定湿度。

知识拓展

葡萄防寒土堆的标准

严大义根据沈阳农业大学的调查提出的防寒土堆标准可作为北方地区葡萄防寒的参考。该标准认为：某一地区历年地温能稳定在−5 ℃的土层深度可作为防寒土堆的厚度，而防寒土堆的宽度为 1 m 加上 2 倍的土堆厚度。如根据气象资料，某地冬季土壤 40 cm 深处温度在−5 ℃以上，则防寒土堆的厚度为 40 cm，防寒土堆的宽度为 180 cm。同时还要根据土壤质地等其他条件进行调整。如沙土导热性强，可在原标准的基础上增加 20%。

工作任务二　葡萄夏季枝蔓管理

一、任务目标

使学生掌握葡萄夏季修剪的时期和方法。

二、材料与用具

1. 材料

已进入成年期的葡萄树。

2. 用具

修枝剪、绑扎材料。

三、任务内容

抹芽疏枝，摘心，副梢处理，疏花序及掐花序尖，除卷须与新梢引缚。

四、任务提示

(1)本任务可在葡萄萌芽至果实成熟期安排 3～5 次实训进行(每次保证 2 学时以上)，若受时间限制，可结合生产实习加强训练。

(2)教师先现场示范讲解，待学生能准确识别后，进行独立操作或两人一组分别在架的两边相互配合进行操作。

五、任务考核

修剪符合树体实际，修剪后达到预期效果；能说明采用某一修剪方法的目的和理由，分析并预测其修剪反应。根据现场单独考核和实训中学生表现综合评分。

想一想

葡萄的冬季修剪和夏季修剪的目的一样吗？

六、任务作业

根据所进行的夏季修剪项目，列表总结技术要点。

项目小结

本项目对葡萄的种类及品种、葡萄的生物学特性、葡萄的生产技术特性及周年生产技术等内容进行了详细介绍。葡萄按用途可分为鲜食、酿酒、制干、其他加工品种，以及砧木品种。葡萄原产亚洲西部，世界各地均有栽培，世界各地的葡萄约95%集中分布在北半球，我国是全球最大的鲜食葡萄生产国和消费国之一。我国葡萄产业发展现状较好，但也存在一些问题和挑战，如产业结构不合理；葡萄品种较多，导致市场竞争激烈，价格低廉；生产技术和管理水平相对较低等。通过持续的科技创新、市场推广和政策支持，相信我国的葡萄产业将迎来更加广阔的发展前景。

复习思考

1. 葡萄种群是怎样划分的？其中欧亚种群的三个品种群的主要特征、特性有哪些？
2. 说出葡萄植株地上部分名称、特性及其相互转化关系，列举出葡萄植株合理调控措施。
3. 葡萄的芽有哪几种？它们在形态构造上和生长发育上有何区别？
4. 葡萄的花芽分化有哪些特点？论述葡萄的生长结果习性。
5. 论述葡萄品种生长习性、架式和整形修剪之间的关系。
6. 结果母枝的剪留长度受哪些因素的制约？结果母枝的剪留量如何确定？
7. 葡萄生长期树体管理有哪些项目？为什么要强调不误农时？
8. 简述葡萄多主蔓扇形、双龙干形的整形步骤和方法。
9. 论述葡萄园土肥水周年管理技术要求。
10. 盛果期葡萄植株休眠季修剪内容有哪些要求？实践中如何灵活应用？
11. 论述葡萄冬季防寒技术的要点。

项目八 绿色食品桃、杏、李生产技术

【学习目标】

• 了解桃、杏、李的品种类型和生物学特性；

• 掌握绿色食品桃的主要生产技术环节和绿色食品李、杏的生产管理特点；能根据当地自然条件，独立进行桃、杏、李园的建园和绿色食品桃、杏、李周年生产管理。

【思政目标】

• 了解我国桃、李、杏产业的发展现状和趋势，及其对北方地区乃至全国果业供给侧结构性改革、产业结构调整，以及偏远贫困地区林果业发展，践行“绿水青山就是金山银山”理念，满足市场多样化消费需求等重要的现实意义；

• 树立文化自信，培养学生懂农业、爱农村、爱农民的“三农”情怀。

【学习提示】

• 以桃树生产技术学习为主，注意比较三个树种间的异同点，理论学习与工作任务同步进行，操作性的技能训练要与农时季节相结合。

项目引入

桃生产概述：桃原产于我国，在河南南部、云南西部、西藏南部均发现了原始野生桃林。在我国丝绸之路的甘肃河西走廊一带，自古就有李光桃、寿桃、仙桃之说，迄今已有 4 000 多年历史。桃为温带主要落叶果树之一，在我国分布十分广泛，北起黑龙江，南到广东，西至西藏、新疆，东到沿海各省均有分布，其中以江苏、浙江、山东、河北、北京、天津、陕西、山西、甘肃、河南等省市栽培居多，山东肥城、河北深州、甘肃兰州、江苏无锡、浙江奉化等地都是历史上的著名桃产区。

杏生产概述：杏是世界性水果之一。世界生产杏较集中的地区为东亚、中亚、小亚细亚半岛以及地中海沿岸各国。我国杏的栽培范围很广，东北、华北、西北各地均有栽培。以黄河流域各省最为集中，秦岭、淮河以南栽培较少，长江流域有零星栽培。我国杏生产存在的问题是没有实现良种化；轻视果品质量；品牌意识不足；单位面积产量低，管理粗放，按照安全果品生产技术规程操作程度低。我国杏品种的发展方向是个大、形美、营养丰富的鲜食杏，同时要求早、中、晚熟品种要合理搭配，达到周年上市，充分发挥不同地方品种的优良特性，注重优良耐储品种和加工品种的开发。

李生产概述：李同样是世界性水果之一，亚洲、欧洲、北美洲、南美洲、大洋洲及非洲都有栽培。中国、美国、德国、法国、土耳其、伊朗、意大利等是李的主要生产国。李在我国栽培广泛，各地均有分布，以河北、山东、山西、河南、湖北、湖南、江苏、浙江、安徽、四川、广东、福建、陕西、辽宁等省栽培较多。发达国家李鲜果冷藏库储藏量占总产量的80%，70%被加工成果干、果汁、果酱和罐头等加工品。我国李品种的发展：大果、美观、优质是鲜食李的发展方向，要调整品种结构，适应市场需求，除适当发展传统的中国李外，应积极发展美洲李优良品种，早、中、晚熟搭配，以早、晚熟为主，适量发展部分欧洲李优良品种。要适地适树，充分发挥品种的优良特性，发展优良的耐储运和加工品种。

必备知识一　绿色食品桃生产技术

一、桃的种类和品种

(一)主要种类

桃属蔷薇科桃属，分布于我国的有6个种，即桃、新疆桃、甘肃桃、光核桃、山桃和陕甘山桃。

1. 桃

又名普通桃、毛桃。世界上的栽培品种多属此种及其变种，有蟠桃、油桃、寿星桃和碧桃4个变种。

2. 山桃

山桃耐寒、耐旱、耐盐，但不耐湿。有红花和白花两个类型，可作桃的砧木。

(二)品种群

在栽培上按形态、生态和生物学特性将桃分为5个品种群。

1. 北方品种群

树形直立或半直立，成枝力弱，中、短果枝较多，单花芽多。果形大，果实顶端有突尖，缝合线深。果肉硬质，致密。较耐储运。著名品种有肥城桃、五月鲜等。

2. 南方品种群

树形开张或半开张，成枝力强，中、长果枝比例较大，复花芽多。果实圆形或长圆形，果顶平圆或微凹；果肉柔软多汁或硬脆致密。如上海水蜜桃等。

3. 黄肉桃品种群

树形较直立或半开张，生长势强，成枝力较北方品种群稍强，中、长果枝比例也稍多。果实圆或长圆形，果皮与果肉均金黄色，肉质紧密强韧，适于加工制罐。如黄甘桃、晚黄金、菲利浦、黄露桃、郑黄2号、金童6号等。

4. 蟠桃品种群

树形开张，成枝力强，中、短果枝多，复花芽多。果实扁圆形，多白肉，柔软多汁。如撒花红蟠桃、陈圃蟠桃、白芒蟠桃、早蟠桃、黄金蟠桃、早露蟠桃、早油蟠桃、瑞蟠8号、中油蟠2号等。

5. 油桃品种群

果实光滑无毛，果肉紧密，硬脆，多黄色，离核或半离核。如新疆李光桃、甘肃紫胭桃等。目前生产上的优良油桃品种很多，如瑞光5号、早红2号、曙光、华光、艳光、霞光、丽春、超红珠、春光、千年红、中油4号、双喜红等。

知识拓展

桃的品种分类方法

桃的品种按果面茸毛有无，分为普通桃(有毛)和油桃(无毛)。按果实用途分为鲜食和加工品种。按果核与果肉的粘离度分为离核、粘核和半粘核品种。按肉质特性分为溶质、不溶质和硬肉桃三个类型。按果肉颜色分为白肉、黄肉、红肉三类。按果实成熟期分为极早熟(果实发育期≤60 d)、早熟(61～90 d)、中熟(91～120 d)、晚熟(121～160 d)和极晚熟(≥161 d)品种。

(三)主要优良品种

1. 京春

果实发育期62～65 d。果实近圆形，果顶平，缝合线浅。平均单果重126 g。果皮底色绿白，果面近全红，果肉白色，硬溶质，味甜，成熟后柔软多汁，品质好。丰产，稳产。

2. 春艳

果实发育期65 d。果实近圆形，果顶向下凹陷，缝合线较深。平均单果重132 g。果皮底色乳白，果面鲜红色，被少量茸毛，果皮薄，较光滑，色泽艳丽。果肉白色，细脆多汁，味甜，有香气。采前落果轻，无裂果，耐储运。自花结实率高，丰产性能好。

3. 美硕

果实发育期75 d。果实近圆形，果顶凹入，缝合线浅。平均单果重237 g。果皮底色黄绿，70%以上果面着鲜红色斑点、条纹和红晕。果肉白色，果实硬度较大，汁液中等，品质好，丰产性强。

4. 沙红桃

果实发育期78 d。果实圆形至扁圆形，果顶凹入，平均单果重255 g。果皮底色乳白，80%以上果面着红色。果肉白色，果实硬溶质，硬度大，风味甜。自花结实率高，丰产，抗病性强，虫害少，适应范围广。

5. 京玉

果实发育期112～116 d。果实长圆形，果顶圆，缝合线中深。平均单果重210 g。果皮底色浅黄绿色，50%果面着红色。果肉白色，近核处着红色。肉质松脆，硬溶质，汁液少，风味甜，品质极佳。坐果率高，结果早，丰产稳产。

6. 丰白桃

果实发育期118～122 d。果顶凹入或圆平，缝合线较深。平均单果重350 g。果皮底色白色，50%以上果面着红色晕。果肉白色，硬溶质，汁液少，风味甜，品质好。丰产性强。可选大久保、京玉、雪雨露作授粉树。为辽宁南部、华北北部主要栽培品种。

7. 曙光

早熟油桃品种，果实发育期65 d。果实长圆形，平均单果重125 g，果面全面浓红。果实风味甜香，果肉硬溶质，裂果少，休眠期需冷量650～700 h。

8. 早红2号

中熟油桃品种，果实发育期90～95 d。果实圆形，平均单果重160 g。果皮底色黄色，果面着红色霞晕，有光泽，外观美。果肉橙黄色，硬溶质，耐储运，常温下可自然存放1周左右。树势强健，成花容易。各类枝均能结果。复花芽多，花粉多，自花结实率高、丰产。休眠期需冷量500 h。

9. 早露蟠桃

果实发育期60～65 d。果实扁圆形，平均单果重103 g，休眠期需冷量700 h。坐果率高，丰产性好。

10. 丰黄

中熟罐藏黄桃品种，果实发育期105 d。果形长卵圆形，两半部不对称。果顶圆凸，顶点微凹。平均单果重130 g。果皮橙黄色，阳面着暗紫红色点状红晕和斑纹。果肉金黄，硬溶至不溶，加工性能好，品质优良、丰产。

此外，我国普通桃中还有很多优良品种，如早凤王、早醒艳、大久保、肥城桃、深州蜜桃、中华寿桃、冬雪蜜桃等。

知识拓展

桃品种栽培区划

1. 华北平原桃区

包括北京、天津、河北、辽宁南部、山东、山西、河南、江苏和安徽北部。

我国北方桃树主要经济栽培区，栽培技术水平高。著名品种如肥城桃、深州蜜桃、青州蜜桃等产于本区。但这些品种的适应性较差，分布范围狭窄，只在部分地区栽培。除当地品种外，其他类型桃在该区都可正常生长。本区可大力发展油桃、普通桃及优质蟠桃，尤其是中晚熟品种。

2. 长江流域桃区

长江两岸，包括江苏、安徽南部、浙江、上海、江西和湖南北部、湖北大部及成都平原、汉中盆地。本区是我国南方桃树的主要生产基地，栽培面积大，以发展水蜜桃、蟠桃为主，适当发展早熟油桃，限制发展中、晚熟品种。

3. 西北干旱桃区

我国西北部，包括新疆、陕西、甘肃、宁夏等地，是桃的原产地。我国著名的黄桃品种多集中于此区，渭南甜桃、陕西眉县等地的冬桃、新疆南疆的李光桃、甜仁桃都是地方优良品种。南方水蜜桃也成功引进本区，早、中、晚熟品种都有栽培，果实品质好。适宜发展加工黄桃，甘肃的天水、兰州，陕西省的关中、渭北等地，是桃、油桃的最适宜生产基地。

此外，还有云贵高原桃区和青藏高寒桃区。

二、生物学特性

（一）生长结果习性

桃树栽后 2～3 年开始结果，4～5 年进入盛果期，经济寿命 15～25 年。

1. 根

桃树为浅根性果树。水平根主要分布在 10～40 cm 土层中，以树冠外围附近最为集中。垂直根不发达，其分布受土壤条件影响较大，在土壤黏重、排水不良、地下水位高的桃园，根系分布主要集中在 5～15 cm 的浅土层中。而在西北黄土高原的粉砂壤土上，桃树的根系深度可超过 100 cm。根系分布也与桃树砧木有关，例如，山桃砧根系分布较深，须根少；李砧根系分布浅，细根多。

在年周期中，桃根春季生长较早，地温在 0 ℃以上根即能顺利地吸收并同化氮素，5 ℃左右即有新根发生。一年中有两次生长高峰，第一次在 5 月下旬至 7 月上旬，第二次在 9 月下旬。桃树耐旱性强而耐涝性差，土壤含氧量保持在 15%左右，根系才能正常生长。

2. 枝

桃树干性弱，枝条生长量大。幼树生长旺盛，一年中可有 2～3 次生长高峰，形成 2～3 次副梢，树冠形成快。进入盛果期后树势缓和，短枝比例提高。

营养枝按其生长强弱分为徒长枝、发育枝和叶丛枝。徒长枝常发生在树冠内膛和剪锯口附近，生长虚旺而节间长，组织不充实。发育枝生长强旺，长 60 cm 左右，粗 1.5～2.5 cm，其上多为叶芽，有少量花芽，有大量副梢，可培养骨干枝，或培养大型结果枝组。叶丛枝是只有一个顶生叶芽的极短枝，长 1 cm 左右，其生长势弱，寿命短，但在营养、光照好的条件下，能发生壮枝，可用于枝组的更新。

结果枝按长度分为徒长性结果枝、长果枝、中果枝、短果枝和花束状果枝 5 类。主要结果枝类型和特性见表 8-1。

表 8-1 主要结果枝种类及特性

结果枝种类	长、粗度/cm	生长及花芽特性	功能
徒长性结果枝	长 60～80，粗 1.0～1.5	上部有少量副梢，花芽质量较差，坐果率较低，但有的品种结实较好	培养大、中型结果枝组

续表 8-1

结果枝种类	长、粗度/cm	生长及花芽特性	功能
长果枝	长 30～59，粗 0.5～1.0	一般无副梢，复芽多，花芽比例高、充实、坐果能力强，是多数品种的主要结果枝	结果同时发出的新梢能形成新的长果枝
中果枝	长 15～29，粗 0.3～0.5	单、复花芽混生。坐果率高，是多数品种的主要结果枝	结果同时能发出长势中庸的结果枝
短果枝	长 5～14，粗 0.3～0.5	顶芽为叶芽，其余多为单花芽，为北方品种群的主要结果枝	结果后能形成新的结果枝
花束状果枝	长度＜5	顶芽为叶芽，其余均为单花芽，结果后发枝能力差，易衰亡	结果后发枝差，易枯死

桃叶芽萌发后，经过约 1 周的缓慢生长期(叶簇期)后，随气温上升进入迅速生长期。生长弱的枝停止生长早；生长中庸的枝有 1～2 次生长高峰；生长强旺的枝可有 2～3 次生长高峰。同时，旺长枝的部分侧芽萌发形成副梢(二、三次枝)，早期副梢也能形成花芽。

桃的枝组分为大、中、小三个类型。大型枝组有 10 个以上的结果枝，长度≥50 cm，结果多，寿命长；中型枝组有 5～10 个结果枝，长度 30～50 cm，一般 7～8 年衰老；小型枝组的结果枝数少于 5 个，长度≤30 cm，结果少，寿命短，一般 3～5 年衰老。

3. 芽

桃花芽为纯花芽，芽体饱满，着生于新梢叶腋间。叶芽比较瘦小，着生在枝条顶端或叶腋间，桃树各类枝条的顶芽都是叶芽。桃花芽和叶芽在当年形成后进入休眠。但在长势强的新梢上，无鳞片的早熟性芽随着新梢的生长当年萌发，形成副梢。

桃有单花芽、单叶芽，也有复芽。常见的复芽为 1 个叶芽和 1 个花芽的双芽并生和两侧为花芽、中间为叶芽的 3 芽并生。花芽充实、着生节位低、排列紧凑及复花芽多是桃树丰产性状之一。

4. 花芽分化

桃花芽分化属夏秋分化型，主要集中在 7～9 月，其过程分生理分化期、形态分化期、休眠期和性细胞形成期四个阶段。

桃花芽生理分化期出现在形态分化前 5～10 d。桃树新梢缓慢生长期与花芽生理分化期相符，此期树体营养竞争相对较小，增施氮、磷肥，进行夏季修剪，改善光照条件有利于花芽分化。

花芽分化在秋季形成柱头和子房后，进入休眠期。第二年早春，当气温上升到 0 ℃以上时开始减数分裂，开花前形成单核花粉粒与胚珠。

5. 花

桃花为子房上位周位花，多数 1 芽 1 花。从花冠形态上分有两种类型：一类是蔷薇型花，花冠大，开花后花瓣平展；另一类是铃形花，花冠小，开花后花瓣不平展。

桃多数品种为完全花，是自花授粉结实率较高的树种。但有的品种只有正常的雌蕊，雄蕊败育，称为雌能花品种，如深州蜜桃、丰白、仓方早生等，建园时应配置授粉树。

桃花芽膨大后，经过露萼期、露瓣期、初花期到盛花期。桃开花期要求平均气温在10 ℃以上，适温为12～14 ℃。同一品种的开花期短则3～4 d，长则7～10 d，遇干热风仅2～3 d。

6. 坐果及果实发育

桃子房中有2个胚珠，在受精后2～4 d较小的胚珠退化，较大的继续发育成种子。个别子房未经授粉受精或授粉受精不充分而形成的单性结实果，俗称“桃奴”。“桃奴”果个小，没有商品价值。

桃果实发育分三个阶段，在两个迅速生长期之间有一个缓慢生长期，构成双“S”形生长曲线。

第一次迅速生长期：从受精后子房开始发育到果核开始木质化为止，白色果核自核尖呈现淡黄色为木质化开始。此期一般持续36～40 d。

缓慢生长期或硬核期：由果核开始硬化至果核坚硬。果核逐渐木质化，长到应有的大小，并达到一定的硬度。早熟品种硬核期2～3周，中熟品种4～5周，晚熟品种6～7周或更长。

第二次迅速生长期：由硬核期结束，果实再次出现迅速生长开始，到果实成熟。此期果实增长很快，果实重量的增加占果实总重的50%～70%，增长最快时期在采收前2～3周。种皮逐渐变褐。种仁干重迅速增加。以果面丰满、底色明显改变并现出品种固有的色彩、果实硬度下降并具有一定的弹性为果实进入成熟期的标志。油桃有些品种第二、三期都处于渐增状态。

桃在果实发育中有裂核现象，影响果实的品质和贮藏。中、早熟品种的裂核果大部分能成熟，而晚熟品种则常脱落。通常早熟品种易发生裂核，叶果比过大、硬核期土壤水分过多也易加重裂核。

（二）对环境条件的要求

1. 温度

桃适应冷凉温和的气候，通常在年平均温度8～17 ℃、生长期平均气温13～18 ℃的地区均可栽培。

桃的生长适温为18～23 ℃，果实成熟适温为24.5 ℃；温度过高，果顶先熟，味淡，品质下降，枝干也易灼伤。夏季土温高于26 ℃，新根生长不良。

冬季严寒和春季晚霜是桃栽培的限制因子，一般品种在－25～－22 ℃时可能发生冻害。有些花芽耐寒力弱的品种，如五月鲜、深州蜜桃等，在－18～－15 ℃时即遭冻害。因此，寒冷地区桃树的经济寿命比较短，盛果期后不久即死亡。桃花芽萌动后，－6.6～－1.7 ℃即受冻，开花期－2～－1 ℃、幼果期－1.1 ℃受冻。

2. 光照

桃树喜光，对光照反应敏感。光照不足影响花芽分化，可导致产量降低，树冠内部光秃，结果部位上移、外移。所以宜采用开心树形，栽植密度也不能过大。但夏季直射光过强，可引起枝干日灼，影响树势。一般南方品种群的耐阴性高于北方品种群。

3. 水分

桃树对水分反应敏感，尤其早春开花前后和果实第二次迅速生长期必须有充足的水分。春季雨水不足，萌芽慢，开花迟，在西北干旱地区易发生抽条。桃树不耐涝，桃园连续积水两昼夜就会造成树体落叶，甚至死亡。

4. 土壤

桃树适宜在土质疏松、排水良好的沙质壤土或沙土地上栽培。要求土壤含氧量在15%左右，土壤过于黏重易患流胶病。在肥沃土壤上营养生长旺盛，易发生多次生长，并引起流胶。在pH 4.5～7.5范围内均可生长，最适宜pH为5.5～6.5的微酸性土壤。在碱性土中，当pH在7.5以上时，由于缺铁易发生黄叶病。桃树栽培忌重茬。

三、整形修剪特点

桃树与其他果树相比宜采用开心树形，如采用有中心干树形也要注意扶持中心干的生长势。桃萌芽率高；潜伏芽少且寿命短，多年生枝下部光秃后更新较难，所以要注意树冠内部的通风透光及下部枝组的更新复壮。桃成枝力强，成形快，结果早，容易造成树冠郁闭，必须注重生长季修剪。桃树耐修剪性强，无论是休眠期还是生长季修剪，修剪量都比较大，可以通过修剪控制树冠的大小。

(一)常用树形及整形过程

1. 自然开心形

通常留3个主枝，不留中心干，又称三主枝开心形。具有整形容易、树体光照好、易丰产等特点。

(1)基本结构。干高30～50 cm。主干以上错落着生3个主枝，相距15 cm左右。主枝开张角度40°～60°，第一主枝角度可开张60°，第二主枝略小，第三主枝则开张40°左右。三个主枝水平夹角120°，第一主枝最好朝北，其他主枝也不宜朝正南，以免影响光照。主枝直线或弯曲延伸。每主枝留2个平斜生侧枝，开张角度60°～80°，各主枝上第一侧枝顺一个方向，第二侧枝着生在第一侧枝对面，第一侧枝距主枝基部50～70 cm，第二侧枝距第一侧枝50 cm左右。在主侧枝上培养大、中、小型枝组(图8-1)。

图8-1 桃树自然开心形示意图

(2)整形过程。定干高度60～80 cm，整形带15～30 cm，带内有5个以上饱满芽。

春季萌芽后抹去整形带以下的芽，在整形带内选留4～5个新梢。当新梢长到30～40 cm时，选3个生长健壮、相距15 cm左右、方位和角度符合要求的新梢作为主枝培养。其他枝拉平缓放，辅养树体。

第一年冬季修剪时，留作 3 个主枝的一年生枝剪留 60～70 cm。春季萌芽后，在顶端选择健壮外芽萌发的新梢作主枝的延长梢。同时在延长梢下部选择方位、角度合适的新梢培养第一侧枝。

第二年冬季修剪时，3 个主枝延长枝剪留 50～70 cm，第一侧枝剪留 40 cm×50 cm。春季萌芽后，继续选留主枝延长枝，同时在延长枝下部、第一侧枝的另一侧选择新梢培养第二侧枝。

第三年冬季修剪时，主枝延长枝继续剪留 50～60 cm，侧枝延长枝剪留 40 cm 左右。春季萌芽后继续以前的操作。这样到第四年冬季修剪时，树形基本形成(图 8-2)。

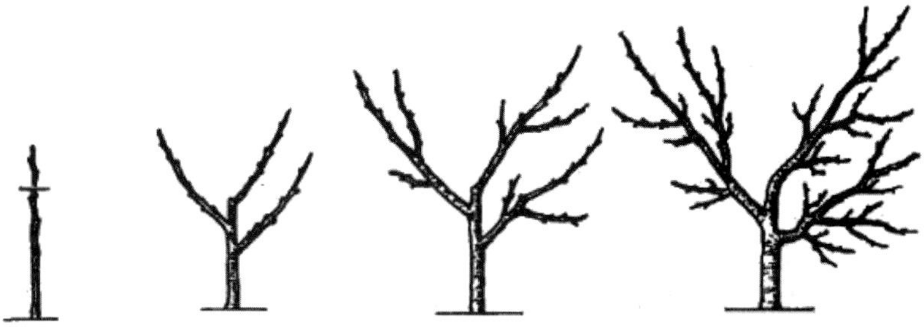

图 8-2 桃树自然开心形整形过程示意图

桃树的年生长量大，在生长季，当主枝或侧枝的延长枝长度达到 60～80 cm 即行剪梢处理，以促进分枝，增加尖削度，并在发出的副梢中选择角度开张、健壮的代替原头。采用此处理可以加快整形进度。

整形过程中，在主、侧枝上培养大、中、小型枝组，使枝组均匀分布在骨干枝上。树形形成时要达到骨干枝均衡牢固、占满空间，结果枝组疏密适当、圆满紧凑。

2. 二主枝开心形

树体结构与自然开心形相近，只是留两个主枝，更适合在较高栽植密度下采用。

(1)基本结构。干高 40～50 cm，主干上着生两个主枝，长势相近，反向延伸。主枝开张角度 45°～60°每个主枝上着生 2 个侧枝。第一侧枝距主干 50～60 cm，在另一侧着生第二侧枝，第二侧枝距第一侧枝 40～50 cm。侧枝以平斜生为宜，侧枝与主枝夹角在 45°～60°，在主侧枝上配置结果枝组(图 8-3)。

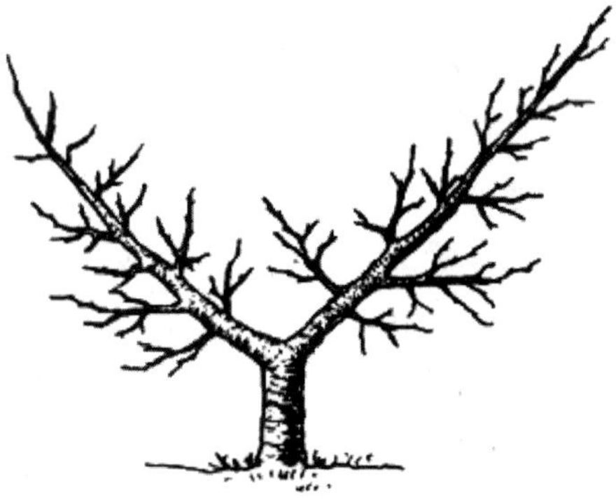

图 8-3 桃树二主枝开心形示意图

(2)整形过程。定干高度 60 cm，在整形带内选留两个对侧的新梢培养主枝。两个主枝一个朝东，一个朝西。第一年冬季修剪时主枝剪留 50～60 cm，第二年选出第一侧枝，第三年在第一侧枝对侧选出第二侧枝。其他枝条按培养枝组的要求修剪，到第四年树体基本成形。

3. 纺锤形

适合高密度栽培和设施栽培，需及时调整上部大型结果枝组，切忌上强下弱。

基本结构：干高 50 cm 左右，在中心干上着生 8～10 个主枝，基部主枝长 0.9～1.2 m，基角 55°～65°，以上主枝长度 0.7～0.9 m，基角 65°～80°。主枝在中心干上均匀分布，间距 25～30 cm，同方向主枝间距 50～60 cm。结果枝组直接着生在主枝和中心干上。树高 2.5～3.0 m。如果栽植密度加大，中心干上主枝上下相差不多，则为细纺锤形。

整形过程：定干高度 80～90 cm。春季萌芽后在剪口下 30 cm 处选留新梢培养第一主枝，剪口下第三芽梢培养第二主枝，顶芽梢直立生长培养中心干。当中心干延长梢长到 60～80 cm 时摘心，利用下部副梢培养第三、第四主枝，各主枝按螺旋状上升排列。第一年冬季修剪时，所选主枝尽可能长留，一般留 80～100 cm。第二年冬季修剪时，主枝延长枝不再短截。生长季将主枝拉至 70°～80°（图 8-4）。一般 3 年后可完成 8～10 个主枝的选留，整形过程结束。

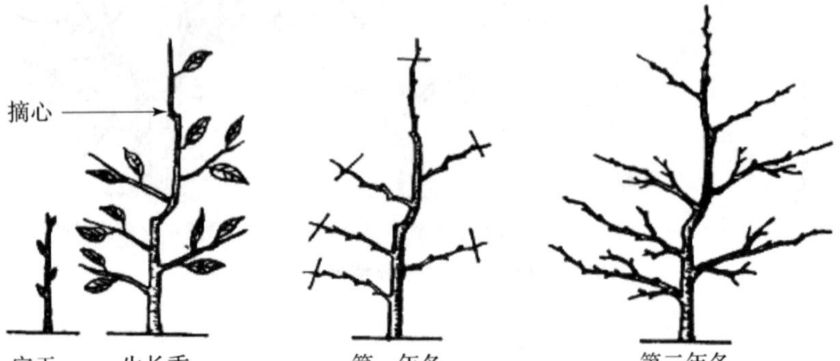

图 8-4 桃树纺锤形整形过程示意图

(二)结果树修剪技术

1. 骨干枝修剪

主侧枝延长枝一般栽后第一年剪留 50 cm 左右，第二年剪留 50～70 cm，盛果期剪留 30 cm 左右。侧枝延长枝的剪留长度为主枝延长枝的 2/3～3/4。当树冠达到应有大小的时候，通过缩放延长枝头的方法进行控制树冠大小和树势强弱。骨干枝的角度可通过生长季拉枝、用副梢换原头等方法进行调整。

2. 结果枝组修剪

结果枝组在主枝上的分布要均衡，一般小型枝组间距 20～30 cm、中型枝组间距 30～50 cm、大型枝组间距 50～60 cm。结果枝组的配置以排列在骨干枝两侧向上斜生为主，背下也可安排大型枝组。主枝中下部培养大中型枝组，上部培养中型枝组，小型枝组分布其间。结果枝组形状以圆锥形为好，优点是光照良好，结果部位外移慢，生长结果平衡。

枝组的培养方法主要是一年生健壮枝通过短截，促进分枝，培养中小型枝组。也可将强壮枝通过先放后截方法，培养大中型枝组，见图 8-5。枝组更新的方法是缩弱、放壮，放缩结合，维持结果空间。具体更新方法有单枝更新和双枝更新两种基本形式。单枝更新即在同一枝条上“长出去剪回来”，每年利用比较靠近母枝基部的枝条更新（图 8-6）。双枝更新即在一个部位留两个结果枝，修剪时上位枝长留，以结果为主；下位枝适当短留，以培养预备枝为主（图 8-7）。此外，目前一些地区在北方品种群上采用三枝更新的方法，即在一个基枝上选相近的 3 个枝条，一个中短截结果、一个长放促发果枝、一个枝留 2～3 个芽重短截促生发育枝，也称为三套枝修剪法。在大、中型枝组更新修剪上可以综合采用单、双枝和三枝更新修剪的方法，有效地控制结果部位外移速度，延长结果枝组的寿命。

一年生枝　二年生枝修剪前　二年生枝修剪后　三年生枝修剪前　三年生枝修剪后

图 8-5　桃结果枝组培养过程示意图

图 8-6　单枝更新示意图

图 8-7　双枝更新示意图

长期应用双枝更新，由于预备枝处于下部位置，光照不良，生长上不占优势，经过 2～3 年后，预备枝只能长出细弱的中短枝，导致产量下降。因此生产上常采用长留结果枝方法，培养预备枝。即上部结果枝尽量长留，开花时疏掉基部的花，让中上部结果，这样结果枝在结果后压弯而下垂，使预备枝处于顶端位置，可以发育成健壮结果枝(图 8-8)。

图 8-8　长留结果枝，培养预备枝

3. 结果枝的修剪

初结果树结果枝以长、中果枝居多，花芽着生节位偏高偏少，对结果枝应适当长留、多留，以缓和树势。也可利用副梢结果。

盛果期树结果枝的修剪主要是短截修剪。北方品种群以轻短截为主，长果枝或花芽节位高的枝；剪留 7～10 节或更长，中果枝 5～7 节，短果枝不剪。南方品种群结果枝一般以中短截为主，长果枝剪留 5～7 节，中果枝 4～5 节，短果枝不剪或疏剪。留枝数量以果枝间距 10～15 cm 为宜，伸展方向互相错开。也可采用长放修剪(亦称长梢修剪技术)，即在骨干枝和大型枝组上每 15～20 cm 留一个结果枝，结果枝剪留长度为 45～70 cm，总枝量为短截修剪的 50%～60%。更新方式为单枝更新，果实与叶片使枝条下垂，极性部位转移至枝条基部，使枝条基部发生 1～2 个较长的新梢，作预备枝培养，冬剪时把已结果的母枝回缩至基部的预备枝处。

4. 生长季修剪

一般幼树、旺树每年进行 3～4 次，盛果期树可进行 3 次。

(1)春季修剪。从萌芽到坐果后进行，主要包括抹芽疏梢，除去过密的、无用的、内膛徒长的、剪口下竞争的芽或新梢；选留、调整骨干枝延长梢；对冬剪时长留的结果枝，前部未结果的缩剪到有果部位；未坐果的果枝疏除或缩剪成预备枝。

(2)夏季修剪。一般可进行 2 次。第一次在新梢旺长期进行。主要内容有对竞争枝疏除或扭梢。疏除细弱枝、密生枝、下垂枝，改善光照，节省营养。对旺长枝、准备改造利用的徒长枝，可以留 5～6 片叶摘心或剪梢促发二次枝，培养为枝组。对骨干枝延长枝达到要求长度的可以剪主梢留副梢，促发分枝，开张角度，缓和生长。对其他新梢可在长到 20～30 cm 时，通过摘心培养结果枝组。第二次夏剪在 6 月下旬至 7 月上旬进行，主要是控制旺枝生长，对尚未停长的枝条可通过捋枝、拉枝等方法控制，但修剪不宜过重。

(3)秋季修剪。在 8 月上中旬进行。疏除过密枝、病虫枝、徒长枝。对摘心后形成的顶生丛状副梢，把上部副梢“挖心”剪掉，留下部 1～2 个副梢，改善光照条件，促进花芽分化和营养的积累。同时拉枝调整骨干枝的角度、方位和长势。对尚未停长的新梢进行摘心，可使枝条充实，提高抗寒力。

(三)不同品种群修剪特点

1. 北方品种群的修剪特点

北方品种群树冠比较直立，主枝开张角度小，下部枝条易枯死而造成光秃，结果部位外移较快。因此，在整形上要注意开张主侧枝的角度，延长枝的修剪要做到轻剪缓放，待后部生长变弱时再回缩促后。北方品种群以短果枝和花束状果枝结果为主，其次是中果枝。因此，长果枝短截要轻，缓和修剪，培育短枝，以利结果。北方品种群的结果枝单花芽较多，短截时要注意剪口下留叶芽。

2. 南方品种群的修剪特点

南方品种群树冠比较开张，整形时主侧枝延长枝可适当长留，开张角度不宜过大，到后期还要注意抬高角度。南方品种群生长势一般不如北方品种群强旺，以中、长果枝结果为主。修剪上可以稍重，促发较多的中长果枝。南方品种群结果枝复花芽多，坐果率高，结果枝修剪可适当短留和少留，以免结果过多，使树体衰弱。

知识拓展

长梢修剪技术的应用

(1)应用于以长果枝结果为主的品种。对以长果枝结果为主的品种，疏除过多的细弱结果枝、强壮枝，选用部分健壮或中庸的结果枝缓放或轻剪，达到前面结果、后面长枝，前不旺、后强壮的立体结果效果。如大久保、雪雨露等。

(2)应用于中、短枝结果的品种。先利用长果枝长放,促使其上长出中短枝,再利用中、短枝结果。如深州蜜桃、丰白等。

(3)应用于易裂果品种。通过长梢修剪,使果实在长梢中上部结果,使长果枝下垂,缓和果实的生长速度,减轻裂果。适宜品种有华光、瑞光3号等。

四、病虫害防治

(一)桃穿孔病

穿孔病是桃树上常见叶部病害。包括细菌性穿孔病和真菌性穿孔病。其中细菌性穿孔病分布最广,易造成大量落叶,削弱树势。穿孔病除为害桃树外,还能侵染李、杏、樱桃等多种核果类果树。

1. 识别与诊断

细菌性穿孔病、霉斑穿孔病和褐斑穿孔病的症状和病原见表8-2,作为识别与诊断的依据。

表8-2 3种穿孔病症状及病原一览表

病害名称	症状特点			病原
	叶片	树干	果实	
细菌性穿孔病	初为水渍状小点,后扩大成圆形或不规则形病斑,紫褐色或黑褐色,直径2 mm左右。病斑周围水渍状有黄绿色晕环。后期病斑干枯,病部组织脱落形成穿孔	新叶出行时,二年生枝条上形成暗褐色小疱疹,后扩展为1～10 cm长的春季溃疡斑。当年嫩枝上以皮孔为中心形成褐或紫黑色,圆或椭圆形凹陷病斑,边缘水渍状,为夏季溃疡斑	初生褐色水渍状小圆斑,后扩大,呈暗紫色。潮湿时病斑上出现黄白色黏状物,后期病斑龟裂	甘蓝黑腐黄单胞杆菌桃李致病变种
霉斑穿孔病	病斑初淡黄绿色后褐色,直径2～6 mm,病斑部分穿孔,幼叶被害多焦枯不穿孔	以芽为中心形成长椭圆形病斑,边缘紫褐色,并发生裂纹和流胶	病斑初为紫色,后变褐,边缘红色,中央稍凹陷	嗜果刀孢
褐斑穿孔病	病斑圆或近圆形,直径1～4 mm,略带环纹,后期长出灰褐色霉状物。病部常形成边缘整齐的穿孔		与叶片病斑相似	核果尾孢

2. 发病规律

细菌性穿孔病的病原在枝条病组织内越冬,次年开花前后,病菌从病组织中溢出,借风雨或昆虫传播。病害一般在5～10月发生。潜育期长短与温度及树势有关。25～26 ℃时潜育期 4～5 d,19 ℃时 16 d;树势强时潜育期可达 40 d 左右。高温、湿度大有利于病害发生,树势衰弱、通风排水不良及偏施氮肥的果园发病重。病菌在干燥条件下可存活 10～13 d,在枝干溃疡组织上可存活 1 年以上。

霉斑穿孔病和褐斑穿孔病菌以菌丝体和分生孢子在病枝梢或芽内越冬,第二年春季借风雨传播。低温多雨有利于病害发生。

3. 防治方法

(1)农业防治。建园时避免与李、杏等其他核果类果树混栽。冬季结合修剪,彻底清除枯枝落叶及落果等,集中烧毁。注意果园排水,增强通风透光性,降低湿度。增施有机肥料,提高果树抗病力。

(2)喷药保护。果树发芽前喷布 4～5 波美度石硫合剂、45%晶体石硫合剂 30 倍液或 1∶1∶100 的波尔多液;萌芽后喷布 70%硫酸链霉素可湿性粉剂 3 000 倍液、1∶4∶240 硫酸锌石灰水溶液等。

(二)桃褐腐病

褐腐病又名菌核病、果腐病,可为害李、杏、梅及樱桃等核果类果树。以浙江、山东沿海地区和长江流域发生最重,北方在多雨年份易流行,严重时损失可达 50%以上。

1. 识别与诊断

果实在整个生育期均可被害,以近成熟期和贮藏期受害重。染病初期果面产生褐色圆形病斑,病部果肉变褐腐烂,数日即可波及整个果面,病斑表面产生黄白色或灰褐色绒球状霉丛(即分生孢子梗和分生孢子),初呈同心轮纹状排列,后布满全果。后期病果全部腐烂,并失水干缩形成僵果。

花器染病,先侵染花瓣和柱头,初呈褐色水渍状斑点,逐渐蔓延到萼片和花柄上。天气潮湿时病花迅速腐烂,表面产生灰色霉状物;若天气干燥,病花干枯萎缩,残留在枝上经久不落。嫩叶染病,多从叶缘产生暗褐色水渍状病斑,逐渐扩展到叶柄,全叶枯萎。枝条染病,多为菌丝通过花梗、叶柄、果柄蔓延所致,产生边缘紫褐色、中央灰褐色、稍下陷的长圆形溃疡斑。初期溃疡斑常有流胶现象,最后病斑绕枝条一圈,病斑以上枝条枯死。

病原为链核盘菌和核果链核盘菌,均属子囊菌亚门。

2. 发病规律

以菌丝体或假菌核(僵果)在树上或地面的僵果和病枝溃疡部越冬。翌春产生分生孢子,借风、雨和昆虫传播,从柱头、蜜腺、气孔、皮孔或伤口侵入,以从伤口侵入为主。该病的发生与气候、栽培条件和品种等密切相关,其中雨水特别重要。花期如遇阴雨天气,易发生花腐;果实成熟时多雨或多雾,病情严重;果实在贮藏和运输过程中,如遇高温高湿病害也会加重。桃的品种中,凡是果皮薄、果肉柔软多汁的品种均易感病。栽植过密、修剪不当、通风透光不良的桃园易发病。

3. 防治方法

(1)清洁果园。秋末冬初结合修剪,彻底清除园内树上的病枝、枯死枝、僵果和地面落果,集中烧毁或深埋,以减少初侵染源。

(2)加强管理。注意桃园的通风透光和排水,增施磷、钾肥;及时防治蛀果害虫,注意减少果面伤口，以防褐腐病菌侵染，有条件的果园可套袋保护果实。

(3)药剂防治。桃树发芽前1周喷5波美度石硫合剂或45%晶体石硫合剂30倍液。花前、花后各喷药1次，常用的农药有70%甲基托布津500倍液，或80%喷克可湿性粉剂800倍液等。发病严重的桃园，可间隔半个月喷1次，采收前3周停止喷药。

此外，在桃果采收、储运时要尽量避免造成伤口，减少病菌在储运期间的侵染，发现病果及时捡出处理。

(三)桃缩叶病

桃缩叶病主要为害桃、油桃、扁桃(巴丹杏)等。国内以春季潮湿的沿江河湖海等局部地区发生严重，内陆干旱地区很少发生。

1. 识别与诊断

春季嫩叶刚从芽鳞抽出时即表现症状，叶片卷曲变形，颜色变红。后随叶片生长，卷曲皱缩，叶肉增厚变脆，呈红褐色，严重时全株叶片多数变形，嫩梢枯死。春末夏初，病叶表面生一层灰白色粉状物，即病菌子囊层。后期病叶变褐，干枯脱落。

嫩枝染病，呈灰绿色或黄色，节间缩短，常丛生卷曲的病叶，严重时病枝渐向下枯死。幼果染病，初生黄色或红色病斑，微隆起；随果实增大，渐变褐色；后期病果畸形，果面龟裂，易早期脱落。

病原为畸形外囊菌，属子囊菌亚门。

2. 发病规律

以子囊孢子和厚壁芽孢子在芽鳞片上、鳞片缝隙里或枝干病皮中越冬或越夏。翌春越冬孢子萌发产生芽管直接穿透叶片表皮或从气孔侵入嫩叶，进行初侵染。5月为发病盛期，6月气温20 ℃以上时病害停止发展。初夏，叶面形成子囊层，产生子囊孢子和芽孢子。由于夏季高温，不适宜孢子萌发，因此该病1年只侵染1次。桃树萌芽展叶期连续降雨，气温10～16 ℃有利于该病的发生。一般江河沿岸、湖畔及低洼潮湿地发病较重，实生苗桃树比芽接桃树易发病，中、晚熟品种较早熟品种发病轻。

3. 防治方法

(1)加强管理。发病严重桃园应及时追肥灌水，增强树势，提高抗病力。

(2)清除菌源。一旦发病后，在病叶和病梢表面还未形成白色粉状物前及早摘除集中烧毁，以减少越冬菌源。

(3)药剂防治。早春桃芽膨大后，花瓣开始露红(未展开)时喷1次1∶1.3∶100波尔多液、30%碱式硫酸铜(绿得保)悬浮剂400～500倍液、4～5波美度石硫合剂、80%大生M-45可湿性粉剂400～600倍液，或50%多菌灵可湿性粉剂400～500倍液等，消灭树体上的芽孢，即可控制病害。

(四)桃潜叶蛾

桃潜叶蛾又名桃线潜蛾，简称桃潜蛾，属鳞翅目潜叶蛾科。桃树栽培区分布普遍，主要为害桃，也为害杏、李、樱桃等。

1. 识别与诊断

以幼虫在叶肉内潜食为害，虫道呈弯曲隧道状，并将粪粒充塞其中。叶的上表皮不破裂，可由叶面透视看到幼虫。虫量大时叶上虫道多，但一般很少交叉。当一片叶有 3～4 头及以上幼虫为害时，此叶多未枯即落。

2. 发生规律

北方 1 年发生 5～7 代，以成虫在落叶、杂草、石块下和翘皮下等处越冬。桃芽萌发后越冬成虫开始出蛰，展叶后开始产卵。卵期 5～8 d，孵化后幼虫蛀入叶片为害，幼虫老熟后脱叶，吐丝下垂，多在叶背吐丝搭架结茧，在茧内化蛹。5 月出现第一代成虫，发生比较整齐，以后大约每月发生 1 代，但世代重叠。7～8 月是为害盛期，10 月出现越冬代成虫。

3. 防治方法

(1)减少越冬虫源。秋、冬季彻底清除落叶和杂草，集中烧毁，消灭越冬成虫。

(2)诱杀成虫。在生长季节用性诱剂诱杀。

(3)药剂防治。在 5～6 月成虫高峰期(性诱剂测报或田间初见被害状)喷药，药剂可用 25%灭幼脲悬浮剂 2 000 倍液，20%杀铃脲悬浮剂 8 000 倍液，50%敌敌畏乳油 1 000～1 500 倍液等。

(五)朝鲜球坚蚧

朝鲜球坚蚧又名桃球蚧、杏毛球蚧等，属同翅目蜡蚧科。主要为害桃、李、杏、梅、樱桃等。

1. 识别与诊断

雌成虫介壳近球形，后端直截。直径 3～5 mm，红褐色至黑褐色，体背有 3～4 列纵向的凹陷刻点，并被覆薄的蜡粉。雄成虫介壳长 1.8 mm，长椭圆形，灰白色。以成虫、若虫固着在枝干上吸食汁液。被害枝条上常介壳累累，造成树势衰弱。

2. 发生规律

朝鲜球坚蚧 1 年发生 1 代，以二龄若虫固着在枝条上越冬。在辽宁，若虫 3 月下旬至 4 月上旬开始活动，并寻找枝条的适当部位固定为害。4 月底至 5 月上旬雄成虫羽化。交尾后雌成虫体迅速膨大、硬化，5 月中、下旬开始产卵于母体下面，平均每雌产卵 1 000 粒左右。卵期 7 d，6 月中下旬为若虫孵化盛期，若虫分散在枝条裂缝处、当年生枝条基部、叶片及果实上为害，10 月中旬越冬。

3. 防治方法

(1)药剂防治。早春果树发芽前，喷布 5 波美度石硫合剂，要求喷布均匀周到；6 月中下旬若虫孵化期喷 25%噻嗪酮(扑虱灵)可湿性粉剂 1 500～2 000 倍液，或 0.2～0.3 波美度石硫合剂。

(2)农业防治。剪、刮、刷，消灭若成虫。

五、周年生产技术

桃树在年周期不同的生育阶段，树体的特点特性不同，生产目标和技术措施也有区别。现以中熟品种的物候期为序，阐述桃树的周年生产管理技术。

(一)休眠期

休眠期从树体落叶休眠到翌年芽萌动为止。在休眠期，树体生命活动处于相对静止状态，春季随温度上升根系先于芽的萌动而开始活动，吸收水分和养分，供树体生长发育需要。此期桃园的生产目标是保证安全越冬，完成冬季修剪，准备新一轮桃园生产。其具体技术措施是：

1. 休眠期修剪

为了避免剪口抽干，桃树休眠期修剪一般宜在最寒冷的月份过后进行。特别是花芽易受冻害的品种和幼树，更应延迟修剪以便根据花芽冻害情况确定修剪程度。修剪的具体任务有3项。

(1)调整骨干枝的枝头角度和生长势。如角度小时可留外芽或利用背后枝换头，开张角度，缓和长势；当骨干枝延长枝生长量小于20 cm时，说明树体已经衰老，或枝头角度过大时，可选择长势和位置合适的抬头枝来代替，抬高角度，促进生长。同时对各主枝之间要采取抑强扶弱方法，保持各主枝之间的平衡。

(2)结果枝组的更新复壮和结果枝修剪。注意随时在结果枝组下部培养预备枝，采用“放出去，缩回来”的办法，使结果枝组靠近骨干枝。结果枝组以圆锥形为好，当枝组出现上强下弱时，及时疏除上部的强旺枝，促使下部结果枝生长健壮，防止枝组下部光秃，延长枝组寿命。当结果枝组枝头下垂时，及时回缩到抬头枝处，恢复枝组的生长势。一般以修剪后的结果枝枝头之间距离保持在10～20 cm为宜。

(3)保持树体生长势的均衡。对不能利用的徒长枝和细弱枝要尽早疏除，以减少营养消耗，防止下部枝条生长势减弱。

2. 树体保护与清园

对修剪造成的伤口，直径在1 cm以上的要涂抹保护剂，防止剪锯口处枝、芽抽干。

盛果期大树应在萌芽前刮除主干和主枝的老翘皮，以消灭越冬害虫。一般天敌开始活动的时间早于害虫，为了保护同在老树皮中越冬的天敌，应适当晚些刮树皮。同时要及时清理果园中病虫枝、老翘皮及枯枝落叶，集中烧毁或深埋。然后在芽萌动前喷布3～5波美度的石硫合剂以消灭越冬病虫，对介壳虫发生较重的个别植株和枝干，可人工用洗衣粉水刷除。采取埋土防寒或捆草防寒的幼树要在春季温度回升后及时撤除。

3. 追肥灌水

萌芽前后追施1次速效肥，补充树体贮藏营养的不足，促进根系生长，提高坐果率。追肥以氮肥为主，未进行秋施基肥的也可补施基肥和磷肥。追肥后灌1次透水，保证萌芽开花对水分的需要。灌水后及时中耕树盘，以提高地温和保持土壤水分。

4. 播种生草

对土壤水分条件较好的桃园可以实行生草法，目前采用比较多的是行间生草、树盘清耕的方法。目前应用最广泛的草种是白三叶，可在 3～4 月播种，播种量以每 667 m^2 用种 0.5～0.75 kg 为宜。

（二）萌芽开花期

萌芽开花期从桃树花芽萌动、膨大，经开花期到谢花为止。此期的生产目标是保证授粉受精，实现合理负载。

（1）利用蜜蜂传粉。一般 3 000 m^2 桃园放置 1 箱蜜蜂可满足授粉需要。

（2）人工授粉。采集授粉品种的花粉，在主栽品种初花期至盛花期进行人工点授、喷粉或装入纱布袋内在树上抖动，一般进行两次即可。

（3）花期喷硼。在花期喷 0.3%的硼砂，可提高坐果率。

（4）人工疏花。在大花蕾期至初花期进行。疏花时首先疏除早开的花、畸形花、瘦小花、朝天花和梢头花。再按长果枝留 6～8 个花蕾，中果枝留 4～5 个花蕾，短果枝或花束状果枝留 2～3 个花蕾，预备枝不留花蕾处理。长、中果枝疏花时，宜疏除结果枝基部的花，留枝条中上部的花，中上部的复花芽可双花留一，并保持花间距离合理均匀，疏花量一般为总花量的 1/3。

（三）幼果发育及新梢生长期

幼果发育从受精坐果后子房迅速膨大，经 3～4 周完成第一生长发育期，到硬核期结束。同时，叶芽萌发、展叶，经过 1 周的缓慢生长（叶簇期），随着气温升高新梢进入迅速生长期。这期间幼果发育与新梢生长在营养竞争上矛盾较大。生产目标是调节树体营养分配，控制桃园产量，采取综合措施，保证幼果发育。

1. 疏果及定果

疏果前先根据树龄、树势和品种特点确定当年留果量，一般通过整形修剪、疏花疏果等措施，将每 667 m^2 产量控制在 1 250～2 500 kg，然后将产量分解到每株树上，再根据该品种的果型大小确定出单株留果数，最后将留果数分解到各主枝和结果枝上。

疏果分两次进行。第一次疏果在花后两周左右进行，第二次疏果（定果）在落花后 4～6 周（硬核期前）结束。各种类型结果枝的留果量可参考表 8-3。

表 8-3 不同类型结果枝留果参考标准 个

果枝类型	大型果	中型果	小型果
长果枝	1～3	2～4	3～4
中果枝	1～2	1～3	2～3
短果枝	1	1	1～2
花束状果枝	不留果	2～3 个枝留 1 果	1～2 个枝留 1 果

疏果时还应考虑结果部位和生长势，一般树冠外围及上部多留果，内膛及下部少留果。树势强的多留果，树势弱的少留果；壮枝多留果，弱枝少留果。留果量也可根据叶果比来确定，30～50 片叶可留 1 个果。也可根据果间距进行留果，小型果 5～7 cm 留 1 个果，大型果 8～12 cm。

疏果时，先疏除萎黄果、畸形果、并生果、病虫果，再去小密果、果枝基部果和朝天果。选留部位以果枝两侧、向下生长的果为好。长枝留中、上部果，中、短枝以先端坐果较为可靠。

2. 果实套袋

套袋可明显提高果品质量，减轻裂果，降低农药残留。罐藏加工桃果套袋，可减少果肉中纤维和果肉红色素，使果实成熟均匀，为加工提供优质原料。套袋要在定果后，当地主要蛀果害虫蛀果以前完成。一般中、晚熟品种和易裂果的品种宜套袋。如中华寿桃、燕红及华光、瑞光 3 号等。

套袋前喷洒 1 次杀虫杀菌剂，待药液干后，用专用果袋将桃果套住，通过袋口的铅丝将袋扎在结果枝上。

3. 生长季修剪

春季修剪在叶簇期进行，主要内容包括抹芽、摘心、疏梢、剪梢及选留、调整骨干枝延长梢。

第 1 次夏季修剪在新梢迅速生长期进行。对主侧枝进行摘心或剪梢，留副梢，缓和生长势，开张或抬高枝头角度。对冬剪时长留的结果枝，前部未结果的缩剪到有果部位(图 8-9)，未坐果的果枝疏除或缩剪成预备枝(图 8-10)。对处于有空间位置的强壮新梢可摘心处理，促发分枝培养结果枝组。其他枝条凡长到 30～40 cm 的都要摘心，使营养集中于果实的生长发育，防止 6 月落果。

图 8-9　缩剪到有果部位

图 8-10　疏除空枝与结果枝摘心

4. 土肥水管理

中耕除草，保持树盘内清洁无杂草。花后追施壮果肥，可提高坐果率，保证幼果生长、新梢生长和根系生长对营养的需要。一般在谢花后 1 周施入，以速效氮肥为主，施肥后灌水。

5. 防治病虫害

展叶后施 70%甲基托布津可湿性粉剂 800～1 000 倍液，防治细菌性穿孔病、炭疽病等。花后喷 10%吡虫啉可湿性粉剂 4 000～5 000 倍液，或 0.3%苦参碱水剂 800～1 000 倍液防治蚜虫。在果实硬核期喷布杀脲灵乳油 8 000～10 000 倍液，防治食心虫、介壳虫、椿象、卷叶蛾等。当发现桃树皮出现有瘤皮开裂，溢出树脂，病部表面散生小黑点，多年生枝干受害产生“水泡状”隆起，可诊断为桃树侵染性流胶病。应及时刮除流胶及病皮，并用石硫合剂等涂刷病斑防治。

(四)果实膨大期

果实膨大期为桃第二个迅速生长期。不同成熟期品种，果实进入膨大期的早晚差别很大。

早熟品种经 1～2 周的硬核期后即进入果实膨大期，而晚熟品种要 6～7 周才能进入果实膨大期。这样早熟品种的果实膨大与新梢生长的第一个迅速生长期相重叠。一般在 6 月下旬以后新梢生长趋于缓和，开始加粗生长和木质化。大多数中短梢生长停滞后，花芽分化开始。长枝、强旺枝持续生长，多从中部开始抽生二次枝，进入第二次旺长期。树体进入旺盛生长期，易发生缺素症状。

这一时期的生产目标是通过生长季修剪，控制新梢旺长，调整营养分配，改善光照条件。同时加强肥水管理，促进果实膨大和花芽分化。

1. 第二次夏季修剪

主要是控制旺枝生长，对竞争枝、徒长枝在上次修剪的基础上，继续改造培养枝组。如过密则疏除，改善光照条件。对树形直立或角度较小的主枝进行拉枝开角，同时对负载大的主枝和枝组进行吊枝或撑枝，防止果枝压折。由于已经进入生长中后期，修剪不宜过重。

2. 土肥水管理

进入硬核期以后应浅耕，约 5 cm，注意尽量少伤新根。雨季前将草除净，雨季只除草，不松土。在硬核期进行 1 次追肥，对提高坐果、保证果实发育和花芽分化作用明显。这次追肥应氮、磷、钾配合施用，以磷、钾肥为主。这期间可喷 0.3%尿素溶液和 0.2%磷酸二氢钾溶液 2～3 次。出现缺素症状时，及时补充喷施相应的微量元素，如缺铁可喷施 1 000～1 500 mg/kg 的硝基黄腐酸铁溶液，每隔 7～10 d 1 次，连喷 3 次。出现缺镁症状可喷施 0.2%～0.3%的硫酸镁溶液，效果较好。为提高鲜果的耐贮性，可在采收前 1 个月喷施 2 次 1.5%的乙酸钙溶液。在进入雨季后应注意桃园排水。

3. 防治病虫害

每 10～15 d 喷 1 次杀菌剂，防治褐腐病、黑星病、炭疽病等。对山楂叶螨和二斑叶螨可喷 1.8%阿维菌素乳油 5 000 倍液防治。

(五) 果实成熟期

果实成熟期从果实在大小、色泽和风味等方面逐渐表现出品种固有的特征到果实采收为止。此期大部分新梢停止生长，花芽分化进入高峰期。生产目标是通过生长季修剪，控制新梢旺长，加强肥水管理，防治病虫害，促进花芽分化和果实着色，提高果实品质。

1. 秋季修剪

主要是对没有停止生长的新梢进行摘心或剪梢，促进下部枝梢成熟。对没有控制住的旺枝可从基部疏除。新长出的二、三次枝可从基部疏除。对骨干枝角度小的进行拉枝开角。

2. 土肥水管理

在果实成熟前 20～30 d，追施催果肥，以钾肥为主，配合氮肥，提高果实品质和花芽分化质量。可追施磷酸二氢钾或草木灰，也可叶面喷施。但距果实采收期 20 d 停止叶面追肥。也不宜灌大水，以免造成裂果。

3. 果实管理

套袋的鲜食果实应于采收前 10～20 d 将袋撕开，使果实先接受散射光，再于采收前 3～5 d 逐渐将袋体摘掉。不易着色的品种应提早摘袋，如中华寿桃宜在采收前 2 周左右摘袋。

果实成熟期雨水集中的地区，裂果严重的品种也可不摘袋。罐藏桃果采前可不摘袋，采收时连同果袋一起摘下。

果实着色期间可疏除部分过密背上枝和内膛徒长枝，改善树冠内光照条件，促进果实着色。也可将果实附近叶片摘掉，使果面均匀着色。在果树行间地面上铺反光膜可促进果实着色，每 667 m^2 需反光膜 300～400 m^2。

4. 采收与分级

桃果(普通桃)的成熟度判断在生产上分以下等级：七成熟，果实充分发育，果面基本平整，果皮底色开始由绿色转黄绿或白色，茸毛较厚，果实硬度大。八成熟，果皮绿色大部褪去，茸毛减少，白肉品种底色绿白色，黄肉品种呈黄绿色，彩色品种开始着色。九成熟，绿色全部褪掉，白肉品种底色乳白色，黄肉品种呈浅黄色，果面光洁、充分着色，果肉稍有弹性，有芳香味。十成熟，果实变软，溶质桃果肉柔软多汁，硬溶质桃开始发软，不溶质桃弹性减小。

桃果的色、香、味等品质主要在树上发育形成，采后几乎不会因后熟而增加，应适时采收。一般就地鲜销果宜八、九成熟采收，长途运输宜七、八成熟采收。硬桃、不溶质桃可适当晚采；溶质桃，尤其是软溶质桃必须适当早采。贮藏及加工用硬肉桃宜七、八成熟采收，加工用不溶质桃可八、九成熟采收。果实成熟不一致的品种，应分期采收。

鲜桃果实质量标准主要以果实大小、着色度为主要指标进行分级，基本要求是不允许有碰伤、压伤、磨伤、日灼、果锈和裂果。根据果实大小分级，可参考表 8-4。

表 8-4 鲜桃果实大小分级标准(河北省)

品种类型	果实类型	特等/g	一级/g	二级/g
普通桃	大型果	≥300	≥250	≥200
	中型果	≥250	≥200	≥150
	小型果	≥150	≥120	≥120
油桃和蟠桃	大型果	≥200	≥150	≥120
	中型果	≥150	≥120	≥100
	小型果	≥120	≥100	≥90

5. 病虫害防治

进入果实成熟期一般不宜采取化学防治方法，以免造成果实农药残留超标。可采用黑光灯诱杀、糖醋液诱杀和性外激素诱杀方法，防治桃蛀螟、卷叶蛾、桃小食心虫、桃潜叶蛾等害虫。对红颈天牛可人工捕捉，并挖除其幼虫。

(六)采后及落叶期

这一时期从果实采收后各类新梢的加长生长基本停止，枝条自下而上开始成熟，到落叶前后。此期为树体营养积累期，花芽继续分化发育，后期叶片自下而上开始衰老，功能逐渐减退。此期生产目标是增加树体营养供应，保证花芽分化，加强树体保护，提高贮藏营养水平，增强越冬能力。

1. 土肥水管理

在果实采收后，早秋施基肥，一般不宜晚于 9 月，早熟品种可在 8 月下旬进行。基肥以腐熟的农家肥为主，每 667 m^2 施入 4 000～5 000 kg，过磷酸钙 150 kg。可根据树体营养状况，同时加入适量的速效化肥以及微量元素肥料，如尿素 10～15 kg，硫酸亚铁 2～3 kg 等。秋施基肥后要灌 1 次水，特别是在秋旱的情况下，以免造成早期落叶。采收后喷施 0.3%～0.4%的尿素可提高叶片的光合功能，延长叶片寿命，有利于营养积累。入冬前灌冻水，时间以田间能完全渗透下去，不在地表结冰为宜。成年桃树经验施肥量见表 8-5。

表 8-5 各地成年桃树经验施肥量

地点	单位	施肥种类和数量
北京	每 667 m^2 施肥量	农家肥 5 000 kg，过磷酸钙 150 kg，桃树专用肥 84～140 kg（氮、磷、钾含量分别为 10%、10%和 15%）。喷施 0.4%尿素和 0.3%磷酸二氢钾各 1 次
山东	每株施肥量	有机肥 100～200 kg，豆饼 2.5～7 kg
江苏	每株施肥量	饼肥 5 kg 或猪粪 60 kg，磷矿粉 5 kg，尿素 1.5 kg

2. 病虫害防治

重点保护好叶片，否则将影响花芽的形成。可喷施 26%扑虱灵可湿性粉剂 1 500～2 000 倍液，防治一点叶蝉和椿象。用 25%灭幼脲悬浮剂 2 000 倍液防治桃潜叶蛾。在主干和主枝上绑草绳或草把诱集害虫，晚秋或早春取下烧毁。

3. 防寒保护

所有桃树进行枝干涂白。幼树在秋季落叶后及时将树干埋土防寒或用稻草捆绑树干防寒。也可喷布保护剂，如纤维素高脂膜等，以防止抽条。

必备知识二 绿色食品杏生产技术

一、杏的主要品种

杏为蔷薇科李亚科杏属植物。全世界杏属共有 10 个种。我国主要有普通杏、西伯利亚杏、辽杏、藏杏、紫杏、志丹杏、梅杏、政和杏与李梅杏 9 个种。普通杏是世界上栽培最广的一个种，我国现有各类杏品种 1 463 个。根据杏的用途，可将杏分为肉用杏、仁用杏和观赏杏三类。其中肉用杏包括鲜食杏和加工杏，仁用杏包括苦仁杏和甜仁杏。

（一）鲜食及加工杏

1. 骆驼黄杏

果实发育期 55 d。果实圆形，平均单果重 49.5 g。果皮橙黄色，阳面着红色。果肉橘黄色，肉质细软，汁中多，味酸甜，品质上等。粘核，甜仁。该品种较抗寒耐旱，适应性强，较丰产，适宜华北及辽宁南部发展。自花不实，可用麻真核、华县大接杏等作授粉树。

2. 华县大接杏

果实发育期 79 d。果实圆形，果顶平微凹，两半部对称，平均单果重 84 g。果皮黄色，散生小红果点。果肉橙黄色，肉质致密，汁多，味酸甜，有香气，品质极上。丰产稳产，适宜华北、西北和辽南等地发展。

3. 牡红杏

果实发育期 80 d。果实圆形，果顶平，两半部对称，平均单果重 50 g。果皮黄色，阳面着片状红晕。果肉橙黄色，肉质硬脆，汁中多，酸甜味浓，有香气。自花不实，抗寒力强，适宜东北地区发展。

4. 串枝红杏

果实发育期 90 d。果实卵圆形，果顶微凹，两半部不对称，平均单果重 52.5 g。果皮底色橙黄色，3/4 着紫红色。果肉橙黄色，肉质硬脆，汁少，味酸甜，品质中上。离核，仁苦。极丰产，稳产，是鲜食和加工兼优品种，适宜华北及辽宁南部发展。

5. 9803 杏

果实发育期 95 d 左右。果实扁圆形，果顶平、微凹，果面光洁，无裂果，平均单果重 70 g。果皮橙黄色，有条状红霞。果肉橘黄色，肉质细软，汁液多，酸甜适口，香气浓，品质上。离核，仁苦，该品种丰产，适宜在日光温室内栽培，休眠期需冷量约为 550 h。

我国鲜食及加工杏品种资源丰富，近年来又从国外引进部分优良品种，常见的有金太阳、凯特等。

（二）仁用杏品种

仁用杏为我国特有的一类杏品种资源，以生产杏仁为主要经济目的，生产上栽培较多的有龙王帽、一窝蜂、白玉扁、超仁、丰仁、国仁、油仁、优一等。

知识拓展

杏树栽培区划与地方优良品种

我国自然形成了华北温带杏区、西北干旱带杏区、东北寒带杏区、西南高原杏区和热带—亚热带杏区 5 个各有特色的杏树栽培地理分布区域。

华北温带杏区包括河北、河南、山东、山西、陕西、北京、天津与甘肃兰州以东地区、辽宁沈阳以南地区，以及安徽和江苏的北部地区，是中国杏的主要产区，鲜食杏占全国的 51.2%。本区有栽培品种和类型近 1 400 个，均为本地农家选育。主要优良品种有：唐王川大接杏、兰州大接杏、华县大接杏、礼泉二转子杏、临潼银杏、三原曹杏、张公园杏、仰韶黄杏、沙金纽杏、骆驼黄杏等。仁用杏品种有龙王帽、一窝蜂、白玉扁等。

西北干旱带杏区包括新疆、青海、甘肃的兰州以西、内蒙古包头以西及宁夏地区。本区有栽培杏品种 350 个，是我国制干品种李光杏的主要产区。这一地区杏的特点是果实较小，但含糖量特别高，果实外表光泽度大，多为离核甜仁。适宜加工杏干。

东北寒带杏区包括内蒙古包头以东地区、辽宁沈阳以北地区及吉林和黑龙江等区。本区有栽培品种 350 个左右，如龙垦系列杏品种，抗寒性强。

二、生物学特性

(一)生长结果习性

1. 生长习性

杏树树冠大,根系深,寿命长。在一般管理条件下,盛果期树高达 6 m 以上,冠径在 7 m 以上。寿命为 40～100 年,甚至更长。

杏树根系强大,能深入土壤深层,一般山区杏的垂直根可沿半风化母岩的缝隙伸入 6 m 以上。杏的水平根伸展能力极强,一般分布可超过冠径 2 倍以上。杏树生长势较强,幼树新梢年生长量可达 2 m。随着树龄的增长,生长势渐弱,一般新梢生长量 30～60 cm。在年生长期内可出现 2～3 次新梢生长高峰。

杏树的叶芽具有早熟性,当年形成后,如果条件适宜,特别是幼树或高接枝上的芽,很容易萌发抽生副梢,形成二次枝、三次枝。杏树新梢的顶端有自枯现象,顶芽为假顶芽。每节叶腋有侧芽 1～4 个。但杏越冬芽的萌芽率和成枝力较弱,是核果类果树中较弱的树种。一般新梢上部 3～4 个芽能萌发生长,顶芽形成中长枝,其他萌发的芽大多只能形成短枝,下部芽多不能萌发而成为潜伏芽。所以杏树的树冠内枝条比较稀疏,层性明显。

2. 结果习性

杏树 2～4 年开始结果,6～8 年进入盛果期。在适宜条件下,盛果期比桃树长,十年生以上的大树一般单株产量在 50 kg 以上。

杏花芽较小,纯花芽,单生或 2～3 芽并生形成复芽。每花芽开 1 朵花。在一个枝条上,上部多为单芽,中、下部多为复芽。单花芽坐果率不高,开花结果后,该处光秃。复芽的花芽和叶芽排列与桃相似,多为中间叶芽,两侧花芽,这种复花芽坐果率高而可靠。杏树较容易形成花芽,一、二年生幼树即可分化花芽,开花结果。据观察,兰州大接杏的花芽分化开始于 6 月中下旬,7 月上旬花芽分化达到高峰,9 月下旬所有花芽进入雌蕊分化阶段。

大多数杏树品种以短果枝和花束状果枝结果为主,但寿命短,一般不超过 5～6 年。由于花束状果枝较短,且节间短,所以结果部位外移比桃树慢。

杏普遍存在发育不完全的败育花,不能受精结果。雌蕊败育与品种、树龄和结果枝类型有关。据观察,仁用杏品种雌蕊败育花的比例明显低于鲜食、加工品种,如仁用杏品种白玉扁的雌蕊败育花仅占 10.73%,而鲜食、加工品种则高达 25.73%～69.37%;幼龄树易发生雌蕊败育,如仰韶黄杏 14～15 年生大树雌蕊败育率为 45.7%～58.7%,而四年生幼树则高达 67.7%;各类结果枝中以花束状结果枝和短果枝雌蕊败育花的比例小,中果枝次之,长果枝较多。这与枝条停止生长早晚有关,停止生长早,花芽分化早,有利于发育成完全花。

杏树落花落果严重,一般在幼果形成期和果实迅速膨大期各有一次脱落高峰,据调查,杏的坐果率一般为 3%～5%。

(二)对环境条件的要求

杏树对环境条件的适应性极强。在我国普通杏在北纬 23°～48 °,海拔 3 800 m 以下都有分布。主产区的年平均气温为 6～14 ℃。杏休眠期间能抵抗－40～－30 ℃的低温，如龙垦 1 号可抵抗－37.4 ℃低温，但品种间差异较大。杏的适宜开花温度为 8 ℃以上，花粉发芽温度为 18～21 ℃。早春萌芽后，如遇－3～－2 ℃低温，已开的花就会受冻，受冻花中雌蕊败育的比例较高。在中国杏的主产区花期经常发生晚霜危害。杏果实成熟要求 18.3～25.1 ℃。在生长期内杏树耐高温的能力较强。

杏树喜光，光照充足，生长结果良好。光照不良则枝叶徒长，雌蕊败育花增加，严重影响果实的产量和品质。

杏树抗旱力较强，但在新梢旺盛生长期、果实发育期仍需要一定的水分供应。杏树极不耐涝，如果土壤积水 1～2 d，会发生早期落叶，甚至全株死亡。

杏树对土壤要求不严，平原、高山、丘陵、沙荒、轻盐碱土上均能正常生长，但以排水良好，较肥沃的沙质壤土为好。

三、主要生产技术

(一)关键技术

1. 建园技术

杏树建园时要考虑花期的晚霜危害，因此在山地建园要避开风口和谷地，选择坡度 25°以下、土层较厚、背风向阳的南坡或半阳坡为宜。在平地建园要避开低洼地，排水不良和土壤黏重地不宜建杏园。避开种植过核果类果树的地块建园，以免病害加重。新建杏园株行距(2～3)m×(5～6)m 为宜，仁用杏株行距(2～3)m×(4～5)m 为宜。大多数杏品种的自花结实率很低，需配置授粉树，可按(3～4)∶1 配置授粉树。

2. 整形修剪技术

杏树目前采用较多的是小冠疏层形、自然圆头形、杯状形和开心形，仁杏以五主枝杯状形和延迟开心形效果比较好。杯状形树体结构：干高 30～50 cm，主干上有 3～5 个主枝。主枝单轴延伸，没有侧枝，在其上直接着生结果枝组。主枝开张角度为 25°～35°，枝展直径为 1.0～1.5 m。

杯状形整形过程：定植后在 50～70 cm 处定干。从剪口下新梢中选留 3～4 个生长健壮、方位角度适宜的新梢，作为主枝培养。其余枝条通过拉枝、扭梢拉平后缓放，避免与主枝竞争。第一年冬季修剪时，主枝剪留 60 cm 左右，其余枝依据空间的大小适当轻剪或不剪。翌年春季，在剪口下新梢中继续选留主枝延长枝培养，通过摘心、扭梢等方法控制竞争枝和其他旺枝，也可重短截促发分枝培养结果枝组。其他枝轻剪缓放，促进花芽形成。第二年按上年原则修剪，至第三年基本完成树形。

休眠期修剪的原则是“细枝多剪，粗枝少剪；长枝多剪，短枝少剪”。少疏枝条，多用拉枝、缓放方法促生结果枝，待大量果枝形成后再分期回缩，培养成结果枝组，修剪量宜轻不宜重。对生长势减弱的枝组回缩到抬头枝处，恢复生长势，改善光照条件。

知识拓展

野生山杏改接建园

我国华北、东北和西北广大地区，有丰富的野生山杏资源，可以利用现有山杏树改接栽培品种，尽快实现经济效益。

春季萌芽时将山杏自地面10～15 cm处锯断，在其上进行劈接或皮下接。在干旱和多石砾的山坡上则宜采用根劈接法进行嫁接，即将山杏的根颈部刨出，自分生侧根部位以上将主根锯断，在根上进行劈接。具有嫁接成活率高、埋土方便、不易被风吹断等优点。

(二)周年管理要点

1. 休眠期

杏树休眠期管理主要有修剪、清洁果园、喷施石硫合剂和施肥灌水等任务。

幼树以整形为主，一般将主、侧枝的延长枝剪去1/4～1/3为宜。盛果期树延长枝剪去1/3～1/2，中果枝剪去1/3，短果枝剪去1/2，疏除部分花束状结果枝。骨干枝衰老后，可按照粗枝长留、细枝短留原则，剪留1/3～1/2。在干旱山区要配合施肥灌水，否则达不到更新效果，甚至造成树体衰亡。

结合休眠期修剪彻底剪除病梢，早春结合果园耕翻，清除地面病叶、病果，集中烧毁或深埋，可有效防治杏疔病、杏仁蜂等病虫害。浅耕一次树盘，有利于提高地温和保持土壤水分。在萌芽前(开花前10 d)对树体贮存营养不足的杏树每株追施0.25～0.5 kg的尿素，提高坐果率，促进新梢生长。追肥后有条件的灌1次水，没有灌溉条件的可采用穴贮肥水法解决肥水问题，保证开花和坐果对水分的要求。

春季萌芽前喷施1次5波美度的石硫合剂防治病虫害。成龄大树每隔1～2年在萌芽前刮1次树皮，既可防治病虫害，也能促进树体生长。

在萌芽前后，对于品种较差或缺乏授粉树的低产杏园进行高接换种或改接授粉树，通常采用劈接或皮下接的方法。

2. 萌芽及开花期

萌芽开花期管理任务主要有防霜冻、人工辅助授粉、保花和防治病虫害等。

花期霜冻是杏生产的主要限制因子。常用防霜措施有：熏烟法、喷水法以及在花芽露白期喷石灰浆(生石灰与水的比例为1∶5)等延迟花期，躲避晚霜。

杏树自然坐果率低，人工辅助授粉是提高产量的重要措施。大面积授粉时可采用液体喷雾法授粉。最好采用花期放蜜蜂和角额壁蜂的方法，也可在杏树盛花期喷布0.3%硼砂溶液、0.3%磷酸二氢钾溶液，可明显提高坐果率。

在萌芽开花期注意防治杏星毛虫、杏象鼻虫等害虫，在做好刮树皮、早春翻树盘和树干涂白的基础上，尽可能人工捕杀。有杏疔病发生的杏园可在杏树展叶后喷布1～2次1∶1.5∶200波尔多液预防。

3. 果实发育及新梢生长期

果实发育期管理主要任务有疏果、生长季修剪、土肥水管理、病虫害防治等。

杏树疏果可在花后25～30 d一次性完成，生理落果重的品种，如骆驼黄杏则宜适当晚些进行。一般短果枝留1个果，中果枝留2～3个果，长果枝留4～5个果。也可按距离进行，即小型果(30～49 g)间距7 cm，中型果(50～79 g)间距10 cm，大型果(80～109 g)间距13 cm。鲜食杏的产量每667 m^2 控制在1 000～1 500 kg为宜。

抽生新梢后，及时抹除竞争枝、剪锯口处萌发的嫩芽或新梢。6月后对幼树和初结果树的骨干枝进行拉枝开角。对徒长枝、强旺枝及背上直立枝新梢长至30～50 cm时摘心，一年可进行2～3次，可通过摘心，促发分枝，培养结果枝组，对于生长过旺的大枝可在新梢进入旺长期前，采取环剥和绞缢方法进行控制。

果实发育期间可追肥2次。在幼果膨大期追施1次氮、磷、钾复合肥，在果实生长后期追1次磷、钾肥。全年氮、磷、钾的施用比例控制在2∶1∶3为宜。

在幼果长到豆粒大小时，喷洒杀虫剂防治杏仁蜂等食心害虫。在果实发育期间每半个月喷洒1次杀菌剂，防治杏褐腐病、疮痂病等。间或喷洒中生菌素或硫酸链霉素防治细菌性穿孔病。

杏果的成熟期正值炎热季节，果实又柔软多汁，采收技术非常重要。一是采收成熟度要控制好，鲜食杏外运以7～8分熟为宜。制作糖水罐头和杏脯的杏果，应在绿色褪尽、果肉尚硬，即8分熟时采收。仁用杏应在果面变黄，果实自然开口时采收。

4. 果实采收后

主要任务有秋施基肥、保护叶片以及采取树体越冬保护措施等。

对立地条件不好的杏园，可结合秋施基肥进行扩穴深翻。每667 m^2 施入有机肥3 000～4 000 kg，再加复合肥80 kg。同时修好树盘以积蓄冬季雪水。

果实采收后加强对叶片的保护，防止因病虫为害造成落叶，影响花芽分化和树体营养积累。落叶后，将病枝、病叶和病果及果核残体集中销毁或深埋，对树体主干和主枝进行涂白防护。土壤结冻前灌一次封冻水，提高树体越冬性。

必备知识三　绿色食品李生产技术

一、李的主要优良品种

李属蔷薇科李属。我国现有中国李、欧洲李、美洲李、杏李、乌苏里李、樱桃李、加拿大李和黑刺李8个种，以及5个变种、800余个品种和类型。

1. 大石早生

果实发育期60 d左右。果实卵圆形，果顶尖，两半部对称，平均单果重42 g。果皮底色黄绿，着鲜红色，果面具有大小不等的黄褐色果点。果肉黄色，肉质细，较致密，粘核。果汁多，味酸甜，微香。该品种适应性很强，但自花不结实，可用美丽李、香蕉李作授粉树。栽培管理上要注意多拉少截，及时抹芽，控制树势，防止徒长。

2. 长李15号

果实发育期70 d左右。果实扁圆形，果顶略凹，两半部对称，平均单果重35 g。果皮底色绿黄，成熟时果色鲜红，艳丽。果肉浅黄色，肉质致密，汁多味香，酸甜适口，品质上。半离核。早期丰产性强，自花不实，可用大石早生、龙园秋李等作授粉树。

3. 黑琥珀

果实发育期 95 d。果实扁圆形，果顶略凹，两半部对称，平均单果重 65 g。果皮底色黄绿，着紫黑色。果肉淡黄，近皮部有红色，充分成熟时果肉为红色。味酸甜，汁多，无香气，品质中上。异花结实率高，丰产、抗旱、抗寒，但抗病性差。

4. 龙园秋李

果实发育期 115 d。果实扁圆形，果顶平或微凹。平均单果重 76.2 g。果皮底色黄绿，着鲜红色。果肉橙黄色，肉质致密，汁多，味酸甜，微香，品质上。早果性强，极丰产。自花不实，可用长李 15 号、绥棱红作授粉树。

5. 安哥诺

果实发育期 160～170 d。果实扁圆形，果顶平，平均单果重 102 g。果皮初为绿色，后变为黑红色，完全成熟时为紫黑色。果肉淡黄色，近核处果肉微红色，肉质致密，细腻。后熟后汁多、味甜、香味浓，品质极佳。离核，核极小。丰产性好。

生产上常见品种还有绥棱红、美丽李、红良锦、月光李、大玫瑰、黑宝石、澳大利亚 14 号、秋姬等。

知识拓展

李栽培区划与地方优良品种

东北栽培区：黑龙江、吉林、辽宁和内蒙古东部。主要优良品种有绥棱红、跃进李、美丽李、香蕉李、秋李、朱砂李、长李 15、紫李、龙园蜜李等。特点是抗寒力强。

华北栽培区：河北、河南、山东、山西、北京和天津。主要优良品种有玉皇李、帅李、晚红李、西瓜李等。特点是果实较大。

西北栽培区：陕西、新疆、青海、甘肃、宁夏、内蒙古西部。新疆欧洲李优良品种有贝干、阿米兰、爱奴拉等。中国李的优良品种有奎丰、奎冠、玉皇李等。特点是抗寒、抗旱，果实较小，含糖量较高。

华东栽培区：江苏、安徽、浙江、福建、台湾和上海。主要优良品种有携李、红心李、夫人李、桃子李等。特点是果实较大，多为红肉类型，适宜加工蜜饯。

华中栽培区：湖北、湖南和江西。主要优良品种有白糖李、苹果李、空心李、玉皇李、红心李、芙蓉李等。特点是耐高温，但不耐寒，栽培品种良莠不齐。

此外，还有华南栽培区和西南及西藏栽培区。

二、生物学特性

（一）生长结果习性

1. 生长习性

李为小乔木，中国李一般高 4～5 m，幼树生长迅速，呈圆头形或圆锥形，随着年龄的增长，树冠逐渐开张，寿命 30～40 年或更长；欧洲李树势旺，枝条直立，树冠较密集；美洲李树体较矮，枝条开张角度大。美洲李和欧洲李寿命为 20～30 年。

李树属浅根性果树，主要吸收根分布在 20～40 cm 土层。水平根分布范围常比树冠大 1～2 倍，垂直根深度则因立地条件而有所不同。高产树在 20～60 cm 土层内根量占 81.8%；而低产树在 0～20 cm 土层内根量占 60.1%，可见，根系分布的深度和密度与产量密切相关。

李树枝条的顶芽均为叶芽。枝条上下两端多为单叶芽，中部为复芽。复芽中花芽、叶芽数目和排列规律与桃树相似。李树萌芽率高，一般可达 90%以上。李树芽也具有早熟性，1 年可抽生 2～3 次枝。李的潜伏芽寿命较长，极易萌发，更新容易。

李树春季萌芽后也有一段叶簇期，新梢生长很慢。随气温升高，新梢生长加快，强旺枝年生长量达 1 m 以上。在 6 月上中旬大多数新梢停止生长，此后如条件适宜，新梢可二次生长形成秋梢。但李的成枝力弱，且所抽长枝都集中在枝条顶端或剪口下，层性比较明显。

2. 结果习性

李为纯花芽，侧生，一个花芽内可开花 1～5 朵。中国李 1 个花芽以开 2～3 朵居多，欧洲李常为 2 朵，美洲李常为 4 朵花。

李为子房上位花，大多数为完全花。中国李和美洲李大多数品种自花不实，欧洲李分自花结实和自花不结实两类，李也有异花不实现象。

李的长、中果枝较少，结果能力也低，短果枝和花束状果枝较多。中国李以花束状果枝和短果枝结果为主，美洲李和欧洲李则以中、短枝为主。不同年龄阶段结果枝类型比例不同，幼龄树以长果枝结果为主，初果期树以短果枝和花束状果枝结果为主，盛果期大树则主要以花束状果枝结果为主，90%以上的产量由花束状果枝负担。

花束状果枝结果当年，顶芽向前延伸很短，形成新的花束状果枝，长度仅 1～2 cm，如此可连续结果 4～6 年，因此结果部位外移较慢，也不易隔年结果。一般二至四年生花束状果枝结实力最高，结果 5～6 年后，坐果率明显下降，但随生长势逐渐缓和，基部潜伏芽常萌发，形成花束状果枝群，这是李树丰产性状之一。当营养条件好或受到修剪刺激时，花束状果枝也能抽生较长的新梢，转变成短果枝或中果枝。

李树极易形成花芽，花芽分化比较早，大石早生李在 6 月初开始花芽分化，9 月中旬进入雌蕊分化期，此后进入休眠，第二年春开花前完成胚珠和花粉粒的分化与形成。

（二）对环境条件的要求

李树对环境条件适应性强。乌苏里李抗寒性最强，美洲李较强，欧洲李较弱。中国李北方有的品种可耐 $-40\sim-35$ ℃的严寒，而南方品种的耐低温能力差。李树花期最适温度为 12～16 ℃，临界温度花蕾期为 -0.5 ℃，开花期为 -2.7 ℃，幼果期为 -1.1 ℃。

中国李对水分的适应性较强，在干旱和潮湿地区均能生长，欧洲李和美洲李对空气湿度要求较高。共砧抗旱性差，山杏砧抗旱性较强，毛樱桃砧不耐涝。

李树对光照的要求不如桃严格，阳坡和阴坡均能生长良好。但在光照好的条件下，果实着色好，品质佳。

李树对土壤要求不严格，以土层深厚的沙质壤土至中壤土栽培表现好。对盐碱土的适应性也较强，在瘠薄土壤上也有相当产量。中国李对土壤的适应性强于欧洲李和美洲李。

三、主要生产技术

(一)关键技术

1. 建园技术

李树在园址选择上不很严格,并应根据果品销售途径、当地气候条件选择优良品种。同时选择适宜授粉树,并按主栽品种与授粉品种(4～5)∶1 配备。株行距以(2～3)m×(4～5)m 为宜。

2. 整形修剪技术

根据品种特性和栽植密度确定树形,树冠开张的用自然开心形,直立的用主干疏层形和纺锤形。栽植密度大时可用圆柱形。

自然开心形,主干高 40～50 cm,错落着生 3～4 个主枝,每个主枝上有 1～2 个侧枝。全树有骨干枝 6～7 个,骨干枝单轴延伸,直接着生结果枝组和结果枝,骨干枝的角度可比桃略小(图 8-11)。

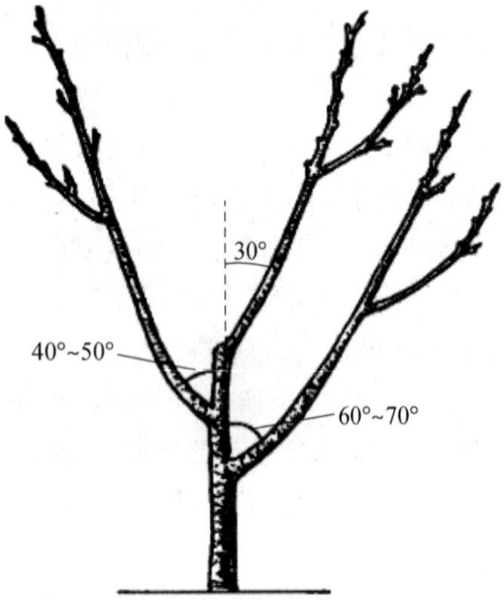

图 8-11 李树自然开心形示意图

主干疏层形,以两层主枝为宜,第一层 3 个,第二层 2 个,以上部分待第二层主枝稳定后落头开心。

自由纺锤形,树高 3.5 m 左右,干高 50～60 cm,小主枝 10～12 个,同侧主枝间距不小于 50 cm,交错着生在主干上。下层主枝 1.5 m 左右,向上逐渐缩短。

李树的萌芽率高,一年生枝不短截可以形成很多短果枝和花束状果枝。整形修剪过程中,骨干枝适当短截,注意控制竞争枝,保持骨干枝单轴延伸,其余枝可用轻剪长放促生多量短果枝与花束状果枝,连续结果 3～4 年后,及时更新复壮。

(二)周年管理要点

1. 休眠期

主要任务有修剪、清洁果园、喷施石硫合剂和施肥灌水等。

幼树期以轻剪缓放为主,对于骨干枝适度轻截,促进分枝,以便培养侧枝和枝组。有适当的外芽枝也可换头开张角度;盛果期要对骨干枝放缩结合,维持生长势。上层和外围枝疏、放、缩结合,加大外围枝间距,以保持在 40～50 cm 为宜。对树冠内枝组疏弱留强,去老留新,分批回缩复壮。中国李的潜伏芽易萌发,花束状果枝受到刺激也能抽生长枝,对多年生长枝进行回缩后都能达到复壮目的。

在早春清除落叶和病残枝深埋或烧毁,喷布 3～5 波美度石硫合剂预防李红点病等病虫害。

2. 开花及果实发育期

主要生产任务是花果管理、修剪及肥水管理。

李树花期放蜂、喷施生长调节剂、花期环剥可提高坐果率。适当疏果能提高坐果率，增大果实，提高质量。疏果可在花后 15～20 d 进行，但早期生理落果严重的品种，应在花后 25～30 d 完成。小型果品种，一般花束状果枝和短果枝留 1～2 个果，果实间距 4～5 cm；中型果品种，每个短果枝留 1 个果，果实间距 6～8 cm；大型果品种，每个短果枝留 1 个果，果实间距 10～15 cm。除短枝外，中果枝留 3～4 个果，长果枝留 5～6 个果。每 667 m^2 盛果期树的产量，大石早生李应控制在 1 500～2 000 kg，黑宝石李应控制在 3 000～4 000 kg。

对需扩大树冠的骨干枝延长梢，可在新梢长到所需长度时进行摘心，增加分枝，一年内可摘心两次，但不要晚于 7 月下旬，以免发出的新梢不充实。对竞争枝和其他强旺枝可在长到 10～15 cm 时连续摘心，促发分枝，培养枝组。对角度小的枝条可在 6～7 月拉枝，改善树体光照条件，缓和枝条长势，培养结果枝组。

李树追肥可在花后、果实硬核期和果实开始着色时进行。前期以氮、钾肥为主，后期以磷、钾肥为主。一般认为李树的氮、磷、钾比例为 1∶0.5∶1，土壤、品种不同，比例有所差异。追肥量可按每 667 m^2 尿素 25～30 kg、钾肥 20～30 kg、磷肥 40～60 kg 的量，分 2～3 次进行。

3. 果实采收及落叶期

采收时期因用途而异，鲜食与罐藏用果在接近完熟时采收。红色品种当果面彩色占全果 4/5 以上时为完熟期，黄色品种当果面绿色完全转变为淡黄色时为完熟期。长途运输、制干用果在硬熟时(7～8 分熟)采收，红色品种当果面彩色占全果 1/3～1/2，黄色品种果面由绿色转变为白色时为硬熟期。酿造用的在充分成熟时采收。采收宜人工采摘，注意保护枝叶，鲜食用果要保护好果粉。

果实采收后及时追施有机肥，可按每 667 m^2 产果 600～1 000 kg，施有机肥 2 000～2 500 kg。继续加强对枝叶的保护，主要防治褐腐病、穿孔病和李红点病，防止早期落叶。

工作任务一　桃、杏、李生长结果习性观察

一、目的要求

分别了解桃、杏、李的生长结果习性，明确桃、杏、李生长结果习性的异同点；学会观察记载核果类果树结果习性的方法。

二、材料用具

1. 材料

桃、杏、李的正常结果树。

2. 用具

卷尺、放大镜、记载和绘图用具。

三、任务内容

1. 观察树体形态与结果习性

(1)树形,干性强弱,分枝角度,极性表现,生长特点。

(2)发育枝及其类型、结果枝及其类型与划分标准。各种结果枝的着生部位及结果能力。多年生枝,二年生枝,一年生枝和新梢、副梢发枝情况,以及一年多次分枝与扩大树冠、提早结果的关系。

(3)花芽与叶芽及其在枝条上的分布、排列方式,单芽与复芽及其排列方式,观察副芽、早熟性芽、休眠芽。花芽内的花数。

(4)叶的形态。

2. 调查萌芽和成枝情况

各树种选择长势基本相同、中短截处理的二年生枝 10~20 个,分别调查总芽数、萌芽数、萌发新梢或一年生枝的长度。

四、任务提示

安排在冬季休眠期或生长后期进行,以便于观察。集体观察树体形态与生长结果习性,分组调查萌芽和成枝情况,并做好记录。

五、任务考核

当地主要桃、杏、李的植株及不同品种果实识别。在规定时间内识别 5~10 个品种,按正确率记分。

六、任务作业

(1)说明桃、杏、李生长结果习性的异同点。

(2)根据调查结果,比较桃、杏、李的萌芽力和成枝力。

工作任务二　桃树生长季修剪

一、任务目标

掌握桃树生长季修剪方法,学会生长季修剪方法的综合应用。

二、材料与用具

1. 材料

生长正常的桃幼树或初结果树。

2. 用具

卷尺，卡尺，修枝剪，标签，铅笔，调查表。

三、任务内容

1. 修剪方法学习

在教师指导下，分别进行捋枝、扭梢、疏枝、重短截、中短截、摘心、缓放等修剪方法训练，掌握生长季修剪的方法，理解生长季修剪的作用和原理。

2. 修剪方法应用

分组对树体进行修剪，如疏除徒长枝、过密枝，延长梢剪梢等，对树形进行调整，使树体比较规范。对未坐果的枝梢疏除、结果枝摘心、竞争枝重短截等，调整生长与结果的关系。

3. 修剪反应调查

在整形修剪的同时，分组进行拿枝、扭梢、重短截、中短截、摘心、缓放(每个小组可选择 1 项处理)，并编号挂牌，测量其长度和粗度。秋季新梢停长后调查新梢长度、粗度、节数、成花节数和数量，以及副梢的数量、长度和花芽数量等。

四、技能考核

根据学生所修剪树是否符合技术要求并达到修剪目的、是否能熟练操作并说明原理综合打分。

五、任务作业

对修剪情况进行总结，写出实训报告，说明生长季修剪的不同处理方法对新梢生长、花芽形成及结果枝组培养的影响。

工作任务三 杏败育花观察

一、任务目标

能够识别杏正常花和败育花，掌握杏败育花的发生情况。

二、材料与用具

1. 材料

不同品种、不同树龄盛果期杏树。

2. 用具

纸、笔、计算器等。

三、任务内容

(1)正常花和败育花的识别。观察杏花雄蕊和雌蕊的生长情况,辨别正常花和败育花。

(2)各类结果枝败育花情况调查。分别调查长果枝、中果枝、短果枝和花束状结果枝的花朵数和败育花数,做好记录,统计计算败育率。

(3)不同品种败育花情况调查。分别调查不同品种植株的花朵数和败育花数,做好记录,计算败育率。

(4)不同树龄败育花情况调查。分别调查不同树龄植株的花朵数和败育花数,做好记录,计算败育率。

四、技能考核

根据实训态度、操作的规范与熟练程度,是否可以区分正常花和败育花,是否掌握花朵败育调查并熟练计算败育率综合打分。

五、任务作业

根据任务实施情况,写出调查报告。

想一想

杏"花而不实"的原因是什么?

工作任务四　桃、李、杏常见害虫识别与防治

一、任务目标

了解当地桃、李、杏常见害虫及其发生为害情况,识别桃、李、杏主要害虫的形态特征及为

害特点，熟悉桃、李、杏重要害虫预测方法，设计桃、李、杏害虫无公害防治方法。

二、材料与用具

学校实训基地、农业企业或农村专业户桃、李、杏园，多媒体教学设备，桃、李、杏害虫及其为害状标本，放大镜、挑针、镊子及培养皿，常用杀虫剂及其施用设备等。

三、任务内容

1. 桃、李、杏常见害虫形态和为害特征观察

观察桃蚜、桃粉蚜、桃瘤蚜、桃一点叶蝉、桃潜叶蛾、桃天蛾、桃蛀螟、李小食心虫、李实蜂、杏仁蜂、杏象甲、桃红颈天牛、朝鲜球坚蚧、桃球蜡蚧、东方盔蚧和桑白蚧等成虫大小、翅的颜色及斑纹形状，幼虫体色、体形等特征，及其为害部位与为害特点。

2. 桃、李、杏害虫预测

选择 1～2 种桃、李、杏主要害虫，利用性诱剂、诱蛾器或虫情测报灯进行预测。

3. 桃、李、杏主要害虫防治

(1)调查了解当地桃、李、杏主要害虫发生为害情况及其防治措施和成功经验。

(2)选择 2～3 种桃、李、杏主要害虫，提出符合当地生产实际的防治建议和方法。

(3)配制并使用 2～3 种常用杀虫剂防治当地桃、李、杏主要害虫，调查防治效果。

四、任务考核

当地主要桃、李、杏害虫识别：在规定时间内，能通过害虫的任一虫态或为害状识别 10 种以上害虫。

五、任务作业

1. 记录所观察桃、李、杏常见害虫的形态特征、为害部位与为害特点。
2. 绘制常见桃、李、杏害虫形态特征简图。
3. 记录桃、李、杏害虫预测的方法与结果。
4. 评价当地桃、李、杏主要害虫的防治措施，提出桃、李、杏主要害虫防治建议和方法。
5. 记录绿色食品桃、李、杏杀虫剂的配制、使用方法和防治效果。

项目小结

本项目分别详细介绍了桃、李、杏的种类及品种、生物学特性、栽培技术及常见的病虫害防治等相关内容。目前桃、李、杏产业正处于市场成长期，其中一些品种的桃、李、杏营养物质丰富，具有一定的药用价值，深受大众喜爱。因此，提高桃、李、杏的产量，对于增加果农的收入和推动地方经济的发展具有重要意义。

复习思考

1. 当地的桃、杏、李主栽品种有哪些？各有什么优势和不足？
2. 以成年树为例，按绿色生产要求，设计一套全年施肥方案。
3. 桃树休眠期修剪有哪些主要任务？怎样进行？
4. 桃树生长期修剪主要分几次进行？各解决什么问题？
5. 不同年龄时期的桃树修剪各有什么特点？
6. 如何防治杏树花期冻害？你认为采用哪些新技术能更好地解决花期冻害？
7. 怎样评价仁用杏的经济和社会效益？
8. 李树的主要结果枝是哪种？它与整形修剪有何关系？
9. 绿色食品桃在生产过程中应注意哪些问题？

项目九 绿色果品设施生产技术

【学习目标】

- 了解果树生产主要设施类型及其建造技术；
- 理解果树设施栽培的基本技术原理；
- 掌握北方主要果树设施生产的关键技术；
- 能独立进行主要果树设施生产的操作管理。

【思政目标】

- 通过对本项目的学习，使学生了解人与自然和谐共生的重要性，引导学生树立生态文明理念，自觉保护环境；
- 强调科学探索、技术创新的重要性，引导学生树立科学精神，培养创新意识。

【学习提示】

- 学习设施果树生产技术和管理，宜在学习露地生产技术的基础上进行。学习中要注意与露地生产的对比，掌握设施果树生产特点，最好能参与设施生产管理，理论学习与实践训练同步进行。

项目引入

果树设施生产是指利用温室、塑料大棚或其他设施，通过创造和调控适宜果树生长发育的环境因子，采用特殊的栽培技术手段，达到在果树非适宜生产地区和季节实现特定生产目标的一种生产形式。根据设施生产目的可分为避雨栽培、促成栽培和延迟栽培等不同形式。目前我国北方地区以促成栽培为主，约占设施栽培的90%以上。

我国的果树设施生产起步于20世纪80年代，90年代中期以后进入快速发展阶段。发展比较快、栽培面积较大的省份有辽宁、山东、河北等。由于果树设施生产具有延长鲜果供应期、提高经济效益、扩大树种品种栽培区域、便于人工控制环境条件，生产优质、绿色果品等优点，目前已经成为果树生产新的增长点，具有广阔的发展前景。今后发展的主要趋势是研制新型生产设施，选育适宜设施栽培品种，形成高效栽培管理模式，建立产业化发展配套体系等。

必备知识一　主要技术及原理

一、设施果树生产类型

北方设施果树生产主要以在冬春季提供鲜食水果为主要目的，所以，通称为反季节生产。生产类型有两大类：一是以提早果树的生长发育期为手段，实现果实在早春成熟上市。二是以延迟果树的生长发育期为手段，实现果实在秋末或冬初成熟上市。具体类型有：

1. 促成栽培

在果树未进入休眠或未结束自然休眠的情况下，人为控制进入休眠或打破自然休眠，使果树提早进入或开始下一个生长发育期，实现果实提早成熟上市。这种生产方式在草莓上应用较多，在葡萄、甜樱桃上也有较成功的应用。

2. 半促成栽培

在自然或人为创造低温条件下，满足果树自然休眠对低温量的要求。自然休眠结束后，提供适宜的生长条件，使果树提早生长发育，实现果实提早成熟上市。目前，落叶果树的设施生产以这种方式居多。

3. 延迟栽培

通过选用晚熟品种和抑制果树生长的手段，使果树延迟生长和果实成熟，实现果实在晚秋或初冬上市。延迟生产在葡萄、桃上有应用，但生产量较小。

4. 促成兼延迟栽培

在日光温室内，利用葡萄具有一年多次结果习性，实行既促成又延迟；一年两熟的栽培形式。

二、果树休眠调控技术

1. 果树需冷量

落叶果树自然休眠需要在一定的低温条件下经过一段时间才能通过。生产上通常用果树经历 0～7.2 ℃低温的累积时数计算，称为“需冷量”，即果树在自然休眠期内有效低温的累积时数，为该果树的需冷量。但在果树的自然休眠过程中，温度变化情况是复杂的，需用犹他模型估算需冷量。不同果树的自然休眠需冷量差别很大，从几十个小时到超过 2 000 h 不等。一般葡萄、甜樱桃的需冷量较高，草莓、桃较低，李、杏居中。在休眠期需冷量不足的情况下，加温将导致果树发芽延迟、开花不整齐，甚至出现枯死现象。

2. 人工促进休眠技术

通常采用“人工低温暗光促眠”方法，即在外界稳定出现低于 7.2 ℃的温度时(辽宁南部在 10 月下旬至 11 月上旬)扣棚，同时覆盖保温材料。使棚室内白天不见光，降低棚内温度，并于夜间打开通风口和前底脚覆盖，尽可能创造 0～7.2 ℃的低温环境。这种方法简单有效，成本低，在生产上得到广泛应用。

有条件时，可在设施内采用人工制冷的方法，强制降低温室内的温度，促使果树尽早通过自然休眠。目前在甜樱桃促成栽培上，采用人工制冷促进休眠已有成功的案例。采用容器栽培的果树均可以将果树置于冷库中处理，满足果树需冷量后再移回设施内栽培，进行促成栽培。或人为延长休眠期，进行延迟栽培。采用低温处理促进草莓通过自然休眠已广泛应用，即在草莓苗花芽分化后将秧苗挖出，打捆后，放入 0～3 ℃的冷库中，保持 80%的相对湿度，处理 20～30 d，即可打破休眠。

3. 人工打破休眠技术

在果树自然休眠未结束前，欲使其提前萌芽开花需采用人工打破自然休眠技术。目前生产上比较成功的是用石灰氮打破葡萄休眠和用赤霉素打破草莓休眠。葡萄经石灰氮处理后，可比未处理的提前 15～20 d 发芽。方法是用 5 倍石灰氮澄清液涂抹休眠芽，即在 1 kg 石灰氮中加 5 L 温水，多次搅拌，勿使其凝结，沉淀 2～3 h 后，用纱布过滤出上清液，加展着剂或豆浆后涂抹休眠芽。通常在自然休眠结束前 15～20 d 使用，涂抹后即可升温催芽。一年一栽制和一年一更新制的结果母枝，距地面 30 cm 以内的芽和顶端最上部的两个芽不能涂抹，其间的芽也要隔一个涂抹一个，以免过多的芽萌发消耗营养和顶部两个芽萌发后生长过旺。使用方法是用 10 mg/L 赤霉素喷雾，尽量喷在苗心上，每株 5 mL 左右，处理适宜温度为 25～30 ℃，低于 20 ℃效果不明显，高于 30 ℃易造成植株徒长，所以宜在阴天或傍晚时进行。一般在保温开始后 3～4 d 处理，如配合人工补光处理，喷 1 次即可。对没有补光处理或休眠深的品种可在 10 d 后再处理 1 次。人工补光创造长日照条件，有促进草莓打破休眠效果，具体方法是安装 100 W 白炽灯，每 667 m^2 安装 40～50 个，安装高度为 1.5 m。每天补光 5 h 左右，将每天光照时间保持在 13 h 以上。

知识拓展

石灰氮

石灰氮($CaCN_2$)的化学名称为氰氨化钙。其制成的肥料为混合物，含有很多石灰，故称石灰氮。石灰氮是黑色粉末，带有大蒜的气味，质地细而轻；吸湿性很大，易吸潮发生水解作用，并且体积增大。石灰氮含氮 20%～22%，在农业上可用作碱性肥料，做基肥使用。也可作食用菌栽培基质的化学添加剂，补充氮源和钙素。石灰氮对人畜有毒，接触皮肤时能引起局部溃烂，使用时要注意安全。

三、设施果树生长发育特点

1. 生育期延长

在设施栽培条件下，果树的开花期和果实发育期通常延长。据观察，日光温室内的凯特杏花期为 11 d，而露地的花期通常在 5～7 d，延长了 4～6 d。另据观察，红荷包、二花曹、车头杏大棚栽培和露地栽培，其成熟期相差 7～10 d(表 9-1)。设施栽培油桃果实生育期通常延长 10～15 d，果实各生育阶段的天数与夜间温度呈显著相关。

表 9-1 大棚杏与露地杏的成熟期比较(山东泰安)

品种	大棚			露地果实成熟期/d
	开花盛期(日/月)	成熟盛期(日/月)	成熟期/d	
红荷包	9/2	15/4	65	58
二花曹	7/2	19/4	71	64
车头	7/2	28/4	80	70

2. 营养生长

加强设施栽培加剧了生长与结果间的矛盾,新梢生长变旺,节间加长。枝条的萌芽率和成枝力均有提高,果树叶片变大、变薄,叶绿素含量降低。

3. 果实品质变化

设施栽培果树果实普遍增大,主要原因是果实生长期设施内夜温较低,促进了果肉细胞分裂。而果实可溶性固形物、可溶性糖、维生素 C 含量略低于露地,风味变淡,品质下降。

温室栽培油桃裂果多发生在采收前 20 d 以内,采收前 6～8 d 是裂果发生的主要时期。树冠外围果、大型果裂果较重,而内膛果、小型果裂果较轻。

四、树种和品种的选择

设施栽培果树主要以鲜食为目的,在选择树种和品种上应根据设施生产的特点,考虑以下因素:

(1)果实品质。选择果实色泽艳丽、鲜食品质好、果实不耐长期储运的树种和品种,满足消费者的需求。

(2)栽培性状。选择植株比较矮小或适宜矮化栽培的树种和品种;早果性、丰产性好的品种;适应性、抗病性好的品种。尽可能选择自花结实率高的品种及耐低温、耐弱光的品种。

(3)栽培类型。促成和半促成栽培宜选择早熟品种,果实生育期较短为宜。选择自然休眠期短、需冷量低的品种。延迟栽培则以晚熟品种为宜,果实生育期越长越好。

五、育苗和栽植技术

(一)培育大苗

除桃、葡萄等早果性好的树种可在设施内直接定植一年生苗外,樱桃、杏、李等结果较晚的树种宜在设施内定植大苗,以尽早获得产量,降低管理成本。

1. 利用大苗的方法

一是利用露地栽培结果树,就地建设保护设施,实施设施栽培;二是做好设施建设园地规划后先栽树,待果树结果后再建设施;三是移植结果树,将 4～5 年生大树移栽到温室内,方法简便、快捷。

2. 培育大苗的方法

选择土层较深厚、背风向阳、距离栽培温室较近的地块作苗圃地。按 1 m×1.5 m 株行距挖 40 cm×50 cm 的栽植坑。将编织袋放入坑内，用园田土与适量腐熟的有机肥混合后装入袋内，装至 1/2 高，然后放入苗木，覆土至根颈处，浇水沉实。北方地区春季比较干旱，苗木定植高度可与地面平。在华北地区或是在较低洼地，可采用高畦栽植，畦高 20～30 cm，以避免雨季发生内涝。如果采用高畦栽植，则一定要覆盖地膜。如果定植苗在苗圃内未进行圃地整形，覆膜后要及时定干。定干高度为 35～45 cm，剪口下至少要有 3～5 个饱满芽，然后用塑料袋将苗干套上，以防抽条和发生虫害。

苗木成活后要及时将塑料袋去掉，然后加强田间管理，按照选择的树形进行整形修剪，培养适合设施栽培的树形。通常设施栽培树的干比较低，特别是温室前两排树，干高 30 cm 左右即可，后几排适当提高树干。树高则应根据设施的高度确定，以树体顶部距棚膜 50 cm 以内为宜。树形以温室前两排采用开心形，后几排采用纺锤形或圆柱形为宜。

在甜樱桃不适宜栽培地区，如冬季最低气温低于－20 ℃的地区进行露地培育大苗，在土壤封冻前要将樱桃树移入贮藏窖或室内，在 0～7 ℃的条件下贮藏，来年再移栽到室外。这样经过 3～4 年的树体树形培养，即可定植到温室或大棚里进行设施生产。

(二)栽植技术

1. 栽植方式

除草莓要求不很严格外，其他乔木果树宜采用南北行向、长方形或带状栽植。目前，日光温室推行高畦带状栽植和砖槽台式栽植方式效果较好。高畦带状栽植是在温室内做 20～30 cm 高畦，将果树双行带状定植在高畦上，具有提高地温作用，也可以缓解设施栽培高密度下的光照问题。砖槽台式栽植则是向下挖深 50 cm、宽 100 cm，砌成砖槽，果树定植在槽内。果树定植平面与温室地平面一致，可有效利用空间。砖槽台式栽植除有高畦的作用外，还具有扩大设施空间，方便作业管理和限根栽培作用(图 9-1、图 9-2)。

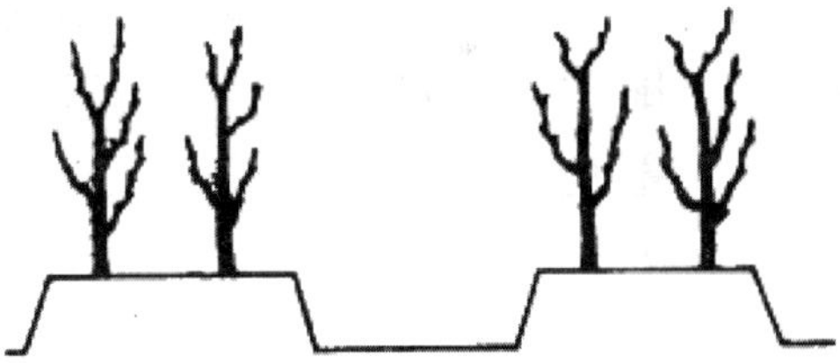

图 9-1　高畦带状栽植

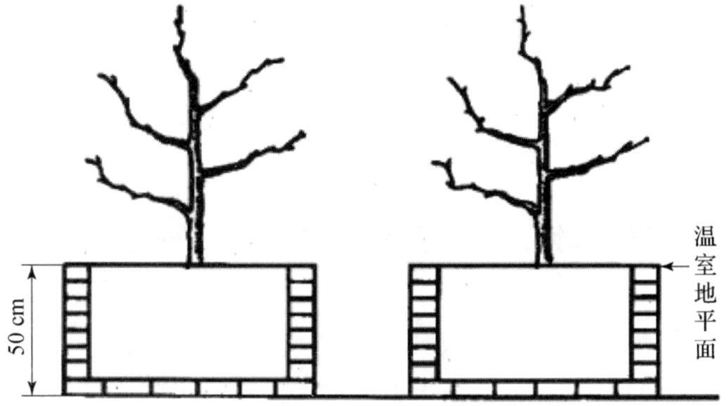

图 9-2　砖槽台式栽植

2. 栽植时期

设施内栽植果树，可分三种情况：一是秋栽，适宜大苗移栽。设施冬季可以升温，这时在苗木满足需冷量后即可逐步升温。果苗从1月初就开始生长，比露地多生长2～3个月，生长量大，花芽多，翌年产量高。行间间作矮茎蔬菜、花卉、草莓等作物，以增加收入，相对降低管理费用。二是没有建造大棚，先在大棚的位置上定植苗木，定植时期同露地栽植时间相同。三是在设施内腾空后栽植，袋装育苗可以采用这种形式，其定植时期要求不很严格。

3. 栽植密度

设施栽培要根据树种品种的生长势强弱和设施的宽度设计株行距。桃树株行距是(1.0～1.5)m×(2.0～2.5)m。如温室宽7 m，可1行栽5株，温室前后各留1 m，株距为1.25 m；如温室宽度为8 m，可1行栽6株，株距为1.2 m。李树适宜株行距以2 m×3 m为好，平均产量最高。杏树和甜樱桃树比较高大，株行距以(2～3)m×(3～4)m为宜。若采用矮化砧株行距还可适当缩小。此外，还要考虑品种特性和土壤肥力条件等因素来合理调整，土壤肥沃或长势较强的品种，如红灯、大紫等株行距宜大些；土壤肥力较低或长势较中庸的品种，如佐藤锦、芝罘红等品种则株行距可小些。

六、授粉技术

1. 配置授粉树

设施栽培多采用自花授粉结实的品种，但杏、李和樱桃树常需要配置授粉树，选择授粉树的条件是与主栽品种需冷量大小相近，花期相遇、且能产生大量发芽率高的花粉，与主栽品种授粉亲和力强，果实经济价值高。主栽品种与授粉品种的比例一般为(3～4)∶1。

2. 人工辅助授粉

由于设施果树属于反季节生产，期间既无昆虫传粉，又缺少自然风扬粉，必须进行人工辅助授粉。

(1)人工授粉。用毛笔在不同花朵间点授即可，或小气球、鸡毛掸子在花朵间滚动。人工授粉以开花当天授粉的效果最好，一般选择在上午9～10时到下午3～4时进行，如遇阴雪天气，应多进行几次。

(2)昆虫传粉。生产实践中借用昆虫传粉，是提高坐果率的有效方法。一般每667 m^2棚室放蜜蜂1～2箱，壁蜂100～200头，于开花前5 d左右放入棚室，让蜜蜂有适应过程，可收到良好的授粉效果，是果树设施生产的必要措施之一。

七、设施环境调控技术

1. 光照

光照是日光温室热量的主要来源，也是果树光合作用的能量来源。在一定范围内，透入棚室的光照越多，温度越高，果树光合作用越旺盛。设施果树生产在一年中光照时间最短、光照强度最弱的季节进行，而且设施内的光照强度只有自然光的50%～80%，因此改善设施内的光照条件成为提高设施果树产量和质量的主要措施。

设施内的光照强度垂直分布规律是越靠近薄膜光照强度越大，向下递减，且递减的梯度比室外大。靠近薄膜处相对光照强度为80%，距地面0.5～1.0 m为60%，距地面20 cm处只有55%。光照的水平分布规律是南北延长的塑料大棚，上午东侧光照度高，西侧低，下午相反，全天平均东西两侧差异不大。东西延长的大棚，平均光照度比南北延长的高，升温快，但南部光照度明显高于北部，最大相差20%，光照水平分布不均匀。日光温室南北方向上，光照强度相差较小，距地面1.5 m处，每向北延长2 m，光照强度平均相差15%左右。东西山墙内侧各有2 m左右的空间光照条件较差，温室越长这种影响越小。

在合理采光设计的前提下，改善光照的措施有：选用透光率高的薄膜；在温度允许的前提下，适当早揭晚盖保温覆盖物；人工补光，铺、挂反光膜等。

2. 温度

晴天塑料大棚在日出后气温开始上升，最高气温出现在13时，14时以后气温开始下降，日落前下降最快，昼夜温差较大。温室内最低气温出现在揭开保温覆盖材料前的短时间内，揭开覆盖材料后气温很快上升，11时前升温最快，在密闭条件下每小时最多可上升6～10 ℃，这期间是温度管理的关键。13时气温达到最高，以后开始下降，15时以后下降速度加快，直到覆盖保温物为止。此后温室内气温回升1～3 ℃，然后平缓下降，直到第二天早晨。

温室内的气温在南北方向上，中部气温最高，向北、向南递减，白大南部高于北部，夜间北部高于南部。东西方向上差异较小，靠近出口处气温最低。设施内的地温从地表到50 cm深的土层里都有明显的增温效应，但以10 cm以上浅层土壤增温显著，这种效应称为"热岛现象"。

保温措施有：减少缝隙放热，如及时修补棚膜破洞、设作业间和缓冲带、密闭门窗等；采用多层覆盖，如设置二层幕、在温室和大棚内加设小拱棚等；采取临时加温，如利用热风炉、液化气罐、炭火等。

降温措施有：自然放风降温，如将塑料薄膜扒缝放风，分放底脚风、放腰风和放顶风3种，以放顶风效果好。即扣棚膜时用两块棚膜，边缘处都黏合一条尼龙绳，重叠压紧，必要时可开闭放风，这样就在温室顶部预留一条可以开闭的通风带，可根据扒缝大小调整通风量。自然放风降温还可采取筒状放风方式，即在前屋面的高处每1.5～2.0 m开1个直径为30～40 cm的圆形孔，然后黏合1个直径比开口稍大、长50～60 cm的塑料筒，筒顶用环状铁丝圈固定，需要通风时用竹竿将筒口支起，形成烟囱状通风口，不用时将筒口扭起，这种放风方法在冬季生产中排湿降温效果较好。温室也可采取强制通风降温措施，如安装通风扇等。

3. 湿度

冬季生产中，设施处于密闭状态下，空气湿度较大，对果树病害发生影响极大。控制设施内湿度的措施有：通风换气，可明显降低空气湿度；在温度较低无法放风的情况下，可加温降湿；地面覆盖地膜，既可控制土壤水分蒸发，又可提高地温，是冬季设施生产必需的措施。设施内灌水采用管道膜下灌水，可明显避免空气湿度过大。有条件可采用除湿机来降低空气湿度，在设施内放置生石灰，利用生石灰吸湿，也有较好效果。

4. 气体

在设施密闭状态下，对果树生长发育影响较大的气体主要是CO_2和有害气体。温室内的

CO_2 浓度在早晨揭开保温覆盖物时最高，一般可达 1%～1.5%。此后浓度迅速下降，如不通风，到上午 10 时左右达到最低，可达 0.01%，低于自然界大气中的 CO_2 浓度(0.03%)，抑制了光合作用，造成果树"生理饥饿"。改善设施内 CO_2 浓度的方法除通风换气、增施有机肥外，应用较多的方法是利用 CO_2 发生仪，采用化学方法产生 CO_2 气体，生产上多采用硫酸和碳酸氢铵反应制造 CO_2 气体。施放 CO_2 宜在晴天的上午进行，阴、雨雪天和温度低时不宜施放，施放 CO_2 还应保持一定的连续性，间隔时间不宜超过 1 周。

设施生产中如管理不当，可发生多种有害气体，造成果树伤害。这些有害气体主要来自有机肥分解释放气体、化肥和塑料棚膜的挥发气体、燃烧加温产生的气体等。

工作任务一　设施类型及结构的调查访问

一、任务目标

通过调查访问了解各种设施的性能，掌握当地主要设施类型的结构特点、规格、选用材料及造价等。

二、材料与用具

选择当地有代表性的温室和大棚类型作调查对象。用具有皮尺、钢卷尺、量角器等。

三、任务内容

每 2～4 人一组，依次进行以下实训内容：

(1)识别当地的温室、塑料大棚等类型。

(2)设施结构调查与测量。测量不同类型温室的长度、跨度、矢高和后墙高、前屋面采光角、后屋面仰角、墙体厚度等。测量塑料大棚的长度、跨度、矢高、各排立柱的高度与间距等。

(3)设施群的规划测量。测量各类设施的方位、设施间的间距、道路的设置等。

(4)设施结构特点和性能调查。调查设施的建造材料、设施的结构特点、采光性能、保温性能等。

四、任务作业

每个小组交 1 份调查报告，要求按比例尺绘制所测量设施的侧剖面结构图，标明测量单位。对测量调查的设施做出分析，指出优缺点，提出改进建议。

必备知识二　日光温室的建造

一、果树用温室类型及特点

日光温室是一种我国特有的保护地类型，指以透明覆盖材料为南坡面，东、西、北三面为围护墙体，靠最大幅度采光升温和最低限度散热，从而达到充分利用太阳光能，降低不利环境危害的园艺设施。多数日光温室其透明覆盖材料为塑料薄膜并且是单屋面温室，有着保温好、投资低、节约能源的优点。非常适合我国农业经济特点，在我国发展十分迅速。果树专用温室的基本要求有：温室跨度 7～9 m，距前底脚 1 m 处的前屋面高度在 1.5 m 以上，温室脊高(矢高) 3.3～4.0 m，后屋面的水平投影相当于温室跨度的 1/5，温室长度 80～100 m，每栋温室占地 667 m^2 左右。

二、日光温室的基本结构

日光温室建筑主体结构由墙体、后屋面和前屋面三部分组成。

1. 墙体

日光温室通常采用坐北朝南，东西延长，由东、西、北三面筑墙构成温室的墙体。温室东、西两侧的墙体称山墙，北面连接山墙起主要支撑作用的墙体称为后墙。

2. 后屋面

在后墙之上与地面成一定角度，由不透明材料建成的部分称为后屋面，也叫后坡。

3. 前屋面

位于温室南面由骨架材料构成支撑透明覆盖物形成的棚面称为前屋面。

除以上主体结构外，由于温室结构需要还可设置起支撑作用的立柱、横梁和东西设置对骨架起横向稳定支撑作用的拉杆(线)。有些温室在一端或中央还设有起缓冲作用的小房，称为作业间或缓冲间。

三、日光温室的主要类型

不同地区日光温室有不同的结构样式，全国各地区名称也不尽相同。依前屋面的结构形状可分为一斜一立式和半拱圆形两大类型。

1. 一斜一立式日光温室

一斜一立式日光温室是由早期一斜一立式玻璃温室演变而来，墙体和后屋面与半拱圆形日光温室无任何区别，只是前屋面较平直。最初在辽宁省瓦房店市发展起来，现在已辐射到山东、河北、河南等地。

(1)传统一斜一立式日光温室。温室后墙高 2 m,后坡长 1 m,跨度 7 m 左右,前立窗高 80～90 cm。前屋面用竹竿作骨架,间距 80 cm,有 1 道横梁支撑,前屋面设立柱支撑(图 9-3)。此类温室采光角度小,升温慢,保温效果一般。温室空间较大,弱光带较小,在北纬 40°以南地区应用效果较好。

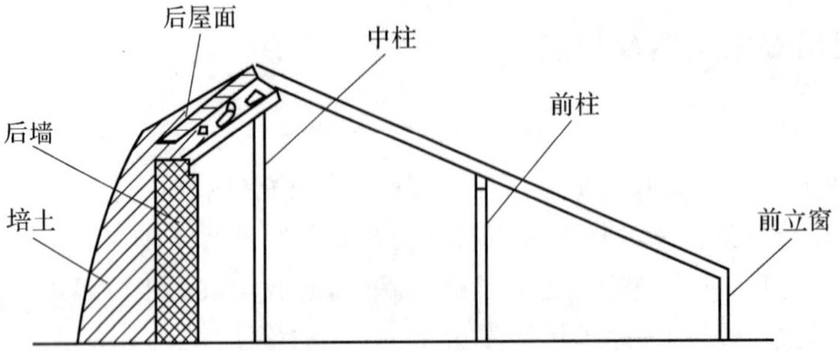

图 9-3 传统一斜一立式日光温室

(2)琴弦式日光温室。在传统一斜一立式日光温室基础上进行改进而来,后墙高 1.8～2 m,后坡长 1.2～1.5 m,跨度 7 m。前屋面每隔 3 m 设一钢管桁架,在桁架上东西横拉 8 号铁丝,铁丝间距 30～40 cm,两端固定在山墙外地锚上,铁丝与桁架相交处均固定,用 2.5 cm 粗的竹竿作骨架,间距 75 cm,用细铁丝固定在 8 号铁丝上。覆盖棚膜后在骨架上压细竹竿,并用细铁丝固定(图 9-4)。由于前屋面取消立柱和横梁,减少遮光,故采光性能好,作业方便。其缺点是前屋面南底角低矮,棚面起固定棚膜作用的细铁丝对棚膜破坏较大。

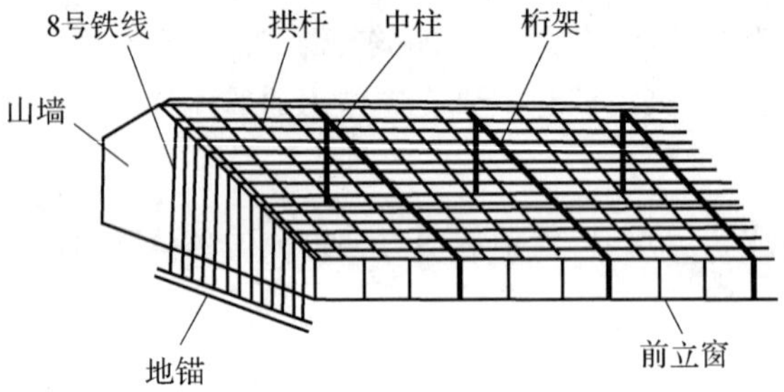

图 9-4 琴弦式日光温室

2. 半拱圆形日光温室

前屋面为四分之一圆形、四分之一椭圆形、抛物线形的日光温室称半拱圆形日光温室。这种温室的透光面为多种倾角,所以室内采光好,增温快。如果做好夜间保温,在我国的华北至东北的一些地区,都可以实现越冬生产。另外,由于以塑料薄膜代替玻璃作为透光材料,其结构简单、建造方便、造价低廉、易于维修,目前已成为我国日光温室的主要形式。按照后墙的高矮和有无又可以分成以下几种类型。

(1)矮后墙长后坡日光温室。这是一种早期日光温室类型,如感王式日光温室。此类温室后墙高度 1 m 左右,后坡长 2 m 以上,跨度 6 m 左右;后墙以土筑,后坡为草泥的复合结构,设置立柱支撑骨架(图 9-5)。优点是冬季由于阳光可直射后墙、后坡,受光、蓄热多,夜间保温效果好;缺点是春季种植作物,后坡遮光面积大,土地利用率低。

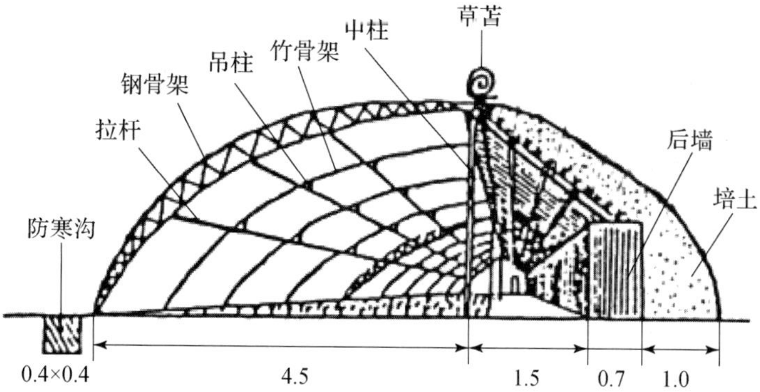

图 9-5 矮后墙长后坡日光温室(单位:m)

(2)高后墙短后坡日光温室。生产中主要的温室类型,在矮后墙长后坡日光温室基础上发展而来。后墙高 2 m 左右,后坡长 1～1.5 m,跨度 5～7 m(图 9-6)。此类温室加高了后墙缩短了后坡,增加了采光面积和空间,提高了土壤利用率、日间增温效果好。但夜间散热面积增大,对夜间保温需求增高。

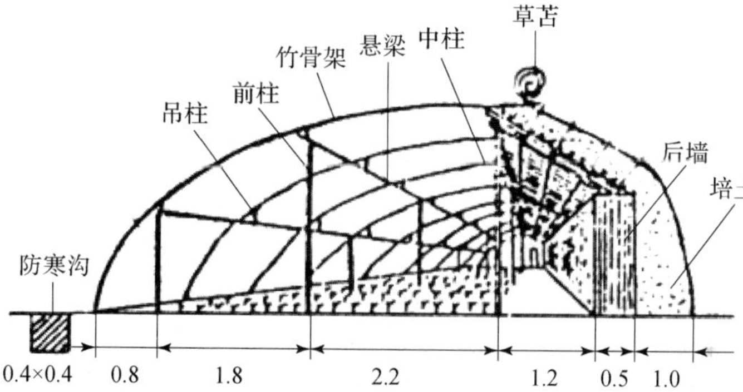

图 9-6 高后墙短后坡日光温室(单位:m)

(3)全钢架无立柱式日光温室。属于高后墙短后坡日光温室,优化棚体结构,改进建筑材料。以钢骨架代替竹木结构,钢竹混合结构,无立柱,后墙为空心墙内填保温材料的复合墙体(图 9-7)。温室结构坚固耐用,采光好,有利于通风,增加了保温能力,能很好地满足园艺作物生长需求。此类温室在我国新建日光温室中的比例逐步提高。

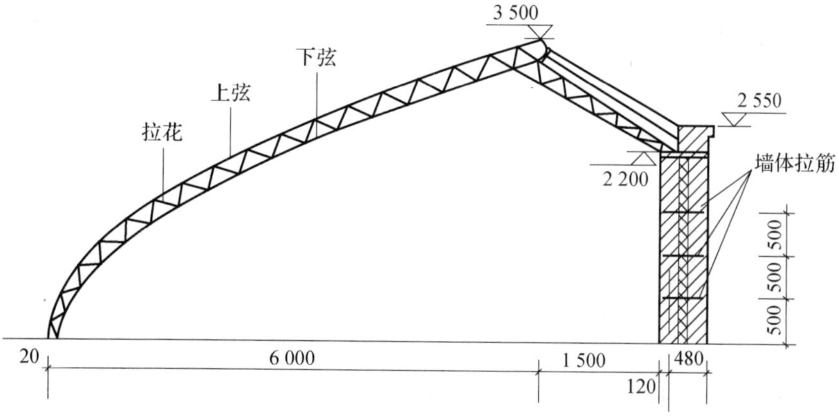

图 9-7 全钢架无立柱式日光温室(单位:mm)

半拱圆形日光温室除以三种类型以外，还出现过只有后墙和山墙而无后屋面的高后墙无后坡日光温室。这种温室多采用土墙和竹木架构，节约建筑材料，降低了造价，但冬季夜间保温困难。

四、日光温室的结构参数

日光温室的结构参数能为合理设计温室提供基础，可归纳为“五度”“三材”。

1. 五度

即高度、跨度、温室长度、屋面角度、厚度，是日光温室主体结构各关键位置的大小、尺寸。

(1)高度。即脊高和后墙高度。脊高是指从地面到后坡最高处的高度，一般要达到 3 m 左右。由于前屋面合理屋面角的影响，脊高与跨度有相互的联系，在跨度确定的情况下，高度增加，屋面角度也增加，从而提高了采光效果。

(2)跨度。指温室后墙内侧到前屋面南底脚的距离，以 6～7 m 为宜。这样的跨度，配之以一定的屋脊高度，既可保证前屋面有较大的采光角度，又可使作物有较大的生长空间，便于覆盖保温，也便于选择建筑材料。温室高度一定前提下，如果加大跨度，虽然栽培空间加大了，但屋面角度变小，势必导致采光不好，并且前屋面加大，也不利于覆盖保温，保温效果差，并且建筑材料投资大，生产效果不好。高度与跨度的比例决定温室前屋面角的大小，要达到合理屋面角，北纬 35°～45°地区高跨比以 1∶2.2 左右为好。

近年来根据栽培作物的不同，在日光温室的跨度上有所加大，如 8 m 跨度的温室，但应把脊高提高到 3.4～3.8 m，后墙提高到 2 m。在北纬 40°地区越冬生产的日光温室，跨度为 6 m，其脊高以 2.5～2.8 m 为宜；跨度为 7 m，其脊高以 3.0 m 左右为宜。后墙的高度为保证作业方便，以 1.8 m 左右为宜，过低影响作业，过高时后坡缩短，保温效果下降。

(3)温室长度。指温室东西山墙间的距离，以 50～60 m 为宜，也就是一栋温室净栽培面积为 350 m^2 左右，适于一个强壮劳力操作。过长的温室影响骨架整体的稳定性，也不利于田间栽培管理和环境调控。如果太短，不仅单位面积造价提高，而且东西两山墙遮阳面积与温室面积的比例增大，影响产量，故在特殊条件下，最短的温室也不能小于 30 m 长。但过长的温室往往室内环境因子不易控制一致，并且每天揭盖草苫用时较长，不能保证室内有充足的日照时数。另外，在连阴天过后，也不易迅速揭开保温覆盖材料，所以最长的温室也不宜超过 100 m。

(4)屋面角度。屋面角度包括前、后屋面角度。前、后屋面角决定了温室采光和蓄热的性能，日光温室采光要求其充分利用太阳的辐射热能，提高日光温室内的温度。通过光照在不同季节太阳高度角随地理纬度变化这一原理，确定日光温室前屋面角的设计。前屋面要使冬春阳光能最大限度地进入棚内，一般为当地地理纬度减少 6.5°左右，如我国华北地区平均屋面角度要达到 25°以上；后屋面仰角是指后坡内侧与地平面的夹角，要达到 35°～40°，后屋面角度的确定要求冬、春季节阳光能射到后墙，使后墙受热后储蓄热量，以便晚间向温室内散热。

(5)厚度。包括三方面的内容：后墙、后坡和覆盖材料的厚度，厚度的大小主要决定保温性能。后墙的厚度根据地区和用材不同而有不同要求，除砖结构夹心墙外，一般厚度要达到当地冻土层深度。在黄淮区土墙应达到 80 cm 以上，东北地区应到 1.5 m 以上；砖结构的空心异质材料墙体厚度应达到 50～80 cm，才能起到吸热、蓄热、防寒的作用。后坡为草坡的厚度，要达到 40～50 cm，对预制混凝土后坡，要在内侧或外侧加 25～30 cm 厚的保温层。覆盖材料的厚度要达到草帘厚 4～5 cm，保温被厚 2～3 cm，总计 6～8 cm，即每平方米有 1 kg 左右的保温覆盖材料。

2. 三材

具体是指日光温室的建筑材料、透明覆盖材料和保温材料。如何合理的选择“三材”对温室的性能和造价有决定性的影响。

(1)建筑材料。主要有投资大小而定，投资大时可选用耐久的钢结构、水泥结构，投资小时可采用竹木结构。不论采用何种建材，主要考虑有一定的牢固和保温性能。

(2)透明覆盖材料。指前屋面采用的透明覆盖材料，主要是玻璃和塑料薄膜。塑料薄膜主要有聚乙烯、聚氯乙烯和乙烯-乙酸乙烯共聚膜。塑料薄膜品质优劣可以从透光性、耐老化性、流滴性、保温性上进行比较。

(3)保温材料。指墙体保温、后坡保温和前屋面保温。墙体除土墙外，还可采用复合墙体或空心墙，复合墙体在砖石结构基础上，内部填充保温材料，如煤渣、锯末、苯板、秸秆等以增加保温蓄热性能。后坡也可采用复合结构，如厚木板＋厚稻草垫＋厚炉渣＋厚水泥砂浆封顶。前屋面主要以草苫和保温被进行保温，近年发展的覆盖物还有无纺布、PE 高发泡软片等。

跨度 7.5 m，脊高 3.5 m，长 90 m，面积约为 667 m^2 钢管架无柱日光温室“三材”的用量见表 9-2。

表 9-2 钢管架无柱日光温室用料表

材料名称	规格	单位	数量	用途
镀锌管	2.7 cm×9.5m	根	105	骨架上弦
钢筋	Φ12×9 m	根	105	骨架下弦
钢筋	Φ10×10 m	根	105	拉花
钢筋	Φ10×90 m	根	3	顶梁筋
钢筋	Φ5.5×0.35 m	根	210	箍筋
钢筋	Φ14×90 m	根	2	横向拉筋
槽钢	90 m(5 cm×5 cm×5 cm)	根	1	顶部拉筋
角钢	90 m(5 cm×5 cm×4mm)	根	2	顶梁、地梁预埋
红砖	24 cm×11.5 cm×5.3 cm	块	600 000	墙体
水泥	325＃	t	15	砂浆
沙子	—	m^3	40	砂浆
毛石	—	m^3	35	基础
碎石	2.3	m^3	8	打梁
苯板	200 cm×100 cm×5 cm	m^3	30	保温
白灰	袋装	t	0.5	墙面
木材	—	m^3	4	门窗、后坡等
沥青	—	t	1.5	防水
油毡	—	捆	20	防水
薄膜	—	kg	70	覆盖前屋面
草帘	800 cm×150 cm×5 cm	块	110	夜间保温
压膜线	塑料压膜线	kg	15	压膜

五、日光温室的建造

日光温室使用时间较长，一般为 3～8 年，所以在规划、设计、建造时都要在可靠牢固的基础上实施，并达到一定的技术要求，可以负荷一定的雪压、风压。

1. 场地的选择

(1)地形开阔、坡向朝阳、日照充足。日光温室的前面要无高大建筑物、树木、山峰，以免遮阴。开阔的地形不易滞风和窝风，有利于污浊空气的扩散；坡向朝阳，指南坡、东南坡、西南坡，这三个坡向可保证温室能获得充足的太阳直射辐射光，保证温室冬季室温并使作物获得充足的光照。这里要注意，不仅仅是障碍物的阴影不能遮住温室或其一部分，温室周围 5 m 以内的土壤最好也不被遮阴，以防止土温过低加速温室内土壤向外的热传导。

(2)避开风口。在峡谷、通道、山川等山口风道，当气流穿越这些地貌时便加大了风力。在这些地区不宜建造温室，这些地区风力强，易发生风灾会直接破坏温室，也会使惯流放热量加大，消耗更多能源。有条件可以利用已有地形，如温室北面有高大建筑或山峰、防风林、丘陵等。

(3)土层深厚，地下水位低。如果采用无土栽培技术，对土壤可不作严格要求。若温室采用传统栽培方式，则对土壤要求较高。第一，土壤质地适中，以壤土和沙质壤土为好；第二，腐殖质含量要高，最好有团粒结构，才能具备较好的透水性、保水性和肥力；第三，地下水位不能过高，有利于地温升高和土壤水分调节，地下水酸度以 pH 6～7 为宜；第四，土壤中病虫害少，且不能含有有害元素和污染物，没有盐渍化，特别是在种过大田作物的耕地上建温室一定要调查清楚除草剂的使用情况，包括品名、使用时间和有效日期等。

(4)温室的水源、电源。建设场地一定要有水源。若无现成水源，应首先考虑水源问题，如打深井、引自来水或取湖、河等天然水体中的水。解决水源前，应对当地的水作水质分析，当认定符合农业灌溉用水标准时再进行施工，以免造成重大经济损失。现代设施栽培用电量很大，动力电和照明电均不可少(380 V、220 V)，最好场地有现成的电源。

(5)避开环境污染地带。污染的空气会给温室薄膜造成严重的尘土污染影响温室效能，如靠近经常尘土飞扬道路的地段，大型烟囱排放出大量的烟尘或处于水泥厂等污染性企业附近。所以在建造日光温室时，必须与尘土污染严重的地带拉开一定的距离。

(6)靠近交通干线和城乡。生产资料、原辅料的购进，生产商品的运出，都应当快捷方便、及时、畅通无阻。为此，温室群的建设必须有便利的交通条件，一般不易远离交通干线。温室群所在地与村、乡、镇最好既有一定的距离，又不太遥远。这样有利于厂区内设施和材料的管护，也有利于临时工的雇用，以及农用物资的补充。

2. 场地规划

在选择好场地之后，要进行合理布局。包括温室大棚的朝向及长度，布置田间道路和输水沟、排水沟，安排相邻棚室的位置和附属建筑物地址等，场地规划好以后，要绘制平面设计图，并在地面设置控制点，作为日后施工的依据。

(1)棚室朝向。方位为坐北朝南，东西延长。辽宁地区采光屋面偏西 5°～10°，可以在冬季生产中更好利用下午光照增加棚室温度。

(2)棚室间距。前后间距过小,前栋温室对后栋温室遮光,间距过大浪费土地。应该在不影响后栋温室采光的前提下,尽量缩小间距。可按照下列公式计算:

$$S=\frac{H}{\tan H_0}-L_1-L_2+K$$

式中:S 为前后栋温室间距,H 为温室脊高,$\tan H_0$ 为当地冬至日正午太阳高度角正切值,L_1 为后屋面水平投影,L_2 为后墙底宽,K 为修正值,可取 1 m(图 9-8)。因为按公式计算的间距是午间不遮光,加上修正值可保证冬季生产时揭开草苫后、放下草苫前都不遮光。

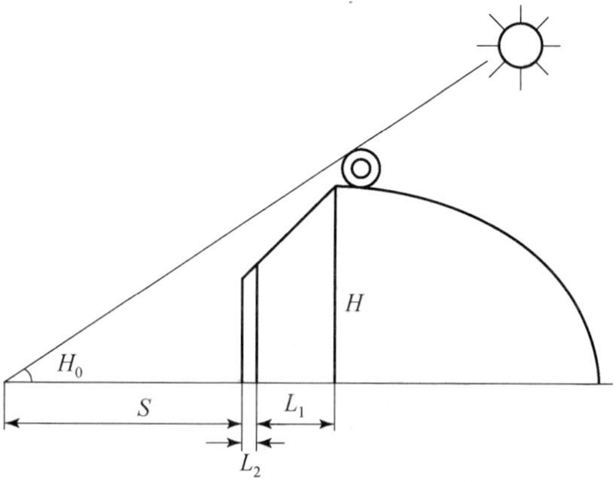

图 9-8 日光温室间距

例如,北纬 41°地区建造日光温室,脊高 3.5 m,后屋面水平投影 1.5 m,墙体厚 70 cm,卷起草苫高 0.5 m,冬至日太阳高度角 25.5°,其正切值为 0.477。代入公式:

$$S=\frac{3.5+0.5}{0.477}-1.5-0.7+1\approx 7.2$$

得出在此条件下两栋日光温室的合理间距为 7.2 m。

(3)田间道路规划。依据地块大小确定温室群内温室的长度和排列方式。根据温室群内温室的长度确定田间道路布置。一般情况下,两排温室之间应留 3～4 m 的通道,并在靠近温室的一侧设排灌沟渠。如果需要在温室一侧修建作业间,再适当加大两排间的距离。东西每隔 3～4 排温室设南北干道;南北每隔 10 栋温室设一干道。干道宽 6～7 m,以利于大型运输车辆通行和沿道布置干线排灌沟渠。

(4)附属建筑配置。温室群所需各种附属建筑,如仓库、锅炉房和水塔等应建在温室群的北面,这样既可以挡风又可以避免遮光。

3. 施工时间

日光温室施工的时间一般是从当地雨季过后开始,到上冻前半个月建完。如辽宁地区生产韭菜的日光温室,一般都在 9 月筑墙,10 月装骨架,11 月上旬上后坡(即在后坡上加稻草、秸秆等)和培后墙土,11 月中下旬盖前覆盖薄膜,次年 4 月开始放风,5 月下旬拆除后坡防寒物。如果温室秋茬作物为黄瓜、番茄等作物,修建时间就更要提前,9 月中旬修完,9 月下旬就要覆盖薄膜。总之,温室修建时间不能拖得太晚。如施工太晚,墙体干不透,扣膜后湿度大,会降低温室的性能,造成病害严重,同时还会产生冻融交替现象,引起墙土剥落。用砖石建筑永久性温室,施工时期不受季节限制,但也不能修建过晚,上冻前必须使墙体干透。

4. 施工步骤

(1)温室定位及平地放线。施工的第一步应该根据园区规划设计图确定主干道的位置和走向,然后再对各栋温室定位。温室定位一般依据主干道路方位进行就可以了。按照设计的尺寸划定每栋温室的占地边界线,并钉上木桩,撒白灰,标出温室的外轮廓线,作为施工的标志。

(2)筑墙。日光温室的墙体包括山墙和后墙,筑墙材料有土、砖、石块等。砖墙可砌成实心墙、夹皮墙,也可砌成空心墙,也有的是在空心墙中间填入阻热性好的珍珠岩、炉渣、苯板等材料。

①土筑墙。土筑墙因各地土质和习惯而不同,采用夯土墙和草泥垛墙两种方法。夯土墙:土壤潮湿,手握成团,松手散开为宜。先打后墙再打东西山墙。用 5 cm 厚木板夹在两侧,向两木板间填土,边填边夯,不断把木板抬高,直至夯到规定高度。每次填土 20 cm 左右为宜,填土过厚打不实。夯土墙接口处易留有缝隙,所以每夯一层时要把接口错开。草泥垛墙:草泥垛墙是把稻草等秸秆铡成 15～20 cm 长的碎草掺入黏土中,加水夯土墙施工调和后,用钢叉在预定位置垛成墙体。垛草泥墙一般下宽上窄,每天不宜垛得太高,以防下层未干,承受不了上部的重力。

不论是夯土墙还是草泥垛墙,后墙顶部靠外侧都要像砌女儿墙(房顶上的矮墙)那样,砌出约 40 cm,便于后坡与后墙严密相接而不透风、不漏雨水,同时也可防止后屋面上的秸草向下滑落。大面积建筑日光温室小区也可使用挖掘机或链轨式推土机快速筑墙。

②砖砌夹心墙。砖墙除使用普通黏土砖砌外,还可以使用灰砂砖、矿渣砖、粉煤灰砖,也可以使用黏土空心砖、加气混凝土砖等。砌法应遵循内外搭接、上下错缝的原则,并要求横平竖直,灰缝均匀而饱满,墙面整齐干净。

砖石墙体属于永久性和半永久性建筑,砌筑前要先做基础。基础深一般为 40～60 cm(大型温室要超过当地冻层),宽度略宽于墙宽,用毛石、沙子和水泥混合浇注,基础上面用砖砌成夹心墙。一般夹心墙内墙厚 24 cm,中空 12 cm,外墙厚 24 cm,中空部分要夹苯板。墙顶一定要封严,以免漏入雨水,降低保温能力。砌筑时要用 1∶1.5(水泥∶细沙)水泥砂浆勾好缝,抹好灰面,以防漏风。封顶后外墙要砌出一定高度的女儿墙。两层砖墙之间要设墙体拉结钢筋。

③石砌墙。天然石料有很高的强度,用石料砌墙完全可以满足承重的要求。尤其是整齐的条石,砌出的墙体强度更大。石墙的缺点是自重大,砌筑费工,而且导热快。用石头砌温室后墙,它的外面必须培上足够的防寒土。砌筑石墙时应注意石块的大面朝下,以便灰浆易于填满石料缝隙。另外,石块的外露表面应平齐,每层石块要互相错缝,应尽量使丁、顺石块间隔排列,交错搭接成一整体。石墙的内部和外表都不能用楔形石料尖头朝下砌筑,砌完后要在石墙外表面用水泥砂浆勾缝。

(3)立屋架。

①钢骨架。这种温室的前屋面骨架和后屋面骨架多为一体,而且其骨架多是焊接成型的。因此,其骨架后部搭在后墙顶部圈梁上。骨架前部放在前脚地梁上,均用直角卡筋卡牢或与梁中的预埋钢筋焊牢,每个骨架间用 3 根横向钢筋拉线固定即可完成骨架整体。

②竹木结构日光温室。前屋面骨架用竹竿或竹片制成。其中半拱圆形日光温室南底角弧度很大竹竿不易弯曲,故必须用竹片制作。竹木结构温室一般沿跨度从南向北设置 4 排钢筋

混凝土立柱，即前柱、中柱、脊柱、墙柱，如有需要还可在南底角增设一排立柱。其中墙柱可随后墙角度倾斜，南底角立柱向前倾斜，其余立柱可直立。

(4)铺盖后坡。后坡是一种维护结构，主要起蓄热、保温、隔热和吸湿作用，同时也是卷放草苫和扒顶缝放风作业的地方。竹木结构温室可以用以下方法铺盖后坡，要先铺上整捆的玉米秸或高粱秸，再用碎草把后屋面填平，随后抹一次草泥厚 2 cm，稍干后铺一层旧棚膜或地膜，再抹第二遍泥，也是 2 cm 厚。泥干后自下而上铺 20～30 cm 厚乱草，南边薄北边厚，最外面再用整捆秸秆压住。后屋面总厚度必须达到 40～60 cm，保温效果才好。钢架温室可用 2～3 cm 厚木板＋5～6 cm 厚稻草垫＋20～30 cm 厚炉渣＋5 cm 厚水泥砂浆封顶。

(5)前屋面覆盖薄膜。覆盖薄膜要在霜冻前选无风的晴天进行。薄膜的宽度超过屋面 1.2～1.4 m，以便有埋入土中固定和与后屋面固定；长度要超过东、西山墙外各 1 m，以便在山墙外卷上木条或用卡簧、卡槽固定。

覆盖薄膜前要提前准备好压膜线和地锚。最好用专用的塑料压膜线，其断裂强度要在 60 kg 以上，按前屋面长度加 30～40 cm 截成段备用。地锚是将有横木的铁丝埋在温室前脚外，深度 40 cm。露出地面的铁丝打成一个圈，这样可用压膜线的下部绑在地锚上。薄膜幅宽不够的要提前用 200 ℃的电熨斗粘接。操作时先把两块薄膜边缘重叠 3 cm，平放在一块光滑的木棱上，再在接缝上放一张牛皮纸条，再把加热的电熨斗慢慢在牛皮纸上加一定压力滑过，揭去牛皮纸；两块膜就可粘在一起了。

(6)设置放风口。设置放风口的目的是便于温室通风换气，以调节温室的温度、湿度和二氧化碳的浓度。通风可把室内高温多湿的空气排出去，将新鲜空气补充进来，以降低湿度、温度和提高二氧化碳的浓度，排除有毒气体，有利于蔬菜生长。塑料薄膜温室多用设置放风口的办法自然通风。通风口面积占整个前屋面的比例因季节和作物种类不同而不同，冬季占 5%～6%，春季要占 20%以上，生产叶菜类的温室风口面积要大一些，果菜类可小一些。一般风口要设上、下两排，上排要接近温室的最高处，下排离地 1 m 高左右。

如选择设置底部放风口，在温室薄膜全部覆盖后还要设防寒裙，防寒裙是设在温室内前坡下部的一条东西延长的塑料薄膜，宽 1.5 m 左右，长与温室一致。上部固定在一条东西向的竹竿上，下部埋入土中。防寒裙除了可减缓温室前部与外界近地面空气的热交换有增加保温效果外，在天气较暖时，揭底脚放风可引导风先向上再进入温室，避免冷风直接吹到作物上引起冷害

(7)挖防寒沟。在前屋面底脚外面地面上挖防寒沟。沟深 40～50 cm，宽 40 cm，里面填满碎草、树叶等；上面盖黏土踩紧，或者将碎草等用薄膜包盖起来，以防止渗入雨水。有条件也可在前底脚内侧挖 50 cm 深沟，插入 10 cm 厚苯板。

(8)建立作业间 50～60 m 长的温室可在一侧建立作业间，温室长 100 m 以上，要在中部建作业间(分东、西两栋)。作业间一般宽 2.5～3 m、跨度 4 m，高度以不遮蔽温室阳光为原则。作业间南面房门的门口高 1.8 m、宽 0.9 m。内部和山墙处还要开一个门，与室内连通，一般高 1.8 m、宽 0.9 m 左右，这扇门有的筑墙时预留，土墙可在筑墙后掏开，但都要设 30 cm 高门槛，以防止扫地风进入室内。作业间除供管理人员休息外，可以放置工具和部分生产资料，更重要的作用是防止冷风直接吹入室内，起缓冲作用。

(9)覆盖草苫、纸被等保温材料。在早晨温室内出现低于作物生长下限温度的时候，前屋面夜间就要覆盖草苫和纸被等防寒物。纸被质轻，如果冬季温暖多雨雪，易被雨水淋湿损坏，

应采取草苫加防雨膜覆盖。草苫仍然是当前首选的保温材料。在前屋面覆盖时，草苫之间要相互重叠 20 cm，西北风多的地区，上一块草苫的东边要搭在下块草苫的西边上，这样能减少冷风袭击，提高保温效果。

工作任务二　设施内温湿度观测

一、任务目标

设施内温湿度观测点的设置，温湿度的观测方法，设施内的温湿度日变化观测。

二、材料与用具

干湿温度计、自记温度计、记录本等。

三、任务内容

1. 温湿度观测点的设置

日光温室气温观测点从距后墙 4 m，距东西山墙各 5 m 处开始，每隔 10 m 设 1 个观测点，共设 5 个观测点，观测点距地面 1.5 m。地温测量 15 cm 处土温。

温度观测每天进行 3 次。早晨揭开保温覆盖物前，测量棚内最低温度，午后 13 时测量最高温度和盖覆盖物前的温度。湿度的观测可在温室中部设一湿度计，距地面 1.5 m，每天观测 3 次。

2. 温湿度观测方法

略。

3. 日变化观测

温室揭开保温覆盖物前观察 1 次，记录最低温度。升温每 1 h 观察 1 次（包括放风期间），盖覆盖物后观察 1 次。

四、任务作业

绘制温度日变化曲线图，并对曲线图进行分析。

想一想

日光温室增温的方法都有哪些？

必备知识三 桃设施栽培

一、品种选择

油桃品种可选早红2号、曙光、华光、艳光、丽春、早红珠、春光、千年红、中油4号、双喜红等。

普通桃品种可选春艳、早凤王、早醒艳、京春等。

蟠桃品种可选早露蟠桃、早油蟠桃等。

二、周年生产技术

(一)休眠期管理

1. 适时扣棚降温

促进休眠,有些品种秋季不能自然落叶,可人工顺枝捋掉叶片,注意不能损伤桃芽,同时将落叶清扫出温室。生产上也有用8%尿素溶液作化学脱叶剂的,但脱叶不宜过早,以免影响树体营养积累。然后采用"人工降温暗光促眠技术"促使桃树尽快进入休眠。

2. 适时升温

控制成熟期满足设施栽培桃品种的休眠需冷量后即可升温。一般冷量达到800 h以上,即可满足大多数桃、油桃的自然休眠要求。升温还应考虑设施的保温效果,如改良式大棚因保温效果不如温室,升温时间应适当推迟,让花期避过1月低温期。大规模生产时,还应考虑分批升温,控制果实成熟上市时期,防止成熟期过于集中。

3. 休眠期修剪

生产上多在升温后进行。采用较多的树形有三主枝自然开心形、二主枝"Y"形和圆柱形等,整形过程与露地基本一致。但设施栽培栽植密度通常较大,整形上必须注意群体结构。如同一行树要注意前低后高,前稀后密,开心形要中间低两侧高,达到开心效果,保证良好的通风透光条件。成型树休眠期修剪的主要任务是结果枝组和结果枝的修剪。结果枝组宜采用双枝更新方法,防止结果枝组延伸过长。树体中下部要注意培养大、中型结果枝组,避免出现光秃带。结果枝修剪与露地相同,但结果枝修剪时要剪到复芽处,并要看花芽修剪,保证留下足够花芽量的同时,疏除过密枝和细弱枝。

(二)催芽期管理

1. 温度管理

原则是平缓升温,控制高温,保持夜温。方法是前期通过揭开保温材料的多少或程度控制室内温度,后期通过放风控制温度过高。第一周棚室温度白天13～15 ℃,夜间6～8 ℃。第二周棚室温度白天 16～18 ℃，夜间 7～10 ℃。此后棚室温度白天保持在 20～23 ℃，夜间 7～10 ℃，持续 16～20 d。这期间夜间温度不宜长时间低于 0 ℃，遇寒流应人工加温。一般升温后 40 d 左右桃树即进入萌芽阶段。

2. 保持湿度

升温后可灌 1 次透水，增加土壤含水量，提高棚室内的湿度，使空气相对湿度保持在 70%～80%，较高的湿度有利于萌芽。

3. 其他管理

升温后 1 周左右喷 1 次 3～5 波美度的石硫合剂防治病虫害。地上管理完成后，及早在全园覆盖地膜，提高地温，保证根系和地上部生长协调一致。

(三)开花期管理

1. 温湿度管理

自桃萌芽至开花期，生长发育适宜温度为 12～14 ℃，白天最高温度应控制在 22 ℃以下，夜间保持在 5 ℃以上。实验表明桃的花粉在 0～2 ℃，发芽率为 47.2%。说明桃树在开花期可以承受短时间的不低于 0 ℃的低温。但遇寒流时要采取人工加温措施，如在温室内加炭火、燃烧液化气等，将温度控制在 0 ℃以上，防止低温冻害。

花期空气相对湿度要控制在 50%～60%。控制湿度的方法是打开天窗或放风口放风排湿。

2. 光照管理

花期对温度和光照反应敏感，光照又是温度的能量来源，所以光照管理至关重要。具体方法：一是选择透光性能好的覆盖材料，聚乙烯无滴薄膜透光率为 77%，是目前效果较好的覆盖材料；二是在保证温度的前提下，尽可能延长揭帘时间；三是合理密植、科学整形，保持良好的群体结构，达到行间透光、枝枝见光的效果；四是在长时间阴雪天的情况下，须人工补光，可用白炽灯、卤化金属灯、钠蒸气灯等光源补充光照。此外，还要随时清除覆膜上的灰尘保证透光良好。

3. 人工辅助

授粉设施栽培桃树大多数品种能自花结实，不必配授粉树，但需人工辅助授粉或利用蜜蜂传粉。

(四)果实发育期管理

1. 温湿度管理

原则是避免白天温度过高，保持夜间温度。

(1)果实第一迅速生长期。适宜温度为白天 20～25 ℃，夜间 5 ℃以上，果实生长与昼夜温度及日平均温度高度正相关，生产上要控制好白天的最高温度，保持较高的日平均温度，保证果实生长发育的要求。

(2)硬核期。对温度反应不如第一迅速生长期敏感。这期间温度不宜过高，以免新梢徒长，导致落果及影响果实生长。最高温度控制在 25 ℃以下，夜间温度控制在 10 ℃左右。

(3)第二迅速增大期。白天温度控制在 22～25 ℃,夜间控制在 10～15 ℃,昼夜温差保持在 10 ℃,产量最高而且品质佳。温度过高或过低,品质都会下降。22 ℃下果实发育最好,果个增大,甜度增高。

2. 光照管理

在能保证室内温度的前提下,尽可能地延长揭帘时间,延长光照时间。选择温度好的晴天,加大扒缝通风口,让植株接受一定的直射光,提高花器的发育质量,对授粉受精有显著的促进作用。经常擦拭棚膜,增加透光量。遇到较长时间的阴雪天,采取人工补光措施。如用碘钨灯补充光照,还可以增加空气温度,效果比较好。在果实开始着色期,在温室后墙和树下铺反光膜。

3. 果实管理

桃树设施生产多是早熟、中熟品种,疏果时间应适当提早,一般可疏果两次。第一次在落花后两周左右进行,当果实蚕豆大小时,疏掉发育不良的小果、双果和过密果。一般优先保留两侧果,去掉背上果(朝天果)。第二次疏果在硬核期之前,即在落花后 4～5 周进行。留果参考标准,以中型果为例,长果枝留 3～4 个,中果枝留 2～3 个,短果枝留 1 个或不留。疏果要预留 10%的安全系数。最后将每 667 m^2 产量控制在 1 250～2 000 kg。

4. 新梢管理

背上直立的、未坐果部位萌发的新梢要及时抹除,以节省营养,通风透光。坐果部位的新梢,长到 30 cm 左右时摘心。摘心后发出的副梢,除顶部留 1～2 个外,其余及时反复抹掉,控制新梢和副梢生长与果实发育争夺养分。对下垂枝要及时吊起,扶助新梢生长,改善通风透光条件,促进果实发育。

个别背上直立枝,在有空间的前提下可扭梢控制,但应与摘心配合使用,且不宜过多。不提倡在果实发育期采用多效唑控制新梢。

5. 肥水管理

设施栽培条件下要控制化肥的使用量和使用次数。一个生长季每 667 m^2 的尿素使用量控制在 10～20 kg。提倡配方施肥,可按磷酸氢二铵∶尿素∶硫酸钾＝1∶1.3∶1.8 的比例进行施肥。一般果实发育期内追 2 次肥,即落花后追坐果肥,每株追磷酸氢二铵 50 g 和尿素 50 g。第二次在果实硬核末期追催果肥,施桃树专用肥等各种复合肥每株树 200～300 g 和硫酸钾 50 g。设施内追肥宜适当深施,开 20～30 cm 深沟施肥后覆土盖严,覆土厚度不少于 10 cm,防止产生有害气体和减轻土壤盐渍化。

坐果后喷施 0.2%～0.3%的尿素 1～2 次,果实膨大期喷施 0.3%的磷酸二氢钾 1～2 次,或喷高美施等叶面肥。在果实发育期内叶面喷肥共 2～3 次,最后 1 次应在采收前 20 d 进行。

每次追肥后要及时灌水,坐果后、硬核末期各灌 1 次水,果实膨大期灌 1 次水。距果实采收前 15 d 左右,不宜灌水,以免造成裂果。

6. 果实采收

设施栽培桃果成熟期不一致,应分期分批采收。通常根据上市或外运时间在早上或傍晚温度较低时采摘,采摘要带果柄,并要做到轻拿轻放。采果的同时将采收完的结果节位上的新梢留 3～4 节短截,为下部果实打开光照,促进下部果实着色成熟。

采收的果实经过选果分级后装箱，通常用聚乙烯保温箱 5 kg 箱装。运输时要轻装轻卸，尽量避免机械损伤。

7. 病虫害防治

桃在果实发育期主要病害有桃细菌性穿孔病、花腐病、灰霉病、炭疽病。主要害虫有桃潜叶蛾、蚜虫、二斑叶螨等。

灰霉病是设施栽培桃树易发生的一种病害，主要为害果实，也可为害叶片。果实染病后病斑处产生灰色霉斑，叶片染病后出现浅褐色病斑，病斑上可见不规则轮纹。在降低棚室内湿度的前提下，可于坐果后用 70%甲基硫菌灵可湿性粉剂 800～1 000 倍液，或 50%异菌脲可湿性粉剂 2 000 倍液防治。此后每 15 d 左右喷布 1 次杀菌剂 70%甲基硫菌灵可湿性粉剂 800～1 000 倍液，共喷 3～4 次农药。在设施内湿度大的情况下，可用速克灵等烟雾剂进行防治。

蚜虫可在发生期喷 10%吡虫啉可湿性粉剂 4 000～5 000 倍液。二斑叶螨可在发生期喷布 1.8%阿维菌素乳油 5 000 倍液防治。桃潜叶蛾应在发生前期防治，可用 25%灭幼脲 3 号悬浮剂 1 500～2 000 倍液防治。

(五)果实采收后的管理

1. 采收后修剪

设施栽培桃采收后应立即修剪，以在 5 月完成为宜，主要任务有：

(1)调整树形。在有空间的情况下，主枝延长枝中短截，扩大树冠，根据棚室高度将树高控制在 1.5 m 左右。无空间时，回缩过长过高的枝头和中部大型枝组，使同一行树保持前低后高。自然开心形保持两侧高中间低，树冠间距控制在 50 cm 左右。形成合理的树体结构和群体结构，保持良好的光照条件和较大的结果体积。

同时剪除病弱枝，下垂枝、过密枝和劈裂折断枝，以集中养分，促进新枝生长。

(2)更新枝组和重截新梢。对枝轴过长的结果枝组，及时回缩到有分枝处，使枝组圆满紧凑。对单轴延伸过长的枝，应在二年生枝段上，选有叶丛枝处缩剪，使之复壮。同时对所有已结果节位上发出的新梢留 1～2 个芽极重短截或只留基部瘪芽，促发新枝，重新培养结果枝。修剪时要注意选留平斜枝和侧芽、背下芽，以免发出的新梢偏旺。

(3)培养结果枝。重截的新梢萌芽后，进行 1～2 次复剪。一是在枝轴两侧选留生长中庸的平斜新梢培养结果枝，一般 1 个重截点留 1～2 个新梢，对过多、过旺的新梢及时疏除，留下新梢平均间距 15 cm。二是对个别较壮新梢，有空间的前提下，留 2～3 个副梢剪梢，利用二次枝培养结果枝。摘心和剪梢只能进行 1 次，分枝级次越多花芽分化质量越差。通过复剪达到两个目的，一是调整新梢密度，使每 667 m^2 保留约 1.5 万个新梢。二是调整新梢的整齐度，留下的新梢生长势趋于均匀一致，便于利用多效唑抑制新梢生长，促进花芽分化。

2. 肥水管理

修剪后进行 1 次追肥和灌水，每株沟施复合肥 150～250 g，施肥后全园灌透水。此后主要管理任务是除草和排水。

9 月上中旬施基肥，基肥以充分腐熟的鸡粪、猪粪、豆饼等有机肥为主，并适量混入复合肥和氮肥提高肥效。每 667 m^2 施用 3 000 kg 有机肥，掺入 25～40 kg 复合肥，基肥可行间沟施，也可地面撒施，撒施后要进行翻耕，将肥料翻入 20 cm 土层以下。

进入雨季后，要注意排除树盘中的积水，保证桃树正常生长。

3. 控制新梢生长，促进花芽分化

(1)在露地管理过程中，除过分干旱外，一般不用灌水，以防止新梢生长偏旺。

(2)在新梢长到 20～30 cm 时，喷浓度为 3 000～5 000 mg/L 的多效唑 1～2 次。将大部分新梢长度控制在 30～40 cm，形成较多的复花芽，适时进入休眠，为下一个生产过程打下良好基础。

此外，果实采收后应根据外界环境条件及时撤除棚膜，以增加自然光照，便于管理。

必备知识四 李、杏设施栽培

一、品种选择

目前，设施栽培比较多的李品种有大石早生、盖县大李子、长李 15、幸运李、澳李 14、黑琥珀等。杏主要品种有凯特杏、9803 杏、金太阳、骆驼黄等。

二、周年生产技术

(一)休眠期管理

1. 适时扣棚和升温

当外界气温达到 7.2 ℃以下时，采用"人工降温暗光促眠"技术，尽早满足杏树、李树休眠的需冷量要求。杏树的需冷量一般在 700～1 000 h；中国李的需冷量与杏相近。

辽宁南部稳定出现低于 7.2 ℃的气温的时间约为 11 月初，到 12 月中下旬低温累积量可达 1 000 h 左右，可满足大多数杏树和李树的需冷量，即可升温。通常杏、李的温室栽培升温时间应比桃树晚 10～15 d。

2. 休眠期修剪

设施栽培条件下，温室前两排采用二主枝"Y"形，后几排可采用多主枝自然开心形、疏散延迟开心形、纺锤形等树形。李树在高密度栽植情况下，采用多主枝自然开心形为宜。这种树形有主枝 4～5 个，主枝开张角度可比桃树略小。不留侧枝，单轴延伸。具有整形容易、修剪量小、调整枝量容易、早期丰产等优点。整形过程可参照露地管理。

休眠期修剪的原则是轻剪缓放。具体有以下内容：为了扩大树冠需要和保持延长枝的生长优势，对骨干枝的延长枝一般采用适度短截的方法修剪。延长枝角度合适时，剪口下应留侧芽，使枝头左右弯曲延伸，以利于开张角度，控制前端生长势，促进后部多生小枝。延长枝角度过小时，应进行换头开张角度。延长枝生长势明显减弱或树高达到棚室的 2/3 时，可在下部分枝处回缩更新。

对外围生长势强的枝条，采取回缩或重短截方法控制，保证内膛中短枝的坐果；回缩或疏除过密及生长势衰弱的结果枝组，进行更新复壮。短枝和花束状果枝基本不动，留足花芽数量，以利于结果。同时要注意预备枝的培养，防止结果部位外移。

(二)催芽期管理

1. 温度管理

管理原则是平缓升温，保持夜温。在升温的第 1～2 周，白天温度控制在 10 ℃左右，夜间温度控制在 0 ℃以上。第 2～3 周白天温度控制在 13～15 ℃，夜间温度控制在 5 ℃左右，不低于 2 ℃。这期间的最高温度不宜超过 20 ℃，否则会造成雄、雌蕊发育时间不够，引起花粉败育。从开始升温到开花需 45 d 左右。

2. 湿度管理

升温后可灌 1 次透水，增加土壤含水量，提高温室内的湿度，使棚室内空气相对湿度保持在 70%～80%，较高的湿度有利于萌芽。根据土壤含水量情况，可在开花前灌 1 次小水，保证开花期的水分要求。

3. 其他管理

升温后 1 周左右喷 1 次 3～5 波美度的石硫合剂，防治病虫害。在施肥、整地等地上管理完成后，及早在全园覆盖地膜，提高地温，保证根系和地上部生长协调一致。

(三)萌芽开花期管理

1. 温度管理

杏、李的花期温度可比桃棚低 1～2 ℃。李树在 7 ℃以上即可授粉受精，最适宜的温度是 12～18 ℃。从初花到落花期白天温度控制在 18～22 ℃，夜间温度控制在 7～8 ℃，最低不低于 5 ℃。这期间是外界温度较低的季节，夜间容易出现低温危害，应注意天气变化随时采取人工加温措施。

开花期棚室内的空气相对湿度要控制在 50%左右，所以，在开花期不宜灌水和喷药。湿度过大时可在阳光充足的中午放风降湿。

落花以后，受精结束，枝叶生长与幼果发育争夺营养是导致落果的原因之一。因此，落花后 2～3 周内，白天的温度管理应比开花期稍低一点。如果此时温度高，会造成枝叶旺长而加重落花落果。

2. 提高坐果率

杏树和李树都不同程度地存在完全花比率低，自花结实率低的问题，生理落果严重，设施栽培表现更突出。因此，在放蜂和人工辅助授粉的前提下，花期喷施 0.2%～0.3%的硼砂可起到保花保果的作用。

(四)果实发育期管理

1. 温湿度管理

在果实发育前期，从落花后到幼果膨大，白天温度从 18～19 ℃逐步升到 20～22 ℃。夜间温度控制在 10～12 ℃，最高不能超过 15 ℃。到果实着色至果实成熟期，白天温度控制在 22～25 ℃，最高不超过 28 ℃。夜间温度控制在 12～15 ℃，保证昼夜温差在 10 ℃以上。

果实发育前期，空气相对湿度控制在 50%～70%，后期控制在 50%左右。

2. 疏果

设施栽培的杏树、李树如果坐果过多，不仅果个小，而且着色不好，成熟期也会延迟。疏果一般在生理落果后进行。如大石早生、美丽李等生理落果比较重的品种，应在确认坐住果后(果实如玉米粒大小时)进行。一般中型果，如大石早生、金太阳等品种的果实间隔距离在 6～8 cm。大型果，如琥珀李、凯特杏等品种的果实间距在 8～12 cm。疏果时还应考虑结果枝的粗壮程度，枝径 1 cm 以上的每 8 cm 留 1 个果，枝径在 0.5～1 cm 的每 8～10 cm 留 1 个果，枝径在 0.5 cm 以下的每枝留 2～3 个果。疏果时应先疏小果、畸形果，多留侧生果和下垂果。

3. 新梢管理

主要是控制新梢生长，改善光照条件，促进果实生长发育，具体做法有：

(1)除萌疏枝。将剪锯口处、树冠内膛萌发的多余的萌芽及早抹除，以节省营养，并防止枝条密生郁闭，影响通风透光。对结果枝先端的直立旺枝、没有坐果的空枝及时疏除。

(2)扭梢。对当年萌发的生长过旺的部分新梢，采取扭梢方法控制，既可控制新梢生长，又有促进花芽分化的作用。

(3)摘心和剪梢。当新梢长到 30 cm 左右时，可摘心或剪梢。对摘心后萌发的副梢及时抹除。

4. 肥水管理

在基肥充足的前提下，从幼果期开始，每隔 7 d 左右喷施 1 次 0.3%的尿素溶液和 0.2%磷酸二氢钾溶液，共喷 2～3 次。如底肥不足，可在落花后每株土施磷酸氢二铵等复合肥 0.5～1 kg。

土壤含水量一般保持田间最大持水量的 60%为宜，测试土壤含水量的经验方法是用手握土能成团，稍压即散为适宜。沙质壤土灌水要坚持少量多次原则，每次灌水量不宜过大，尤其是接近成熟前 15 d 左右，以防引起裂果。

5. 病虫害防治

灰霉病是设施栽培易发生的一种病害，在降低棚室内湿度的前提下，可用 70%甲基硫菌灵可湿性粉剂 800～1 000 倍液，或 50%异菌脲可湿性粉剂 1 000～2 000 倍液防治。细菌性穿孔病有时发生较重，除大石早生是抗细菌性穿孔病的品种外，其他抗病性弱的品种，如美丽李等要注意及时防治。在光照好的情况下，展叶后用 75%百菌清可湿性粉剂 650 倍液喷雾。但在连续阴天、棚室内湿度较大的情况下，可使用烟雾剂防治各种病害，如用百菌清烟雾剂，每 667 m^2 用量 200 g，在设施内均匀布点，于傍晚点燃熏杀病菌，效果良好。如发现蚜虫等虫害，可用杀虫剂防治，所用农药与露地相同，但浓度要比露地低 10%。另外，喷药要避开中午高温期。

6. 果实采收

在设施栽培条件下，适时早采可以获得较好的销售价格，尤其是运往外地销售的，可以在果实 8～9 分熟时，提早 3～5 d 采收以便于储运。当然采收过早会影响产量和风味品质。

采收一定要轻采轻放，注意不要折断短果枝。采下的果轻轻放入有铺垫物的果篮中。由于不同部位的果实成熟期不一致，应分期分批采收。采收宜在早上或傍晚室内温度较低时进行，以免果实装箱后温度过高，造成果实变色。

(五)果实采收后的管理

1. 肥水管理

在实行露地管理后，应及早施入基肥。可每 667 m^2 施入有机肥 3 000～6 000 kg、磷肥 5 kg、硫酸钾复合肥 50 kg 作基肥。叶面喷施 0.3%尿素溶液和 0.3%磷酸二氢钾溶液，提高叶片的生理活性，增强其同化功能。

2. 整形修剪

主要是进一步调整树体结构，疏除骨干枝延长枝的竞争枝、背上直立强旺枝，保持树体结构和生长势的平衡。回缩长结果枝和下垂枝，使结果枝健壮而紧凑。疏除过密枝和内膛细弱枝，改善光照条件，以利于下部短枝的花芽发育。对新萌发的新梢在有空间的前提下，可在 20～30 cm 时摘心，促发分枝，增加枝量。

3. 其他管理

果实采收后立即撤除覆盖物，为防止突然撤除覆盖物引起嫩枝日灼，应选择阴天或傍晚进行；综合防治病虫害，保护好叶片，避免二次开花，保证花芽的形成。

知识拓展

棚室桃改接李树技术

辽宁盖州九寨果农将温室桃改接琥珀李和澳李 14 号，避免了重新定植成本高、产量低等问题，取得了果个大、产量恢复快、高产、稳产的效果。

温室桃果采收后，5 月中旬，将贮藏的琥珀李和澳李 14 号的接穗高接在桃树上，每株接 30～35 个接穗。琥珀李做主栽品种，澳李 14 号为授粉品种，按 3∶1 比例换接。当新梢长到 30 cm 左右时进行摘心，促发分枝。培养主枝的延长枝，通过短截尽快扩大树冠，内膛的接穗则通过摘心控制，形成短果枝组。8 月中旬全树喷施 3 000～5 000 mg/L 多效唑，控制新梢生长，促进花芽分化。第二年春即可获得丰产。

必备知识五　樱桃设施栽培

一、品种选择

我国目前栽培面积比较大、设施栽培效果好的甜樱桃品种有红灯、芝罘红、佐藤锦、意大利早红、佳红、拉宾斯等品种。此外，抉择、早红大果、早红宝石等品种也适宜在设施栽培中推广。

二、周年生产技术

(一)休眠期管理

1. 适时扣棚

与升温樱桃的日光温室栽培同其他果树一样，采用"人工降温暗光促眠"技术，尽早满足休眠的需冷量要求。目前，已有将工业用空调机装到甜樱桃温室内的，秋季采取人工制冷办法降低温室内的温度，满足樱桃休眠需冷量的要求。也有采取在温室内放冰块的方法来降低温室的温度，也有一定的效果，且成本低。人工制冷温室覆盖时间为 9 月上旬，覆盖后用制冷装置降温，保持棚内温度在 5～7 ℃。

甜樱桃的休眠需冷量比较大，日光温室内低温量(0～7.2 ℃)累计达 1 200 h 后开始升温。辽宁大连地区于 12 月下旬、山东烟台地区于 12 月末到翌年 1 月初升温。塑料大棚(无保温覆盖)于 1 月末至 2 月中旬，一般当外界日平均气温达到 0 ℃时，就可以覆膜扣棚升温。

2. 休眠期修剪

甜樱桃设施栽培常用树形有纺锤形、自然开心形和改良主干形。与露地不同的是在设施的不同部位树高、主枝数要有所区别。如温室内的纺锤形，前排树高度在 1.5 m 左右，主枝 5～6 个；中部树高 1.8 m，主枝数 7～12 个；后排树高 2.0～2.5 m，主枝数 13～15 个。

樱桃树的休眠期修剪要轻剪缓放多留枝，切忌短截过多，修剪过重。在有空间的情况下，休眠期除主枝延长枝留 40 cm 左右短截外，背上直立枝、竞争枝留橛修剪，其余枝条缓放或去顶芽。控制好主枝上的轮生枝，保证骨干枝单轴延伸，防止树冠郁闭、通风透光条件恶化。结果枝组延伸过长，生长势衰弱时，选抬头枝回缩，疏除细弱枝，集中营养，以保证开花坐果(图 9-9)。

图 9-9　樱桃结果枝组修剪示意图

(二)催芽期管理

1. 温湿度管理

温度管理上应平缓升温，保持夜温。甜樱桃在升温的第 1～2 周，白天温度控制在 10 ℃左右，夜间温度控制在 0 ℃以上。第 2～3 周白天温度控制在 15～20 ℃，夜间温度控制在 5 ℃左右，不宜长时间超过 8 ℃。

空气相对湿度控制在 70%左右。这一时期温度管理适宜的标志是当樱桃树萌芽时，地面也长出杂草,说明地下生长与地上生长基本上是一致的。这一时期的温度不宜超过 20 ℃,否则,会造成雄雌蕊发育时间不足,引起花粉败育。从升温到初花必须历经 35～40 d,少于 30 d 落花落果严重。

中国樱桃在萌芽前,白天温度控制在 12～15 ℃,夜间温度控制在 3 ℃以上。空气相对湿度控制在 70%～80%。

2. 疏花

花芽膨大未露花朵之前,将花束状果枝上的瘦小花芽疏除,每个花束状果枝保留 3～4 个花芽。

3. 其他管理

开花前,每株结果树结合灌水追施沼液肥或豆饼液肥 10～20 kg,保证开花期对肥水的需要。喷施石硫合剂和覆盖地膜等管理与桃相同。

(三)萌芽开花期管理

1. 温湿度管理

甜樱桃萌芽到开花期,白天温度 18～20 ℃,夜间温度 7～10 ℃。其花粉发芽率、坐果率最高。

中国樱桃品种,如莱阳矮樱桃,现蕾萌芽期白天温度控制在 15～17 ℃,夜间温度控制在 5 ℃以上。开花期白天温度控制在 18～20 ℃,夜间温度控制在 8 ℃以上。

在开花期间,棚室内适宜空气相对湿度为 50%左右。

2. 疏花芽与疏花蕾

负载量过大是造成甜樱桃隔年结果的重要原因之一,设施栽培条件下,对盛果期树进行疏花芽和疏花蕾,可显著提高坐果率、增大果个和防止隔年结果。疏花芽在花芽膨大期进行,用手轻轻一碰即可将花芽疏除。在树势较弱,花束状果枝过多、过密的情况下,可将其中 20%左右的花束状果枝上的花芽疏除,只保留顶端的叶芽,让其抽生健壮短果枝,次年结果。留下的花束状果枝上的瘦小花芽也要疏除,使每个花束状果枝保留 3～4 个花芽。

开花时,疏除花芽中瘦小的花蕾,每个花芽中保留 2～3 朵花。到硬核后疏除小果和畸形果,一个花束状结果枝最后留 6～8 个果。四至六年生树的负载量以每 667 m^2 控制在 300～400 kg,以后保持在 500～600 kg 为宜。

3. 人工辅助授粉

甜樱桃在配置授粉树的前提下,也必须进行人工辅助授粉,方法与其他树种相同。

(四)果实发育期管理

1. 温湿度管理

从落花后到幼果膨大,白天温度从 18～19 ℃逐步升到 20～22 ℃,最高不能超过 25 ℃。夜间温度控制在 7～8 ℃,最高不能超过 10 ℃。到果实着色至果实成熟期,白天温度控制在 22～25 ℃,夜间温度控制在 12～15 ℃,保证昼夜温差在 10 ℃以上,以利于果实着色和成熟。相对湿度在果实发育前期控制在 50%～70%,后期控制在 50%左右。

2. 新梢管理

及早抹除剪锯口处、树冠内膛萌发的多余的萌芽。对结果枝先端的直立旺枝、没有坐果的空枝及时疏除或留基部 2～3 片叶重截，促发弱枝，以利于果实的生长发育。对强旺新梢留 10 cm 左右摘心，可显著提高坐果率，促进幼果发育。摘心后发出的副梢仍可在基部形成花芽；也可扭梢处理，既可控制新梢生长，又有促进花芽分化的作用。对角度开张不够的主枝可进行拉枝，达到树形结构要求，改善光照条件。

3. 肥水管理

从幼果期开始，每隔 7 d 左右喷施 1 次 0.3%尿素溶液和 0.2%磷酸二氢钾溶液的混合剂，共喷2～3 次。硬核期后再补灌 1 次水，水量以一流而过为宜，到果实开始着色时停止追肥灌水。设施栽培樱桃在花后至硬核期前灌水会引起不同程度的落花落果，灌水越早，灌水量越大，落花越重，严重的可达 80%以上。

4. 病害综合防治

由于设施内风较小，落花时花瓣不易散落，常附着在果实上，会导致灰霉病、褐腐病的发生。因此，要尽早除去果实上的花瓣残留物。花芽膨大期、幼果期各喷 1 次 70%甲基硫菌灵可湿性粉剂 800～1 000 倍液，防治煤污病、叶斑病等。发生细菌性穿孔病用 15%农用链霉素可湿性粉剂 1 500 倍液防治。

5. 果实采收

设施栽培的樱桃要精心采收，同时注意不要折断短果枝。甜樱桃属高档果品，应将果实按大小和着色程度分级后包装，包装盒内装 0.5～1.0 kg 为宜。不管是采收或是包装，都应在短时间内完成，最好低温条件下进行。

（五）果实采收后的管理

1. 揭除覆盖物

果实采收后，棚室外还未到樱桃树的适宜生长季节，不能揭除覆盖物。当外界气温不低于 10 ℃时，草帘等覆盖物可以揭掉。采收以后，逐渐增大塑料薄膜通风口的打开程度，放风锻炼，使温室内的条件逐渐与外界接近。当外界温度稳定在 15 ℃以上时，选择傍晚时分将塑料薄膜撤掉。放风锻炼时间至少要持续 15 d 以上，以免撤除塑料薄膜太急，放风锻炼的时间不够，造成叶片灼伤焦枯，导致二次开花。

2. 采收后修剪

采收后修剪量要小、程度要轻。一是对骨干枝应采取缓放和回缩的方法调控，维持树冠的大小和高矮，防止树冠间的交叉和树冠顶部距棚膜过近。二是对开始衰弱的结果枝组进行回缩更新复壮，回缩到壮枝壮芽处。三是对上部过旺新梢可少量疏除。四是对过密枝进行回缩或疏除，背上直立枝留橛 1～2 cm 疏除，改善树冠通风透光条件。

对于修剪后萌发的新梢长到 15～25 cm 时，可连续进行摘心，促发分枝，控制旺长，使枝条尽快成熟而形成花芽，增加结果部位。对于枝条角度不符合要求的枝条，继续拉枝开张角度，改善通风透光条件，使树冠内外长势均衡，花芽形成良好。

3. 控制新梢生长，促进花芽分化

对于树势较旺的树可在 7～8 月喷施 2 500 mg/L 的 15%多效唑粉剂，抑制新梢生长。

4. 肥水管理

修剪后要对土壤进行 1 次耕翻，增加土壤的透气性。同时追施 1 次速效性肥料，如每株施磷酸氢二铵 1 kg，有利于树势的恢复。待到 8 月中下旬秋施 1 次有机肥。

5. 病虫害防治

撤覆盖物后及时喷保护叶片的杀菌剂和杀虫剂，进入雨季(7～8 月)，喷 2 次 1∶2∶240 波尔多液防治各种叶斑病、穿孔病等。二斑叶螨发生初期喷 1～2 次 1.8%阿维菌素乳油 4 000～6 000 倍液防治。以免早期落叶，造成二次开花，影响来年产量。

知识拓展

甜樱桃强制休眠技术

甜樱桃强制休眠的覆膜时间为 9 月上旬，覆膜前喷 1 次 40%乙烯利 600 倍液。覆膜后通过人工制冷强制降温，降温分阶段逐渐进行，第一周每 2 d 降 1 ℃，第二周每 1 d 降 1 ℃，此后每天降 2 ℃，最后将温度控制在 5～7 ℃，树体进入休眠状态。强制休眠的甜樱桃可在 11 月中旬开始升温，12 月中旬开花，果实可于翌年 2 月上旬成熟上市，比常规温室栽培提前近 2 个月。应用强制休眠技术效果好的品种有红灯、滨库等。

必备知识六　葡萄设施栽培

一、品种选择与栽植制度

1. 品种选择

葡萄设施栽培品种早期以巨峰为主，目前栽培较多的主要有无核白鸡心、京秀、矢富罗莎、87-1、早艳、紫珍香等。近年来，晚红等晚熟品种由于果实质量好，市场认可度高，也开始进入设施栽培。

2. 栽植制度

葡萄设施栽植制度可分为一年一栽制和多年一栽制。一般巨峰葡萄温室栽培时，采用一年生苗，第二年结果。果实采收后更新，重新定植培育好的一年生新苗。这种栽植制度具有果实质量好、丰产等优点，但育苗成本大。随着巨峰葡萄设施栽培面积的减少，这种制度的应用也在减少。

多年一栽制，即在苗木定植后，采用修剪方法更新植株，保持多年结果。现生产上多采用这种栽植制度。

二、架式与整形修剪技术

葡萄设施生产中，栽植方式、架式、树形和修剪方式常配套形成一定组合。栽植方式有单行栽植和双行栽植，以采用双行带状栽植为主。在日光温室内既有篱架，也有棚架，在大棚内则多为篱架。目前常见的组合有两种。

1. 双篱架单蔓整形

长梢修剪采用南北行向，双行带状栽植。即株距 0.5 m，小行距 0.5 m，大行距 2.0～2.5 m。两行葡萄新梢向外倾斜搭架生长，下宽即小行距 0.5 m，上宽 1.5～2.0 m，双篱架结果。整形过程是：苗木定植后，当新梢长到 20 cm 左右时，每株葡萄留一个新梢培养主蔓，即单蔓整形，落叶后剪留 1.5 m 左右，进入休眠期管理。升温萌芽后，每蔓留 5～6 个结果新梢结果，距地面 30～50 cm 留一预备梢，上部结果后缩剪到预备枝处。没留出预备枝的也可在果实采收后，及时将主蔓回缩到距地面 30～50 cm 处，促使潜伏芽萌发培养新主蔓（结果母枝）。主蔓回缩时间不能晚于 6 月上旬，以免萌发过晚，新梢花芽分化不良。新梢生长到 8 月上中旬摘心，促进枝蔓成熟，落叶后剪留 1.5 m。即距地面 30～50 cm 处的主蔓保持多年生不动，而上部每年更新 1 次（图 9-10）。

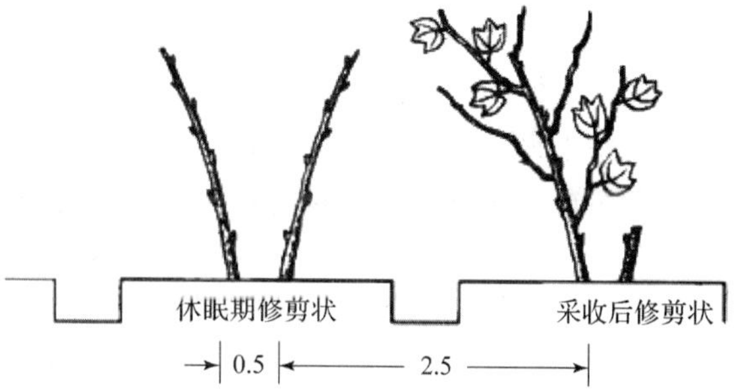

图 9-10　篱架栽培整形修剪示意图（单位：m）

2. 小棚架单蔓整形长梢修剪

采用南北行向，双行带状栽植，株距 0.5 m，小行距 0.5 m，大行距 2.5 m。每株葡萄培养 1 个单蔓，当两行葡萄的主蔓生长到 1.5～1.8 m 时，分别水平向两侧生长，大行距间的主蔓相接成棚架。整形过程是：升温萌芽后，在水平架面的主蔓上每隔 20 cm 左右留 1 个结果枝，将结果新梢均匀布满架面。同时在主蔓篱架部分与棚架部分的转折处，选留 1 个预备枝。待前面结果枝果实采收后，回缩到预备枝处，用预备枝培养新的延长蔓（结果母枝）。篱架部分不留结果枝，保持良好的通风透光条件，即篱架部分保持多年生不动，棚架部分每年更新 1 次（图 9-11）。这种整形方式具有结果新梢生长势缓和，光照条件好的优点。

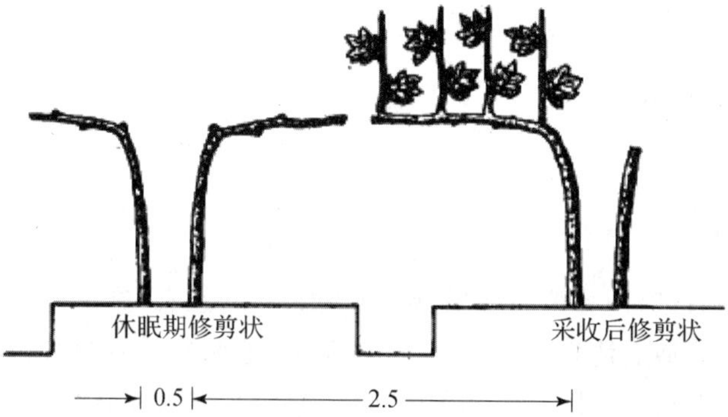

图 9-11　棚架栽培整形修剪示意图（单位：m）

3. 葡萄 F1 树形

F1 树形是近年提出的一种整形修剪技术，即单臂双层水平形整梭更新技术。特点是冬季修剪后的树体结构呈 F 形，由一个直立的主蔓和两个水平的结果母枝组成。第一层结果母枝距地面 30～40 cm，第二层距第一层 60～70 cm。两个结果母枝的长度与植株距决定，均向北延伸。

F1 树形有两种整形方法：一是当年定植后留一个新梢，当新梢生长到 50～60 cm 时，将其水平引缚到第一道铁丝上，培养第一层结果母枝。当水平枝长到 60～70 cm 时摘心，促进枝梢成熟和花芽分化。培养第一层结果母枝的同时，在靠近折弯处选一副梢直立引缚，生长到第二层铁丝处拉平，培养第二层结果母枝。二是定植后留 1 个新梢，当其长到 30～40 cm 时摘心，促发新梢。选择两个生长健壮的副梢，一个水平引缚在第一道铁丝上，培养第一层结果母枝；另一个直立生长至第二道铁丝处拉平培养第二层结果母枝。

F1 树形的修剪及更新技术是：生长季结果母枝上的结果枝垂直向上引缚，形成直立的叶幕结构，根据棚室高度，树高控制在 1.8 m 左右。果实采收后，在靠近主蔓处选一个结果枝，留 1 个饱满芽重短截，促发新梢，培养新的结果母枝。其余结果枝连同母枝一并疏除。或在主蔓上靠近结果母枝处留预备枝，通过摘心、重短截等措施控制旺长。采收后将结果母枝疏除，预备枝重短截，促发新梢培养结果母枝（图 9-12）。

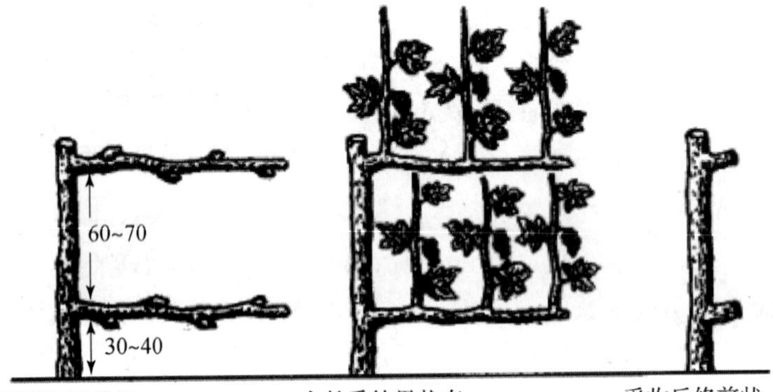

图 9-12　F1 整形修剪技术示意图（单位：cm）

该整形方式，可适于双行带状栽植双篱架整形，株距 0.7 m，小行距 0.5 m，大行距 1.5 m。也可实行单行栽植单篱架整形，株距 0.5 m，行距 1.3～1.4 m。

三、周年生产技术

（一）休眠期管理

葡萄修剪在降霜后进行，篱架的结果母枝剪留 1.5 m 左右，棚架根据行间架面宽度确定结果母枝的剪留长度。修剪后清理温室，灌 1 次越冬水，地面略干后即可扣棚。

辽宁南部地区一般在 10 月下旬，扣棚覆盖保温材料，进入休眠期管理。同其他果树一样，采用"人工降温暗光促眠"技术，棚室内保持 0～7 ℃的温度，尽早满足休眠需冷量要求。同时保持棚室内土壤基本不结冻，有利于升温后地温较快上升。

塑料大棚可在葡萄落叶后，修剪下架防寒，方法参照露地管理要求。

(二)催芽期管理

1. 升温日期的确定

葡萄的自然休眠期较长，完全通过自然休眠一般需要 1 200～1 500 h 低温量。据报道，无核金星、紫珍香的需冷量为 604 h，巨峰、京亚 846 h，无核早红 1 622 h。一般可按欧美杂交种 1 000 h，欧亚种 1 500 h 估算。例如，无核白鸡心属欧亚种，按需冷量 1 500 h 推算，辽宁南部应在 1 月初升温。如采用石灰氮处理，可提前 20 d，即在 12 月 10 日升温。塑料大棚的升温时间因各地气候条件而异，在辽宁南部一般可在 3 月中下旬开始升温，改良式大棚可适当提早升温。

2. 温湿度管理

第一周白天温度控制在 15～20 ℃，夜间保持在 6～10 ℃，以后白天控制在 20～25 ℃，夜间保持在 10～15 ℃为宜。

升温催芽后，灌 1 次透水，增加土壤和空气湿度，使相对湿度保持在 80%～90%。

3. 其他管理

可参照其他设施果树，如喷施石硫合剂、覆地膜等。

(三)新梢生长期管理

1. 温湿度管理

为保证花芽质量，控制新梢徒长，白天温度控制在 25～28 ℃，夜间温度保持在 10～15 ℃。空气相对湿度控制在 60%左右。

2. 植株管理

内容与露地管理基本相同，关键是控制新梢密度，防止新梢徒长，提高叶片质量。

(1)抹芽定梢。篱架葡萄，距地面 50 cm 以内不留新梢，及时抹除。主蔓上每 20 cm 左右留 1 个结果新梢，一个主蔓留 5～6 个新梢，即每株树留、5～6 个新梢。棚架葡萄，水平架面主蔓上每 20～25 cm 留 1 个新梢，即 1 m^2 架面留 8～10 个新梢。弱树早抹早定，强树适当晚抹晚定，通过疏梢定枝调整树势，在开花前将新梢长度控制在 40～50 cm 为宜。

(2)引缚。采用篱架管理的葡萄应及时将新梢均匀地向上引缚在架上，避免新梢交叉，双篱架叶幕呈“V”形，保证通风透光，立体结果。若采用棚架管理，则将一部分新梢引向有空间的部位，一部分新梢直立生长，保证结果新梢均匀布满架面。

(3)摘心和副梢处理。结果枝摘心在开花前进行，一般在花序上留 7～10 片叶摘心。结果枝上的副梢均及早抹除，只在顶端留一个副梢反复摘心。

(4)疏穗和掐穗尖、去副穗。按 1 个结果枝留 1 穗果的标准，将多余的花序及早去掉。留下的花序同样要去副穗和掐穗尖，以利于提高坐果率、果穗紧凑度和果粒整齐度。

3. 肥水管理

开花前 1 周，每株施 50 g 左右氮磷钾复合肥，或每畦施腐熟的粪水 15 kg 左右，保证开花坐果对肥水要求。追肥后灌 1 次水，促进新梢生长，保证花期需水。宜采用管道膜下灌水，避免温室内湿度过大，发生病害。

4. 病虫害防治

开花前喷施 1 次甲基硫菌灵或用百菌清进行 1 次熏蒸，防治灰霉病和穗轴褐枯病等病害。棚室内不宜喷施波尔多液，以免污染棚膜。

(四)开花期管理

1. 温湿度管理

葡萄的授粉受精对温度要求较高，据实验，巨峰葡萄花粉发芽在 30 ℃时最好，低于 25 ℃授粉不良。因此，花期白天温度控制在 28 ℃，不低于 25 ℃。夜间保持在 16～18 ℃，不低于 10 ℃。空气相对湿度控制在 50%左右。

2. 负载量确定

篱架 1 个结果新梢留 1 穗果，弱枝不留果。棚架根据品种果穗大小 1 m^2 有效架面留 5～8 穗果，最后将每 667 m^2 负载量控制在 1 500～2 000 kg。

3. 提高坐果率

在开花前或开花初期喷 0.1%的硼砂溶液，可提高葡萄花粉发芽能力，提高坐果率。

(五)果实发育期管理

1. 温湿度管理

在果实发育期，白天温度控制在 25～28 ℃，夜间温度控制在 16～18 ℃，不高于 20 ℃，不低于 13 ℃。果实着色期白天温度控制在 28 ℃，夜间温度控制在 18 ℃以下，增加温差，有利于着色。空气相对湿度控制在 50%～60%，防止发生病害。

2. 新梢管理

及早处理副梢、卷须 在果实着色前剪除不必要的枝叶，可去除结果新梢基部的老叶，促进果实着色和成熟。在浆果开始着色时，对主蔓、结果枝基部环割，可促进浆果着色和成熟。及时剪除采收后的结果枝，改善光照条件，促进其他果实的成熟。

3. 果穗管理

在果实发育期间，疏除过小的果粒，使果穗整齐。如巨峰葡萄通常每穗留 50～60 粒。

4. 肥水管理

幼果膨大期，追一次氮、磷、钾比例为 2∶1∶1 的复合肥，每株 50 g 左右。也可随灌水施发酵好的鸡粪水，每畦 10 kg 左右。果实第二生长高峰(采收前 30 d)追 1 次以磷、钾为主的复合肥，每株 30～50 g。有条件的可追施草木灰 500～1 000 g。对易出现裂果的品种，此期禁施氮肥。

进入果实着色期后，要控制肥水，进入采收期后应停止灌水。

在果实发育期内，每 10～15 d 喷 1 次叶面肥，如前期喷 0.2%的尿素，后期喷 0.2%～0.3%的磷酸二氢钾。葡萄设施栽培条件下易发生缺镁症，表现为老叶的叶脉间明显失绿，可喷施 0.5%～2.0%的硫酸镁进行调整。当出现其他缺素症时，应及时给以补充调整。

5. 病虫害防治

在果实发育期危害果实的主要病害有白腐病、炭疽病等。可于坐果后 2 周左右喷 1 次 50%福美双可湿性粉剂 500～700 倍液，以后每半个月喷 1 次杀菌剂，可用 50%福美双可湿性粉剂和 75%百菌清可湿性粉剂 800 倍液交替使用。为了降低温室内湿度，也可用百菌清烟雾剂熏蒸，10 d 左右 1 次。

6. 果实采收与包装

葡萄的果穗成熟期不一致，应分期分批采收。采收宜在早晚温度低时进行，采果的同时将结果枝剪掉，以改善未采收的果穗的光照条件，促进着色和成熟。采下的果可根据果穗大小、果粒整齐度和着色等进行分级包装。

（六）果实采收后的管理

果实采收后，即可撤除棚膜，实行露地管理。

1. 采收后修剪

篱架葡萄在果实采收后及时将主蔓在距地面 30～50 cm 处回缩，促使潜伏芽萌发，培养新的主蔓，即结果母枝。有预备枝的可回缩到预备枝处。这项工作最好在 6 月上旬完成，最迟不能超过 6 月下旬。棚架葡萄修剪如采用长梢修剪，同样将结过果的主蔓部分回缩到棚架部分与篱架部分的转弯处，最好用预备枝培养新的结果母枝。

2. 修剪后的新梢管理

主蔓回缩修剪后约 20 d 左右萌发，对发出的新梢选留 1 个按露地要求进行管理，副梢留 1 片叶摘心、及时去除卷须，当长到 1.8 m 左右时或在 8 月上中旬进行摘心，促进枝梢成熟。

3. 采收后的肥水管理

修剪后每株施 50 g 尿素或施复合肥 100～150 g，施肥后灌水。9 月上中旬施 1 次有机肥，每 667 m^2 施 5 000 kg，即 1 株树施 5 kg 左右。在新梢生长过程中应进行叶面施肥，促进新梢生长健壮，保证花芽分化的需要。

4. 采收后的病虫害防治

更新后的新梢，前期可喷布石灰半量式波尔多液 200 倍液防治葡萄霜霉病，以后可喷等量式波尔多液，共喷 2～3 次，每次间隔 10～15 d。在喷布波尔多液期间可间或喷布甲基硫菌灵、杜邦易保等杀菌剂，防治白腐病、炭疽病等病害。

知识拓展

葡萄的二茬果催芽技术

葡萄的促成兼延迟栽培是利用葡萄具有一年多次结果的习性，在设施内使葡萄第一茬果提早成熟，利用二茬果实现延期上市。

利用冬芽副梢二次结果的方法是：开花前 2～3 d 在结果枝花序上留 6～8 片叶摘心，只留顶端 2 个副梢，其余副梢抹掉。在一次枝开花 1 个月后，将顶端的 2 个副梢抹除，强迫一次枝上的冬芽萌发。一般处理后 2 周左右开始萌发，选择 1～2 个先端带花序的冬芽副梢，其余副梢疏除。冬芽副梢萌发后 20 d 左右，冬芽副梢上的花序即可开花，二茬果实可于 11 月左右成熟上市。

必备知识七　草莓设施栽培

一、品种选择

1. 小拱棚栽培品种选择

小拱棚栽培设施简单，投资少，经济效益好。小拱棚栽培草莓果实成熟期可比露地提早 20 d 左右。辽宁丹东地区可在 5 月中、下旬成熟。栽培品种与露地基本相同，常用品种有宝交早生、丰香、哈尼、全明星等。

2. 塑料大棚栽培品种选择

较小拱棚管理方便，温度控制条件好。早春大棚以丰香、幸香、卡尔特一号为主栽品种。

3. 日光温室栽培品种选择

日光温室促成栽培在城市郊区可选择品质好的品种，如以枥乙女、幸香、宝交早生和丰香为主栽品种。在偏远地区，可选择硬度大、耐储运的品种，如弗杰尼亚(杜克拉)、图得拉、鬼怒甘等品种。日光温室半促成栽培以选择全明星、新明星、弗杰尼亚、卡尔特一号效果比较好。

二、周年生产技术

1. 定植技术

设施栽培草莓在定植前要对土壤进行消毒处理，安全方法是利用太阳光进行土壤消毒。具体方法是：在 7～8 月，将土壤深翻后灌透水，土壤表面覆盖地膜或旧棚膜。同时将用过的旧棚膜覆盖在温室的骨架上，密封温室，利用夏季太阳光产生的高温，杀死土壤中的病菌和害虫。太阳光土壤消毒时间至少为 40 d。

土壤消毒结束后，9 月初平整土地，每 667 m^2 施入腐熟农家肥 5 000 kg 和氮磷钾复合肥 50 kg。然后做成南北垄，垄面宽 50～60 cm，垄基宽 70～80 cm，高 30～40 cm。大垄栽植光照条件好，有利于提高地温，方便管理和采收。

设施栽培草莓宜选用经过假植的壮苗，标准是草莓植株具有 5～6 片展开的叶，叶片大而厚，叶色浓绿，新茎粗度要求至少在 1.2 cm 以上，根系发达，全株鲜重 35 g 以上。当假植苗有 80%以上的植株通过顶芽花芽分化时就可以定植，通常在 9 月 20 日前后定植。对于非假植苗，要求草莓植株具有 3～4 片展开叶，北方棚室栽培可在 8 月下旬至 9 月初定植。定植方式为大垄双行，即小行距 25～30 cm，株距 15～18 cm，每 667 m^2 定植 7 000～9 000 株。为便于管理，草莓定植时要注意调整秧苗方向，使秧苗的弓背朝一个方向，如高畦双行栽植，应使秧苗弓背方向朝外，其好处是将来花序伸出方向一致，有利于管理。定植后 1 周内，注意浇水保持土壤与空气湿度，有条件要适当遮阴，以利于缓苗。缓苗后要适当控水。

2. 扣棚保温与地膜覆盖

日光温室促成栽培的覆膜保温时间是在外界最低气温降到 8～10 ℃时进行，辽宁省可在10 月中旬扣棚保温。促成栽培的草莓不进入自然休眠，如保温过晚，易导致植株进入休眠，影响产量。

日光温室的半促成栽培是在草莓通过自然休眠后，进行覆膜保温，通常 11 月中旬扣棚膜，同时覆盖保温覆盖物，保持 1 个月以上，使植株进入自然休眠，满足草莓品种的自然休眠需冷量后即可升温。一般可在 12 月末至翌年 1 月上旬开始升温，升温过程要缓慢进行。

覆盖地膜一般在扣棚后 10 d 左右进行。目前生产上普遍采用黑色地膜在早晚温度低时进行，覆膜后立即破膜提苗。

3. 温湿度管理

根据草莓的生育特点，无论是促成栽培，还是半促成栽培，升温后韵温度管理指标是相同的。

草莓顶花序显蕾前，温度白天控制在 24～30 ℃，夜间 12～18 ℃，保证草莓植株的快速生长，提早开花。显蕾期白天控制在 25～28 ℃，夜间 8～12 ℃。

开花期温度白天保持 22～25.0C，夜间 8～10 ℃。在开花期遇有低于 0 ℃的温度，需要人工加温，避免影响授粉受精，降低前期产量。

果实膨大期和成熟期白天保持 20～25 ℃，夜间 5～10 ℃。这一时期温度过高，可影响果实膨大，表现果实着色快，成熟早，但体积小，品质差。

设施栽培草莓空气相对湿度控制在 40%～50%为宜，以利于开花授粉和降低病害的发生。在冬季不很寒冷的地区也可以采用塑料大棚进行促成栽培，但需要在大棚内加扣小拱棚。一般在每年的 12 月中旬前后扣小拱棚，保证草莓植株生长温度不低于 5 ℃，避免长期低温导致草莓植株进入休眠。

4. 光照管理

日光温室促成栽培的光照不足问题比较严重，可采用电灯照明方法解决。

5. 肥水管理

第一次追肥在植株顶花序显蕾时进行，每 667 m^2 施尿素 10 kg、磷肥 20 kg。第二次在顶花序果实转白膨大时进行，每 667 m^2 施磷酸二氢钾 15～30 kg。第三次在顶花序果实采收前进行，追施钙、钾肥，促进果实发育。第四次在顶花序果实采收后，追施氮磷钾复合肥，保证植株的随后生长。以后每 15 d 追肥 1 次或叶面喷肥 1 次。

草莓温室栽培必须采用膜下灌溉方式，以膜下滴灌为好。也可在大垄中间留灌水沟，灌水时拱起北侧地膜进行。

6. 辅助授粉

温室内放蜜蜂，可以减少无效果、畸形果，提高果实的商品率。蜂箱宜放在温室的西南角，距地面 50 cm，箱口向着东北角。开花期用毛笔点授，或用扇子扇植株上的花朵也能达到授粉的目的。

7. 植株管理促成栽培

草莓植株生长旺盛，易出现较多腋芽，宜在顶花序抽出后，选留 1～2 个方位好而壮的腋芽保留，其余掰掉以节省营养。

在植株生长过程中，随时将老化、黄化、呈水平生长的叶去掉，以节省营养，改善通风透光条件，一般每个新茎保留 6～8 个叶片即可。每个花序通常留 1～3 级花，即每花序留果 7～12 个。结果后的花序要及时去掉。同时要及时摘除匍匐茎并进行垫果。

8. 病虫害防治

以农业防治方法为主，提高草莓植株的抗病能力，一旦发现染病植株立即清除。收获结束后，及时清理秧苗和杂草，深翻施肥，利用太阳能消毒。

白粉病在设施栽培中一旦发生，难以根治，要以预防为主。对易染病品种，如丰香等，应在定植前对秧苗彻底喷洒 1 次硫悬浮剂。定植后定期喷药预防，可用 12.5%腈菌唑乳油 2 000 倍液等喷雾防治，7～10 d 施 1 次，连喷 2～3 次。

灰霉病主要发生在 2～5 月，正是草莓果实大量成熟的时期，只能用烟雾剂熏蒸。每 667 m^2 用 20%腐霉利(速克灵)烟剂 80～100 g，傍晚时密闭熏蒸。

螨类为害要早期防治，可用 20%双甲脒乳油 1 000～1 500 倍液防治。发生蚜虫和白粉虱可采用黄板诱杀，每 667 m^2 挂 30～40 块。严重时可选用 22%敌敌畏烟剂熏杀，每 667 m^2 用药 500 g，分放 6～8 处，傍晚点燃，密闭棚室。也可喷雾防治，但在采果前 2 周要停止用药。

工作任务三　设施栽培果树生长季的树体管理

一、任务目标

(1)明确设施栽培果树生长季树体管理的主要内容。

(2)针对新梢管理、花果管理等内容，进行技术操作练习。

二、材料与用具

设施内果树、修枝剪、卷尺、计数器、记录本等。

三、任务内容

(1)疏花疏果根据果树的种类、树龄等确定每株树的留果量，按枝、按距离进行疏果。

(2)新梢修剪按照技术要求，对新梢进行摘心、扭梢、疏枝及拉枝等处理。

(3)处理 1 周后对处理结果进行观察与调查。

四、任务作业

每人写 1 份实训报告，内容要求包括操作要点、处理效果和总结分析。

工作任务四　设施栽培桃树采收后的修剪

一、任务目标

(1)理解设施栽培桃树采收后修剪的理论基础。
(2)掌握采收后修剪的主要技术。

二、材料与用具

设施内桃树、修枝剪、修枝锯等。

三、任务内容

采后回缩更新采收后主要结果枝分次短截到 5 cm,加强水肥,促发新梢,新梢长到 30 cm 时摘心、揉平,控长、控粗。以后副梢每延长 25 cm 左右摘心一次,疏密.控旺,通风见光即可。

四、任务作业

每 2～4 人一组,修剪若干株树,观察修剪效果,调查每株树的结果枝组数和留梢数,写出实训报告。

选当地从事设施果树栽培的农户,对树种、品种特性,主要生产技术要点、经销情况进行全面调查,总结经验教训,写出调研报告。

综合实训时间为一周(按 30 学时计)。目的是在学习掌握课程某一部分(或全部)的基本知识和技能的基础上,培养学生综合职业能力。学校可根据当地果树的种类和生产重点选用或自行补充内容。

想一想

设施栽培果树有哪些优点?

项目小结

本项目着重介绍了北方设施果树的生产技术及栽培设施的建造过程;详细介绍了桃、李、杏、葡萄、草莓等详细设施栽培技术。随着农业技术的不断进步,果树日光温室设施的类型也日趋多样化。目前,我国已开发出多种类型的果树日光温室,如简易型、组装式、连栋式等,这些设施能够满足不同地区、不同果树的栽培需求。不同类型的设施具有各自的特点和优势，适用范围也不同，为果树的规模化、专业化生产提供了有力保障。

复习思考

1. 果树生产用温室和塑料大棚基本结构要求有哪些？
2. 促成栽培与半促成栽培有什么区别？生产上采用较多的栽培类型是哪种？为什么？
3. 设施栽培果树在品种选择上与露地有哪些区别？
4. 砖槽台式栽植有哪些优点？
5. 确定设施栽培果树开始升温的日期，主要应考虑哪些因素？
6. 如何理解催芽期温度管理的"平缓升温、控制高温、保持夜温"原则？
7. 比较桃和葡萄在开花期温度管理上的差异。
8. 分析甜樱桃隔年结果的原因，生产上应采取哪些对策？
9. 葡萄设施栽培整形修剪与露地相比有哪些异同点？
10. 草莓促成栽培关键技术有哪些？

参考文献

[1]李道德.果树栽培 [M].北京:中国农业出版社,2001.

[2]马骏,蒋锦标.果树栽培技术(北方本)[M].北京:中国农业出版社,2009.

[3]张玉星.果树栽培学各论(北方本)[M].3 版.北京:中国农业出版社,2003.

[4]冯美,徐伟荣,张宁,等.基于思政教育的《果树栽培学总论》课程教学改革与探讨[J].现代园艺,2020,43(13):205-207.

[5]郭丽娜."课程思政"在高校果树栽培学课程中的实施设计探索——以六盘水师范学院为例[J].安徽农学通报,2021:27(15):193-195.

[6]刘慧纯.果树栽培实用新技术[M].北京:化学工业出版社,2020.

[7]刘凤之,聂继云.苹果无公害高效栽培[M].北京:金盾出版社,2004.

[8]王开,贾卫民.果树绿色栽培关键技术[M].郑州:中原农民出版社,2018.

[9]张礼招,兰莉,刘冬梅.现代绿色农业综合实用技术[M].赤峰:内蒙古科学技术出版社,2022.

[10]张铁如.板栗无公害高效栽培[M].北京:金盾出版社,2004.

[11]栾庆书,王琴,王建军,等.经济林病虫害防治指南[M].沈阳:辽宁科学技术出版社,2018.

[12]全国农业技术推广服务中心.无公害果品生产技术手册[M].北京:中国农业出版社,2003.

[13]杨洪强.绿色无公害果品生产全编[M].北京:中国农业出版社,2003.

[14]绿色果品生产技术课程建设团队.绿色果品生产技术[M].北京:中国农业出版社,2010.

[15]聂继云,果品标准化生产手册[M].北京:中国标准出版社,2003.

[16]张毅功,张丽娟.北方果园生草技术[M].北京:中国农业出版社,2020.

[17]陈敬谊.果树施肥技术手册[M].北京:化学工业出版社,2019.

[18]汪景彦.苹果无公害生产技术[M].北京:中国农业出版社,2003.

[19]花蕾.无公害优质苹果生产关键技术[M].北京:中国农业出版社,2003.

[20]刘淑芳,贺永明.葡萄科学施肥与病虫害防治[M].北京:化学工业出版社,2016.

[21]石明旺,朱素梅.无公害果园农药安全使用指南[M].北京:化学工业出版社,2017.

[22]李峰.温室葡萄栽培管理关键技术[M].北京:中国农业出版社,2019.

[23]马文会.梨栽培关键技术与疑难问题解答[M].北京:金盾出版社,2017.

[24]邬奇峰.李栽培与病虫害彩色图谱[M].北京:中国农业出版社,2023.

[25]李良瀚.鲜食葡萄优良品种及无公害栽培技术[M].北京:中国农业出版,2003.

[26]陈勇,向波,罗承鑫.猕猴桃栽培与病虫害绿色防控原色生态图谱[M].北京:中国农业科学出版社,2018.

[27]周长吉.日光温室环境控制技术与设备[M].北京:中国农业出版社。2023.

[28]姜全,郭继英,赵剑波,等.桃生产技术大全[M].北京:中国农业出版社,2002.

[29]吴禄平,张志宏,高秀岩,等.草莓无公害生产技术[M].北京:中国农业出版社,2003.

[30]陈东元,黄建民.猕猴桃无公害高效栽培[M].北京:金盾出版社,2004.

附　　录

一、绿色食品产地环境质量标准

1.《绿色食品　产地环境调查、监测与评价规范》(NY/T 1054—2021)
2.《绿色食品　产地环境质量》(NY/T 391—2021)

二、绿色食品生产技术标准

1.《绿色食品　肥料使用准则》(NY/T 394—2023)
2.《绿色食品　贮藏运输准则》(NY/T 1056—2021)
3.《绿色食品　农药使用准则》(NY/T 393—2020)
4.《绿色食品　鲜桃》(NY/T 424—2000)
5.《绿色食品　鲜梨》(NY/T 423—2000)
6.《绿色食品　苹果》(NY/T 268—1995)
7.《绿色食品　温带水果》(NY/T 844—2017)
8.绿色果品操作技术规程(附表1)

附表1　绿色果品生产技术规程

序号	地方编号	地方标准名称	实施日期	标准主管部门
1	DB1306/T 76.1—2022	绿色食品　红富士苹果质量标准	2022-11-20	保定市市场监督管理局
2	DB1306/T 76.2—2022	绿色食品　红富士苹果生产技术规程	2022-11-20	保定市市场监督管理局

续附表1

序号	地方编号	地方标准名称	实施日期	标准主管部门
3	DB45/T 197—2022	绿色食品　龙眼生产技术规程	2022-07-30	广西壮族自治区市场监督管理局
4	DB21/T 3037—2018	绿色食品　草莓生产技术规程	2018-10-30	辽宁省质量技术监督局
5	DB62/T 4055—2019	绿色食品　日光温室草莓生产技术规程	2019-12-01	甘肃省市场监督管理局
6	DB62/T 4483—2021	绿色食品　大棚草莓生产技术规程	2022-02-01	甘肃省市场监督管理局
7	DB22/T 2266—2015	绿色食品　软枣猕猴桃生产技术规程	2015-03-01	吉林省质量技术监督局
8	DB51/T 1349—2011	绿色食品　柚生产技术规程	2012-03-01	四川省质量技术监督局
9	DB512000/T 5—2004	绿色食品　温州蜜柑育苗技术规程	2005-01-01	四川省资阳质量技术监督局
10	DB21/T 3738—2023	苹果园配方施肥技术规程	2023-06-30	辽宁省市场监督管理局
11	DB21/T 1769—2009	农产品质量安全　寒富苹果生产技术规程	2009-12-27	辽宁省质量技术监督局
12	DB21/T 3676—2022	梨密植早丰生产技术规程	2023-01-30	辽宁省市场监督管理局
13	DB21/T 3248—2020	秋子梨品质评价规范	2020-05-30	辽宁省市场监督管理局
14	DB21/T 2363—2015	南果梨贮运保鲜技术规程	2015-03-22	辽宁省质量技术监督局
15	DB21/T 3022—2018	花盖梨贮运技术规程	2018-09-30	辽宁省质量技术监督局
16	DB21/T 3737—2023	梨园主要病虫害防控农药科学使用技术规程	2023-06-30	辽宁省市场监督管理局
17	DB21/T 1775—2023	南果梨栽培技术规程	2023-05-30	辽宁省市场监督管理局
18	DB21/T 3246—2020	鲜食葡萄轻简化生产技术规程	2020-05-30	辽宁省市场监督管理局
19	DB21/T 2794—2017	晚熟李生产技术规程	2017-05-27	辽宁省市场监督管理局
20	DB21/T 3805—2023	草莓种苗繁育技术规程	2023-09-30	辽宁省市场监督管理局
21	DB21/T 3351—2020	设施草莓安全生产管控技术规程	2021-01-30	辽宁省市场监督管理局
22	DB21/T 1383—2017	设施草莓生产技术规程	2017-06-17	辽宁省质量技术监督局
23	DB21/T 3634—2022	日光温室甜樱桃绿色生产技术规程	2022-10-30	辽宁省市场监督管理局
24	DB21/T 3783—2023	大棚甜樱桃绿色生产技术规程	2023-08-30	辽宁省市场监督管理局